无线电能传输基本原理与关键技术

张　献　杨庆新　许　飞　李小宁　代中余
陈　婷　薛　明　荣灿灿　罗志超　　著

机械工业出版社

无线电能传输技术作为一项具有广泛应用前景的技术，正在不断突破现有技术瓶颈，开拓新的应用领域。本书源于作者十几年研究成果的总结，书中系统地介绍了无线电能传输的基本原理、关键技术及其主要应用，同时还提供了多个无线电能传输的仿真案例，以帮助读者更好地理解这一领域的最新研究成果和应用发展趋势。

本书不仅适合高等院校电磁场与无线技术、电子信息工程、电气工程及其自动化、通信工程等专业高年级本科生和研究生作为专业课参考教材使用，也为无线电能传输领域的学者和工程师提供了科学研究与工程应用的指导。

图书在版编目（CIP）数据

无线电能传输基本原理与关键技术 / 张献等著.
北京：机械工业出版社，2025. 6. -- ISBN 978-7-111
-78064-9

Ⅰ . TM724
中国国家版本馆 CIP 数据核字第 2025VE2519 号

机械工业出版社（北京市百万庄大街 22 号　邮政编码 100037）
策划编辑：刘星宁　　　　　　责任编辑：刘星宁　章承林
责任校对：王　延　陈　越　　封面设计：马精明
责任印制：张　博
固安县铭成印刷有限公司印刷
2025 年 7 月第 1 版第 1 次印刷
184mm×260mm · 18.25 印张 · 437 千字
标准书号：ISBN 978-7-111-78064-9
定价：99.00 元

电话服务　　　　　　　　网络服务
客服电话：010-88361066　机 工 官 网：www.cmpbook.com
　　　　　010-88379833　机 工 官 博：weibo.com/cmp1952
　　　　　010-68326294　金 书 网：www.golden-book.com
封底无防伪标均为盗版　机工教育服务网：www.cmpedu.com

前　言

　　无线电能传输技术近年来取得了显著的进展，其核心理念是利用电磁场或电磁波在物理空间中的分布和传播特性，通过非导线直接接触的方式，将电能从电源侧传递至负载侧。这种新型的输电方式特别适用于"不宜、不准"用导线直接连接的多种用电场合，与当前国家在军工、民生等重要领域对电能灵活传输、转换与补给的需求高度匹配。随着材料科学、电力电子技术、控制理论与人工智能等技术的不断进步，无线电能传输技术在各个领域的应用前景愈加广阔，以下是当前该技术发展的几大趋势：

　　一是载运装备及智能无人值守类装备为主的高功率密度动静态非接触式供电。以电动汽车为代表的载运装备，通过无线充电技术可以实现高效、便捷的能量补给，提高工作与部署效率，满足未来交通运输体系对充电自动化和智能化的需求。这种动静态相结合的无线充电方式，既能在车辆静止时充电，也能在车辆行驶过程中进行能量补给，极大地提升了使用便利性。

　　二是电子产品无线充电及低功耗传感器类装置中短距离、低功率无线能量收集。以智能手机、可穿戴设备为代表的消费电子产品，通过无线电能传输技术可以实现更为灵活多样的充电，摆脱传统导线的束缚，提升用户的体验感。另外，低功耗传感器类装置通过中短距离无线能量收集技术，可以确保其长期稳定运行，在电气设备智能状态监测、数据采集、物联网等领域有着广泛的应用前景。

　　三是军工装备无线充电及能信同传。以无人潜航器为代表的军工装备，在复杂极端环境中，传统的充电方式往往难以保障其安全性与可靠性。通过无线电能传输技术，不仅可以实现非接触式充电，解决了充电接口的密封性和耐久性问题，还能实现能量与信息的同步传输，提高系统的整体性能和可靠性。

　　无线电能传输技术作为一项具有广泛应用前景的技术，正在不断突破现有技术瓶颈，开拓新的应用领域。本书旨在系统地介绍无线电能传输的基本原理、关键技术及其主要应用，帮助读者更好地理解这一领域的最新研究成果和发展趋势。希望本书能够为相关领域的研究和实际应用提供有益的参考，并推动无线电能传输技术的进一步发展。

　　感谢各位读者的关注与支持，我们希望能够为读者提供丰富的知识和见解，激发更多的研究和创新。在未来，无线电能传输技术必将进一步推动社会的智能化和可持续发展，成为科技进步的重要引擎。让我们一起踏上这段科技探索之旅，感受无线电能传输技术所带来的无限可能和美好前景。

　　在此，我们要感谢所有为本书提供支持和帮助的专家、学者和朋友们。特别感谢为本书内容做出贡献的所有课题组成员以及参加本书整理工作的研究生们。

　　本书由张献、杨庆新、许飞、李小宁、代中余、陈婷、薛明、荣灿灿、罗志超著。

在本书撰写过程中，参阅了许多相关文献资料并引用了一些图表，在此向其作者和有关单位表示感谢。

衷心感谢国家自然科学基金委员会、河北省自然科学基金委员会和天津市科学技术委员会的大力支持。

由于著者水平所限，加之时间仓促，缺点、错误和不当之处在所难免，恳请读者批评指正。

著　者

目　录

第 1 章　绪　　论

　　无线电能传输是指利用电磁场或电磁波等能量载体在物理空间中的分布或传播特性，采取非导线直接接触的方式，实现电能由电源侧传递至负载侧的输电新方法，非常适合在"不可、不宜、不准"的多种用电场合实现电能的灵活传输[1]。该技术已成为国内外学术界及工业界热点研究方向，被评选为未来将给人类生产和生活方式带来巨大变革的十大科研方向之一，并入选中国科协"10 项引领未来的科学技术"，有望引发人类用电方式的重大变革[2]。

　　无线电能传输技术概念最早由尼古拉·特斯拉（Nikola Tesla）在 1893 年的芝加哥世界博览会上首次提出[3]，但是直到半导体器件得到突破以后，无线电能传输技术逐渐受到人们的重视，特别是在近几年新能源产业的发展的需求下，磁场耦合式无线电能传输在多个领域得到了广泛的关注与研究。目前无线电能传输方式可分为表 1-1 所示的几类。

表 1-1　典型的无线电能传输方式

传输方式	远场传输型		近场传输型	
	电磁辐射	激光传输	磁场耦合	电场耦合
基本原理				
工作频率	>1GHz	20THz ~ 400THz	60kHz ~ 30MHz	200kHz ~ 14MHz
传输功率	>1MW	100W ~ 20kW	10W ~ 100kW	10W ~ 100W
利用区域	远场区	远场区	近场区	近场区
传输距离	>1km	1m ~ 1km	1cm ~ 5m	<15cm
距径比	>5	>10	0.3 ~ 5	<0.45
传输效率	40%	30%	91%	95%

　　其中，远场传输型主要包括基于微波辐射、激光、超声波等传输介质实现的无线电能传输，电能被转化为微波、激光等进行发射与接收，适用于电能的远程输送[4]。未来该技术可用于太阳能卫星电站远距离向地面端点对点供电等，是输电方式革命性的重大变化，将为人们灵活自如、随时随地智能化用电带来巨大方便。但是该技术在基础理论以及硬件实现方面均存在不足，因此目前远距离无线电能传输技术仍处于实验室研发阶段。

　　近场传输型主要包括电场耦合和磁场耦合两类[5]。其中电场耦合型是以高频电场作为能量传输介质，实现无直接电气连接的电能传输技术。磁场耦合型是以中高频磁场作为能量传输介质，并且可分为基于分离变压器原理的电磁感应直接耦合方式和非辐射磁谐振耦合方式两类。前者供电体与受电体等效成一组可分离变压器，当供电体中流过高频电流时，受电体会感生出同频电功率，其传输功率可以高达几百千瓦，目前该技术已进入实用化阶段，但一般适用于近距离（厘米级）传输；后者利用两个或多个具有相同谐振频率及高品质因数的电磁系统，通过工作于特定频率的补偿电感及电容的耦合作用产生电磁谐振，实现高频能量发生大比例交换并被负载吸收，该方法可在数米范围内实现无线供电，且对非铁磁性障碍物有很好的穿透性，是新颖且更具潜力的无线能量传输方法，该技术具有极为宽泛的功率等级范围。目前近场传输型无线电能传输技术已在多个领域得到广泛的应用。因此本书以近场传输型，特别是基于磁场耦合型无线电能传输为主进行介绍。

目前近场型无线电能传输技术研究体系逐渐形成并得到细化，形成了以下 8 个主要研究方向：

（1）无线电能传输机理及模型研究

无线电能传输技术是一种集合了电磁场、电力电子、控制理论与控制工程等多学科的复杂技术，能量传输的机理以及精准的系统数学模型是实现高性能系统的基础。学者们从电路的角度提出了无线电能传输系统的互感模型和二端口模型理论[6]，为了精确描述实际电感和电容表现出非整数阶的行为，学者们提出了分数阶建模方法，形成了分数阶模型；从能量传输的角度将耦合模理论、能流理论及宇对称理论应用到了无线电能传输系统中，形成了耦合模模型、能流模型和宇对称模型[7]。

（2）无线电能传输补偿网络研究

磁耦合系统中发射与接收之间存在较大的气隙，导致耦合机构漏感较大，耦合系数低，系统的能量传输效率低，因此无线电能传输系统通常需要补偿网络来补偿无功功率以提高系统传输功率及效率[8]。学者们针对不同补偿网络，从输入源类型、系统效率、输出功率、输出特性、耦合系数、二次侧开路等多个方面进行对比研究，形成低阶补偿网络和高阶补偿网络，分别包括 SS、SP、PS、PP 和 LCC-S、双边 LCC 等，补偿网络理论逐渐得到完善。

（3）无线电能传输耦合机构及抗偏移技术研究

耦合机构是无线电能传输系统的核心部分，由发射机构、接收机构、屏蔽机构等组成，通过对线圈参数及拓扑结构的优化设计实现对磁场的"塑形"，旨在为能量传输通道构造均匀的电磁场，以保证在一定范围内收发机构有效磁通相对稳定，达到能量传输恒定的目的。在磁场耦合式无线电能传输系统中，根据线圈数量可以大致分为单线圈结构和多线圈结构两类，目前已经形成圆形、方形、螺线形等单线圈结构，DD 型、DDQ 型、BP 型、TP 型、田字型、太极型和多层线圈结构的多线圈抗偏移耦合结构，以及将补偿网络与耦合机构进行集成的复合耦合机构等[9]。

（4）无线电能传输中电力电子驱动与控制研究

在无线电能传输系统运行中，谐振线圈、负载以及电路元件等不可避免地受到外部环境的影响，而线圈相对位置的改变以及元件参数的微小变化都会对系统耦合系数和网络匹配造成较大影响，导致系统无法保持在恒定工作状态，接收电压、传输效率等都会产生波动。为此，无线电能传输控制方法在无线电能传输系统的实际应用中非常重要。利用电力电子技术，无线电能传输系统可以实现高效的能量变换和智能化的功率管理，提高充电效率和便利性，从而提高系统的稳定性和可靠性。目前，无线电能传输变换器系统常规控制策略有移相控制、幅值控制、变频控制，常规的功率控制方法有接收侧级联 DC/DC 变换器功率控制方法和接收侧采用有源整流器的功率控制方法以及最大效率的跟踪控制方法[10]。

（5）电场及磁电混合传输研究

电场耦合式无线电能传输技术利用金属板以电场为媒介实现电能传输，目前已经形成了八种基本结构[11]，包括两极板结构、水平结构、平行柱式结构、垂直结构、六极板结构、含有中继极板对的结构、阵列式结构以及磁场耦合机构与电场耦合机构组成的混合结构。将电场耦合机构中引入磁场传能通道能够提升系统能效、降低极板电压，综合利用磁场耦合机构功率密度大，同时电场耦合机构极板具有成本低、重量轻、形状灵活性强、周围有金属时不会产生涡流损耗、抗偏移性能强等优点。

（6）动态无线电能传输及互操作性研究

关于动态无线电能传输技术，目前最大功率达到几百千瓦，最小传输波动低于 2%，最大效率在 93% 以上。但是由于该技术上依然存在效率、漏磁、输出稳定性等问题，因此目前大多停留在实验室或示范工程项目中。随着无线电能技术的发展，必然存在多厂家、多型号、多技术路线共存的局面，在功率等级、传输距离、线圈类型、补偿结构、控制方式、封装工艺、通信等方面存在明显差异，因此如何能实现不同厂家、不同型号下地面端与车载端之间的互操作性，成为电动汽车无线充电技术发展与推广的关键[12]。

（7）全向无线电能传输技术研究

现有的无线充电设备虽然避免了使用充电线缆，但用电设备必须放置在规定的位置才能实现无线电能传输。全向无线电能传输技术可以较好地满足上述设备的用电需求，它具有全方向、范围广、自由度高的特点，目前全向系统有磁场定向控制方法、旋转控制方法两类。这项技术较好地弥补了现有无线电能传输技术传输角度单一、传输范围较短和抗偏移能力弱等不足之处，同时也是无线电能传输技术未来发展的重要方向之一。全向无线电能传输系统的电磁耦合机构和磁场控制方法在电能传输过程中起着至关重要的作用。全向无线电能传输系统电磁耦合机构设计从发射线圈和接收线圈出发，发射线圈负责产生全方向且密度均匀的磁场，接收线圈负责接收空间各个方向的磁场能量[13]。

（8）无线电能传输技术电磁安全及磁屏蔽技术研究

对于无线电能传输技术及其应用的发展来说，磁场、电场相互转化产生的高频电磁场是否会影响生物安全，包括生物电磁安全和电磁干扰问题，是决定其能否被商业化、日常化推广的关键问题。为预防无线电能传输系统电磁辐射和电磁干扰带来的危害，提升系统的安全性，需要采取一系列有效的措施。首先，需要采用合理的电磁屏蔽措施，如使用有源线圈屏蔽或磁芯屏蔽等屏蔽方式，来降低无线电能传输系统产生的电磁辐射和电磁干扰。其次，需要对无线电能传输系统的运行进行监测和检测，及时发现并解决电磁安全问题。此外，还需要制定相关的电磁安全标准和规范，对无线电能传输系统的设计和运行进行规范化和标准化管理[14]。

近场无线电能传输技术不断完善，在各行各业具有很高的应用潜力：以电动汽车为代表的载运装备无线充电及智能无人值守类装备高功率密度动 / 静态非接触充电场景，以智能手机、植入性医疗设备为代表的低功耗类装置低功率中短距离无线能量收集场景，以及以无人潜水器为代表的军工装备在极端环境下的高可靠性、高安全性无线充电及能信同传等。总之，一个满布杂乱无章电线的家电应用现实场景会逐渐离我们远去，"无尾"的电子产品将使得我们的生活变得十分方便，人类靠着聪明和智慧在不断改变自己的生活，也许未来 20 年，在我们生产和生活的每一个角落都离不开无线供电技术，就像现在人们都离不开手机一样，可以随时使用该技术为指定的电器供电，而电费会从手机上自动划走。我们都盼着这一天，也相信这一天一定会到来。

参 考 文 献

[1] 杨庆新, 陈海燕, 徐桂芝, 等. 无接触电能传输技术的研究进展 [J]. 电工技术学报, 2010, 25(7): 6-13.

[2] Zhang W, Mi C C. Compensation topologies of high-power wireless power transfer systems [J]. IEEE Transactions on Vehicular Technology, 2015, 65(6): 4768-4778.

[3] 杨庆新. 无线电能传输技术及其应用 [M]. 北京：机械工业出版社, 2014.

[4] Zhu J Q, Ban Y L, Xu R M, et al. An NFC-connected coupler using IPT-CPT-combined wireless charging for metal-cover smartphone applications [J]. IEEE Transactions on Power Electronics, 2020, 36(6): 6323-6338.

[5] Barrett J P. Electricity at the Columbian explosion [M]. Madison: R R Donnelley, 1894: 168-169.

[6] Aditya K, Sood V K, Williamson S S. Magnetic characterization of unsymmetrical coil pairs using archimedean spirals for wider misalignment tolerance in IPT systems [J]. IEEE Transactions on Transportation Electrification, 2017, 3(2): 454-463.

[7] Zhang Y, Chen S, Li X, et al. Design methodology of free-positioning nonoverlapping wireless charging for consumer electronics based on antiparallel windings [J]. IEEE Transactions on Industrial Electronics, 2021, 69(1): 825-834.

[8] Sohn Y H, Choi B H, Lee E S, et al. General unified analyses of two-capacitor inductive power transfer systems: equivalence of current-source SS and SP compensations [J]. IEEE Transactions on Power Electronics, 2015, 30(11): 6030-6045.

[9] Lee W S, Oh K S, Yu J W. Distance-insensitive wireless power transfer and near-field communication using a current-controlled loop with a loaded capacitance[J]. IEEE Transactions on Antennas and Propagation, 2014, 62(2): 936-940.

[10] Li W, Zhao H, Deng J, et al. Comparison study on SS and double-sided LCC compensation topologies for EV/PHEV wireless chargers [J]. IEEE Transactions on Vehicular Technology, 2015, 65(6): 4429-4439.

[11] Xiao C, Cao B, Liao C. A fast construction method of resonance compensation network for electric vehicle wireless charging system [J]. IEEE Transactions on Instrumentation and Measurement, 2021, 70: 1-9.

[12] Zhang P, Saeedifard M, Onar O C, et al. A field enhancement integration design featuring misalignment tolerance for wireless EV charging using LCL topology [J]. IEEE Transactions on Power Electronics, 2020, 36(4): 3852-3867.

[13] 杨庆新, 张献, 章鹏程. 电动车智慧无线电能传输云网 [J]. 电工技术学报, 2023, 38(1): 1-12.

[14] Mohamed A A S, Berzoy A, Almeida F G N, et al. Modeling and assessment analysis of various compensation topologies in bidirectional IWPT system for EV applications [J]. IEEE Transactions on Industry Applications, 2017, 53(5): 4973-4984.

第2章 无线电能传输技术的基本原理

无线电能传输技术集合了电磁场、电力电子、控制理论与控制工程等多学科的基础理论及应用技术。采用的数学模型合理、准确是正确分析和解决问题的前提，本章利用互感模型、耦合模模型、二端口模型以及更为先进的分数阶模型、宇对称模型和能流模型等理论分别对磁场耦合式无线电能传输方式进行建模分析。

2.1 互感模型

2.1.1 互感模型理论基础

基于互感理论实现的建模方法将感应式无线电能传输系统视作为松耦合变压器模型，其工作原理与传统变压器相似，通过发射副边绕组之间的交变耦合磁场实现电能的交换与传输。根据松耦合变压器中发射副边绕组个数不同，分别进行建模分析。

松耦合变压器示意图如图 2-1 所示，其原边线圈（发射端）与副边线圈（接收端）分别绕在相互分离的 U 形铁心上，流经发射线圈与接收线圈的电流分别为 i_1 和 i_2，发射、接收线圈电压分别为 u_1 和 u_2。

图 2-2a 所示为松耦合变压器的等效磁路模型。Φ_{11} 和 Φ_{22} 分别为电流 i_1 和 i_2 所产生的与发射副边线圈相交链的磁通，Φ_{L1} 和 Φ_{L2} 分别为 i_1 和 i_2 所产生的漏磁通。Φ_m 为发射、接收线圈之间经由闭合磁路所产生的互感磁通，则电流 i_1 和 i_2 产生的总的磁通分别为

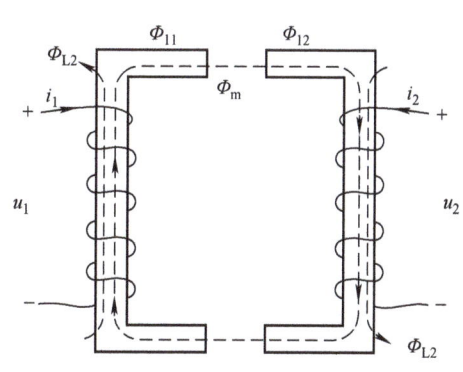

图 2-1 松耦合变压器示意图

$$\Phi_1 = \Phi_{11} + \Phi_{L1} \tag{2-1}$$

$$\Phi_2 = \Phi_{22} + \Phi_{L2} \tag{2-2}$$

与发射线圈和接收线圈相交链的总磁通分别为

$$\Phi_{1\Sigma} = \Phi_1 + \Phi_{22} \tag{2-3}$$

$$\Phi_{2\Sigma} = \Phi_2 + \Phi_{11} \tag{2-4}$$

依据磁路基本定律可得

$$u_1 = N_1 \frac{\mathrm{d}(\varPhi_1 + \varPhi_{22})}{\mathrm{d}t} = N_1 \frac{\mathrm{d}(\varPhi_{11} + \varPhi_{L1} + \varPhi_{22})}{\mathrm{d}t}$$

$$= N_1 \frac{\mathrm{d}(\varPhi_{22} + \varPhi_{11})}{\mathrm{d}t} + N_1 \frac{\mathrm{d}\varPhi_{L2}}{\mathrm{d}t} = L_m \frac{\mathrm{d}i_m}{\mathrm{d}t} + L_{s1} \frac{\mathrm{d}i_1}{\mathrm{d}t} \qquad (2\text{-}5)$$

$$u_2 = N_2 \frac{\mathrm{d}(\varPhi_2 + \varPhi_{11})}{\mathrm{d}t} = N_2 \frac{\mathrm{d}(\varPhi_{22} + \varPhi_{12} + \varPhi_{11})}{\mathrm{d}t}$$

$$= N_2 \frac{\mathrm{d}(\varPhi_{22} + \varPhi_{11})}{\mathrm{d}t} + N_2 \frac{\mathrm{d}\varPhi_{12}}{\mathrm{d}t} = \frac{N_2}{N_1} L_m \frac{\mathrm{d}i_m}{\mathrm{d}t} + L_{s2} \frac{\mathrm{d}i_2}{\mathrm{d}t} \qquad (2\text{-}6)$$

式中，L_m 和 i_m 分别为励磁电感与励磁电流，$L_m = N_1 \varPhi_{11}/i_1 = N_2 \varPhi_{22}/i_2$，$i_m = i_0 = i_1 = i_2 N_2/N_1$；$L_{s1}$ 与 L_{s2} 分别为发射及接收漏电感，$L_{s1} = N_1 \varPhi_{L1}/i_1$，$L_{s2} = N_2 \varPhi_{L2}/i_2$。

对松耦合变压器的接收电路进行线圈折算，即令

$$\begin{cases} i_2' = \dfrac{N_2}{N_1} i_2 \\[2mm] u_2' = \dfrac{N_1}{N_2} u_2 \\[2mm] L_{s2}' = \left(\dfrac{N_1}{N_2}\right)^2 L_{s2} \end{cases} \qquad (2\text{-}7)$$

可得接收电压的折算方程：

$$u_2' = L_m \frac{\mathrm{d}i_m}{\mathrm{d}t} + L_{s2}' \frac{\mathrm{d}i_2'}{\mathrm{d}t} \qquad (2\text{-}8)$$

由式（2-5）及式（2-8）得到如图 2-2b 所示的松耦合变压器漏感等效电路模型，由于发射线圈与接收线圈中漏感的存在，松耦合变压器的发射接收电压不再呈线性关系变化。将松耦合变压器的漏感等效电路模型可表示为 T 形等效电路模型。

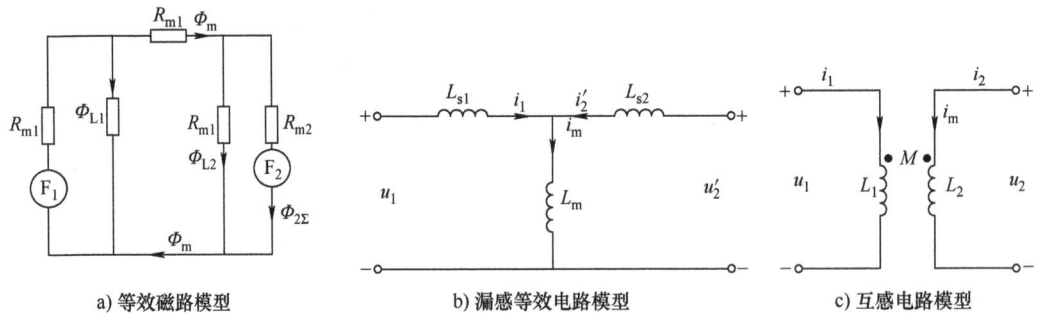

a) 等效磁路模型　　　　b) 漏感等效电路模型　　　　c) 互感电路模型

图 2-2　松耦合变压器模型

令 M 表示发射和接收线圈之间的互感，则有

$$M = \frac{N_2 \varPhi_{11}}{i_1} = \frac{N_1 \varPhi_{22}}{i_2} = \frac{N_2}{N_1} L_m \qquad (2\text{-}9)$$

则

$$u_1 = N_1 \frac{\mathrm{d}(\varPhi_1 + \varPhi_{22})}{\mathrm{d}t} = L_1 \frac{\mathrm{d}i_1}{\mathrm{d}t} + M \frac{\mathrm{d}i_2}{\mathrm{d}t} \qquad (2\text{-}10)$$

$$u_2 = N_2 \frac{\mathrm{d}(\varPhi_2 + \varPhi_{11})}{\mathrm{d}t} = L_2 \frac{\mathrm{d}i_2}{\mathrm{d}t} + M \frac{\mathrm{d}i_1}{\mathrm{d}t} \qquad (2\text{-}11)$$

式中，$L_1 = N_1\varPhi_1/i_1$，$L_2 = N_2\varPhi_2/i_2$ 分别为松耦合变压器的发射和接收线圈自感。由以上公式，漏感等效电路图中 $L_{s1} = L_1 - L_m$，$L_{s2} = L_2 - L_m$。在感应耦合系统中，通常定义耦合系数 k 来描述两个线圈的电磁耦合松紧程度，即表示两个线圈的互感磁通链与自感磁通链的比值，有

$$k = \sqrt{\frac{|\varPsi_{12} \| \varPsi_{21}|}{\varPsi_{11} \varPsi_{22}}} \qquad (2\text{-}12)$$

式中，$\varPsi_{11}$ 与 $\varPsi_{21}$ 分别为发射电流所产生的与发射线圈交链的自感磁链及与接收线圈交链的互感磁链，$\varPsi_{22}$ 与 $\varPsi_{12}$ 分别为接收电流所产生的与接收线圈交链的自感磁链及与发射线圈相交链的互感磁链。从而可得耦合系数 k：

$$k = \frac{M}{\sqrt{L_1 L_2}} \qquad (2\text{-}13)$$

在理想变压器及全耦合变压器中，耦合系数 $k = 1$。在普通的电力变压器中，其耦合系数通常都在 0.95 以上，而常见的感应电机，其耦合系数也在 0.92 以上，都属于电磁紧密耦合系统。在非接触感应耦合电能传输系统中，由于较长的发射导轨线圈及较短的接收电能线圈，导致漏磁通相对数值较大，因此其耦合系数较低。在大功率无线电能传输系统中，耦合系数 k 在 0.2 附近；在某些感应式系统中，其耦合系数 k 约为 0.01，甚至更低。

2.1.2　无线电能传输系统互感模型

根据如图 2-2c 所示的松耦合变压器的互感等效电路，如采用电流控制电压源来表示发射和接收线圈中互感电压的作用，则可得图 2-3a 所示的等效电路，图中 $\mathrm{j}\omega I_1$ 与 $\mathrm{j}\omega I_2$ 分别表示互感对松耦合变压器发射与接收电路的影响。

根据互感电路理论，设松耦合变压器接收负载阻抗为 Z_r，r_1、r_2 分别表示发射线圈与接收线圈的内阻，则可得松耦合变压器发射与接收相互分离的等效电路，如图 2-3b、c 所示，图中 Z_{r2} 表示接收电路映射至发射电路的映射阻抗，U_{oc} 表示接收线圈通过与发射线圈的互感而获得的感应开路电压，即有

$$Z_{r2} = \frac{\omega^2 M^2}{Z_2} \qquad (2\text{-}14)$$

$$Z_2 = \mathrm{j}\omega L_2 + r_2 + Z_L \qquad (2\text{-}15)$$

$$\boldsymbol{U}_{oc} = \mathrm{j}\omega M \boldsymbol{I}_1 \qquad (2\text{-}16)$$

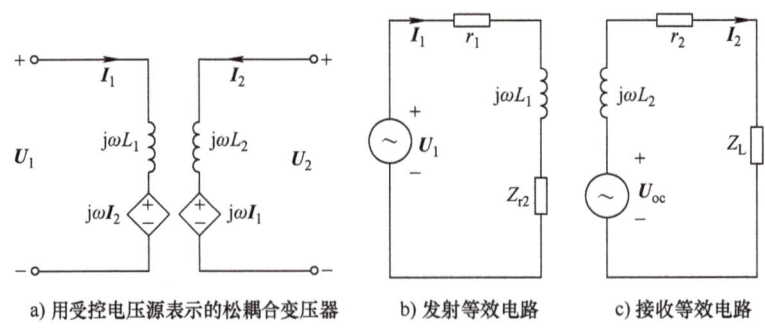

a) 用受控电压源表示的松耦合变压器　　b) 发射等效电路　　c) 接收等效电路

图 2-3　基于互感模型的松耦合变压器等效电路

与理想变压器或全耦合变压器的模型不同，由于松耦合变压器中发射与接收之间存有较长的气隙，从而在发射与接收线圈间存在较大的漏感，因而其磁路模型与电路模型都具有其自身独有的特点。松耦合变压器的等效磁路模型与松耦合变压器的物理结构相对应，即不同物理结构的松耦合变压器，其等效磁路模型受到线圈的形状、相对位置及是否采用铁心和铁心结构等因素的影响而具有不同磁路结构。对于单一发射线圈和单一接收线圈的松耦合变压器，发射线圈电流与接收线圈电流所产生的磁通与发射和接收线圈的相互交链，可分成漏磁通与互感磁通，从而可获得一致的漏感等效电路模型，不受其物理结构的影响。松耦合变压器的互感等效模型以发射线圈与接收线圈间的互感磁通为基础导出，在互感确定的情况下，基于互感模型的等效电路将变压器的发射与接收分离成两个独立电路，有利于简化分析，如图 2-4 所示。

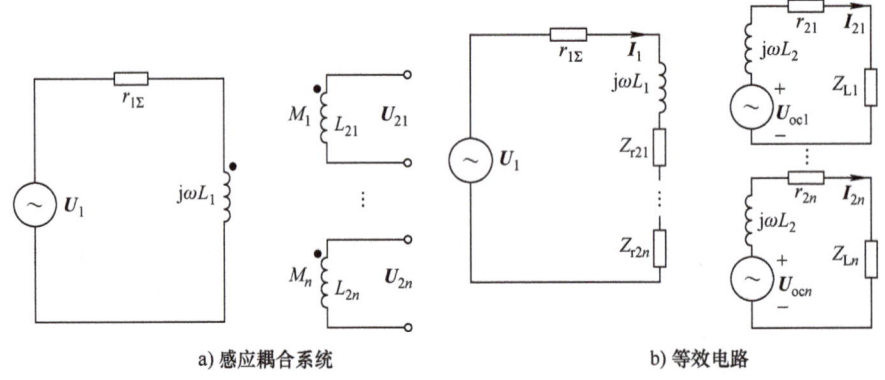

a) 感应耦合系统　　　　　　　　　　b) 等效电路

图 2-4　单一发射多接收感应耦合系统及等效电路

在实际的感应耦合系统应用中，存在着多个接收线圈的情况，超出了上面所述的等效磁路模型与等效电路模型所属范围。对于系统中存在多个负载拾取线圈的情况，根据无线电能传输系统现有的应用情况，如电子设备无线充电通用平台和发射线圈为导轨形式的感应耦合方式，多为接收线圈通过与发射线圈的部分磁通耦合来获得感应电能的情况，从磁路结构方面分析，属于并联磁路结构，即负载侧接收线圈分别与发射线圈所产生的部分磁通耦合。

对具有多个接收线圈的感应耦合系统进行分析，为了降低系统的复杂性，通常设定接收线圈之间的互感为零，即互感磁通只存在于发射线圈与接收线圈之间。此时，根据发射线圈的空间分布情况，对多负载感应耦合系统的分析，可分成一个发射电感线圈结构及多个电感线圈串联结构两种情况，下面将分别展开进行分析。基于互感模型的等效电路可以将松耦合变压器的发射与接收分离成相对独立的电路进行分析，具有一定的优越性。对于多负载线圈感应耦合系统电路模型的分析，都将基于互感电路原理。

在图 2-4b 所示的等效电路中：

$$I_1 = \frac{U_1}{r_1 + j\omega L_1 + Z_{r2\Sigma}} \tag{2-17}$$

$$Z_{r2\Sigma} = Z_{r21} + \cdots + Z_{r2n} \tag{2-18}$$

$$I_{2i} = \frac{U_{oci}}{j\omega L_{2i} + r_{2i} + Z_{Li}} \tag{2-19}$$

对单一发射线圈、多个负载线圈的感应耦合系统，在忽略各接收线圈之间互感的情况下，多负载系统对于松耦合变压器发射的影响表现为增加了反射阻抗。而对于感应耦合系统负载侧而言，拾取负载所能获得的电能主要取决于一次侧发射电流大小、接收线圈与发射线圈的互感大小及负载侧自身的电路参数。

图 2-5a 所示为多个发射线圈、多个接收线圈的感应耦合系统电路图，在此类多负载感应耦合系统中，发射线圈与接收线圈一一对应，可用于电动汽车无线充电平台等的感应耦合无线电能传输。在多发射线圈多接收线圈感应耦合系统中，多个发射线圈通过串联方式连接，为简化系统分析，设定多负载感应耦合系统中多个接收线圈之间互感磁通为零，且单个接收线圈仅和与之对应的发射线圈之间存在互感磁通，而与其他发射线圈之间不存在互感磁通，根据互感理论，则可得到图 2-5b 所示的多发射线圈多接收线圈感应耦合系统的发射和接收相互分离的等效电路图，与采用单一发射线圈的多接收线圈感应耦合系统相比较，在多发射线圈感应耦合系统中，其接收负载侧电路模型与单一发射线圈相同，主要区别在于发射端等效电路模型，如图 2-5b 所示，发射电流 I_1 为

$$I_1 = \frac{U_1}{r_{1\Sigma} + j\omega L_{1\Sigma} + Z_{r2\Sigma}} \tag{2-20}$$

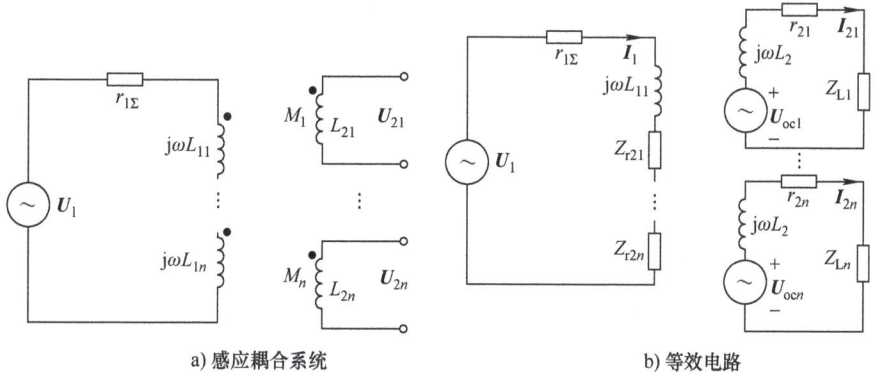

a) 感应耦合系统　　　　　　　　　　b) 等效电路

图 2-5　多发射多接收感应耦合系统及等效电路

9

对于多负载感应耦合系统，当系统中接收线圈与发射线圈之间的互感确定的情况下，单一的发射线圈或者多个发射线圈对系统的传输功率不产生实质性影响，即在发射电流恒定的条件下，负载侧所获得的开路感应电压仅与系统的运行频率有关，此时，多发射线圈形式或单个发射线圈形式仅仅影响到负载拾取线圈与发射线圈之间的相对耦合系数。如在互感 M_i 恒定时，令多发射线圈多负载系统中第 i 个接收线圈与第 i 个发射线圈之间的耦合系数为 k_i，则有

$$k_i = \frac{M_i}{\sqrt{L_{1i} L_{2i}}} \qquad (2\text{-}21)$$

将其折算到单发射线圈多负载感应耦合系统中，设第 i 个负载拾取线圈与发射线圈之间的耦合系数为 k_i，则有

$$k_i = \frac{M_i}{\sqrt{L_{1\Sigma} L_{2i}}} \qquad (2\text{-}22)$$

设各个发射线圈的自感相同，则可得

$$k_i = \frac{M_i}{\sqrt{n L_{1i} L_{2i}}} = \frac{1}{\sqrt{n}} k_i \qquad (2\text{-}23)$$

式（2-22）和式（2-23）即为单发射多负载感应耦合系统与多发射线圈多负载感应耦合系统间耦合系数的换算公式。

2.2 耦合模模型

2.2.1 耦合模理论基础

耦合模理论是研究两个或多个电磁波模式间相互耦合规律的理论，在数学上属于微扰分析的一种特殊形式，它为振荡系统与传输系统概念、性质的理解以及解决很多应用问题提供了一种普遍适用的工具，可以方便地描述光学非线性及光波、声波相互作用等波动现象的一般规律，并成为一种重要且准确的用于描述高频波动振荡或传输特性的解析方法。

下面从四个方面叙述耦合模的理论基础。

1. 耦合模理论基本原理

耦合模理论的基本思想可以概括为：首先将某一个复杂耦合系统分解为一定数量的独立部分或单元；然后分别正确求解每一个独立单元的约束方程组，并且将得到的解表示为该单元的"简正模"；同时认为原有复杂系统的整体表现是由相互存在弱耦合的孤立单元组成，这种耦合只会对每一个单元的运行状态产生微小的扰动，原有耦合系统的整体表现则是由独立单元的微扰叠加而来。某一电磁波传输时，在特定边界条件下将会存在无穷多个分立模式。当处于均匀、线性、无源系统中时，各个模式之间是正交的，不存在能量的交换。当系统出现扰动或者引入某种耦合机制时，模式之间出现耦合，一般可分为振荡系统与传输系统中的耦合问题，任意模式之间的耦合可以通过矩阵方程表示，即

$$[P]\frac{\mathrm{d}}{\mathrm{d}z}[A] = -j[H][A] - j[K][A] - j[F][A] \qquad (2\text{-}24)$$

式中，$[A]$ 为含有系统中不同模式幅值的列向量；$[P]$ 为能量矩阵；$[H]$ 为自身的耦合，即倏逝波耦合矩阵；$[K]$ 为对于周期性光栅扰动耦合矩阵；$[F]$ 为锥形诱导耦合。

振荡系统的耦合问题主要描述电磁波在某一区域内传输时，随着时间的推移而出现在该区域任何一固定位置上模式幅值与相位的变化规律。另外，传输系统的耦合问题主要描述沿着电磁波传输的路径，不同位置上在某一固定时刻时模式幅值与相位的变化规律。上述两种方式导出的耦合方程组具有相同的形式且能够互相比拟，比如传输中对距离的推进与振荡器中对时间的推移作用相同，同时传输线单位长度能量与振荡器中单位时间内的功率相对应。本章将从耦合模理论出发，研究电磁耦合谐振式无线电能传输技术的基本特点与前提条件。

2. 模式的定义

模式的概念是光波导理论的基本概念之一，理解模式概念是耦合模理论的基础之一。1864 年，麦克斯韦在前人关于电磁现象的实验与理论研究成果的基础上，提出了描述电磁场性质的一整套宏观方程，并预言电磁波的存在。由此准确描述电场与磁场之间的相互关系，开创了电磁理论研究的新纪元，其方程组的微分形式为

$$\begin{cases} \nabla \times \boldsymbol{E} = -\dfrac{\partial \boldsymbol{B}}{\partial t} \\ \nabla \times \boldsymbol{H} = \boldsymbol{J} + \dfrac{\partial \boldsymbol{D}}{\partial t} \\ \nabla \cdot \boldsymbol{D} = \rho \\ \nabla \cdot \boldsymbol{B} = 0 \end{cases} \qquad (2\text{-}25)$$

式中，$\boldsymbol{E}$ 为电场强度；$\boldsymbol{D}$ 为电通量密度；$\boldsymbol{H}$ 为磁场强度；$\boldsymbol{B}$ 为磁通密度；$\boldsymbol{J}$ 为电流密度；ρ 为电荷密度。利用某一标量场旋度的散度为零，对第二个方程求散度可得

$$\nabla \cdot \boldsymbol{J} = -\frac{\partial \rho}{\partial t} \qquad (2\text{-}26)$$

该式表示场中任一处流出的电流等于该处的电荷减少率，即电荷守恒定律。通过该定律可推导出麦克斯韦方程组的第三与第四个方程。另外用于描述电磁介质的本构方程见式（2-27）。

$$\begin{cases} \boldsymbol{D} = \varepsilon \boldsymbol{E} = \varepsilon_0 \boldsymbol{E} + \boldsymbol{P} \\ \boldsymbol{B} = \mu \boldsymbol{H} = \mu_0 \boldsymbol{H} + \boldsymbol{M} \\ \boldsymbol{J} = \gamma \boldsymbol{E} \end{cases} \qquad (2\text{-}27)$$

式中，ε 与 ε_0 为介质与真空中的介电常数；μ 与 μ_0 为介质与真空中的磁导率；γ 为介质电导率；$\boldsymbol{P}$ 与 $\boldsymbol{M}$ 分别为电极化强度与磁极化强度。对于各向同性的线性时不变波导有

$$\boldsymbol{D} = \varepsilon_0 \Big[\boldsymbol{E} + \int_{-\infty}^{+\infty} x^{(1)}(t-t_1)\boldsymbol{E}(r,t_1)\mathrm{d}t_1 \Big] \qquad (2\text{-}28)$$

对上式进行傅里叶变换可得

$$\boldsymbol{D} = \varepsilon(\omega)\boldsymbol{E} \qquad (2\text{-}29)$$

由此可知，$\boldsymbol{D}$、ε 与 $\boldsymbol{E}$ 都是与角频率 ω 有关的矢量函数。根据麦克斯韦方程并利用式（2-30）所示的矢量恒等式，能够推导出亥姆霍兹方程，即

$$\nabla \times (\nabla \times \boldsymbol{E}) = \nabla \times (\nabla \cdot \boldsymbol{E}) - \nabla^2 \boldsymbol{E} \qquad (2\text{-}30)$$

$$\begin{cases} \nabla^2 \boldsymbol{E} + k_\lambda^2 n^2 \boldsymbol{E} + \nabla\left(\boldsymbol{E} \cdot \dfrac{\nabla\varepsilon}{\varepsilon}\right) = 0 \\[3mm] \nabla^2 \boldsymbol{H} + k_\lambda^2 n^2 \boldsymbol{H} + \dfrac{\nabla\varepsilon}{\varepsilon} \times (\nabla \times \boldsymbol{H}) = 0 \end{cases} \qquad (2\text{-}31)$$

式中，$k_\lambda = 2\pi/\lambda$ 为真空中的波数，λ 为波长，$n^2 = \varepsilon/\varepsilon_0$。当波导折射率沿 z 方向保持恒定时，电磁波在空间的分布可表示为

$$\begin{pmatrix} E \\ H \end{pmatrix}(x,y,z) = \begin{pmatrix} e \\ h \end{pmatrix}(x,y)\mathrm{e}^{\mathrm{j}\beta z} \qquad (2\text{-}32)$$

式中，β 为传输常数，将式（2-32）代入式（2-31），并考虑：

$$\begin{cases} \nabla^2 = \nabla_t^2 + \dfrac{\partial^2}{\partial z^2} \\[3mm] \nabla^2 \boldsymbol{E} = (\nabla_t^2 e)\mathrm{e}^{\mathrm{j}\beta x} + (-\beta^2)e\mathrm{e}^{\mathrm{j}\beta z} \\[3mm] \nabla\left(\boldsymbol{E} \cdot \dfrac{\nabla\varepsilon}{\varepsilon}\right) = \nabla\left(e\mathrm{e}^{\mathrm{j}\beta x} \cdot \dfrac{\nabla\varepsilon}{\varepsilon}\right) = \left[\nabla\left(e \cdot \dfrac{\nabla\varepsilon}{\varepsilon}\right)\right]\mathrm{e}^{\mathrm{j}\beta z} + \left(e \cdot \dfrac{\nabla\varepsilon}{\varepsilon}\right)\nabla\mathrm{e}^{\mathrm{j}\beta z} \\[3mm] \nabla\mathrm{e}^{\mathrm{j}\beta x} = \hat{z}\boldsymbol{\beta}\mathrm{e}^{\mathrm{j}\beta x} \\[3mm] \dfrac{\nabla\varepsilon}{\varepsilon} \times (\hat{z} \times h) = \hat{z}\left(\dfrac{\nabla\varepsilon}{\varepsilon} \cdot h\right) - h\left(\hat{z} \cdot \dfrac{\nabla\varepsilon}{\varepsilon}\right) \end{cases} \qquad (2\text{-}33)$$

可得

$$\begin{cases} [\nabla_t^2 + (k^2 n^2 - \beta^2)]e + \nabla_t\left(e \cdot \dfrac{\nabla_t\varepsilon}{\varepsilon}\right) + \mathrm{j}\beta\hat{z}\left(e \cdot \dfrac{\nabla_t\varepsilon}{\varepsilon}\right) \\[3mm] [\nabla_t^2 + (k^2 n^2 - \beta^2)]h + \dfrac{\nabla_t\varepsilon}{\varepsilon} \times (\nabla_t \times h) + \mathrm{j}\beta\hat{z}\left(h \cdot \dfrac{\nabla_t\varepsilon}{\varepsilon}\right) \end{cases} \qquad (2\text{-}34)$$

由式（2-34）可知，该式是关于 x, y 的二元偏微分方程组。根据偏微分方程理论，对于不同的特定边界条件，它可以得出无穷多个离散的特征解，每一组特征解可以表示为

$$\begin{pmatrix} E \\ H \end{pmatrix} = \begin{pmatrix} e_i \\ h_i \end{pmatrix}(x,y)\mathrm{e}^{\mathrm{j}\beta_i z} \quad (i = 1, 2, \cdots, N) \qquad (2\text{-}35)$$

式（2-35）的每一个特征解为一种模式，在数学上它表示亥姆霍兹方程的一个特解，并满足波导中心有界、边界趋近于无穷时为零的边界条件。其物理意义在于波导中电磁场沿在某一截面上分布的特定场图，该场图存在与否取决于激励源的性质。由式（2-35）可以解出波导中可能存在的 N 种模式，这些模式的线性组合则构成了波导中的整体电磁场的分布。

3. 传输模式的耦合模方程组

对于均匀无损传输线，它由两根平行导线构成，并处于某种无损电介质中，如图 2-6 所示。

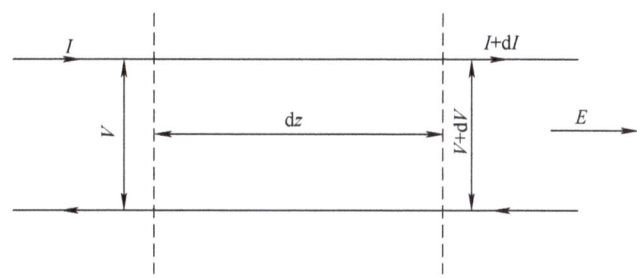

图 2-6　无损传输线模型

根据定义，在任意平面内，E 的旋度为零，而且可表示为点位函数的负梯度，因此传输线任一平面内传输线 1 和 2 之间的电压仍有意义，它可表示为

$$V = \int_1^2 E \mathrm{d}s \qquad (2-36)$$

式（2-36）中，电压通过某一截面上的面积分得到，因为在某一时刻 t 传输线的不同截面电场分布均不相同，从而导致传输线 1 和 2 上两点电压可能并不相同，所以直接称为传输线两导体的电压过于笼统，而应该称为某一平面内传输线 1 和 2 的电压。流过传输线两导体单位长度的电流可表示为

$$I = \oint H \mathrm{d}s \qquad (2-37)$$

式（2-37）中，曲面积分路径是该截面上围绕导体的闭合表面。在与传输线平行的方向上，平均电磁功率流可以通过对坡印亭矢量积分得到，即

$$\boldsymbol{P}_e = \frac{1}{2} \mathrm{Re}(VT^*) = \iint \frac{1}{2} R_0 (\boldsymbol{E} \times \boldsymbol{H}^*) \cdot \boldsymbol{e}_\lambda \mathrm{d}x\mathrm{d}y \qquad (2-38)$$

式中，$\boldsymbol{e}_\lambda$ 为电磁波传播方向的单位矢量。

而对于有损传输线的情况，如图 2-7 所示，图中 R_0、L_0 表示传输线上单位长度的串联电阻与电感，G_0、C_0 表示单位长度上并联电导与电容。对于该等效电路中单位长度 $\mathrm{d}z$ 而言，由于串联电阻与电感的存在，其电压降可表示为

$$\mathrm{d}V = -\frac{\partial V}{\partial z} \mathrm{d}z = R_0 \mathrm{d}zI + L_0 \mathrm{d}z \frac{\partial I}{\partial t} \qquad (2-39)$$

另外，由于并联电容与电导的作用，电流减小量 $\mathrm{d}I$ 可表示为

$$\mathrm{d}I = -\frac{\partial I}{\partial z} \mathrm{d}z = G_0 \mathrm{d}zV + C_0 \mathrm{d}z \frac{\partial V}{\partial t} \qquad (2-40)$$

由于 $\mathrm{d}V$ 与 $\mathrm{d}I$ 是关于位置及时间的函数，因此该方程必须表示为偏微分形式。当损耗忽略不计时，理想传输线方程组为

$$\begin{cases} \dfrac{\partial V}{\partial z}(z,t) = -L_0 \dfrac{\partial I}{\partial t}(z,t) \\[3mm] \dfrac{\partial I}{\partial z}(z,t) = -C_0 \dfrac{\partial V}{\partial t}(z,t) \end{cases} \tag{2-41}$$

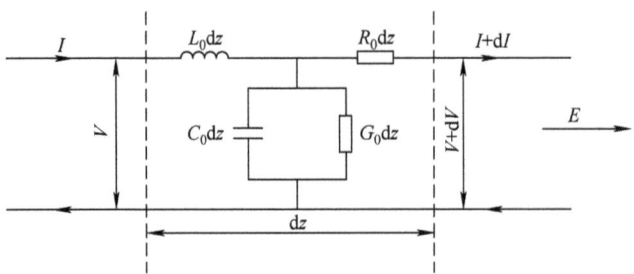

图 2-7　有损传输线模型

式（2-41）表明，传输线上电压与电流之间存在耦合关系，在波的传播过程中将会发生电能与磁能的转换。为得到传输模式下的耦合模方程组，设定归一化参数 $b_\pm(z,t)$，即

$$b_\pm(z,t) = \frac{1}{2}\frac{1}{\sqrt{Z_0}}[V(z,t) \pm Z_0 I(z,t)] \tag{2-42}$$

式中，$Z_0 = (L_0/C_0)^{0.5}$ 为传输线特性阻抗。将式（2-42）代入式（2-41）并化简可得

$$\frac{\partial b_\pm}{\partial z} = \mp\sqrt{L_0 C_0}\,\frac{\partial b_\pm}{\partial t} \tag{2-43}$$

根据欧拉定理，可将其表示为复量形式，即

$$b_\pm(z,t) = a_\pm(z)e^{j\omega t} + a_\pm^*(z)e^{-j\omega t} \tag{2-44}$$

式中，传输模式可表示为

$$a_\pm(z) = \frac{1}{4\sqrt{Z_0}}[V(z) \pm Z_0 I(z)] \tag{2-45}$$

通过上述化简措施，传输模式实现了时间与空间的解耦，并且 a_+ 与 a_- 可以视为传输线方程的两个独立解。将式（2-45）代入式（2-41）并化简后，可得传输线方程的简正模形式，即

$$\begin{cases} \left(\dfrac{d}{dz} + j\beta\right)a_+(z) = 0 \\[3mm] \left(\dfrac{d}{dz} - j\beta\right)a_-(z) = 0 \\[3mm] \left(\dfrac{d}{dz} - j\beta\right)a_+^*(z) = 0 \\[3mm] \left(\dfrac{d}{dz} + j\beta\right)a_-^*(z) = 0 \end{cases} \tag{2-46}$$

式中，$\beta = \omega(L_0 C_0)^{0.5}$ 为传输线的传播常数。同时模式 a_+ 与 a_+^* 可视为是两个沿正向传输的反向旋转矢量，而 a_- 与 a_-^* 则表示两个沿反向传输的反向旋转的矢量。需要指出的是，不论选取的振荡模是正向还是反向旋转的，都不会影响结论的一般性。对于沿传输线传输的平均功率，由于该功率是通过坡印亭矢量在与传输方向垂直的截面上求面积分得到的，利用等效电路的表示方法，可以写成

$$P = \overline{VI} = \overline{b_+^2} + \overline{b_-^2} = 2[|a_+(z)|^2 - |a_-(z)|^2] \equiv 2[|a_+(0)|^2 - |a_-(0)|^2] \tag{2-47}$$

4. 弱耦合与强耦合模型

电磁波传输可以发生在单个波导的不同部分，也可以发生在两个或多个波导之间。实际过程中，当电磁波传播时，不同模式之间都会存在着少量的能量交换，这种现象可称为弱耦合。为简化问题，研究两个模式之间的弱耦合特性，并假设系统有如下边界条件：

$$a_1(z)|_{z=0} = 1, \quad a_2(z)|_{z=0} = 0 \tag{2-48}$$

考虑模式中的两正向旋转振荡模并表示为 a_1 与 a_2，当系统微弱耦合时，可以忽略由 a_2 转换到 a_1 的一小部分功率，这时有耦合模方程组

$$\begin{cases} \dfrac{da_1(z)}{dz} = j\beta_1 a_1(z) \\ \dfrac{da_2(z)}{dz} = j\beta_2 a_2(z) + j\kappa a_1(z) \end{cases} \tag{2-49}$$

式（2-48）对应的方程组的解可表示为

$$\begin{cases} a_1(z) = e^{j\beta_1 z} \\ a_2(z) = j\kappa e^{-j\beta_2 z} \displaystyle\int_0^z e^{-j\beta_2 z} a_1(z) dz = \dfrac{\Lambda}{2}[1 - e^{j\Delta\beta z}]e^{-j\beta_2 z} \end{cases} \tag{2-50}$$

式中，κ 为模式耦合因数；$\Delta\beta = \beta_1 - \beta_2$；$\Lambda = 2\kappa/\Delta\beta$。由式（2-50）可知，满足弱耦合的条件是 $|\Lambda| \ll 1$，因此只有满足以上条件，a_2 模式获得的功率才不至于影响 a_1 模式的总体功率。

在另外的一些波导问题中，模式之间会发生强烈的耦合。例如，使激发波导中某一模式下的功率通过定向耦合器一部分或者全部转换到另一被激发的波导中。在这一类问题中 a_1 与 a_2 将发生强烈的能量交换，因此模式之间的相互耦合项都不可以去掉。同样根据式（2-48）设定的边界条件，其传输模式耦合模方程组的解为

$$\begin{cases} a_1(z) = \dfrac{1}{2}\{1 - [1 + \Lambda^2]^{-1/2}\}e^{jh_1 z} + \dfrac{1}{2}\{1 + [1 + \Lambda^2]^{-1/2}\}e^{jh_2 z} \\ a_2(z) = \dfrac{1}{2}[1 + \Lambda^{-2}]\{e^{-jh_1 z} - e^{-jh_2 z}\} \end{cases} \tag{2-51}$$

式中，中间变量 h_1 与 h_2 可表示为

$$\begin{cases} h_1 = \dfrac{\beta_1 + \beta_2}{2} - \kappa[1 + \Lambda^{-2}]^{1/2} \\ h_2 = \dfrac{\beta_1 + \beta_2}{2} + \kappa[1 + \Lambda^{-2}]^{1/2} \end{cases} \tag{2-52}$$

另外，变量 Λ 可表示为

$$\Lambda = \frac{2\kappa}{\beta_1 - \beta_2} \tag{2-53}$$

在式（2-52）中，h_1、h_2 的物理意义是电磁波在波导结构中两个向前传输的简正模式的相位常数，它们由原有的两个传输模式的相位常数算术平均值 $(\beta_1+\beta_2)/2$ 与描述模式间耦合程度的量值 $\pm[1+\Lambda^2]^{0.5}$ 构成。而对于参数 Λ，它对简正模与相位常数都有贡献，为了更为直观地描述 Λ 与模式耦合因数 κ 的区别，可以将两种模式的功率函数表示为

$$\begin{cases} P_1 = |a_1(z)|^2 = 1 - [1+\Lambda^{-2}]^{-1} \sin^2(1+\Lambda^{-2})^{1/2}\kappa z \\ P_2 = |a_2(z)|^2 = [1+\Lambda^{-2}]^{-1} \sin^2(1+\Lambda^{-2})^{1/2}\kappa z \end{cases} \tag{2-54}$$

该式表明，相互耦合的模式之间存在功率的交换，而功率交换的程度与 Λ 直接相关。Λ 值越大，互相交换的功率就会越大；反之，Λ 值越小互相交换的功率就会越小。根据式（2-53），决定 Λ 大小一方面取决于模式耦合因数 κ，另一方面还与相位常数之差 $\Delta\beta = \beta_1-\beta_2$ 有关，将这两个因素结合起来就会得到模式之间的耦合能力因数 Λ。因此为了获得最大限度的能量交换，可以使两种模式的相位常数相等，这样两种模式在波导系统中传输时可以始终保持空间的同步，从而大功率的转换能够持续进行。由此可以根据模式耦合因数 κ 与耦合能力因数 Λ 对波形之间的不同耦合情况进行分类。当 κ 足够大时，即使 Λ 很小，模式之间也会有一定的功率交换，此种情况可称为紧耦合；反之，当 κ 很小时，称为松耦合。而当 Λ 很大时，也可以实现大功率的能量交换，可将此种情况称为强耦合，反之，将 Λ 很小时的耦合称为弱耦合。

2.2.2　无线电能传输系统耦合模模型

1. 振荡模式的耦合模方程

传输模式耦合模方程主要关注电磁波在波导中传输时，空间不同位置的耦合情况。而对于无线电能传输系统，其利用分布式电容电感构成谐振系统并完成能量交换的独特方式与电磁波传输时的特性有所不同，因为前者可以忽略电磁波传输过程中不同位置的相位差，并认为振荡器上任意位置的电磁参数具有相同相角速度，即在耦合模方程组中可以忽略空间对系统的影响因素。虽然目前很多波导特性通过传输模式的耦合模方程组进行分析，但对于无线电能传输系统中的能量耦合问题，能量的交换一般通过两个或者多个振荡器的近场区完成，应用振荡模式的耦合模方程将更为方便。

对于图 2-8 所示的 LC 无损振荡电路，V、I、L、C 分别表示振荡电路中的电压、电流、电感与电容。在电感周围的磁场中含有磁场储能，而电容器极板之间的电场中含有电场储能，由基本的电路定理可得电路的约束方程为

$$\begin{cases} \dfrac{dI}{dt} = -\dfrac{1}{L}V \\ \dfrac{dV}{dt} = \dfrac{1}{C}I \end{cases} \tag{2-55}$$

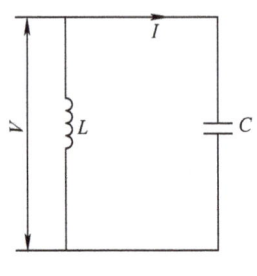

图 2-8　LC 无损振荡电路

式（2-55）中耦合的符号相反表示系统将发生振荡，且能量将在磁场与电场间发生周期性的交换，同时可通过该式中两个相互耦合的一阶微分方程得到一个关于电压的去耦合二阶微分方程，即

$$\frac{\mathrm{d}^2 V}{\mathrm{d}t^2} + \omega_0^2 V = 0 \tag{2-56}$$

式中，$\omega_0 = (LC)^{-0.5}$ 为一阶 LC 电路的谐振角频率。为了方便求解方程组的简正模，可将该方程表示为哈密顿方程组的线性组合，即通过两个去耦合的一阶微分方程来描述该方程，即

$$\frac{\mathrm{d}}{\mathrm{d}t}\left(I \pm \mathrm{j}\sqrt{\frac{L}{C}}V\right) = \pm \frac{1}{\sqrt{LC}}\left(I \pm \mathrm{j}\sqrt{\frac{L}{C}}V\right) \tag{2-57}$$

令 $\begin{cases} a = \dfrac{1}{2}\sqrt{L}(I + \mathrm{j}\omega CV) \\ a^* = \dfrac{1}{2}\sqrt{L}(I - \mathrm{j}\omega CV) \end{cases}$，则原电路约束方程可表示为

$$\begin{cases} \left(\dfrac{\mathrm{d}}{\mathrm{d}t} - \mathrm{j}\omega\right)a = 0 \\ \left(\dfrac{\mathrm{d}}{\mathrm{d}t} + \mathrm{j}\omega\right)a^* = 0 \end{cases} \tag{2-58}$$

式中，a 与 a^* 为系统中正向与反向旋转的振荡单元简正模幅度，或者称为简正模。与传输系统中的简正模类似，振荡系统的简正模是多自由度振荡的不同组合，彼此之间相互正交。对于某一振荡系统，如果初始状态符合某种简正模式，则系统以此模式工作，其他模式不会被激发；如果初始振荡状态是任意的，则该系统的振荡特性则为各简正模式按一定比例组成的线性组合。同时其二范数具有能量量纲，且简正模二范数的总和即为系统中所存储的总能量 W，对于图 2-8 所示的振荡系统有

$$W = |a(t)|^2 + |a^*(t)|^2 = \frac{1}{2}[CV^2(t) + LI^2(t)] \tag{2-59}$$

同时，a 与 a^* 还满足

$$|a(t)|^2 = |a^*(t)|^2 = \frac{1}{4}[CV^2(t) + LI^2(t)] \tag{2-60}$$

2. 无损振荡系统耦合模方程

当两个无损振荡器发生耦合时，可通过耦合模方程组进行解释。两个无损振荡器间的能量交换如图 2-9 所示，a_1、a_2，L_1、L_2，C_1、C_2 分别为振荡器 A_1 和 A_2 的简正模、等效电感与电容；ω_{01}、ω_{02} 分别为 A_1 与 A_2 的自然谐振角频率；M_{12} 为振荡器之间的互感。当两个相互耦合的线性振荡器可忽略损耗时，系统可以表示为两组互为共轭关系的振荡模，见式（2-61），其中 $\kappa_{ij}(i \neq j, i,j \in 1,2,3,4)$ 表示不同模式间的耦合因数。

$$\frac{d}{dt}\begin{bmatrix} a_1 \\ a_2 \\ a_1^* \\ a_2^* \end{bmatrix} = \begin{bmatrix} j\omega_{01} & \kappa_{12} & \kappa_{13} & \kappa_{14} \\ \kappa_{21} & j\omega_{02} & \kappa_{23} & \kappa_{24} \\ \kappa_{31} & \kappa_{32} & -j\omega_{01} & \kappa_{34} \\ \kappa_{41} & \kappa_{42} & \kappa_{43} & -j\omega_{02} \end{bmatrix}\begin{bmatrix} a_1 \\ a_2 \\ a_1^* \\ a_2^* \end{bmatrix} \qquad (2\text{-}61)$$

由于每组中振荡模互为共轭，且正向与反向旋转的振荡模彼此影响很小，因此可以取其中两个进行分析以简化问题。需要指出的是，不论选取的振荡模是正向还是反向旋转的，都不会影响结论的一般性。

因此考虑振荡器中的两正向旋转振荡模 a_1 与 a_2，这时有耦合模方程组

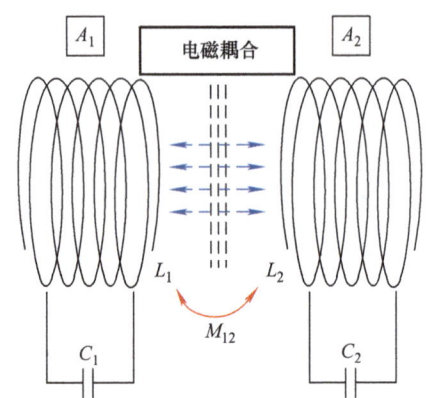

$$\begin{cases} \dfrac{da_1}{dt} = j\omega_{01}a_1 + \kappa_{12}a_2 \\ \dfrac{da_2}{dt} = \kappa_{21}a_1 + j\omega_{02}a_2 \end{cases} \qquad (2\text{-}62)$$

图 2-9　两个无损振荡器间的能量交换

一般情况下，κ_{12} 与 κ_{21} 为某种微分或积分算子，在不至于对最终结果产生很大误差的情况下，这里的讨论中将其视为一种复系数。由能量守恒定理可得，对于无源无损的两个振荡系统，不论彼此之间能量交换的量度有多少，二者的总能量必须保持恒定，则有

$$\frac{d}{dt}(|a_1|^2 + |a_2|^2) = 0 \qquad (2\text{-}63)$$

对每个简正模求导有

$$\begin{cases} \dfrac{d|a_1|^2}{dt} = a_1\dfrac{da_1^*}{dt} + a_1^*\dfrac{da_1}{dt} \\ \dfrac{d|a_2|^2}{dt} = a_2\dfrac{da_2^*}{dt} + a_2^*\dfrac{da_2}{dt} \end{cases} \qquad (2\text{-}64)$$

将式（2-64）代入式（2-63）可得

$$a_1\frac{da_1^*}{dt} + a_1^*\frac{da_1}{dt} + a_2\frac{da_2^*}{dt} + a_2^*\frac{da_2}{dt} = a_1\kappa_{12}^*a_2^* + a_1^*\kappa_{12}a_2 + a_2\kappa_{12}^*a_1^* + a_2^*\kappa_{21}a_1 = 0 \qquad (2\text{-}65)$$

由于 a_1 与 a_2 可以是任意复数变量，因此满足式（2-65）的条件可以表示为

$$\kappa_{12} + \kappa_{21}^* = 0 \qquad (2\text{-}66)$$

或

$$\kappa_{12}^* + \kappa_{21} = 0 \qquad (2\text{-}67)$$

式（2-66）与式（2-67）体现了线性耦合系统中模式耦合因数所必须遵循的一般规律，即 a_1 对 a_2 的模式耦合因数等于 a_2 对 a_1 的模式耦合因数共轭的负值。将式（2-66）与式（2-67）代入式（2-62）可得原有振荡系统的两个去耦合二阶微分方程组，即

$$\begin{cases} \dfrac{d^2 a_1}{dt^2} - j(\omega_{01} + \omega_{02})\dfrac{da_1}{dt} - (\omega_{01}\omega_{02} + \kappa_{12}\kappa_{21})a_1 = 0 \\[2mm] \dfrac{d^2 a_2}{dt^2} - j(\omega_{01} + \omega_{02})\dfrac{da_2}{dt} - (\omega_{01}\omega_{02} + \kappa_{12}\kappa_{21})a_2 = 0 \end{cases} \tag{2-68}$$

式（2-68）中两方程结构相同，且具有相同的通解形式。为得到最终解，可先写出该式特征方程，即

$$\omega^2 - (\omega_{01} + \omega_{02})\omega + (\omega_{01}\omega_{02} + \kappa_{12}\kappa_{21}) = 0 \tag{2-69}$$

特征方程的解可表示为

$$\omega_{1,2} = \frac{\omega_{01} + \omega_{02}}{2} \pm \sqrt{\left(\frac{\omega_{01} - \omega_{02}}{2}\right)^2 + \kappa_{12}\kappa_{21}} = \frac{\omega_{01} + \omega_{02}}{2} \pm \Omega \tag{2-70}$$

$$\Omega = \sqrt{\left(\frac{\omega_{01} - \omega_{02}}{2}\right)^2 + K_{12}K_{21}} \tag{2-71}$$

而式（2-68）的解可表示为函数 $e^{j\omega_1 t}$ 与 $e^{j\omega_2 t}$ 的线性组合，即

$$\begin{cases} a_1(t) = (A_1 e^{j\Omega t} + A_2 e^{-j\Omega t})e^{j\frac{\omega_{01} + \omega_{02}}{2}t} \\[3mm] a_2(t) = (B_1 e^{j\Omega t} + B_2 e^{-j\Omega t})e^{j\frac{\omega_{01} + \omega_{02}}{2}t} \end{cases} \tag{2-72}$$

式中，A_1、A_2、B_1、B_2 为待定系数，取决于振荡器的初始工作条件。将式（2-72）代入式（2-62）时可得

$$\left\{ j\left[\alpha_{01} - \left(\frac{\omega_{01} + \omega_{02}}{2} + \Omega\right)\right]A_1 + \kappa_{12}B_1 \right\}e^{j\Omega t} + \left\{ j\left[\alpha_{01} - \left(\frac{\omega_{01} + \omega_{02}}{2} - \Omega\right)\right]A_2 + \kappa_{12}B_2 \right\}e^{-j\Omega t} = 0 \tag{2-73}$$

为了保证式（2-73）能够在任意时刻 t 都成立，两组待定系数必须满足

$$\begin{cases} B_1 = \dfrac{\dfrac{\omega_{01} - \omega_{02}}{2} - \Omega}{j\kappa_{12}} A_1 \\[5mm] B_2 = \dfrac{\dfrac{\omega_{01} - \omega_{02}}{2} + \Omega}{j\kappa_{12}} A_2 \end{cases} \tag{2-74}$$

如果在振荡器初始时刻，a_1 与 a_2 的初始值分别为 $a_1(0)|_{t=0}$ 与 $a_2(0)|_{t=0}$，结合式（2-70）～式（2-74），则有

$$\begin{cases} A_1 + A_2 = a_1(0) \\ B_1 + B_2 = \dfrac{\dfrac{\omega_{01} - \omega_{02}}{2} - \Omega}{\mathrm{j}\kappa_{12}} A_1 + \dfrac{\dfrac{\omega_{01} - \omega_{02}}{2} + \Omega}{\mathrm{j}\kappa_{12}} A_2 = a_2(0) \end{cases} \quad (2\text{-}75)$$

求解可得

$$\begin{cases} A_1 = \left(\dfrac{1}{2} + \dfrac{\omega_{01} - \omega_{02}}{4\Omega}\right) a_1(0) - \mathrm{j}\dfrac{\kappa_{12}}{2\Omega} a_2(0) \\ A_2 = \left(\dfrac{1}{2} - \dfrac{\omega_{01} - \omega_{02}}{4\Omega}\right) a_1(0) + \mathrm{j}\dfrac{\kappa_{12}}{2\Omega} a_2(0) \end{cases} \quad (2\text{-}76)$$

同理，可通过类似途径求出另外两个待定系数的表达式，即

$$\begin{cases} B_1 = \left(\dfrac{1}{2} + \dfrac{\omega_{02} - \omega_{01}}{4\Omega}\right) a_2(0) - \mathrm{j}\dfrac{\kappa_{21}}{2\Omega} a_1(0) \\ B_2 = \left(\dfrac{1}{2} - \dfrac{\omega_{02} - \omega_{01}}{4\Omega}\right) a_2(0) + \mathrm{j}\dfrac{\kappa_{21}}{2\Omega} a_1(0) \end{cases} \quad (2\text{-}77)$$

则该无损耦合系统的简正模最终可以表示为

$$\begin{cases} a_1(t) = \left[a_1(0)\left(\cos\Omega t + \mathrm{j}\dfrac{\omega_{01} - \omega_{02}}{2\Omega} \sin\Omega t \right) + a_2(0)\dfrac{\kappa_{12}}{\Omega}\sin\Omega t \right] \mathrm{e}^{\frac{\omega_{01} + \omega_{02}}{2}t} \\ a_2(t) = \left[a_2(0)\left(\cos\Omega t + \mathrm{j}\dfrac{\omega_{02} - \omega_{01}}{2\Omega} \sin\Omega t \right) + a_1(0)\dfrac{\kappa_{21}}{\Omega}\sin\Omega t \right] \mathrm{e}^{\frac{\omega_{01} + \omega_{02}}{2}t} \end{cases} \quad (2\text{-}78)$$

由式（2-78）可知，当两振荡系统发生耦合时，各简正模为以 $\mathrm{e}^{\mathrm{j}\frac{\omega_{01} + \omega_{02}}{2}t}$ 规律旋转的矢量函数，其瞬时值为调幅振荡波形，其振荡频率为两模式固有频率的平均值，而调制频率为 Ω，它决定了能量在简正模之间交换的快慢程度。同时可知，能量交换的程度受到 ω_{01}、ω_{02}、κ_{12}、κ_{21} 及 Ω 参数的共同影响，其中自然谐振角频率描述振荡系统自身的电气参量；模式耦合因数则表示振荡器所处空间位置；而调制频率 Ω 则表示简正模式之间完成一次能量交换所需要的时间，即时间对能量交换。因此如果要实现能量交换的最大化，必须综合考虑电气参量、空间位置以及交换时间三种因素的制约关系。而对于采用互感电路对系统效率的影响进行分析，只是基于电气参量的考虑而无法体现其他因素的影响，因此是存在一定片面性的。

3. 有损振荡系统耦合模方程

前面通过振荡形式的耦合模方程，得出了无损耦合系统的简正模的时域解。但是实际发生耦合的系统往往存在一定损耗。损耗的引入会对原有耦合系统的特性造成一定影响，并对系统发生最大能量交换的条件添加了新的影响因素。图 2-10 所示为两有损振荡器间的能量交换，图中 R_1 与 R_2 为振荡器 A_1 与 A_2 的等效电阻，考虑到无线电能传输系统一般通过导线制成线圈获得一定电感，因此通过 R_1 与 R_2 描述电感 L_1 与 L_2 的串联电阻。

对于每一个振荡器可将等效电路表示为图 2-11 所示的有损 LC 振荡器，从电压两端点向右看进去，该电路的等效导纳可以表示为

$$Z_{eq} = \frac{1}{R + j\omega L} + j\omega C \qquad (2\text{-}79)$$

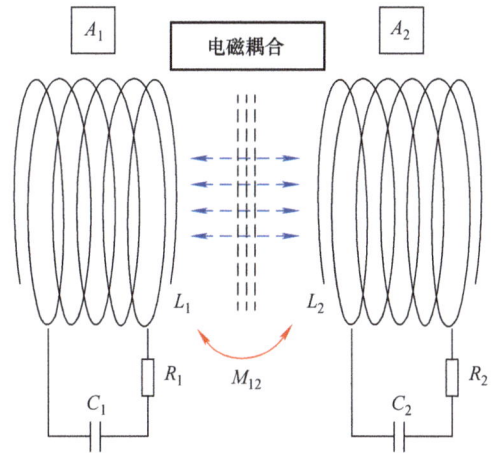

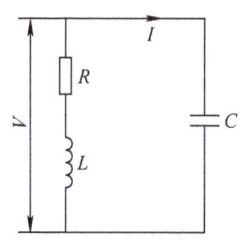

图 2-10　两有损振荡器间的能量交换　　　　图 2-11　有损 LC 振荡器

当该电路工作于谐振状态时，其等效导纳的虚部为零，系统呈现出纯电阻状态，对式（2-79）化简后其导纳虚部为

$$\frac{-j\omega L}{R^2 + \omega^2 L^2} + j\omega C = 0 \qquad (2\text{-}80)$$

如果定义该电路的品质因数为

$$Q = \frac{\omega L}{R} \qquad (2\text{-}81)$$

则式（2-80）可表示为

$$1 + Q^2 = \frac{\omega_0^2 Q^2}{\omega^2} \qquad (2\text{-}82)$$

由式（2-82）可得系统在引入损耗后的谐振频率 ω_0' 为

$$\omega_0' = \omega_0 \sqrt{1 - \frac{1}{1 + Q^2}} \qquad (2\text{-}83)$$

该式表明，当系统存在一定损耗时，其自然谐振角频率会发生一定的偏移。如果此时系统品质因数 Q 足够大，则可以对该偏移的谐振角频率进行泰勒展开，并忽略高阶无穷小项，即

$$\omega_{1,2}' = \omega_{1,2}\left(1 + \frac{j}{2Q_{1,2}}\right) \qquad (2\text{-}84)$$

虽然该式将偏移的谐振角频率表示为复数形式，但对于振荡器的模式耦合分析依然适

用。同样考虑两个具有相同结构的振荡器 A_1 与 A_2 发生耦合，根据前面的分析，解简正模时可设为 $\begin{cases} a_1(t) = a_1(0)e^{(\Omega' + j\omega_{01})t} \\ a_2(t) = a_2(0)e^{(\Omega' + j\omega_{02})t} \end{cases}$ 形式并代入式（2-84）并化简，可得该方程组的特征行列式

$$\left(\Omega' + \frac{\omega_{01}}{2Q_1}\right)\left(\Omega' + \frac{\omega_{02}}{2Q_2}\right) = \kappa_{12}\kappa_{21} \tag{2-85}$$

化简后有

$$\Omega + \Omega'\left(\frac{\omega_{01}}{2Q_1} + \frac{\omega_{02}}{2Q_2}\right) + \frac{\omega_{01}\omega_{02}}{4Q_1Q_2} - \kappa_{12}\kappa_{21} = 0 \tag{2-86}$$

则该行列式的解可以表示为

$$\Omega'_{1,2} = -\left(\frac{\omega_{01}}{2Q_1} + \frac{\omega_{02}}{2Q_2}\right) \pm \sqrt{\left(\frac{\omega_{01}}{2Q_1} - \frac{\omega_{02}}{2Q_2}\right)^2 + \kappa_{12}\kappa_{21}} \tag{2-87}$$

由此可得当有损振荡器发生耦合时，其简正模的解可以表示为

$$\begin{cases} a_1(t) = a_1(0)e^{(\Omega' + j\omega_{01})t} \\ a_2(t) = a_2(0)e^{(\Omega' + j\omega_{02})t} \\ \Omega_{1,2} = -\left(\frac{\omega_{01}}{2Q_1} + \frac{\omega_{02}}{2Q_2}\right) \pm \sqrt{\left(\frac{\omega_{01}}{2Q_1} - \frac{\omega_{02}}{2Q_2}\right)^2 + \kappa_{12}\kappa_{21}} \end{cases} \tag{2-88}$$

通过与无损振荡器耦合时简正模的时域解相对比，有损振荡器耦合时与前者的最大区别是表示系统自身振荡的旋转矢量项中出现了实部，这将直接导致系统在振荡过程中能量以指数规律下降。另外对于表示能量交换快慢的调制频率一项，品质因数的引入会导致系统能量交换速度减缓，因此会带来一些不利影响。

可以将有损 LC 振荡电路的耦合模方程的分析方法推广到各种电路情况。一般情况下，对于有外加电源和负载的 N 个有损 LC 振荡电路，可以得到其耦合模方程为

$$\frac{d}{dt}\begin{bmatrix} a_1 \\ a_2 \\ \vdots \\ a_N \end{bmatrix} = \begin{bmatrix} j\omega_1 - \Gamma_1 & j\kappa_{12} & \cdots & j\kappa_{1N} \\ j\kappa_{21} & j\omega_2 - \Gamma_2 - \Gamma_2 & \cdots & j\kappa_{2N} \\ \vdots & \vdots & \vdots & \vdots \\ j\kappa_{N1} & j\kappa_{N2} & j\kappa_{N3} & j\omega_N - \Gamma_N - \Gamma_{LN} \end{bmatrix}\begin{bmatrix} a_1 \\ a_2 \\ \vdots \\ a_N \end{bmatrix} + \begin{bmatrix} F_1 \\ F_2 \\ \vdots \\ F_N \end{bmatrix} \tag{2-89}$$

式中，F_N 为第 N 个 LC 振荡电路的激励源，接收端激励源等于 0；$\Gamma_N = R_N/2L_N$ 为第 N 个 LC 振荡电路的内阻损耗；$\Gamma_{LN} = R_{LN}/2L_N (N \geq 2)$ 为第 N 个 LC 振荡电路的负载损耗率；$\kappa_{NM} = \omega M_{NM}/2\sqrt{L_N L_M}$ 为其中第 N 个与第 M 个（$N \neq M$）LC 振荡电路之间的耦合系数，M_{NM} 为它们之间的互感。

2.3　二端口模型

二端口模型理论是电路理论中的重要概念，用于描述电路或系统在输入和输出端口之间的行为。在这个模型中，两个端口中接电源或者信号输入的称为入口，接后级电路或负载的称为出口。当一个电路与外部电路通过两个端口连接时，这个电路就是一个二端口网络。在无线电能传输系统中，将耦合线圈等效为一个 T 形等效网络，采用二端口网络分析方法可以快速高效地分析和设计高阶补偿网络，得出其不同输出特性。

2.3.1　二端口模型理论基础

本小节以最常用的 T 形和 π 形两种三阶二端口网络为例，分析其在不同输入源时的输出特性。

1. T 形二端口网络

图 2-12 所示为 T 形二端口网络。

对此网络列写基尔霍夫电压定律（KVL）
方程可得

$$U_{out} = R_L I_{out} \tag{2-90}$$

$$U_{in} = I_{in} Z_1 + I_{out}(R_L + Z_3) \tag{2-91}$$

$$I_{in} = I_{out} + I_{out}\frac{R_L + Z_3}{Z_2} \tag{2-92}$$

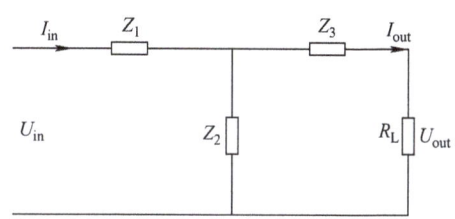

图 2-12　T 形二端口网络

（1）T 形二端口网络电压源输入恒压输出

当此网络为电压源输入时，根据式（2-90）~ 式（2-92）可得

$$U_{in} = \left(1 + \frac{Z_1}{Z_3}\right)U_{out} + \frac{\Delta}{R_L}U_{out} \tag{2-93}$$

式中，

$$\Delta = \frac{Z_1 Z_2 + Z_2 Z_3 + Z_1 Z_3}{Z_3} \tag{2-94}$$

若 $\Delta = 0$，即 $Z_1 + Z_2 + Z_3 = 0$ 时，输出电压与负载无关，实现恒压输出特性。此时，输出电压表达式 U_{out} 和输出增益 G 为

$$U_{out} = \frac{Z_3}{Z_1 + Z_3}U_{in} = \frac{-Z_2}{Z_1}U_{in} \tag{2-95}$$

$$G = \frac{Z_3}{Z_1 + Z_3} = -\frac{Z_2}{Z_1} \tag{2-96}$$

（2）T 形二端口网络电压源输入恒流输出

当此网络为电压源输入时，根据式（2-90）~ 式（2-92）可得

$$U_{\mathrm{in}} = \frac{(Z_1 + Z_3)(Z_2 + R_{\mathrm{L}})}{Z_3} I_{\mathrm{out}} + I_{\mathrm{out}} Z_1 \qquad (2\text{-}97)$$

根据式（2-97）可知，若 Z_1 和 Z_3 满足式（2-98），则此时该网络的输出电流与负载无关，且输出电流表达式 I_{out} 和输出增益 G 为式（2-99）和式（2-100）。

$$Z_1 + Z_3 = 0 \qquad (2\text{-}98)$$

$$I_{\mathrm{out}} = \frac{U_{\mathrm{in}}}{Z_1} = -\frac{U_{\mathrm{in}}}{Z_3} \qquad (2\text{-}99)$$

$$G = \frac{1}{Z_1} = -\frac{1}{Z_3} \qquad (2\text{-}100)$$

（3）T 形二端口网络电流源输入恒压输出

当此网络为电流源输入时，根据式（2-90）～式（2-92）可得

$$I_{\mathrm{in}} = \frac{(Z_2 + Z_3 + R_{\mathrm{L}}) U_{\mathrm{out}}}{Z_3 R_{\mathrm{L}}} \qquad (2\text{-}101)$$

根据式（2-101）可知，若 Z_2 和 Z_3 满足式（2-102），则此时该网络的输出电压与负载无关，且输出电压表达式 U_{out} 和输出增益 G 为式（2-103）和式（2-104）。

$$Z_2 + Z_3 = 0 \qquad (2\text{-}102)$$

$$U_{\mathrm{out}} = I_{\mathrm{in}} Z_3 = -I_{\mathrm{in}} Z_2 \qquad (2\text{-}103)$$

$$G = Z_3 = -Z_2 \qquad (2\text{-}104)$$

2. π 形二端口网络

图 2-13 所示为 π 形二端口网络。

对此网络列写 KVL 方程可得

$$U_{\mathrm{out}} = R_{\mathrm{L}} I_{\mathrm{out}} \qquad (2\text{-}105)$$

$$I_{\mathrm{in}} = \frac{U_{\mathrm{in}}}{Z_1} + I_{\mathrm{out}} + \frac{U_{\mathrm{out}}}{Z_3} \qquad (2\text{-}106)$$

$$\frac{U_{\mathrm{in}} - U_{\mathrm{out}}}{Z_2} = \frac{U_{\mathrm{out}}}{Z_3} + I_{\mathrm{out}} \qquad (2\text{-}107)$$

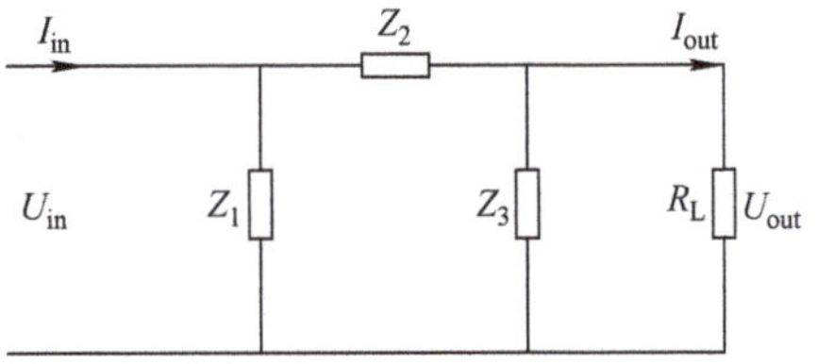

图 2-13　π 形二端口网络

（1）π 形二端口网络电流源输入恒压输出

当此网络为电流源输入时，根据式（2-105）～式（2-107）可得

$$I_{\mathrm{in}} = U_{\mathrm{out}} \left(\frac{1}{Z_1} + \frac{Z_2}{Z_1 Z_3} + \frac{1}{Z_3} \right) + \frac{U_{\mathrm{out}}}{R_{\mathrm{L}}} \cdot \frac{Z_1 + Z_2}{Z_1} \qquad (2\text{-}108)$$

根据式（2-108）可知，若 Z_1 和 Z_2 满足式（2-109），则此时该网络的输出电压与负载

无关，且输出电压表达式 U_{out} 和输出增益 G 为式（2-110）和式（2-101）。

$$Z_1 + Z_2 = 0 \qquad\qquad (2\text{-}109)$$

$$U_{\text{out}} = I_{\text{in}} Z_1 = -I_{\text{in}} Z_2 \qquad\qquad (2\text{-}110)$$

$$G = Z_1 = -Z_2 \qquad\qquad (2\text{-}111)$$

（2）π 形二端口网络电压源输入恒流输出

当此网络为电压源输入时，根据式（2-105）～式（2-107）可得

$$U_{\text{in}} = I_{\text{out}} Z_2 + I_{\text{out}} \frac{Z_2 + Z_3}{Z_3} R_{\text{L}} \qquad\qquad (2\text{-}112)$$

根据式（2-112）可知，若 Z_2 和 Z_3 满足式（2-113），则此时该网络的输出电压与负载无关，且输出电流表达式 I_{out} 和输出增益 G 为式（2-114）和式（2-115）。

$$Z_2 + Z_3 = 0 \qquad\qquad (2\text{-}113)$$

$$I_{\text{out}} = \frac{U_{\text{in}}}{Z_2} = -\frac{U_{\text{in}}}{Z_3} \qquad\qquad (2\text{-}114)$$

$$G = \frac{1}{Z_2} = -\frac{1}{Z_3} \qquad\qquad (2\text{-}115)$$

（3）π 形二端口网络电流源输入恒流输出

当此网络为电流源输入时，根据式（2-105）～式（2-107）可得

$$I_{\text{in}} = I_{\text{out}} \frac{Z_1 + Z_2}{Z_1} + I_{\text{out}} R_{\text{L}} \frac{Z_1 + Z_2 + Z_3}{Z_1 Z_3} \qquad\qquad (2\text{-}116)$$

根据式（2-116）可知，若 Z_1、Z_2 和 Z_3 满足式（2-117），则此时该网络的输出电压与负载无关，且输出电流表达式 I_{out} 和输出增益 G 为式（2-118）式（2-119）。

$$Z_1 + Z_2 + Z_3 = 0 \qquad\qquad (2\text{-}117)$$

$$I_{\text{out}} = \frac{Z_1}{Z_1 + Z_2} I_{\text{in}} = -\frac{Z_1}{Z_3} I_{\text{in}} \qquad\qquad (2\text{-}118)$$

$$G = \frac{Z_1}{Z_1 + Z_2} = -\frac{Z_1}{Z_3} \qquad\qquad (2\text{-}119)$$

2.3.2　无线电能传输二端口模型

在如图 2-14 所示的 T 形二端口网络中，输入电压、电流和输出电压、电流的关系为

$$\begin{bmatrix} \dot{U}_{\text{in}} & \dot{I}_{\text{in}} \end{bmatrix}^{\text{T}} = \boldsymbol{T}_0 \begin{bmatrix} \dot{U}_{\text{o}} & \dot{I}_{\text{o}} \end{bmatrix}^{\text{T}} \qquad\qquad (2\text{-}120)$$

式中，$\dot{U}_{\text{in}}$、$\dot{I}_{\text{in}}$、$\dot{U}_{\text{o}}$、$\dot{I}_{\text{o}}$ 分别为 T 形二端口网络的输入电压和电流及输出电压和电流的矢量

表达式，T_0 为其网络的传输参数矩阵。其参数矩阵为

$$T_0 = \begin{bmatrix} \dfrac{Z_1 + Z_2}{Z_2} & \dfrac{Z_1 Z_2 + Z_3 Z_2 + Z_3 Z_1}{Z_2} \\ \dfrac{1}{Z_2} & \dfrac{Z_3 + Z_2}{Z_2} \end{bmatrix} \quad （2\text{-}121）$$

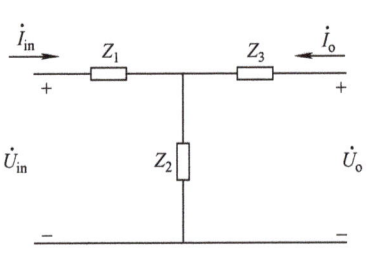

典型的无线充电系统框图如图 2-15 所示，可以将整个系统视为一个二端网络，这个二端网络的传输参数矩阵记为 T，补偿网络只由电容、电感组

图 2-14　T 形二端口网络

成，因此 T_0 中的 Z_1、Z_2、Z_3 都为纯虚数（实际情况中的电源、电感、电容、线圈中都有很小的寄生内阻，但为了简便计算，忽略这些寄生内阻）。

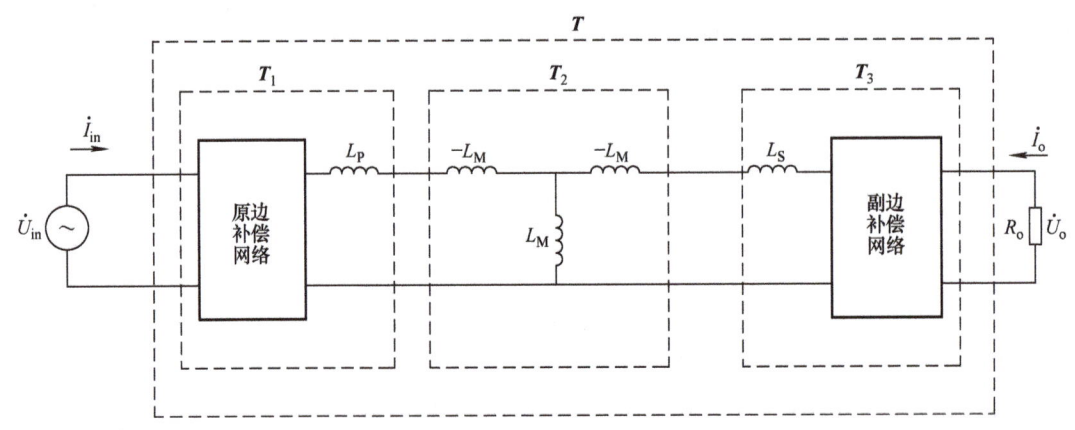

图 2-15　典型的无线充电系统框图

根据传输参数矩阵的输出特性可得

$$T = T_1 \cdot T_2 \cdot T_3 \quad （2\text{-}122）$$

根据式（2-121）可知，传输参数矩阵 T 的主对角线元素为实数，副对角线元素为虚数，因此 T 可以有另一种表示方法，即

$$T = \begin{bmatrix} A & jB \\ jC & D \end{bmatrix} \quad （2\text{-}123）$$

式中，A、B、C、D 均为实数。二端网络的输出和输入电压为

$$\dot{U}_o = -\dot{I}_o R_o \quad （2\text{-}124）$$

$$\dot{U}_{in} = \dot{I}_{in} Z_{in} \quad （2\text{-}125）$$

则系统的输入阻抗表达式为

$$Z_{in} = \frac{\dot{U}_{in}}{\dot{I}_{in}} = \frac{A R_o + jB}{D + jC R_o} = \frac{(AD + BC)R_o + j(BD - AC R_o^2)}{D^2 + C^2 R_o^2} \quad （2\text{-}126）$$

加入补偿网络目的是使系统发生谐振且原副边的谐振频率相同，即系统的输入电压和电流同相位，此时输入阻抗为阻性，减少了系统中的无功功率，系统可在单位功率因数下运行，从而提高系统输出效率。当系统发生谐振时系统的输入阻抗为一个实数，则满足输入阻抗虚部为零，即下式成立：

$$BD - ACR_o^2 = 0 \tag{2-127}$$

当 A、B、C、D 满足 $BD = 0$ 且 $AC = 0$ 时，无论负载电阻为何值时输入阻抗的虚部都为零，且由无源二端口网络的互易性可得 $AD-BC=1$，则 A、B、C、D 满足

$$\begin{cases} BD = 0 \\ AC = 0 \\ AD - BC = 1 \end{cases} \tag{2-128}$$

系统输入阻抗虚部为零时有 $A = 0$ 且 $D = 0$，或 $B = 0$ 且 $C = 0$ 这两种情况。当 $B = 0$ 且 $C = 0$ 时，系统输出电流表达式为

$$\begin{bmatrix} \dot{U}_{in} & \dot{I}_{in} \end{bmatrix}^T = T_o \begin{bmatrix} \dot{U}_o & \dot{I}_o \end{bmatrix}^T = \begin{bmatrix} A & 0 \\ 0 & D \end{bmatrix} \begin{bmatrix} \dot{U}_o & \dot{I}_o \end{bmatrix}^T \tag{2-129}$$

$$\dot{U}_o = \frac{\dot{U}_{in}}{A} = D\dot{U}_{in} \tag{2-130}$$

从式（2-130）可以看出，系统的输出电压不随负载变化而变化，呈现出恒压输出特性。根据以上分析，只要系统处于谐振状态，含有任何补偿网络的系统具有恒压或恒流输出特性。

2.4 分数阶模型

2.4.1 分数阶元件的基本特性

在传统的电路理论中，电感和电容的伏安特性满足整数阶（一阶）的微积分关系，然而，实际中电感和电容却表现出非整数阶的行为，因此，通过分数阶元件的概念来重新认识电感以及电容，能更精确地描述其物理行为，并发掘其潜在价值。可使用以下方程描述电容和电感的伏安特性：

$$\begin{cases} i_C = C_\alpha \dfrac{d^\alpha v_C}{dt^\alpha} \\ v_L = L_\beta \dfrac{d^\beta i_L}{dt^\beta} \end{cases} \tag{2-131}$$

式中，α 和 β 分别为分数阶电容和电感的阶数，且满足 $0< \alpha$、$\beta<2$；v_C 和 i_C 分别为分数阶电容两端电压和流过的电流；v_L 和 i_L 分别为分数阶电感两端电压和流过的电流；C_α 和 L_β 分别为分数阶电容和电感的值，其单位分别为 $F/s^{1-\alpha}$ 和 $H/s^{1-\beta}$。在包含分数阶元件的时域计算中，往往需要使用分数阶微积分的定义和计算方法。

将式（2-131）经拉氏变换，并假设满足零初始条件，则元件的阻抗为

$$
\begin{cases}
Z_C(j\omega) = \dfrac{1}{(j\omega)^\alpha C_\alpha} = \dfrac{1}{\omega^\alpha C_\alpha}e^{-j\frac{\alpha\pi}{2}} = \dfrac{1}{\omega^\alpha C_\alpha}\left(\cos\dfrac{\alpha\pi}{2} - j\sin\dfrac{\alpha\pi}{2}\right) \\
Z_L(j\omega) = (j\omega)^\beta L_\beta = \omega^\beta L_\beta e^{j\frac{\beta\pi}{2}} = \omega^\beta L_\beta\left(\cos\dfrac{\beta\pi}{2} + j\sin\dfrac{\beta\pi}{2}\right)
\end{cases}
\tag{2-132}
$$

由式（2-132）可知，分数阶电容可等价为整数阶电阻与整数阶电容的串联，分数阶电感可等价为整数阶电阻和整数阶电感的串联。当分数阶元件的阶数小于 1 时，整数阶电阻的数值大于 0，在电路中消耗有功功率；当分数阶元件的阶数等于 1 时，整数阶电阻的数值等于 0，分数阶电容/电感等价于整数阶电容/电感；当分数阶元件的阶数大于 1 时，整数阶电阻的数值小于 0，在电路中产生有功功率，等价于有源元件。

分数阶元件的主要构造方法有 5 种：①基于阻抗函数的连分式分解法，利用现有无源元件（如电感、电容）的串并联来近似构造阶数固定且小于 1 的分数阶元件，一旦分数阶元件的阶数、容值（感值）以及工作频率改变时，则需要重新设计各电感和电容的参数，甚至整体电路结构；②基于电化学方法，即选择不同分形结构的电极表面积、不同电介质材料等，构造阶数小于 1 的分数阶电容，一旦封装完成，很难调节分数阶电容的阶数和容值；③基于硅工艺技术，如利用场效应晶体管构造阶数固定的分数阶电容，现有文献均只涉及阶数小于 1 的分数阶电容的构造；④基于运算放大器电路，可构造阶数大于 1 的分数阶元件，但仅限于小功率场合的应用电子功率变换器，如半桥逆变器，构造任意阶数的大功率分数阶元件，阶数和容值（感值）可根据需求通过控制任意调节，适用于多种功率等；⑤基于计算机，分数阶系统也可以通过仿真和软件来实现，尤其是在控制系统和信号处理领域。通过编写专用的软件或使用现有的数学软件工具（如 Matlab 中的分数阶控制工具箱），可以实现精确的分数阶运算仿真。在上述 5 种方法中，只有第 4 种和第 5 种方法能产生阶数大于 1 的元件，又考虑到第 4 种方法生产的元件只适用于小功率场合，无法满足无线电能传输场景的需求，因此，第 5 种方法是无线电能传输系统分数阶元件的主要来源。

2.4.2　分数阶电路建模理论

分数阶电路可以按非自治与自治电路进行分类。在自治电路中，系统的激励源不显含时间 t，而不具备这种条件的电路被称作非自治电路。由上文介绍可知，当分数阶元件的阶数大于 1 时，该元件对外可等效为有源元件，替代独立激励源的作用。因此，将不含独立激励源而使用阶数大于 1 的分数阶元件的无线电能传输电路称为自治电路，将包含独立激励源的无线电能传输电路称为非自治电路。下文按照以上分类方式对基本的分数阶电路的特点进行说明。

1. 非自治分数阶无线电能传输系统

考虑分数阶元件的阶数、元件的串并联方式等情况，可产生多种类型的电路结构。不失一般性，以图 2-16 所示的基本电路结构对非自治分数阶电路的特性进行说明。

值得注意的是，当分数阶电容的阶数 $\alpha>1$ 时，分数阶电容表现出负电阻特性，此时 α、

ω 等参数在某些取值下会使回路阻抗 $Z_1 = \dfrac{1}{\omega^{\alpha} C_{\alpha}}\left(\cos\dfrac{\alpha\pi}{2} - \mathrm{j}\sin\dfrac{\alpha\pi}{2}\right) + \mathrm{j}\omega L_1 + R_1 = 0$，导致线路短路，因此在设计参数时应当格外注意。

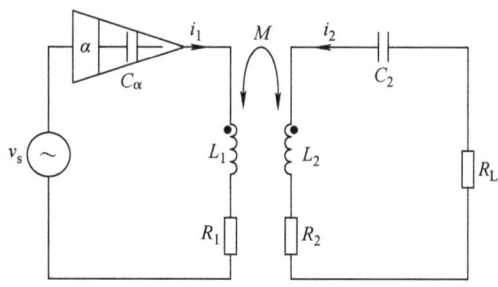

图 2-16　S-S 型非自治无线电能传输电路

（1）谐振频率特性

图 2-16 中发射侧和接收侧的固有谐振角频率 ω_1 和 ω_2 分别为

$$\begin{cases} \omega_1 = \left[\dfrac{1}{L_1 C_{\alpha}}\sin(0.5\pi\alpha)\right]^{\frac{1}{1+\alpha}} \\[3mm] \omega_2 = \dfrac{1}{\sqrt{L_2 C_2}} \end{cases} \qquad (2\text{-}133)$$

通常情况下，电路工作频率与发射侧和接收侧的频率相等，即 $\omega = \omega_1 = \omega_2$。由（2-133）中 ω_1 的表达式可知，在分数阶电路中，工作频率不仅与电感和电容的数值有关，还与元件的阶数有关，随着阶数的上升，谐振频率将下降。因此，在线圈电感和电容参数与整数阶磁耦合无线电能传输系统一致的情况下，分数阶元件的引入能够有效地减小高频电源开关器件的开关频率。

（2）传输功率与系统效率

在分析电路时，除了使用经典的电路理论外，还可使用耦合模理论。电路理论关注元件的电气特性，能够精确描述系统的时域行为；而耦合模理论是基于能量微扰原理的一种近似建模方法，是研究两个及多个谐振器之间能量耦合规律的普遍理论，直观地描述了能量在各谐振单元之间传递的过程。在无线电能传输系统中，耦合模理论的描述对象为单线圈回路中电容和电感之间的谐振以及不同线圈回路之间的 LC 谐振。因此，电路理论与耦合模理论的区别在于：前者精确描述了电路的电气行为，但在复杂电路中的计算极为繁琐，后者关注系统的能量交换行为，大幅地降低了计算的复杂度。

值得注意的是，耦合模理论是一种近似分析方法，它的准确性依赖于线圈的高品质因数和系统的低耦合系数，以上条件在无线电能传输系统中基本上可以得到满足，因此可以使用耦合模模型进行近似分析，详细论证过程可参考相关文献。现有研究多采用耦合模理论进行电路分析以简化方程，非自治分数阶无线电能传输系统的电路理论分析过程可参考相关文献。

耦合模模型的一般形式为

$$\frac{\mathrm{d}a_m(t)}{\mathrm{d}t} = (\mathrm{j}\omega_m - \Gamma_m)a_m(t) + \sum_{n \neq m} \mathrm{j}\kappa_{nm}a_n(t) + F_m(t) \qquad （2\text{-}134）$$

式中，$a_m(t)$ 为第 m 个 LC 回路的模式，其模值的二次方 $|a_m(t)|^2$ 为第 m 个 LC 回路存储的能量；ω_m 为第 m 个 LC 回路的固有谐振角频率；Γ_m 为损耗率，表示第 m 个 LC 回路的电阻损耗和辐射损耗；κ_{nm} 为能量耦合系数，表示第 n 个 LC 回路对第 m 个 LC 回路的影响及能量耦合关系；$F_m(t)$ 为外加驱动项，表示第 m 个 LC 回路的供电电源。由此可知，该方程描述了自回路的能量行为、耦合回路的能量交换行为以及外部驱动行为。

图 2-16 所示电路对应的耦合模方程为

$$\begin{cases} \dfrac{\mathrm{d}a_1}{\mathrm{d}t} = [\mathrm{j}\omega_1 - \Gamma_1 + (g_{\mathrm{C\_eq}} - \Gamma_{\mathrm{C\_eq}})]a_1 + \mathrm{j}\kappa a_2 + F_s \\ \dfrac{\mathrm{d}a_2}{\mathrm{d}t} = (\mathrm{j}\omega_2 - \Gamma_2 - \Gamma_{\mathrm{L}})a_2 + \mathrm{j}\kappa a_1 \end{cases} \qquad （2\text{-}135）$$

式中，模式 a_1 和 a_2 所携带的能量 $|a_1|^2$ 和 $|a_2|^2$ 分别为发射和接收谐振电路存储的能量；ω_1 和 ω_2 为发射和接收谐振电路的谐振角频率；κ 为发射和接收谐振电路之间的能量耦合系数，与互感 M 有关，表征了发射和接收端之间能量传输行为；Γ_1 和 Γ_2 分别为与发射和接收线圈内阻 R_1 和 R_2 有关的固有损耗速率，Γ_{L} 则为与负载电阻 R_{L} 相关的损耗速率；$g_{\mathrm{C\_eq}}$ 和 $\Gamma_{\mathrm{C\_eq}}$ 分别为分数阶电容等效电阻表征的增益系数和损耗系数，具体形式取决于分数阶数 a 的范围；$\boldsymbol{F}_s = F_s \mathrm{e}^{\mathrm{j}\omega t}$ 为与正弦电源 v_s 有关的驱动项，ω 为正弦电源的工作角频率。耦合模型的参数与电路参数的具体对应关系可参考相关文献。

通过求解耦合模方程式（2-135），可得 a_1 和 a_2 的稳态解为

$$\begin{cases} a_1 = \dfrac{[\mathrm{j}(\omega - \omega_2) + \Gamma_2 + \Gamma_{\mathrm{L}}]F_s \mathrm{e}^{\mathrm{j}\omega t}}{[\mathrm{j}(\omega - \omega_1) + \Gamma_1 - (g_{\mathrm{C_eq}} - \Gamma_{\mathrm{C_eq}})][\mathrm{j}(\omega - \omega_2) + \Gamma_2 + \Gamma_{\mathrm{L}}] + \kappa^2} \\ a_2 = \dfrac{\mathrm{j}\kappa F_s \mathrm{e}^{\mathrm{j}\omega t}}{[\mathrm{j}(\omega - \omega_1) + \Gamma_1 - (g_{\mathrm{C_eq}} - \Gamma_{\mathrm{C_eq}})][\mathrm{j}(\omega - \omega_2) + \Gamma_2 + \Gamma_{\mathrm{L}}] + \kappa^2} \end{cases} \qquad （2\text{-}136）$$

结合耦合模理论中功率、效率与能量的关系式，并假设发射侧和接收侧的谐振频率相等，$\omega_1 = \omega_2 = \omega_0$，可得非自治分数阶磁耦合无线电能传输系统的输出功率为

$$P_{\mathrm{L}} = \frac{\frac{1}{2}\Gamma_{\mathrm{L}}\omega_0^2 k^2 F_s^2}{\left\{-(\omega - \omega_0)^2 + \left[\Gamma_1 + \dfrac{\omega_0^{\alpha+1}}{2\omega^\alpha}\cot(0.5\pi\alpha)\right](\Gamma_2 + \Gamma_{\mathrm{L}}) + \dfrac{1}{4}\omega_0^2 k^2\right\}^2 +} \\ {(\omega - \omega_0)^2 \left[\Gamma_1 + \Gamma_2 + \Gamma_{\mathrm{L}} + \dfrac{\omega_0^{\alpha+1}}{2\omega^\alpha}\cot(0.5\pi\alpha)\right]^2} \qquad （2\text{-}137）$$

传输效率为

$$\eta = \frac{\frac{1}{4}\omega_0^2 k^2 \varGamma_L}{\left[\varGamma_1 + \mathrm{sn}(\alpha)\dfrac{\omega_0^{\alpha+1}}{2\omega^\alpha}\cot(0.5\pi\alpha)\right]\left[(\omega-\omega_0)^2+(\varGamma_2+\varGamma_L)^2\right]} + \tag{2-138}$$

$$\frac{1}{4}\omega_0^2 k^2(\varGamma_2+\varGamma_L)$$

式中，$\mathrm{sn}(\alpha)=\begin{cases}1,\alpha\geqslant1\\0,\alpha<1\end{cases}$ 是自定义函数。

若考虑工作频率等于谐振频率，式（2-137）和式（2-138）可进一步化简为

$$P_L = \frac{\frac{1}{2}\varGamma_L\omega_0^2 k^2 F_s^2}{\left\{\left[\varGamma_1 + \frac{1}{2}\omega_0\cot(0.5\pi\alpha)\right](\varGamma_2+\varGamma_L)+\frac{1}{4}\omega_0^2 k^2\right\}^2} \tag{2-139}$$

$$\eta = \frac{\frac{1}{4}\omega_0^2 k^2 \varGamma_L}{\left[\varGamma_1 + \mathrm{sn}(\alpha)\dfrac{\omega_0}{2}\cot(0.5\pi\alpha)\right](\varGamma_2+\varGamma_L)^2 + \frac{1}{4}\omega_0^2 k^2(\varGamma_2+\varGamma_L)} \tag{2-140}$$

由式（2-139）可知，当元件阶数 $\alpha>1$ 时，分数阶系统的输出功率小于整数阶系统；当元件阶数 $\alpha<1$ 时，分数阶系统的输出功率大于整数阶系统。系统输出功率与耦合系数、元件阶数关系图如图 2-17 所示。由图可知，最大输出功率点对应的最佳耦合系数随着阶数的增大而变小，这意味着控制分数阶数不仅可以提高磁耦合谐振无线电能传输系统的输出功率，还能拓宽最优传输距离。

由式（2-140）可知，当分数阶数小于 1 时，系统传输效率随分数阶数单调递增，而当分数阶数大于 1 时，传输效率与分数阶数无关，此时与整数阶磁耦合谐振无线电能传输系统的传输效率一致，如图 2-18 所示。

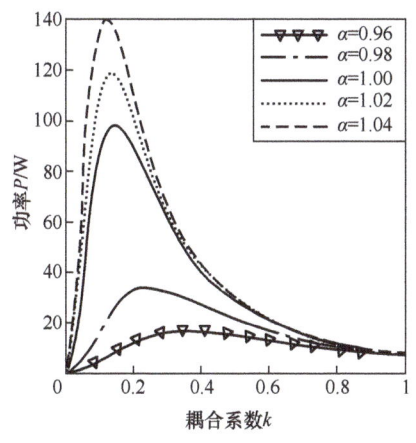

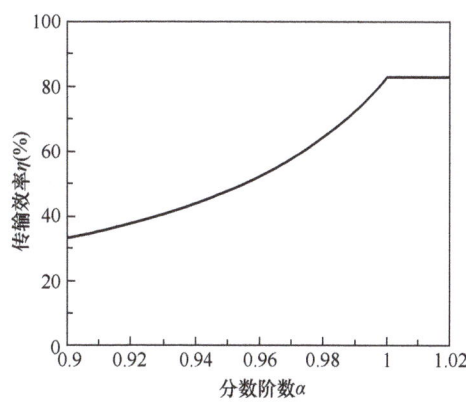

图 2-17　系统输出功率与耦合系数、元件阶数关系图　　图 2-18　系统传输效率随分数阶数变化的曲线

2. 自治分数阶无线电能传输系统

（1）本征频率

考虑分数阶元件的阶数、元件的串并联方式等情况，可产生多种类型的电路结构。不失一般性，以图 2-19 所示的基本电路结构对自治分数阶电路的特性进行说明。在自治电路中，由于分数阶元件充当了电源的角色，其阶数须大于 1。

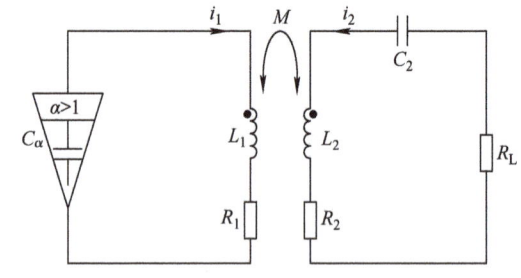

参照非自治分数阶无线电能传输电路的耦合模方程，同理可得图 2-19 所示电路的耦合模方程为

$$\begin{cases} \dfrac{\mathrm{d}a_1}{\mathrm{d}t} = (\mathrm{j}\omega_1 - \Gamma_1 + g_{C\_eq})a_1 + \mathrm{j}\kappa a_2 \\ \dfrac{\mathrm{d}a_2}{\mathrm{d}t} = (\mathrm{j}\omega_2 - \Gamma_2 - \Gamma_L)a_2 + \mathrm{j}\kappa a_1 \end{cases} \quad （2-141）$$

图 2-19　S-S 型自治无线电能传输电路

式中，参数定义与非自治分数阶电路相同。

与非自治电路不同的是，自治系统的工作频率不受外界控制，由系统特征方程求解得到的本征频率决定，完全取决于电路自身的参数，输出功率和传输效率特性也只取决于系统的特征方程和本征频率。

在稳态条件下，求解式（2-141）的特征方程，并假设 $\omega_0 = \omega_1 = \omega_2$，发射侧和接收侧的谐振频率相等，可得

$$\begin{cases} (\omega - \omega_0)^2 - \left[\Gamma_1 + \left(\dfrac{\omega_0}{\omega}\right)^{1+\alpha}\dfrac{\omega}{2}\cot(0.5\pi\alpha)\right](\Gamma_2 + \Gamma_L) - \dfrac{\omega_0^2 k^2}{4} = 0 \\ (\omega - \omega_0)\left[\Gamma_1 + \Gamma_2 + \Gamma_L + \left(\dfrac{\omega_0}{\omega}\right)^{1+\alpha}\dfrac{\omega}{2}\cot(0.5\pi\alpha)\right] = 0 \end{cases} \quad （2-142）$$

求解式（2-142），并进行稳态分析，可得以下结论：

1）存在一个临界耦合系数 $k_c = 2(\Gamma_2 + \Gamma_L)/\omega_0$，当耦合系数 $k > k_c$ 时，系统有两个稳定工作频率 ω_{o1} 和 ω_{o2}：

$$\begin{cases} \omega_{o1} = \omega_0 + \sqrt{\dfrac{\omega_0^2 k^2}{4} - (\Gamma_2 + \Gamma_L)^2} \\ \omega_{o2} = \omega_0 - \sqrt{\dfrac{\omega_0^2 k^2}{4} - (\Gamma_2 + \Gamma_L)^2} \end{cases} \quad （2-143）$$

2）当 $k < k_c$ 时，系统只有一个稳定工作频率，且该频率等于谐振频率 ω_0，如图 2-20 所示。

而当 $\omega_1 \neq \omega_2$ 时，求解式（2-141）的特征方程会得到不同的结论：

1）当耦合系数 k 固定时，存在一个临界阶数 α_c，当 $\alpha < \alpha_c$ 时，系统有三个工作频率 ω_{o1}、ω_{o2} 和 ω_{o3}，当 $\alpha > \alpha_c$ 时，系统只有一个工作频率 ω_{o3}。

2）当阶数 α 固定时，存在一个临界耦合系数 k_c，当 $k > k_c$ 时，系统有三个工作频率

ω_{o1}、ω_{o2} 和 ω_{o3}，当 $k<k_c$ 时，系统只有一个工作频率 ω_{o3}。

当发射和接收端的谐振频率不同时，方程形式更加复杂，求解更加困难，且此时属于异常工作状态，应当予以避免。

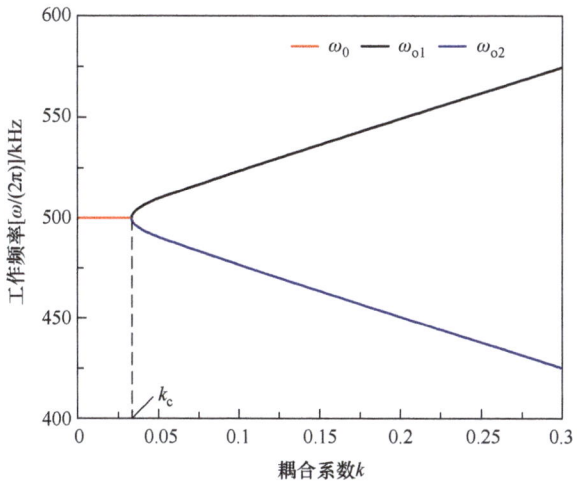

图 2-20　系统工作频率随耦合系数的变化图

（2）传输功率与系统效率

当 $\omega_0 = \omega_1 = \omega_2$ 时，若线圈传输距离减小使得耦合系数满足 $k_c>2(\Gamma_2+\Gamma_L)/\omega_0$，系统将运行于频率解 ω_{o1} 或 ω_{o2}。假设分数阶电容的等效负电阻提供的输入电压为 V_{CR}，则系统的传输功率为

$$P_L = \frac{\Gamma_L V_{CR}^2}{2L_1(\Gamma_1 + \Gamma_2 + \Gamma_L)^2} \qquad (2-144)$$

系统的传输效率表示为

$$\eta = \frac{\Gamma_L}{\Gamma_1 + \Gamma_2 + \Gamma_L} \qquad (2-145)$$

当线圈传输距离增大使得耦合系数满足 $k_c<2(\Gamma_2+\Gamma_L)/\omega_0$ 时，系统将运行于谐振频率 ω_0。假设分数阶电容的等效负电阻提供的输入电压为 V_{CR}，则系统的传输功率为

$$P_L = \frac{2\omega_0^2 k^2 \Gamma_L V_{CR}^2}{L_1[\omega_0^2 k^2 + 4\Gamma_1(\Gamma_2 + \Gamma_L)]^2} \qquad (2-146)$$

系统的传输效率表示为

$$\eta = \frac{\omega_0^2 k^2 \Gamma_L}{(\Gamma_2 + \Gamma_L)[4\Gamma_1(\Gamma_2 + \Gamma_L) + \omega_0^2 k^2]} \qquad (2-147)$$

由此可知，在强耦合区域内，自治分数阶无线电能传输系统表现出了优良性能，其输出功率、系统效率与耦合强度 k 和接收侧谐振频率 ω_2 无关；在弱耦合区域，系统特性退化，丧失稳定输出能力。输出功率、系统效率与耦合系数关系图如图 2-21 所示。

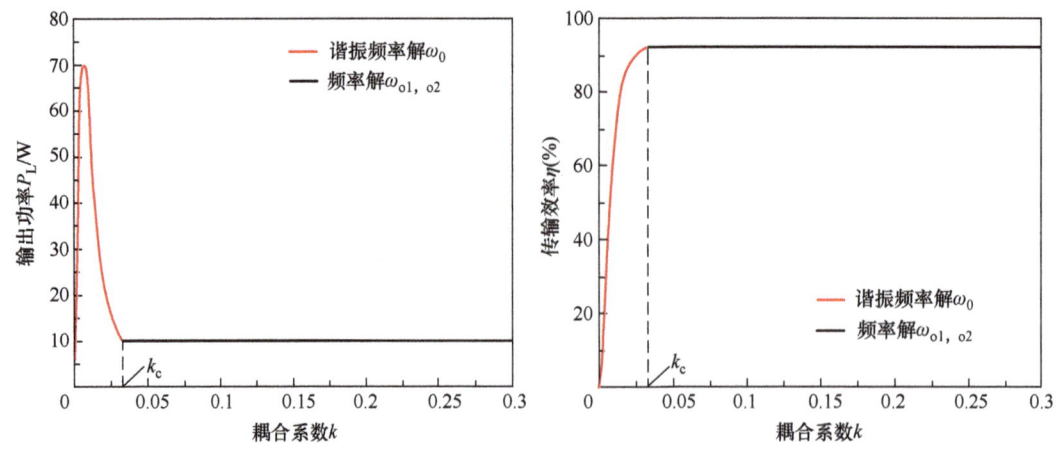

图 2-21 输出功率、系统效率与耦合系数关系图

在实际中，无线电能传输系统的输出效果面临以下两个因素的冲击。一方面，当接收侧与发射侧的相对位置变化时，耦合系数随之改变，这往往导致了输出功率和效率的劣化；另一方面，接收侧线圈容易因外界环境干扰而发生参数改变，这导致了其实际谐振频率不再等于工作频率，进而造成了输出性能劣化。而自治分数阶无线电能传输系统在强耦合区的特性可有效解决上述顾虑，本节说明了该系统对耦合系数的弱敏感性，下一节介绍当 $\omega_1 \neq \omega_2$ 时，系统如何解决频率失谐的问题。

当 $\omega_1 \neq \omega_2$ 时，在强耦合区内系统的工作角频率为 ω_{o1} 或 ω_{o2}，此时传输功率表达式为

$$P_{\mathrm{L}} = -\frac{R_{\mathrm{L}}}{R_2 + R_{\mathrm{L}}}\left[1 + \frac{R_1}{\omega_2 L_1}\tan(0.5\pi\alpha)\right]S_{\mathrm{C}}\cos(0.5\pi\alpha) \qquad （2-148）$$

系统效率为

$$\eta = \frac{I_2^2 R_{\mathrm{L}}}{I_2^2(R_2 + R_{\mathrm{L}}) + I_1^2 R_1} = \frac{R_{\mathrm{L}}}{R_2 + R_{\mathrm{L}}}\left[1 + \frac{R_1}{\omega_2 L_1}\tan(0.5\pi\alpha)\right] \qquad （2-149）$$

式中，S_{C} 为分数阶电容的视在功率。

由此可知，在 $k > k_{\mathrm{c}}$ 时，系统的输出功率、系统效率与耦合系数无关，同时，由于通过控制分数阶数 α 使 $\frac{R_1}{\omega_2 L_1}\tan(0.5\pi\alpha) \ll 1$，从而弱化 ω_2 对表达式的影响，因而可以使系统的输出功率和传输效率对接收电路固有谐振频率不敏感。相关文献的数据显示，当磁谐振感应无线电能传输系统和基于宇称时间对称的无线电能传输系统的输出功率、系统效率因谐振频率改变而下降 30% 时，自治分数阶无线电能传输系统输出参数的变化仅在 1% 以内。

另外，临界耦合系数 k_{c}、传输功率以及系统效率都与阶数 α 有关，可以通过调节 α 改变临界耦合系数、传输功率以及系统效率，这是自治分数阶无线电能传输电路的又一特点。但是，通过增大阶数来提高系统功率和效率的同时，临界耦合系数将增大，临界传输距离也会随之缩短，这是设计时需要权衡的问题。

2.5　宇称时间对称模型

　　宇称时间对称（PT）是量子力学中的概念，2017 年，斯坦福大学的学者将其应用到无线电能传输领域，以改善无线电能传输系统对传输距离的敏感性。在电气领域，PT 可描述为将电路拓扑进行空间对称变换（发射←→接收）、将状态方程进行时间对称变换（$t \longleftrightarrow -t$）后，系统状态不发生改变。

　　基于 PT 的无线电能传输电路的基本要求为在发射端以负电阻取代激励源，与接收端的负载形成对称关系，如图 2-22 所示，同时发射端与接收端的谐振频率相同。以电路理论分析，两线圈系统中的 S-S 和 P-P 结构在一定要求下能满足 PT 的要求，而以耦合模理论分析，两线圈系统中的 S-S、S-P、P-P、P-S 结构均能满足 PT 的要求。

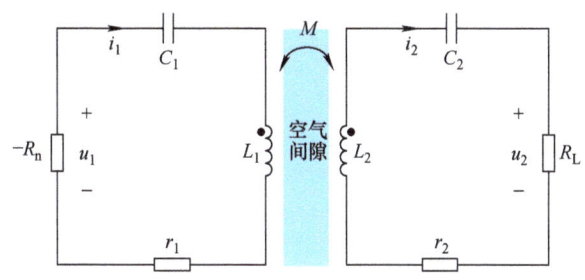

图 2-22　基于 PT 的无线电能传输基本电路

　　耦合模理论放宽了约束，重点关注能量传递的对称性，在一定程度上忽略了电气特性的对称性。以基本的 S-S 电路为例，电路理论下的 PT 要求为 $L_1 = xL_2$，$C_1 = xC_2$，$R_n - r_1 = x(R_L + r_2)$，x 为比例系数。当发射端和接收端的谐振频率相同时，$L_1 = xL_2$，$C_1 = xC_2$ 的要求可以自然地得到满足，而 $R_n - r_1 = x(R_L + r_2)$ 的要求需要通过对负电阻的设计来实现。

　　根据电力电子变换器构造负电阻电路，输出功率可根据具体要求任意设计，工作效率可达 90% 以上。具体方法为：电流互感器构成的采样电路首先采集发射线圈上的正弦电流信号，并转换为电压信号，该电压信号经差分放大电路放大至逻辑电路可正确识别的幅值后，再通过过零比较电路得到与高频逆变电路输出电流同相的 PWM 信号来驱动全桥逆变电路工作，因此全桥逆变电路的输出电压与输出电流同相。负电阻实现电路示意图如图 2-23 所示。

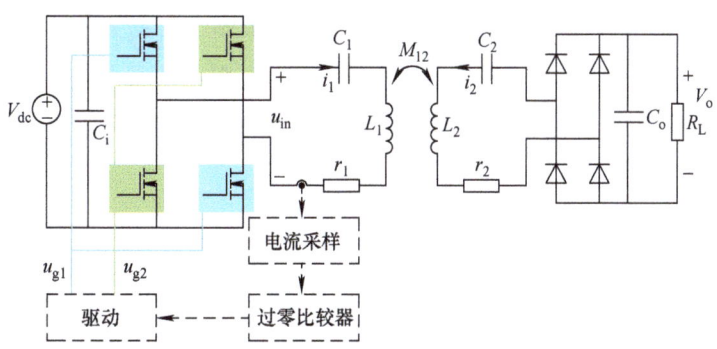

图 2-23　负电阻实现电路示意图

如无特别说明，后文的分析均以图 2-23 所示的基本电路为例。使用电路理论和耦合模理论可以得出统一的结论：存在一个临界耦合系数 k_c，当 $k < k_c$ 时（弱耦合区），系统工作在谐振频率（$\omega = \omega_1 = \omega_2$，其中 ω_1、ω_2 为发射端和接收端的谐振频率），称其为 ω_0，此时系统的功率特性、效率特性与一般的磁谐振无线电能传输系统类似；当 $k > k_c$ 时（强耦合区），系统工作频率分裂为两个对称的稳态频率，系统工作在其中任一频率下，都表现出输出功率、系统效率与耦合系数无关的优良特性。系统特性图如图 2-24 所示，以供参考。

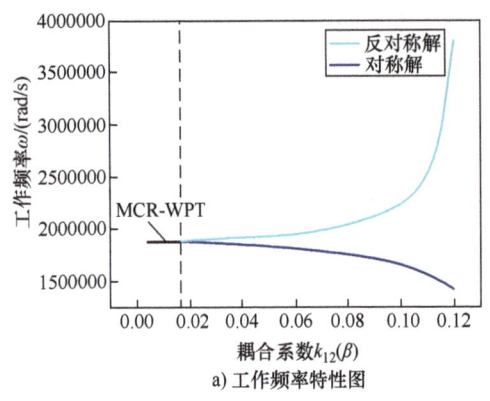

a）工作频率特性图

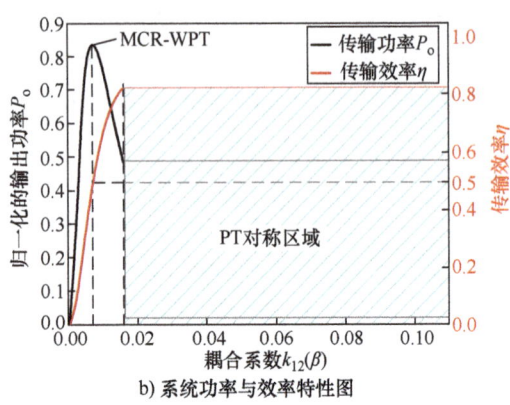

b）系统功率与效率特性图

图 2-24　系统特性图

使用电路理论和耦合模理论进行系统推导将得出不同的方程形式，比如，电路理论下系统工作在强耦合区域的要求为 $\sqrt{2(1-\sqrt{1-k^2})} > \dfrac{r_2 + R_L}{\omega_0 L_2}$，而耦合模理论下的要求为 $k > \dfrac{r_2 + R_L}{\omega_0 L_2}$，与电路理论相比，耦合模理论存在微小误差，但表达形式更加简洁。以耦合模理论给出系统在强耦合区中输出功率和系统效率的公式

$$P_L = \frac{(\Gamma_L)}{[\Gamma_1 + (\Gamma_2 + \Gamma_L)]^2} \frac{4V_{in}^2}{L_1 \pi^2} \tag{2-150}$$

$$\eta = \frac{\Gamma_L}{\Gamma_1 + \Gamma_2 + \Gamma_L} \times 100\% \tag{2-151}$$

式中，V_{in} 为负电阻两端电压，即输入电压；Γ 与线圈电阻、电感有关，表征了线圈电阻的损耗率。可见，在强耦合区，系统的输出功率受线圈电阻、负载电阻、线圈电感、输入电压的影响，系统效率受线圈电阻、负载电阻、线圈电感的影响，而均与耦合系数无关。

2.6　能流模型

2.6.1　以单匝线圈为传能载体的坡印亭矢量计算方法研究

为了更好地解释无线电能传输系统在空间中能量的流动问题，针对双线圈系统进行分析。图 2-25 所示为单匝的双线圈系统结构示意图。以平面盘绕式线圈结构作为研究对象，首先是从单匝的双线圈系统入手，基于经典电磁场理论中的毕奥－萨伐尔定律、麦克斯韦方程组以及磁矢位 A 与空间中电场和磁场的关系，如图 2-26 所示。

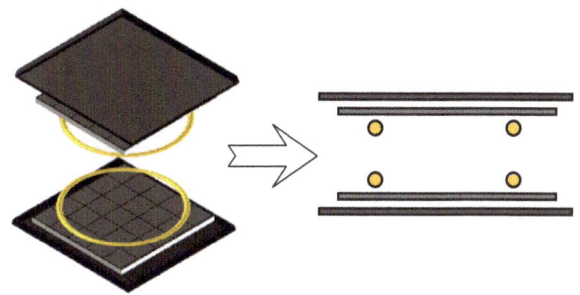

图 2-25　单匝的双线圈系统结构示意图

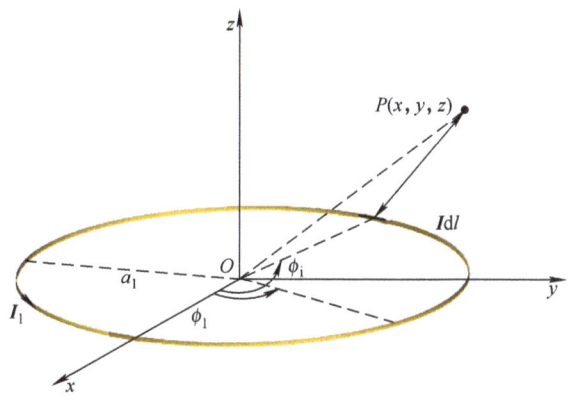

图 2-26　单匝线圈分析示意图

单匝线圈的电流幅值大小为 I_1，线圈的半径为 a_1，线圈电流的相位角为 ϕ_i，μ_0 为真空磁导率，ϕ_1 为 y 与 x 比值的反正切值，基于毕奥－萨伐尔定律可得，通入电流 I_1 的单匝线圈在空间中一点 P 产生的磁矢位 A 为

$$A = \frac{\mu_0 I_1 \mathrm{e}^{-\mathrm{j}(\omega t + \phi_1)} a_1}{4\pi}\left[e_x \int_0^{2\pi} \frac{-\sin\phi}{\left[x^2 + y^2 + z^2 + a_1^2 - 2a_1\sqrt{x^2+y^2}\cos(\phi-\phi_1)\right]^{\frac{1}{2}}} \mathrm{d}\phi + \right.$$

$$\left. e_y \int_0^{2\pi} \frac{\cos\phi}{\left[x^2 + y^2 + z^2 + a_1^2 - 2a_1\sqrt{x^2+y^2}\cos(\phi-\phi_1)\right]^{\frac{1}{2}}} \mathrm{d}\phi \right] \tag{2-152}$$

由于磁场耦合式无线电能传输系统满足电磁场中的似稳条件，可忽略库仑电场的影响，故线圈在空间中产生的电场与磁场满足如下关系：

$$E = -\mathrm{j}\omega A$$

$$H = \frac{1}{\mu_0}\nabla \times A \tag{2-153}$$

故可得线圈在空间中任意一点 P 产生的电磁场强度表达式

$$\begin{cases} \boldsymbol{E}_1 = \dfrac{\mathrm{j}\omega\mu_0 I_1 \mathrm{e}^{-\mathrm{j}(\omega t+\phi_1)}q_1}{4\pi}\left\{\begin{array}{l} \boldsymbol{e}_x\displaystyle\int_0^{2\pi}\dfrac{\sin\phi}{\left[x^2+y^2+z^2+a_1^2-2a_1\sqrt{x^2+y^2}\cos(\phi-\phi_1)\right]^{\frac{3}{2}}}\mathrm{d}\phi \\[3mm] +\boldsymbol{e}_y\displaystyle\int_0^{2\pi}\dfrac{-\cos\phi}{\left[x^2+y^2+z^2+a_1^2-2a_1\sqrt{x^2+y^2}\cos(\phi-\phi_1)\right]^{\frac{3}{2}}}\mathrm{d}\phi \end{array}\right. \\[18mm] \boldsymbol{H}_1 = \dfrac{I_1 \mathrm{e}^{-\mathrm{j}(\omega t+\phi_1)}q_1}{4\pi}\left\{\begin{array}{l} \boldsymbol{e}_x\displaystyle\int_0^{2\pi}\dfrac{z\cos\phi}{\left[x^2+y^2+z^2+a_1^2-2a_1\sqrt{x^2+y^2}\cos(\phi-\phi_1)\right]^{\frac{3}{2}}}\mathrm{d}\phi \\[3mm] +\boldsymbol{e}_y\displaystyle\int_0^{2\pi}\dfrac{z\sin\phi}{\left[x^2+y^2+z^2+a_1^2-2a_1\sqrt{x^2+y^2}\cos(\phi-\phi_1)\right]^{\frac{3}{2}}}\mathrm{d}\phi \\[3mm] +\boldsymbol{e}_z\displaystyle\int_0^{2\pi}\dfrac{(x\cos\phi+y\sin\phi)(a_1\cos(\phi-\phi_1))\sqrt{x^2+y^2}-1}{\left[x^2+y^2+z^2+a_1^2-2a_1\sqrt{x^2+y^2}\cos(\phi-\phi_1)\right]^{\frac{3}{2}}}\mathrm{d}\phi \end{array}\right. \end{cases} \tag{2-154}$$

坡印亭矢量是描述电磁能量流动的物理量，假设在空间某处的电场强度为 $\boldsymbol{E}$，磁场强度为 $\boldsymbol{H}$，得到电磁能量密度为 $\boldsymbol{S}=\boldsymbol{E}\times\boldsymbol{H}$，单位为 $\mathrm{W/m}^2$，$\boldsymbol{S}$ 为空间中该处单位时间内通过垂直于能量传播方向的单位面积的电磁能量，也是空间能量传输的衡量标准。Re 表示对所求结果取实部，与之对应的 $\boldsymbol{S}_{\mathrm{av}}$ 表示坡印亭矢量中的有功功率密度。Im 表示对所求结果取虚部，与之对应的 $\boldsymbol{S}_{\mathrm{im}}$ 表示坡印亭矢量中的无功功率密度。单匝线圈在该点产生的坡印亭矢量有功、无功功率密度为

$$\begin{cases} \boldsymbol{S}_{\mathrm{av}} = \mathrm{Re}(\boldsymbol{E}\times\boldsymbol{H}^*)=0 \\ \boldsymbol{S}_{\mathrm{im}} = \mathrm{Im}(\boldsymbol{E}\times\boldsymbol{H}^*)=(E_yH_z^*)\boldsymbol{e}_x+(E_xH_z^*)\boldsymbol{e}_y+(E_xH_y^*-E_yH_x^*)\boldsymbol{e}_z \end{cases} \tag{2-155}$$

由上述公式推导可得出结论：单匝线圈在近场区域内传输有功功率为零，且主要传输无功功率，因而单匝线圈在近场区内不能传输有功功率。

如图 2-27 所示，对单匝的双线圈系统进行电磁场理论分析，假设两线圈此时处于正对状态，且线圈半径大小相等都为 a_1，间距为 d，发射线圈中的电流为 I_1，接收线圈中电流为 I_2。系统中任一个线圈在空间中一点 P 产生的 $\boldsymbol{E}$ 和 $\boldsymbol{H}$ 分别为

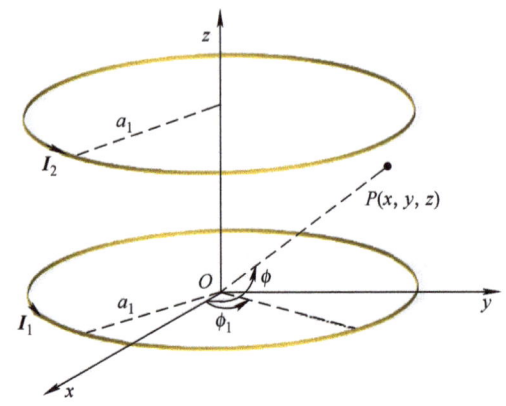

图 2-27 单匝的双线圈系统分析示意图

$$\begin{cases} \boldsymbol{E}_i = \dfrac{\mathrm{j}\omega\mu_0 I_i \mathrm{e}^{-\mathrm{j}(\omega t+\phi_1)}a_1}{4\pi}\left\{\boldsymbol{e}_x\displaystyle\int_0^{2\pi}\dfrac{\cos(\phi-\phi_1)\sin\phi}{T_i^{\frac{1}{2}}}\mathrm{d}\phi+\boldsymbol{e}_y\int_0^{2\pi}\dfrac{-\cos(\phi-\phi_1)\cos\phi}{T_i^{\frac{1}{2}}}\mathrm{d}\phi\right\} \\[4mm] \boldsymbol{H}_i = \dfrac{I_i \mathrm{e}^{-\mathrm{j}(\omega t+\phi_i)}a_1}{4\pi}\left\{\begin{array}{l} \boldsymbol{e}_x\displaystyle\int_0^{2\pi}\dfrac{z\cos\phi}{T_i^{\frac{3}{2}}}\mathrm{d}\phi+\boldsymbol{e}_y\int_0^{2\pi}\dfrac{z\sin\phi}{T_i^{\frac{3}{2}}}\mathrm{d}\phi \\[4mm] +\boldsymbol{e}_z\displaystyle\int_0^{2\pi}\dfrac{(x\cos\phi+y\sin\phi)\left[a_1\cos(\phi-\phi_1)/\sqrt{x^2+y^2}-1\right]}{T_i^{\frac{3}{2}}}\mathrm{d}\phi \end{array}\right\} \end{cases} \tag{2-156}$$

上述公式中的分母表达式为

$$T_i=\left[x^2+y^2+(z-(i-1)d)^2+a_1^2-2a_1\sqrt{x^2+y^2}\cos(\phi-\phi_1)\right] \tag{2-157}$$

无线电能传输系统中的线圈在使用过程中为了提升线圈耦合度，同时提升系统整体效率，减小系统对附近非工作区域的影响，磁屏蔽结构一般采用高磁导率材料制作而成。本章研究带有磁屏蔽结构的平面盘绕式线圈的空间电磁场分布规律，在前述分析的基础上，采用镜像法简化分析考虑磁屏蔽结构下无线电能传输系统耦合机构间电磁能流特性。在实际使用中的发射线圈和接收线圈为密绕型线圈并紧贴磁屏蔽结构，因此可近似将磁场视为半无限大。本章选用的磁屏蔽材料具有的高磁导率，因而工作时基本不会饱和，可认为线圈下方的磁力线通过屏蔽结构形成闭合，因此不需要考虑磁屏蔽结构的厚度。同时，无线电能传输系统在工作时，高频电流通过利兹线时会产生趋肤效应，但本章目的是分析无线电能传输系统的空间磁场和电场的分布规律，可忽略上述影响。

电流在两种媒介的分界面如图 2-28a 所示，其中两种媒介的磁导率分别 μ_{air} 和 μ_{ferrite}，在空气媒质中置有电流为 $\boldsymbol{I}$ 的无限长直导线，且平行于分界面。根据镜像法的等效理论可知，在空间中任意一点 P 的磁场是由电流 $\boldsymbol{I}$ 和像电流 $\boldsymbol{I}'$ 产生的磁场共同合成的，如图 2-28b 所示，其像电流 $\boldsymbol{I}'$ 的大小为

$$\boldsymbol{I}'=\dfrac{\mu_{\mathrm{ferrite}}-\mu_{\mathrm{air}}}{\mu_{\mathrm{ferrite}}+\mu_{\mathrm{air}}}\boldsymbol{I} \tag{2-158}$$

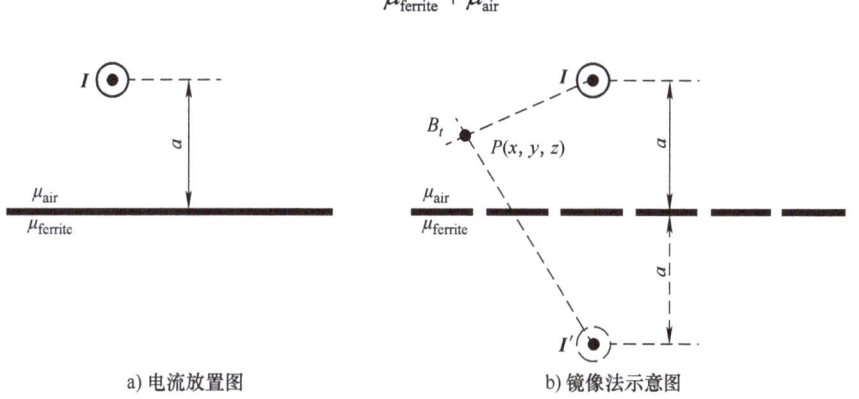

a) 电流放置图　　　　　　　　　　　b) 镜像法示意图

图 2-28　电流对磁导材料分界面镜像图

由于铁氧体材料的磁导率是趋于无穷大的，而空气中的磁导率为定值，故带有磁屏蔽结构的线圈应用镜像法所产生的像电流大小和方向与线圈中电流方向相同，大小近似一致。故在实际应用中带有磁屏蔽线圈的电场强度和磁场强度为

$$\begin{cases} \boldsymbol{E} = \boldsymbol{E}_I + \boldsymbol{E}_{I'} = -j\omega[A_I(x,y,z,\boldsymbol{I}) + A_I(x,y,z,\boldsymbol{I}')] \\ \boldsymbol{H} = \boldsymbol{H}_I + \boldsymbol{H}_{I'} = 1/\mu_0[B_I(x,y,z,\boldsymbol{I}) + B_I(x,y,z,\boldsymbol{I}')] \end{cases} \tag{2-159}$$

式中，μ_0 为真空磁导率；x、y、z 为空间内某一点的坐标。由上述分析可得，当系统中采用磁屏蔽结构时，可近似将带磁屏蔽线圈在空间中一点产生的电场强度与磁场强度按照无磁屏蔽线圈的两倍计算。

为深入探究坡印亭矢量在二维平面内的变化规律，在空间中截取 yOz 平面进行分析，由于盘式结构线圈具有对称性，其带有磁屏蔽结构的发射线圈在空间内一点产生的电磁场强度表达式为

$$\begin{cases} \boldsymbol{E}_t = \boldsymbol{e}_x \dfrac{j\omega\mu_0 I_t e^{-j(\omega t+\varphi_t)} a_1}{2\pi} \int_0^{2\pi} \dfrac{\sin\phi}{T_i^{\frac{1}{2}}} d\phi \\[3mm] \boldsymbol{H}_i = \dfrac{I_i e^{-j(\omega t+\varphi_i)} a_i}{2\pi}\left[\boldsymbol{e}_y \int_0^{2\pi} \dfrac{z\sin\phi}{T_i^{\frac{3}{2}}} d\phi + \boldsymbol{e}_z \int_0^{2\pi} \dfrac{y\sin\phi[a_1\cos(\phi-\phi_1)/|y|-1]}{T_i^{\frac{3}{2}}} d\phi\right] \\[3mm] T_i = [y^2 + (z-id)^2 + a_1^2 - 2a_1|y|\cos(\phi-\phi_1)] \end{cases} \tag{2-160}$$

故在二维平面内任意一点坡印亭矢量的有功功率密度为

$$S_{av} = \text{Re}(\boldsymbol{E}_1 \times \boldsymbol{H}_2^* + \boldsymbol{E}_2 \times \boldsymbol{H}_1^*) = \text{Re}\boldsymbol{S}_y + \text{Re}\,\boldsymbol{S}_z \tag{2-161}$$

由式（2-161）计算可知，在 yOz 平面内的坡印亭矢量有功功率密度由 y 与 z 两方向矢量合成得到。为了方便后续对其进行分析，可对 $\boldsymbol{S}_y$ 和 $\boldsymbol{S}_z$ 中的有功功率密度进行理论推导，后续文中简称为坡印亭矢量有功 y 分量和坡印亭矢量有功 z 分量

$$\begin{cases} \text{Re}\boldsymbol{S}_y = \sin(\varphi_2-\varphi_1)\dfrac{\mu_0\omega a_1^2 I_1 I_2}{4\pi^2} \cdot \left[\int_0^{2\pi}\dfrac{\sin\phi}{T_1^{\frac{1}{2}}}d\phi \cdot \int_0^{2\pi}\dfrac{y\sin\phi[a_1\cos(\phi-\phi_1)/|y|-1]}{T_2^{\frac{3}{2}}}d\phi - \right. \\[3mm] \left. \int_0^{2\pi}\dfrac{\sin\phi}{T_2^{\frac{1}{2}}}d\phi \cdot \int_0^{2\pi}\dfrac{y\sin\phi[a_1\cos(\phi-\phi_1)/|y|-1]}{T_1^{\frac{3}{2}}}d\phi\right] \\[3mm] \text{Re}\,\boldsymbol{S}_z = \sin(\varphi_2-\varphi_1)\dfrac{\mu_0\omega a_1^2 I_1 I_2}{4\pi^2} \cdot \left[\int_0^{2\pi}\dfrac{\sin\phi}{T_1^{\frac{1}{2}}}d\phi \cdot \int_0^{2\pi}\dfrac{(d-z)\sin\phi}{T_2^{\frac{3}{2}}}d\phi + \int_0^{2\pi}\dfrac{\sin\phi}{T_2^{\frac{1}{2}}}d\phi \cdot \int_0^{2\pi}\dfrac{z\sin\phi}{T_1^{\frac{3}{2}}}d\phi\right] \end{cases}$$

$$\tag{2-162}$$

2.6.2　以多匝线圈为传能载体的坡印亭矢量计算方法研究

以单匝线圈为例，对单匝的双线圈系统中坡印亭矢量有功功率密度进行分析计算，同时给出了二维平面内有功功率密度的计算方法以及分布规律。在线圈实际工作过程中，一般都为平面盘绕式多匝线圈，可看作多个不同半径的同心圆形单匝线圈，因此，系统空间中一点的坡印亭矢量有功功率密度相当于多个不同半径同心圆单匝线圈对该点有功功率密度的叠加值。在实际的应用与实验过程中通常使用多匝对称线圈作为发射线圈和接收线圈，本章采用带有磁屏蔽结构的密绕的盘式线圈，如图 2-29 所示，假设两线圈匝数相同，为 n，此时两线圈产生的电场强度与磁场强度表达式为

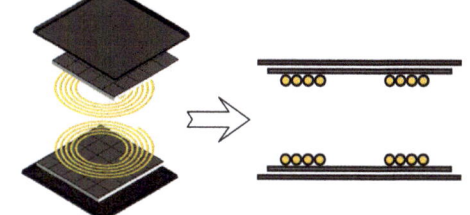

$$\begin{cases} \boldsymbol{E} = \boldsymbol{E}_1 + \boldsymbol{E}_2 \\ \boldsymbol{H} = \boldsymbol{H}_1 + \boldsymbol{H}_2 \end{cases} \quad （2-163）$$

式中，单匝线圈电场的表达式为

图 2-29　多匝的无线电能传输系统结构示意图

$$\begin{cases} \boldsymbol{E}_1 = \sum_1^n \alpha_k \dfrac{\mathrm{j}\omega\mu_0 I_1 \mathrm{e}^{-\mathrm{j}(\omega t+\varphi_1)}}{2\pi}\left[\boldsymbol{e}_x \int_0^{2\pi} \dfrac{\sin\phi}{T_1^{\frac{1}{2}}}\mathrm{d}\phi + \boldsymbol{e}_y \int_0^{2\pi} \dfrac{-\cos\phi}{T_1^{\frac{1}{2}}}\mathrm{d}\phi \right] \\[4mm] \boldsymbol{E}_2 = \sum_1^n \alpha_k \dfrac{\mathrm{j}\omega\mu_0 I_2 \mathrm{e}^{-\mathrm{j}(\omega t+\varphi_2)}}{2\pi}\left[\boldsymbol{e}_x \int_0^{2\pi} \dfrac{\sin\phi}{T_2^{\frac{1}{2}}}\mathrm{d}\phi + \boldsymbol{e}_y \int_0^{2\pi} \dfrac{-\cos\phi}{T_2^{\frac{1}{2}}}\mathrm{d}\phi \right] \end{cases} \quad （2-164）$$

单匝线圈磁场的表达式为

$$\begin{cases} \boldsymbol{H}_1 = \sum_1^n a_k \dfrac{I_1 \mathrm{e}^{-\mathrm{j}(at+\varphi_1)}}{2\pi}\left[\boldsymbol{e}_x \int_0^{2\pi} \dfrac{z\cos\phi}{T_1^2}\mathrm{d}\phi + \boldsymbol{e}_y \int_0^{2\pi} \dfrac{z\sin\phi}{T_1^2}\mathrm{d}\phi + \right. \\[4mm] \qquad \left. \boldsymbol{e}_z \int_0^{2\pi} \dfrac{(x\cos\phi + y\sin\phi)\left[a_1\cos(\phi-\phi_1)/\sqrt{x^2+y^2} -1 \right]}{T_1^2}\mathrm{d}\phi \right] \\[5mm] \boldsymbol{H}_2 = \sum_1^n a_k \dfrac{I_2 \mathrm{e}^{-\mathrm{j}(at+\varphi_2)}}{2\pi}\left[\boldsymbol{e}_x \int_0^{2\pi} \dfrac{z\cos\phi}{T_2^{\frac{3}{2}}}\mathrm{d}\phi + \boldsymbol{e}_y \int_0^{2\pi} \dfrac{z\sin\phi}{T_2^{\frac{3}{2}}}\mathrm{d}\phi + \right. \\[4mm] \qquad \left. \boldsymbol{e}_z \int_0^{2\pi} \dfrac{(x\cos\phi + y\sin\phi)\left[a_1\cos(\phi-\phi_1)/\sqrt{x^2+y^2} -1 \right]}{T_2^{\frac{3}{2}}}\mathrm{d}\phi \right] \end{cases} \quad （2-165）$$

坡印亭矢量中的有功功率密度与无功功率密度分别为

$$\begin{aligned} \boldsymbol{S}_{\mathrm{av}} &= \mathrm{Re}(\boldsymbol{E}\times\boldsymbol{H}^*) = \mathrm{Re}[(E_y\cdot H_z^* - E_z\cdot H_y^*)\boldsymbol{e}_x - (E_x\cdot H_z^* - E_z\cdot H_x^*)\boldsymbol{e}_y + \\ &\qquad (E_x\cdot H_y^* - E_y\cdot H_x^*)\boldsymbol{e}_z] \\ \boldsymbol{S}_{\mathrm{m}} &= \mathrm{Im}(\boldsymbol{E}\times\boldsymbol{H}^*) = \mathrm{Im}[(E_y\cdot H_z^* - E_z\cdot H_y^*)\boldsymbol{e}_x - (E_x\cdot H_z^* - E_z\cdot H_x^*)\boldsymbol{e}_y + \\ &\qquad (E_x\cdot H_y^* - E_y\cdot H_x^*)\boldsymbol{e}_z] \end{aligned} \quad （2-166）$$

为了研究多匝的双线圈系统与单匝的双线圈系统的分布规律的异同，类似地截取二维截

面 yOz 平面进行分析。二维截面内多匝线圈的坡印亭矢量有功 y 分量和有功 z 分量分别为

$$
\begin{cases}
\operatorname{Re} \boldsymbol{S}_y = \sum_1^n a_i \sum_1^n a_j \dfrac{\mu_0 \alpha I_1 I_2}{4\pi^2} \cdot \left[\int_0^{2\pi} \dfrac{\sin\phi}{T_1^2} \mathrm{d}\phi \cdot \int_0^{2\pi} \dfrac{\nu \sin\phi [\alpha_1 \cos(\phi-\phi_1)/|y|-1]}{T_2^{\frac{3}{2}}} \mathrm{d}\phi - \int_0^{2\pi} \dfrac{\sin\phi}{T_2^2} \mathrm{d}\phi + \right. \\
\qquad \left. \int_0^{2\pi} \dfrac{y\sin\phi[a_1\cos(\phi-\phi_1)/|y|-1]}{T_1^2} \mathrm{d}\phi \right] \\[2mm]
\operatorname{Re} \boldsymbol{S}_z = \sum_1^n \alpha_i \sum_1^n \alpha_j \dfrac{\mu_0 \alpha I_1 I_2}{4\pi^2} \cdot \left[\int_0^{2\pi} \dfrac{\sin\phi}{T_1^{\frac{1}{2}}} \mathrm{d}\phi \cdot \int_0^{2\pi} \dfrac{(d-z)\sin\phi}{T_2^{\frac{3}{2}}} \mathrm{d}\phi + \int_0^{2\pi} \dfrac{\sin\phi}{T_2^{\frac{1}{2}}} \mathrm{d}\phi \cdot \int_0^{2\pi} \dfrac{z\sin\phi}{T_1^{\frac{3}{2}}} \mathrm{d}\phi \right]
\end{cases}
$$

（2-167）

综上所述，多匝的双线圈无线电能传输系统在空间内的坡印亭矢量分布规律与单匝的双线圈无线电能传输系统完全一致，但多匝线圈系统在空间中一点产生坡印亭矢量的模值等同于多个不同半径大小的单匝线圈在该点的矢量叠加。

参 考 文 献

[1] 张献, 杨庆新, 陈海燕, 等. 电磁耦合谐振式无线电能传输系统的建模、设计与实验验证 [J]. 中国电机工程学报, 2012, 32(21): 153-158.

[2] QingXin Y, Xian Z, Haiyan C, et al. Direct field-circuit coupled analysis and corresponding experiments of electromagnetic resonant coupling system [J]. IEEE Transactions on Magnetics, 2012, 48(11): 3961-3964.

[3] Zhang X, Yang Q, Chen H, et al. Analysis of a novel near-field non-radiative wireless power transmission system [C]. 2011 International Conference on Control, Automation and Systems Engineering (CASE 2011), 2011:1-4.

[4] Li Y, Yang Q, Chen H, et al. Basic study on improving power of wireless power transfer via magnetic resonance coupling [C]. Advanced Materials Research, 2012, 459: 445-449.

[5] 张献. 基于电磁 – 机械同步共振的无线电能传输与转换方法研究 [D]. 天津 : 河北工业大学, 2012.

[6] 李阳. 大功率谐振式无线电能传输方法与实验研究 [D]. 天津 : 河北工业大学, 2012.

[7] 谢岳, 潘伟玲. 任意空间位置线圈的互感计算方法 [J]. 电机与控制学报, 2016, 20(6): 63-76.

[8] 许彩望. 基于双边 LCC 补偿的磁耦合谐振无线充电技术研究 [D]. 淮南 : 安徽理工大学, 2022.

[9] 谭平安, 廖佳威, 谭廷玉, 等. 基于发射侧 T/F 变结构补偿网络的恒压 / 恒流无线充电系统 [J]. 电工技术学报, 2021, 36(2): 248-257.

[10] 程福临. 感应式无线电能传输系统双 LCC 补偿方法研究 [D]. 阜新 : 辽宁工程技术大学, 2022.

[11] 佘健健. WPT 技术中的磁场调控与电磁能量特征研究 [D]. 南京 : 南京邮电大学, 2023.

[12] Mai R, Chen Y, Li Y, et al. Inductive power transfer for massive electric bicycles charging based on hybrid topology switching with a single inverter [J]. IEEE Transactions on Power Electronics, 2017, 32(8): 5897-5906.

[13] 李阳, 杨庆新, 闫卓, 等. 磁耦合谐振式无线电能传输系统的频率特性 [J]. 电机与控制学报, 2012, 16(7): 7-11.

[14] Faria J A B. Poynting vector flow analysis for contactless energy transfer in magnetic systems [J]. IEEE Transactions on Power Electronics. 2012, 27(10): 4292-4300.

[15] Mirbozorgi S A, Bahrami H, Sawan M, et al. A smart cage with uniform wireless power distribution in 3D for enabling long-term experiments with freely moving animals [J]. IEEE Transactions on Biomedical Circuits and Systems. 2015, 10(2): 424-434.

第3章　无线电能传输补偿电路拓扑结构

无线电能传输系统示意图如图 3-1 所示，系统由发射端与接收端两部分构成，其中发射端由直流电源、逆变电路、补偿网络和发射线圈构成，接收端由接收线圈、补偿网络、整流电路以及负载组成[1]。

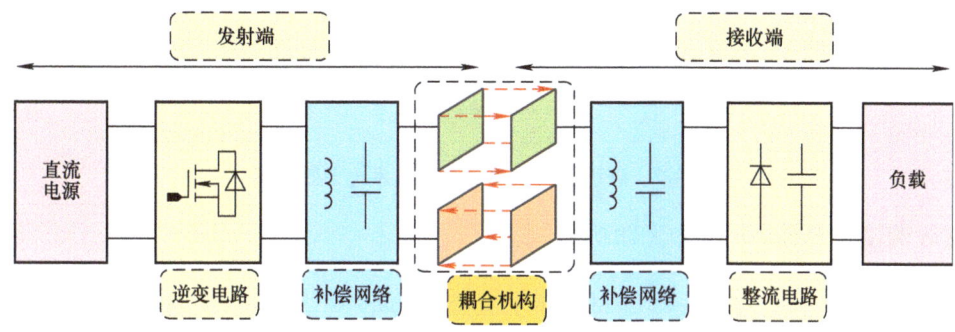

图 3-1　无线电能传输系统示意图

无线电能传输系统的工作原理如下：整个系统由直流电源或者交流市电经整流滤波后对其供电，首先通过逆变电路作用转变为设定频率的交流电流，经过补偿网络后会在发射线圈中产生高频交变的磁场，此时空间中的高频磁场穿过接收线圈并在其两端产生感应电动势，通过补偿网络作用后再将能量输送到整流电路中，并转换为工频直流电能滤波处理，最终加在负载两端对其供电[2]。

3.1 传输机理分析

图 3-2 所示为磁耦合式无线电能传输系统等效模型，其中 U_{S1} 等效为交流电源，U_{S2} 为接收端的等效电压源，L_1、L_2 分别为发射线圈与接收线圈的电路模型等效电感值，ω 为系统开关角频率，M 为两线圈间的互感，代表了线圈间耦合程度的强弱。I_T、I_R 分别为发射线圈与接收线圈的电流。

假设以发射线圈中电流 I_T 的相角为基准，且定义发射线圈中电流 I_T 与接收线圈中电流 I_R 的相角差值为 φ_{21}，此时线圈中电流的表达式为

$$\begin{cases} I_T = I_T \\ I_R = I_R(\cos\varphi_{21} + j\sin\varphi_{21}) \end{cases} \tag{3-1}$$

接收端的视在功率为

$$S_L = U_2 \cdot (-I_R^*) = \omega M I_T I_R \sin\varphi_{21} + j\omega M I_T I_R \cos\varphi_{21} \tag{3-2}$$

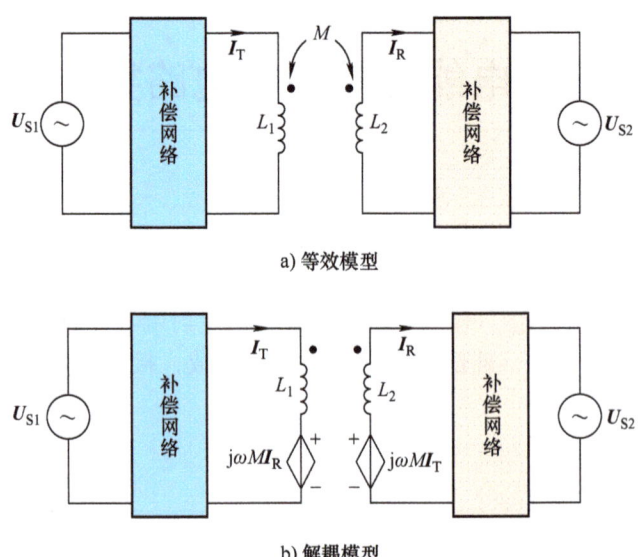

a) 等效模型

b) 解耦模型

图 3-2   磁耦合式无线电能传输系统等效模型

接收端接收的有功功率和无功功率分别为

$$\begin{cases} P_{\mathrm{L}} = \omega M I_{\mathrm{T}} I_{\mathrm{R}} \sin \varphi_{21} \\ Q_{\mathrm{L}} = \omega M I_{\mathrm{T}} I_{\mathrm{R}} \cos \varphi_{21} \end{cases} \tag{3-3}$$

当系统处于理想状态下，即不考虑其他部分元器件的损耗，线圈间传输的有功功率即为负载端消耗的能量大小。由上式可知，系统整体传输能量的能力取决于系统频率高低、线圈间互感的大小、两线圈中电流的大小以及两线圈电流的相位角度四个关键因素。其中，降低两线圈电流的相位角度可有效提升有功功率在视在功率的占比，从而提升系统的功率因数。目前常用的方法是通过对发射端与接收端添加补偿网络结构来实现[3]。

3.2   经典补偿网络

补偿网络结构对系统作用的基本原理是使用电容和电感元件来抵消高频工况下线圈自身产生的电抗，使系统网络尽量呈现阻性状态，提升其有功功率传输容量。当前对于磁场耦合式系统有四种典型的基本网络补偿结构，其中包括：发射端与接收端均为串联的 S-S 型、发射端串联与接收端并联的 S-P 型、发射端并联与接收端串联的 P-S 型以及发射端与接收端均为并联的 P-P 型，并通过电路模型对传输功率、传输特性进行具体分析[4]。

图 3-3b 所示为 S-S 型补偿拓扑电路等效模型。其中 U_{S1} 为交流电源电压，L_1、L_2 分别为发射与接收线圈的等效自感，M 为两线圈间的互感，I_{T}、I_{R} 分别为发射端与接收端电流，C_1、C_2 分别为发射端与接收端的补偿电容，U_{S2} 为负载侧等效电压。假设系统的开关频率为 ω，定义如下阻抗方程：

$$\begin{cases} Z_{\mathrm{TS}} = \mathrm{j}\omega L_1 + 1/\mathrm{j}\omega C_1 \\ Z_{\mathrm{RS}} = \mathrm{j}\omega L_2 + 1/\mathrm{j}\omega C_2 + R_{\mathrm{L}} \end{cases} \tag{3-4}$$

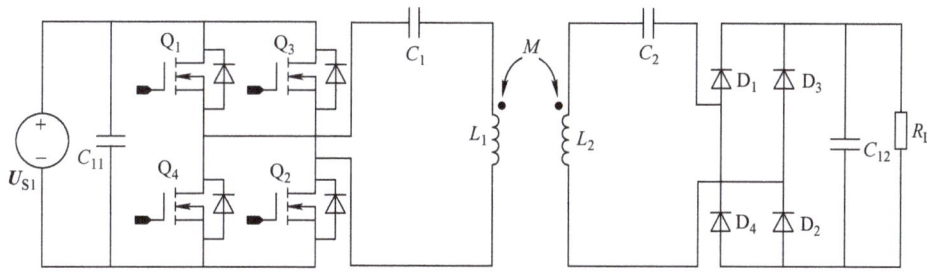

a) S-S 型补偿拓扑结构

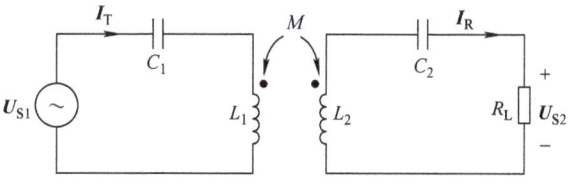

b) S-S 型补偿拓扑电路等效模型

图 3-3　S-S 型电路网络补偿结构

根据基尔霍夫电压定律可列 KVL 方程矩阵

$$\begin{bmatrix} U_{S1} \\ 0 \end{bmatrix} = \begin{bmatrix} Z_{TS} & -j\omega M \\ -j\omega M & Z_{RS} \end{bmatrix} \begin{bmatrix} I_T \\ I_R \end{bmatrix} \tag{3-5}$$

求解上述方程可得交流电源和负载两端电流

$$\begin{cases} I_T = \dfrac{U_{S1} Z_{RS}}{Z_{RS} Z_{TS} + \omega^2 M^2} \\[3mm] I_R = -\dfrac{j\omega M U_{S1}}{Z_{RS} Z_{TS} + \omega^2 M^2} \end{cases} \tag{3-6}$$

系统输入的有功功率与负载接收端消耗的有功功率为

$$\begin{cases} P_{in} = \dfrac{U_{S1}^2 Z_{RS}}{Z_{RS} Z_{TS} + \omega^2 M^2} \\[3mm] P_{RL} = \dfrac{\omega^2 M^2 U_{S1}^2 R_L}{(Z_{RS} Z_{TS} + \omega^2 M^2)^2} \end{cases} \tag{3-7}$$

系统整体效率为

$$\eta_{S\text{-}S} = \frac{P_{RL}}{P_{in}} = \frac{\omega^2 M^2 R_L}{Z_{RS}(\omega^2 M^2 + Z_{TS} Z_{RS})} \tag{3-8}$$

图 3-4b 所示为 S-P 型补偿拓扑电路等效模型，可定义如下阻抗方程：

$$\begin{cases} Z_{TS} = j\omega L_1 + 1/j\omega C_1 \\ Z_{RP} = j\omega L_2 + \dfrac{R_L(1 - j\omega C_2 R_L)}{1 + \omega^2 C_2^2 R_L^2} \end{cases} \tag{3-9}$$

根据基尔霍夫电压定律可列 KVL 方程矩阵

$$\begin{bmatrix} U_{S1} \\ 0 \\ 0 \end{bmatrix} = \begin{bmatrix} Z_{TS} & -j\omega M & 0 \\ -j\omega M & Z_{RP} & 0 \\ 0 & -1/j\omega C_2 & 1/j\omega C_2 + R_L \end{bmatrix} \begin{bmatrix} I_T \\ I_R \\ I_2 \end{bmatrix} \tag{3-10}$$

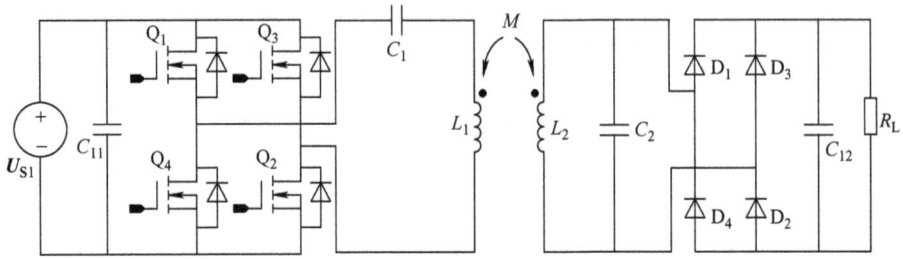

a) S-P 型补偿拓扑结构

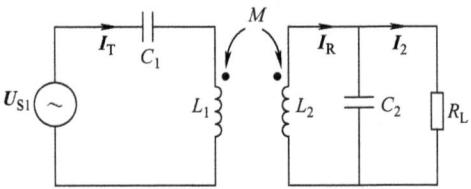

b) S-P 型补偿拓扑电路等效模型

图 3-4　S-P 型电路网络补偿结构

求解上述方程可得交流电源和负载两端电流

$$\begin{cases} \boldsymbol{I}_T = \dfrac{\boldsymbol{U}_{S1} Z_{RP}}{Z_{RP} Z_{TS} + \omega^2 M^2} \\ \boldsymbol{I}_2 = \dfrac{\omega M \boldsymbol{U}_{S1}}{(1 + j\omega C_2 R_L)(Z_{RP} Z_{TS} + \omega^2 M^2)} \end{cases} \tag{3-11}$$

系统输入的有功功率与负载接收端消耗的有功功率为

$$\begin{cases} P_{in} = \dfrac{U_{S1}^2 Z_{RP}}{Z_{RP} Z_{TS} + \omega^2 M^2} \\ P_{RL} = \dfrac{\omega^2 M^2 U_{S1}^2 R_L}{(Z_{RP} Z_{TS} + \omega^2 M^2)^2 (1 + j\omega C_2 R_L)^2} \end{cases} \tag{3-12}$$

系统整体效率为

$$\eta_{S\text{-}P} = \dfrac{P_{RL}}{P_{in}} = \dfrac{\omega^2 M^2 R_L}{Z_{RP}(\omega^2 M^2 + Z_{TS} Z_{RP})(1 + j\omega C_2 R_L)^2} \tag{3-13}$$

图 3-5b 所示为 P-S 型补偿拓扑电路等效模型，可定义如下阻抗方程：

$$\begin{cases} Z_{TP1} = j\omega L_1 \quad Z_{TP2} = 1/j\omega C_1 \\ Z_{RS} = j\omega L_2 + 1/j\omega C_2 \end{cases} \tag{3-14}$$

根据基尔霍夫电压定律可列 KVL 方程矩阵

$$\begin{bmatrix} U_{S1} \\ U_{S1} \\ 0 \end{bmatrix} = \begin{bmatrix} Z_{TP2} & -Z_{TP2} & 0 \\ 0 & Z_{TP1} & -j\omega M \\ 0 & -j\omega M & Z_{RS} \end{bmatrix} \begin{bmatrix} I_1 \\ I_T \\ I_R \end{bmatrix} \tag{3-15}$$

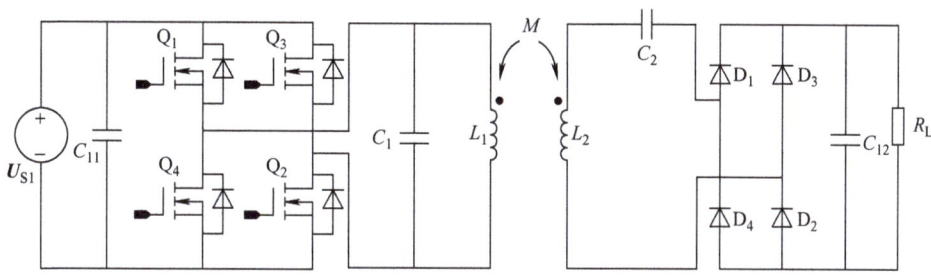

a) P-S 型补偿拓扑结构

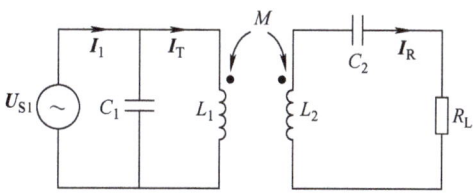

b) P-S 型补偿拓扑电路等效模型

图 3-5　P-S 型电路网络补偿结构

求解上述方程可得交流电源和负载两端电流

$$\begin{cases} \boldsymbol{I}_1 = \boldsymbol{U}_{S1}\left(\dfrac{1}{Z_{TP2}} + \dfrac{Z_{RS}}{Z_{RS}Z_{TP1} + \omega^2 M^2} \right) \\ \boldsymbol{I}_R = \dfrac{j\omega M \boldsymbol{U}_{S1}}{Z_{RS}Z_{TP1} + \omega^2 M^2} \end{cases} \tag{3-16}$$

系统输入的有功功率与负载接收端消耗的有功功率为

$$\begin{cases} P_{in} = U_{S1}^2 \left(\dfrac{1}{Z_{TP2}} + \dfrac{Z_{RS}}{Z_{RS}Z_{TP1} + \omega^2 M^2} \right) \\ P_{RL} = \dfrac{\omega^2 M^2 U_{S1}^2 R_L}{(Z_{RS}Z_{TP1} + \omega^2 M^2)^2} \end{cases} \tag{3-17}$$

系统整体效率为

$$\eta_{\text{P-S}} = \frac{P_{\text{RL}}}{P_{\text{in}}} = \frac{\omega^2 M^2 Z_{\text{TP2}} R_{\text{L}}}{Z_{\text{RS}}(Z_{\text{RS}}(Z_{\text{TP1}} + Z_{\text{TP2}}) + \omega^2 M^2)(\omega^2 M^2 + Z_{\text{TP1}} Z_{\text{RS}})} \tag{3-18}$$

图 3-6b 所示为 P-P 型补偿拓扑电路等效模型，可定义如下阻抗方程：

$$\begin{cases} Z_{\text{TP1}} = \text{j}\omega L_1 \quad Z_{\text{TP2}} = 1/\text{j}\omega C_1 \\ Z_{\text{RP}} = \text{j}\omega L_2 + \dfrac{R_{\text{L}}(1 - \text{j}\omega C_2 R_{\text{L}})}{1 + \omega^2 C_2^2 R_{\text{L}}^2} \end{cases} \tag{3-19}$$

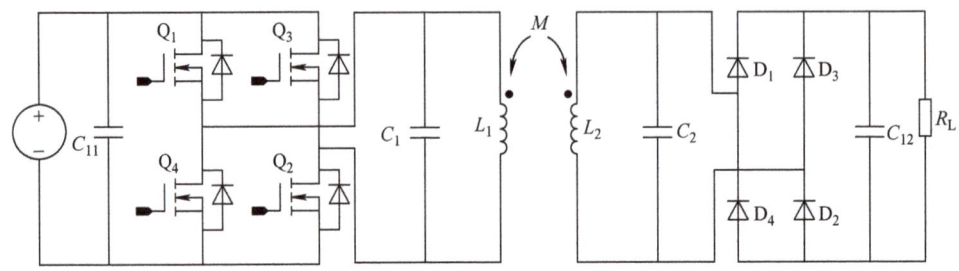

a) P-P型补偿拓扑结构

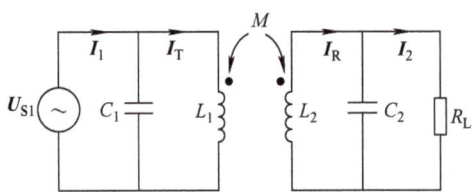

b) P-P型补偿拓扑电路等效模型

图 3-6 P-P 型电路网络补偿结构

根据基尔霍夫电压定律可列 KVL 方程矩阵

$$\begin{bmatrix} U_{\text{S1}} \\ U_{\text{S1}} \\ 0 \\ 0 \end{bmatrix} = \begin{bmatrix} Z_{\text{TP2}} & -Z_{\text{TP2}} & 0 & 0 \\ 0 & Z_{\text{TP1}} & -\text{j}\omega M & 0 \\ 0 & -\text{j}\omega M & Z_{\text{RP}} & 0 \\ 0 & 0 & -1/\text{j}\omega C_2 & 1/\text{j}\omega C_2 + R_{\text{L}} \end{bmatrix} \begin{bmatrix} I_1 \\ I_{\text{T}} \\ I_{\text{R}} \\ I_2 \end{bmatrix} \tag{3-20}$$

求解上述方程可得交流电源和负载两端电流分别为

$$\begin{cases} \boldsymbol{I}_1 = \boldsymbol{U}_{\text{S1}} \left(\dfrac{1}{Z_{\text{TP2}}} + \dfrac{Z_{\text{RS}}}{Z_{\text{RS}} Z_{\text{TP1}} + \omega^2 M^2} \right) \\ \boldsymbol{I}_{\text{R}} = \dfrac{\omega M \boldsymbol{U}_{\text{S1}}}{(1 + \text{j}\omega C_2 R_{\text{L}})(Z_{\text{RP}} Z_{\text{TS}} + \omega^2 M^2)} \end{cases} \tag{3-21}$$

系统输入的有功功率与负载接收端消耗的有功功率为

$$\begin{cases} P_{\text{in}} = U_{\text{S1}}^2 \left(\dfrac{1}{Z_{\text{TP2}}} + \dfrac{Z_{\text{RS}}}{Z_{\text{RS}} Z_{\text{TP1}} + \omega^2 M^2} \right) \\ P_{\text{RL}} = \dfrac{\omega M U_{\text{S1}}^2}{(1 + \mathrm{j}\omega C_2 R_{\text{L}})(Z_{\text{RP}} Z_{\text{TS}} + \omega^2 M^2)} \end{cases} \quad (3\text{-}22)$$

系统整体效率为

$$\eta_{\text{P-P}} = \frac{P_{\text{RL}}}{P_{\text{in}}} = \frac{\omega^2 M^2 R_{\text{L}} Z_{\text{TP2}}}{(Z_{\text{RP}}(Z_{\text{TP1}} + Z_{\text{TP2}}) + \omega^2 M^2)(\omega^2 M^2 + Z_{\text{TP1}} Z_{\text{RP}})(1 + \mathrm{j}\omega C_2 R_{\text{L}})} \quad (3\text{-}23)$$

3.3　系统增益特性分析

　　以下无线电能传输系统的四种双端补偿电路使用系统漏感模型等效方法，将接收端阻抗全部折算到发射端并进行计算，在忽略振荡器自身电阻的情况下，可以获得基于漏感模型的等效电路，从而将发射端与接收端连接构成统一回路，如图 3-7 所示[5]。

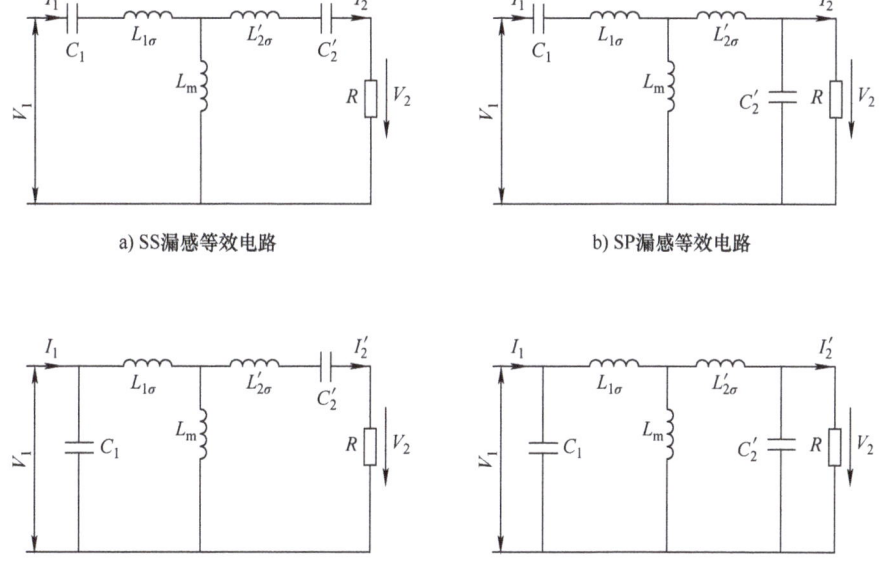

图 3-7　补偿电路的漏感等效电路模型

以图 3-7a 为例，为简化计算，定义以下系数：

$$\begin{cases} \omega_0 = \dfrac{1}{\sqrt{L_{1\sigma} C}}, \quad Q_{\text{n}} = \dfrac{\omega_0 L_1}{R} \\ \omega_{\text{n}} = \dfrac{\omega}{\omega_0}, \quad k_{\text{c}} = \dfrac{C_1}{C_2} \end{cases} \quad (3\text{-}24)$$

式中，ω_0 为发射端在考虑接收端的反馈后的自然谐振角频率；ω_{n} 为角频率系数；Q_{n} 为谐振时接收端折算到发射端的品质因数；k_{c} 为电容比例系数。为了书写方便，将发射端与接收

端之间的耦合系数 k_{12} 简写为 k，则 Z_1、Z_2 与 Z_m 分别可以表示为

$$
\begin{cases}
Z_1 = 1/j\omega C_1 + j\omega L_{1\sigma} = j\omega L_1 (1-k)\left(1 - \dfrac{1-k}{\omega_n^2}\right) \\[3mm]
Z_2 = 1/j\omega C_2' + j\omega L_{2\sigma}' = j\omega L_1\left(1 - k - \dfrac{k_c}{\omega_n^2}\right) \\[3mm]
Z_m = j\omega L_m (1-k) = j\omega L_1 k
\end{cases}
\tag{3-25}
$$

为了获得补偿电路的规律，可令 $k_c = 0$，则系统电压增益函数 A_V 可表示为

$$
A_V = \left|\frac{I_2'}{I_1}\right| = \left|\frac{(Z_2 + R) // Z_m}{Z_2 + R}\right| = \left|\frac{Z_m}{Z_1 + Z_2 + R}\right|
\tag{3-26}
$$

将式（3-25）代入式（3-26）中可得

$$
\begin{aligned}
A_V &= \left|\{1 + (1-k)k^{-1}(1-\omega_n^{-2}) + j\omega_n Q_n[1-k+(1-k)k^{-1}(1-\omega_n^{-2})]\}^{-1}\right| \\
&= \{[1 + (1-k)k^{-1}(1-\omega_n^{-2})]^2 + \omega_n^2 Q_n^2[1-k+(1-k)k^{-1}(1-\omega_n^{-2})]^2\}^{-0.5}
\end{aligned}
\tag{3-27}
$$

而对于系统的电流增益函数 A_I 则有

$$
\begin{aligned}
A_I &= \left|\frac{I_2'}{I_1}\right| = \left|\frac{Z_m}{Z_m + Z_2 + R}\right| \\
&= |jk(j+\omega_n^2 Q_n^{-2})^{-1}| = k(1+\omega_n^{-2}Q_n^{-2})^{-0.5}
\end{aligned}
\tag{3-28}
$$

在实际电路中，发射端与接收端的松耦合变压器有升压作用，电压增益 A_V' 与电流增益 A_I' 可表示为

$$
\begin{cases}
A_V' = nA_V = n\{[1+(1-k)k^{-1}(1-\omega_n^2)]^2 + \omega_n^2 Q_n^2[1-k+(1-k)k^{-1}(1-\omega_n^2)]^2\}^{-0.5} \\[2mm]
A_I' = n^{-1}A_I = n^{-1}k(1+\omega_n^2 Q_n^{-2})^{-0.5}
\end{cases}
\tag{3-29}
$$

同样引入描述谐振电路的功率因数 λ，则

$$
\begin{aligned}
\eta &= \left|\frac{V_2 I_2}{V_1 I_1}\right| = \left|\frac{V_2}{V_1}\right| \cdot \left|\frac{I_2}{I_1}\right| = |K_V| \cdot |K_I| \\
&= k\left\{ \begin{array}{l} (1+\omega_n^{-2}Q_n^2)[1+(1-k)k^{-1}(1-\omega_n^{-2})]^2 + \\ (1+\omega_n^2 Q_n^2)[1-k+(1-k)k^{-1}(1-\omega_n^{-2})]^2] \end{array} \right\}^{-0.5}
\end{aligned}
\tag{3-30}
$$

实际上，式（3-30）中的功率因数反映了电路在工作时接收端所获得的有功功率与发射端视在总功率的比值，也表示了系统工作时的传输效率。功率因数越高，则在电路中所需工作电流将越小，效率的提升度也将越高，从而能够使电路中开关元件的通断功率等级降低，同时降低输入电源的功率容量。每一种补偿结构都可以通过上述公式进行等效与折算，最终可将系统输出特性描述为 ω_n、k、Q_n 与 k_c 的多元函数，从而使问题的分析得到简

化。不同结构对应的电压增益、电流增益表达式见表 3-1，而功率因数可以将二者直接相乘后得到，由于表达式复杂，在此予以省略。

表 3-1 不同类型电路补偿的增益函数

电路补偿类型	A_V'	A_I'
SS	$n\left\{\begin{array}{l}k^{-2}[1-(1-k)\omega_n^{-2}]^2+\omega_n^2Q_n^2(1-k)^2\cdot\\\left[\begin{array}{l}1-\omega_n^{-2}+(k^{-1}-k^{-1}\omega_n^{-2}+\omega_n^2)\cdot\\(1-k_c\omega_n^{-2})\end{array}\right]^2\end{array}\right\}^{-0.5}$	$kn^{-1}\{[1-(1-k)k_c\omega_n^{-2}]^2+\omega_n^{-2}Q_n^{-2}\}^{-0.5}$
SP	$nkk_c\left\{\begin{array}{l}\omega_n^2Q_n^2k_c^2(1-k)^2(k+1-\omega_n^{-2})^2+\\[1+k_c-(1+k)\omega_n^2-k_c(1-k)\omega_n^{-2}]^2\end{array}\right\}^{-0.5}$	$kn^{-1}\left\{1+\dfrac{[\omega_n^2-k_c(1-k)]^2}{\omega_n^2Q_n^2(1-k)^2k_c^2}\right\}^{-0.5}$
PS	$n\left\{\begin{array}{l}k^{-2}+\omega_n^2Q_n^2(1-k)^2\cdot\\[1+k^{-1}(1-k_c\omega_n^{-2})]^2\end{array}\right\}^{-0.5}$	$kn^{-1}\left\{\begin{array}{l}\left[\begin{array}{l}k+(1-k)(1-k_c\omega_n^{-2})\\-(1+k)\omega_n^2+k_c^2\end{array}\right]^2+\\\omega_n^{-2}Q_n^{-2}[1-\omega_n^2(1-k)^{-1}]^2\end{array}\right\}^{-0.5}$
PP	$nk_c\left\{\begin{array}{l}\omega_n^2Q_n^2k_c^2(k-k^{-1})^2+\\(k_ck^{-1}-(1+k)k^{-1}\omega_n^{-2})^2\end{array}\right\}^{-0.5}$	$kk_cn^{-1}(1-k)\left\{\begin{array}{l}(1-k)^2k_c^2[(1+k)\omega_n^2-1]^2+\\\omega_n^2Q_n^{-2}\left[\begin{array}{l}(1+k)\omega_n^2-1-k_c+\\(1-k)k_c\omega_n^{-2}\end{array}\right]^2\end{array}\right\}^{-0.5}$

耦合系数 k、折算后负载品质因数 Q_n 及谐振电容补偿系数 k_c，三者对系统特性的不同影响分别见表 3-2 ~ 表 3-4。由图中曲线可定性地看出，双侧同时补偿结构相对于无补偿或单侧补偿结构的输出特性具有明显的提升，能够提高系统的功率因数。同时在不同结构中，随 k、Q_n 或 k_c 的变化，至少存在一个能使功率因数达到 1 的最佳工作点，特殊情况下会出现 2 ~ 3 个最佳工作点，这对于系统负载工作模式的切换增加了选择的灵活性。下面对不同结构体现出的工作特性进行分析。

（1）耦合系数 k 的影响

表 3-2 所示为：$Q_n=1$、$n=1$、$k_c=1$ 时，k 分别取 0.2、0.5 与 0.8 时，k 对系统电压增益 A_V、电流增益 A_I 与传输效率 η 的影响。由表中曲线可知，对于发射端采用串联补偿的结构（SS 与 SP），当 k 逐渐减小时，电流增益随之降低，同时电压增益出现峰值；相反，对于发射端采用并联补偿的结构（PS 与 PP），电压增益将随 k 的减小而降低，同时电流增益出现峰值。另外，当耦合系数较小时，不同结构系统传输效率曲线陡峭，很难保持高效率工作。对于 SS 结构，当系统以发射端谐振频率工作时，接收端将会获得一个与 k 无关的电压增益，同时 PP 将会获得与 k 无关的电流增益，这一特性将为选择接收端负载的特性提供重要依据。接收端获得最大功率的曲线受到补偿结构与 k 的共同影响，同时串联补偿时达到最大的效率均要求系统以偏离谐振频率的某个频点工作，这会给电路设计及负载功率的获取带来麻烦；而并联补偿结构无论 k 的数值大小，最大的效率均在谐振频率附近移动。当 k 逐渐减小时，不同结构的系统效率最大工作点逐渐趋近于发射端谐振频率，这是由于此时接收端与发射端相距很远，耦合的影响变得很弱，接收端对发射端的反馈影响几乎消失，系统最佳谐振频率将趋近于发射端电路的谐振频率。

表 3-2   耦合系数 k 对系统增益特性的影响

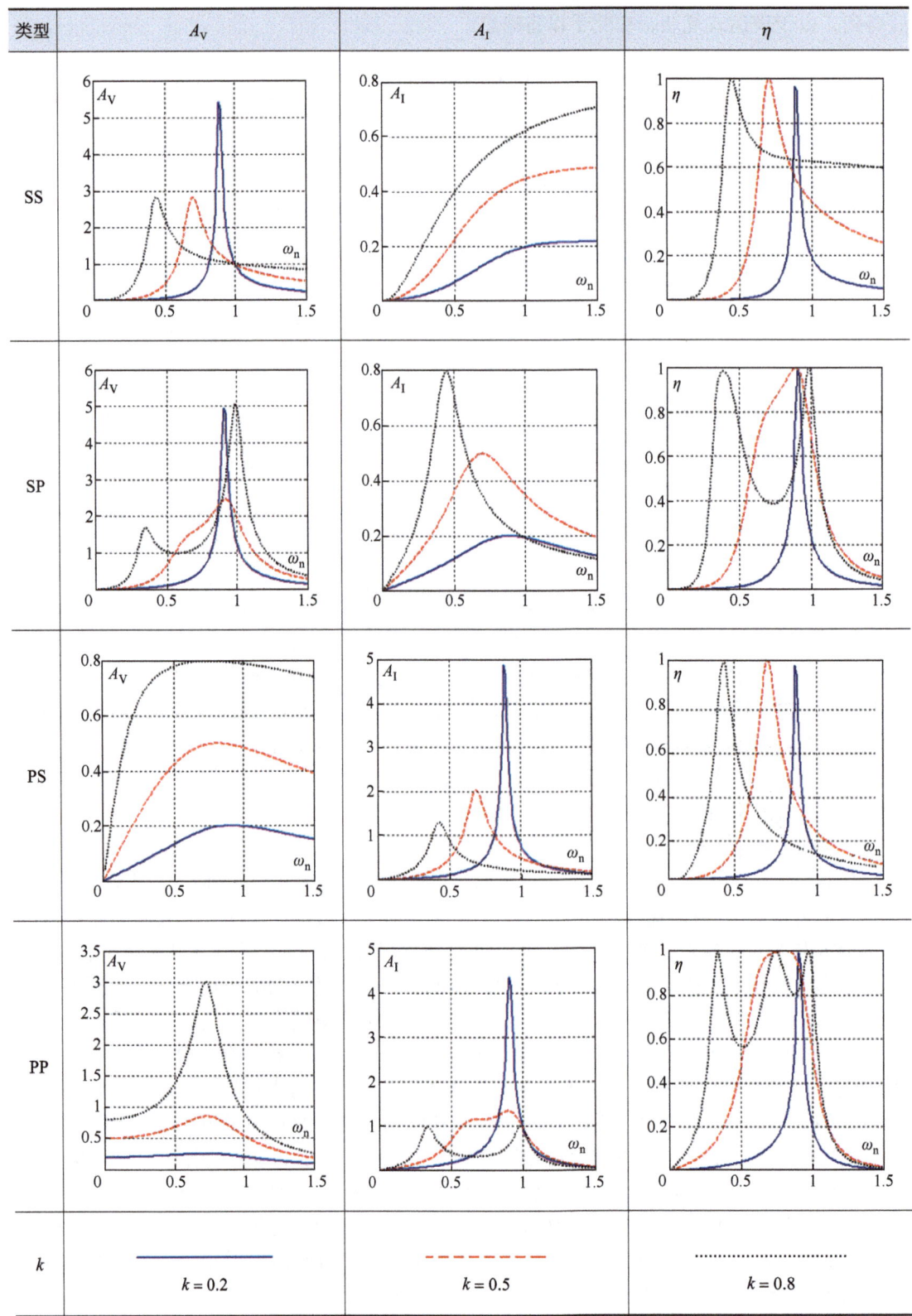

类型	A_V	A_I	η
SS			
SP			
PS			
PP			

k	—— $k = 0.2$	----- $k = 0.5$	········· $k = 0.8$

表 3-3　品质因数 Q_n 对系统增益特性的影响

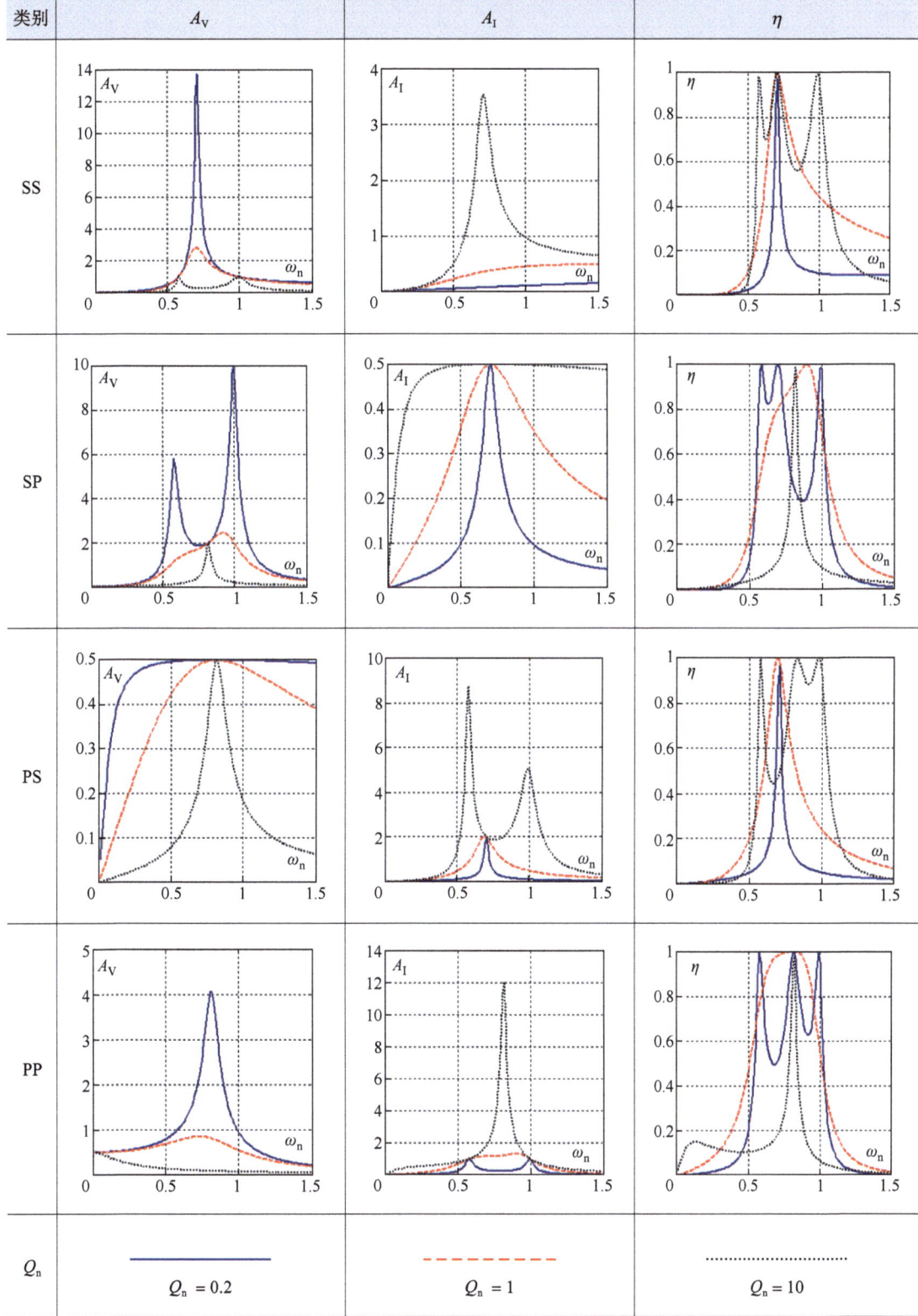

类别	A_V	A_I	η
SS			
SP			
PS			
PP			
Q_n	$Q_\text{n} = 0.2$	$Q_\text{n} = 1$	$Q_\text{n} = 10$

表 3-4　电容补偿系数 k_c 对系统增益特性的影响

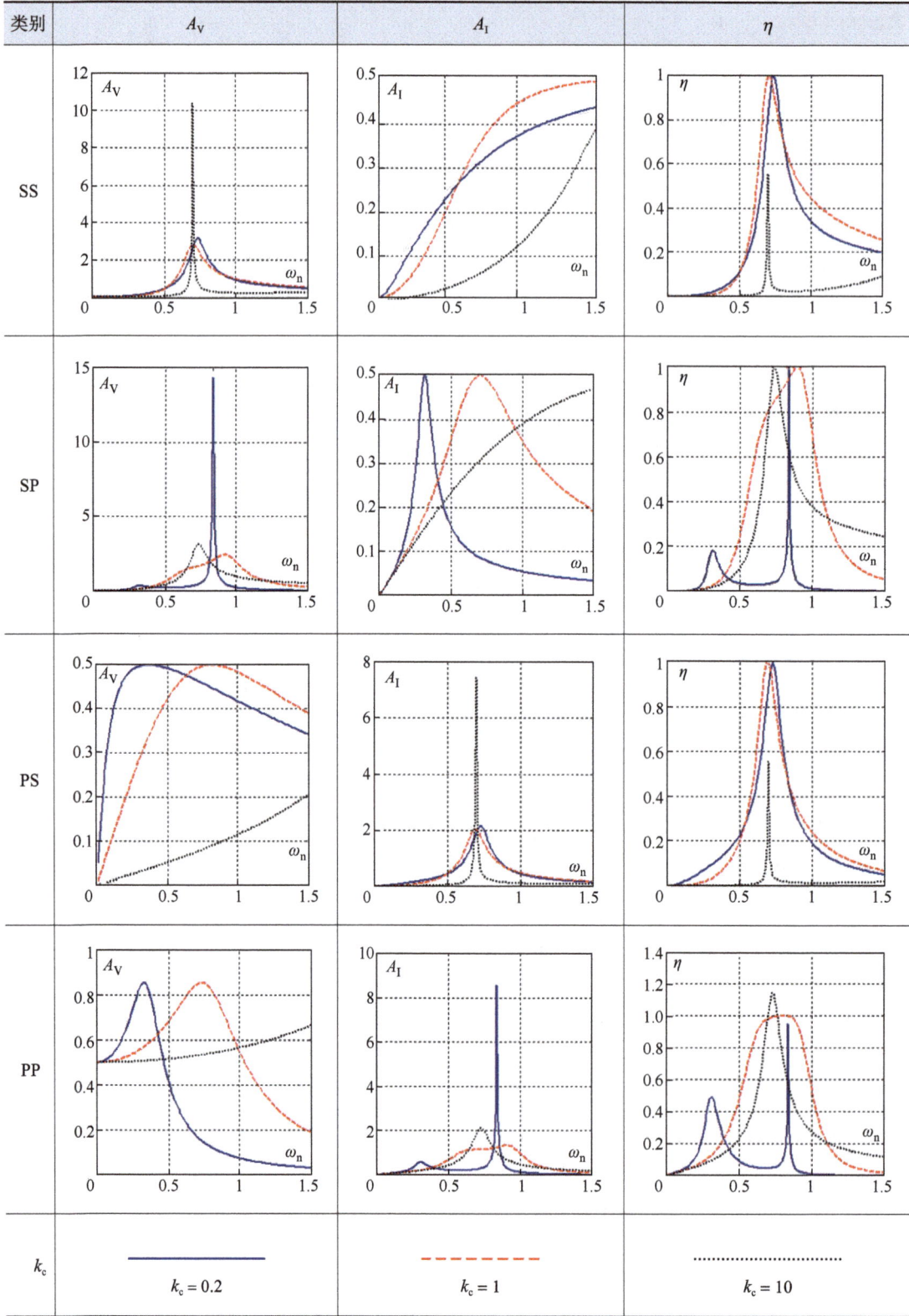

（2）品质因数 Q_n 的影响

表 3-3 所示为：$k = 0.5$、$n = 1$、$k_c = 1$ 时，Q_n 分别取 0.2、1 与 10 时，Q_n 对系统电压增益 A_v、电流增益 A_I 与传输效率 η 的影响。由曲线可知，根据品质因数的不同，SS 与 PP、SP 与 PS 呈现出明显的对偶特性。当处于谐振频率时，对于不同的 Q_n 值，SP 结构都将获得固定的电流增益，而 PS 结构都将获得固定的电压增益，增益的倍数即等于 k。当负载较小、Q_n 很大时，SP 结构电流增益将保持恒定而不随频率变化，但电压增益很小；当负载较大、Q_n 很小时，电流增益出现单峰值而电压增益出现双峰值，但二者峰值对应的谐振频率并不相同。PS 结构外特性与上述特点正好相反。对于 SS 与 PP 结构，当 Q_n 很小时，将获得电压增益峰值；当 Q_n 很大时，将获得电流增益峰值。需要指出的是，该峰值的获得对应的频率固定，因此可以很好地实现频率的选择。对于系统传输效率曲线，接收端采取并联结构将会获得更为平滑、范围更宽的最佳效率。当 Q_n 很大时，其效率曲线陡峭；当 Q_n 较小时，效率曲线范围逐渐加宽，且出现多个理论最大值点。因此在实际电路设计时，为了得到合理的 Q_n 值，其取值不宜过大或过小，处于 0.6～2 之间时可以保证最佳效率曲线在频率变化范围内保持最大。

（3）电容补偿系数 k_c 的影响

表 3-4 所示为：$Q_n = 1$、$k = 0.5$、$n = 1$ 时，k_c 分别取 0.2、1 与 10 时，k_c 对系统电压增益 A_v、电流增益 A_I 与传输效率 η 的影响。由曲线可知，对于接收端采取并联补偿的结构（SP 与 PP），k_c 的变化将改变接收端自身的谐振频率，同时对于系统传输效率，合适的 k_c 值将会使效率曲线的陡峭程度下降，从而扩大最佳效率的频率范围。当 k_c 达到系统要求时，将在 SP 结构中引起电压谐振，对应的在 PP 结构中引起电流谐振，从而使增益函数数值扩大，同时扩展最佳效率的频带宽度。而对于 SS 与 PS 结构，只有当接收端补偿电容非常小时，才会获得相应的电压增益与电流增益，但此时对应的系统传输效率却不是最大，因此 SS 与 PS 结构无法利用谐振带来的优势。

3.4　高阶拓扑结构

3.4.1　双边 LCC

（1）双侧 LCC 补偿拓扑结构

双侧 LCC 补偿拓扑的无线电能传输系统如图 3-8 所示，整个系统由四部分组成，其中 $Q_1 \sim Q_4$ 组成高频逆变电路，L_{f1}、C_{f1} 和 C_1 组成发射端补偿电路，L_{f2}、C_{f2} 和 C_2 组成接收端补偿电路，$D_1 \sim D_4$ 组成接收端整流电路，发射端和接收端的能量由中间的磁耦合线圈传递。工作原理是直流电源经过高频逆变电路逆变成高频交流，其交流频率与发射端和接收端谐振频率相同或者相近，从而使发射端和接收端的电路处于谐振状态，能量从发射端传递到接收端，经过整流电路转换为直流供给负载。由于 LCC 补偿拓扑属于高阶电路结构，其工作时具有很好的滤波作用，可以过滤前级逆变电路产生的高次谐波，同时兼具谐振软开关的作用，可以使前级逆变电路的功率器件工作在 ZVS 状态[6, 7]。

（2）双侧 LCC 补偿拓扑基波等效电路

应用于无线电能传输系统的双侧 LCC 补偿电路可以将其理解成一个特殊的串并联式谐振变换器。

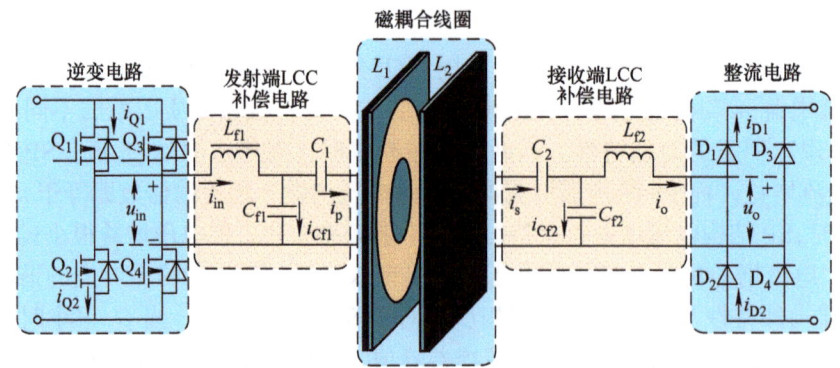

图 3-8 基于双侧 LCC 补偿拓扑的无线电能传输系统

因为其正常工作时的谐振回路中的电压和电流为正弦量，其前级逆变电路输出的是方波电压，可以认为是谐振回路将方波电压中的正弦量"提取"出来，整个电路靠正弦量传递能量，因此需要采用基波分析法建立等效模型。

对电路进行基波等效分析需要假设条件：假设整个补偿电路的所有开关器件都为无损器件且无源元件都为线性器件；逆变电路输出的电压是一个方波脉冲电压且占空比为50%；补偿电路的工作频率为其固有谐振频率。

如图 3-9 所示，如果将前级逆变电路和后级整流电路单独分析，逆变电路对补偿网络的输入就相当于一个交流方波电压源，由于双侧 LCC 补偿网络的输出具有恒流特性，因此其对整流电路的输出相当于一个交流正弦波电流源。假设电路工作于谐振频率 ω_0，逆变电路的输出方波交流电压 $U_i(t)$ 用傅里叶级数展开为

$$U_i(t) = \frac{4U_d}{\pi}\left(\sin\omega_0 t + \frac{1}{3}\sin 3\omega_0 t + \frac{1}{5}\sin 5\omega_0 t + \cdots\right) \tag{3-31}$$

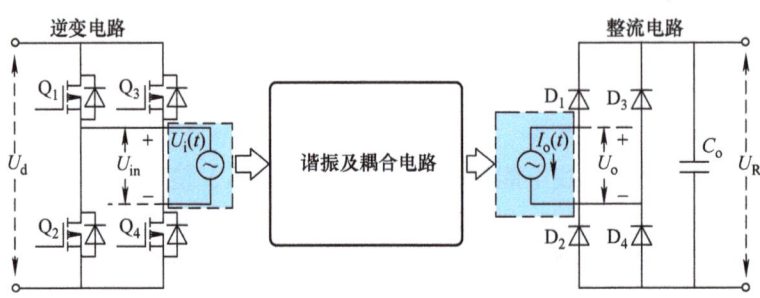

图 3-9 逆变和整流电路对补偿电路的等效方式

由式（3-31）可得交流方波电压由不同阶次的正弦波电压叠加而成，取其一次基波表达式即为逆变电路输入谐振拓扑的等效电压源表达式，即

$$U_i(t) = \frac{4U_d}{\pi}\sin\omega_0 t \tag{3-32}$$

补偿拓扑对整流电路等效的交流正弦电流源表达为

$$I_{o}(t) = i_{o} \sin \omega_{0} t \tag{3-33}$$

补偿拓扑对整流电路输入交流方波电压由傅里叶分解为

$$U_{o}(t) = \frac{4U_{R}}{\pi} \left(\sin \omega_{0} t + \frac{1}{3} \sin 3\omega_{0} t + \frac{1}{5} \sin 5\omega_{0} t + \cdots \right) \tag{3-34}$$

式中，$U_{o}(t)$ 为整流输出直流电压，对整流电路的输入交流电压取基波成分如下：

$$U_{o}(t) = \frac{4U_{R}}{\pi} \sin \omega_{0} t \tag{3-35}$$

由式（3-33）和式（3-35）可得整流电路相对于补偿拓扑的等效电阻表达式如下：

$$R_{e} = \frac{U_{o}(t)}{I_{o}(t)} = \frac{4U_{R}}{\pi i_{o}} \tag{3-36}$$

需要指出的是，U_{R} 为整流电路的输出直流电压值，i_{o} 为整流电路输入正弦交流电流峰值，需要将 i_{o} 转为整流输出直流电流值 I_{R}，求得输出直流电流的平均值

$$I_{R} = \frac{2}{T} \int_{0}^{T/2} |i_{o} \sin \omega_{0} t| \, \mathrm{d}t = \frac{2}{\pi} i_{o} \tag{3-37}$$

将式（3-37）代入式（3-36）中可得整流电路的补偿拓扑的等效负载

$$R_{e} = \frac{8}{\pi^{2}} R_{L} \tag{3-38}$$

综上，得到了逆变电路对补偿拓扑的等效电压源和整流电路对补偿拓扑的等效电阻，因此，双侧 LCC 补偿拓扑基波等效电路如图 3-10 所示。

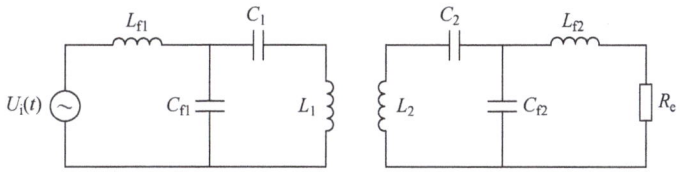

图 3-10　双侧 LCC 补偿拓扑基波等效电路

但是由于简化后的电路仍然存在互感耦合，因此不方便对其进行建模，因此需要一种更为简便的模型将接收端的电感和电容以及等效电阻折算到发射端消去互感的作用。将发射线圈和接收线圈之间的耦合关系看作是一个松耦合的变压器，则其等效匝数比表达式为

$$n = \sqrt{\frac{L_{2}}{L_{1}}} \tag{3-39}$$

双侧 LCC 补偿拓扑松耦合变压器等效电路如图 3-11 所示。

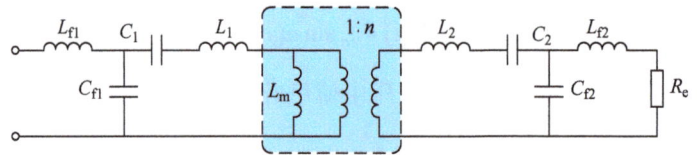

图 3-11　双侧 LCC 补偿拓扑松耦合变压器等效电路

图 3-11 中，L_1 是发射端线圈电感，L_2 是接收端线圈电感，中间虚线框中是等效的松耦合变压器，其仅表征发射端和接收端之间的耦合关系，不代表具体的电路元件，L_m 是松耦合变压器的励磁电感，可以将其视为发射端和接收端之间的漏感。

将式（3-40）中接收端的电路元件按等效匝数比折算到发射端，则可将图 3-11 修改为图 3-12。

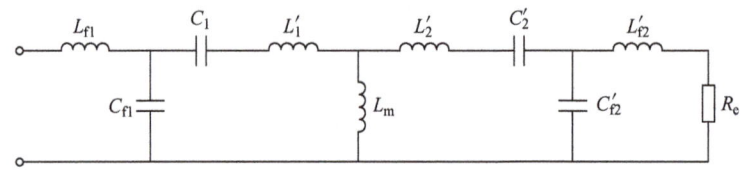

图 3-12　双侧 LCC 补偿拓扑松耦合变压器去耦等效电路

图 3-12 中，接收端元件均按等效匝数比进行了折算，各个元件的表达式为

$$\begin{cases} L_1' = (1-k)L_1 \\ L_2' = (1-k)L_1 / n^2 \\ L_m = kL_1 \\ L_{f2}' = L_{f2} / n^2 \\ C_2' = n^2 C_2 \\ C_{f2}' = n^2 C_{f2} \\ R = R_e / n^2 \end{cases} \qquad (3\text{-}40)$$

（3）双侧 LCC 补偿电路能量传递过程

磁耦合谐振型无线电能传输系统含有多个谐振回路，其工作时的本质是能量在谐振回路的电感磁场能和电容电场能之间互相转移[9]。

如果将能量在系统中多个谐振回路之间的传递按时刻来分解，将能量传递过程按时刻分解为 $t_1 \sim t_6$，假设电感和电容为理想的无损元件，能量通过其传递时不发生损耗，假设两个电感之间的耦合状态为全耦合，也就是耦合过程不发生损耗，则可以绘制出如图 3-13 所示的按时间分解的多谐振电路能量传递过程。图 3-13 所示中 L_1 和 L_2 与 C_1 谐振，L_3 和 L_4 与 C_2 谐振，当 L_1 与 C_1 谐振时，能量由 L_1 传递到 C_1，当 L_2 与 C_1 谐振时，能量由 C_1 传递到 L_2，L_2 与 L_3 通过磁耦合传递能量同时激发 L_3 与 C_2 谐振，L_3 将接收的能量传递给 C_2，C_2 通过与 L_4 的谐振将能量传递给 L_4。

整个系统的每个回路都工作在谐振状态，如果将每一组电感和电容看作一个谐振单元，则每个时刻的能量在电感和电容之间的交换，如图 3-14 所示。图 3-14 所示为多谐振耦合回路能量传递路径，能量在每个谐振回路之间通过磁场耦合传递，输入能量为 E_{in}，其进入第一个谐振回路后在 L_1 和 C_1 之间以谐振状态进行能量交换，通过 L_1 和 L_2 之间的磁场耦合传递到第二个谐振回路，进入第二个谐振回路后在 L_2 和 C_2 之间以谐振状态进行能量交换后以同样的方式通过磁场耦合传递到下一级，以此类推最终以 E_{out} 输出。

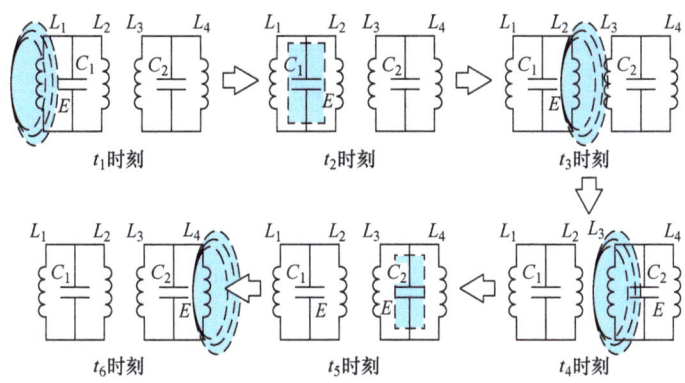

图 3-13　按时间分解的多谐振电路能量传递过程

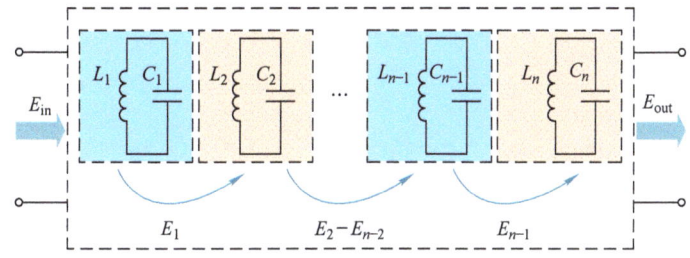

图 3-14　多谐振耦合回路能量传递路径

由于传递过程是无损的，则每个时刻能量传递总量不变，则根据电感储能公式

$$E_{t1} = \frac{1}{2} L_1 i_1^2 = E_{t3} = \frac{1}{2} L_2 i_2^2 \qquad (3\text{-}41)$$

则两个电感的能量有如下关系：

$$\frac{E_{t1}}{E_{t2}} = \frac{L_1}{L_2} \cdot \frac{i_1^2}{i_2^2} \qquad (3\text{-}42)$$

由于电感本身的电感值是定值，因此流过电感的电流受其本身电感能量和电感值的影响。由此可以看到，在式（3-42）中，电感比值是一个定值，其在能量传递过程中可以看作一个固定参量。因此，本章将电感比值定义为能量传递系数，以此表示其对于能量传递的影响。

由于 LCL 和 LCC 型高阶补偿拓扑都属于多谐振补偿拓扑，因而拥有多个谐振回路，当系统工作在谐振频率时，每个谐振回路都工作在谐振状态，整个补偿拓扑呈现纯阻性，因此同样可以从电路的能量传递角度分析输入能量在各个谐振回路间的传递过程。

图 3-15 所示为双侧 LCL 和 LCC 补偿拓扑比较，LCL 谐振拓扑有四个谐振回路，其中 L_{f1} 与 L_1 分别与 C_{f1} 构成 1 号和 2 号谐振回路，L_{f2} 与 L_2 分别与 C_{f2} 构成 3 号和 4 号谐振回路。为了提高设计的灵活性，在 L_1 和 L_2 的前部添加谐振电容 C_1 和 C_2 构成 LCC 补偿拓扑，因此双侧 LCC 谐振拓扑同样有四个谐振回路，并且其 2 号和 3 号补偿拓扑中的 L_1、C_1 和 L_2、C_2 整体呈现电感性，等效于 LCL 补偿拓扑中的 L_1 和 L_2。

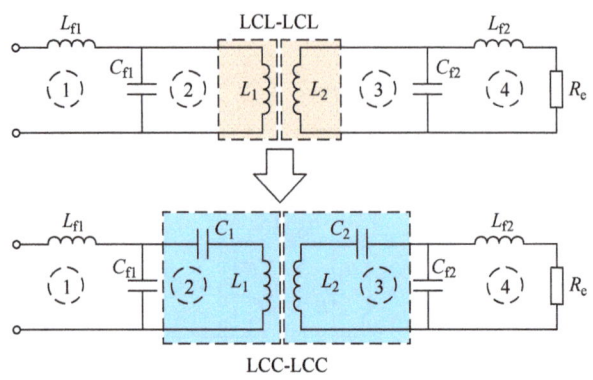

图 3-15　LCL 和 LCC 补偿拓扑比较

根据前述多谐振耦合电路的能量传递过程，可以得出双侧 LCC 补偿拓扑的能量传递过程，如图 3-16 所示。

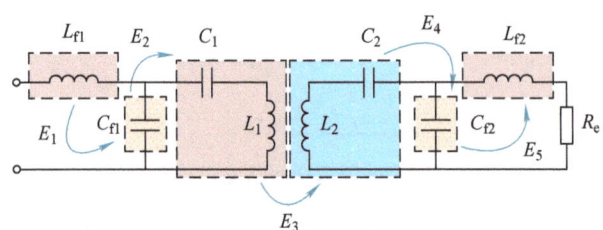

图 3-16　双侧 LCC 补偿拓扑能量传递路径

图 3-16 所示为双侧 LCC 补偿拓扑能量传递路径，$E_1 \sim E_5$ 是每个谐振回路中的能量，可以看出当电路工作于理想的谐振状态且系统处于全耦合条件时，由于补偿电感 L_{f1} 和 C_{f1} 的谐振，输入能量在二者间以 E_1 的形式交换，同时由于 C_{f1} 与 C_1 和 L_1 构成的等效电感谐振，因此 C_1 的能量以 E_2 的形式传递到 C_1 和 L_1 构成的等效电感中，当能量传递到接收端时以相同的方式逐级以 E_4 和 E_5 的形式传递到负载。上述补偿拓扑能量传递过程与上一节多谐振电路的能量传递过程相同，因此由补偿电路中的电感定义能量传递系数如下：

$$\begin{cases} \alpha = L_1 / L_{f1} \\ \beta = L_2 / L_{f2} \\ \gamma = L_1 / L_2 \end{cases} \tag{3-43}$$

式（3-43）不仅适用于双侧 LCC 补偿拓扑，同样适用于双侧 LCL 补偿拓扑以及

LCC-S 等混合补偿拓扑，但是在应用于混合补偿拓扑时没有 β 系数。

（4）能量传递系数与电路增益的关系

$$\begin{cases} G_{\mathrm{v}} = \dfrac{|U_{\mathrm{o}}|}{|U_{\mathrm{i}}|} \\[3mm] G_{\mathrm{i}} = \dfrac{|I_{\mathrm{o}}^{*}|}{|I_{\mathrm{i}}^{*}|} \end{cases} \tag{3-44}$$

$$\eta = \frac{P_{\mathrm{o}}}{P_{\mathrm{i}}} = \frac{\left|\dot{U}_{\mathrm{o}}\dot{I}_{\mathrm{o}}^{*}\right|}{\left|\dot{U}_{\mathrm{i}}\dot{I}_{\mathrm{i}}^{*}\right|} = G_{\mathrm{v}}G_{\mathrm{i}} \tag{3-45}$$

如图 3-17 所示，如果将一个无线电能传输系统等效成一个二端口，端口的输入电压和输入电流分别为 U_{i} 和 I_{i}，输出电压和输出电流分别为 U_{o} 和 I_{o}，整个系统电压增益 G_{v} 和电流增益 G_{i} 见式（3-44）。在式（3-44）的基础上可以推导出基于电压增益和电流增益的传输效率表达式，见式（3-45）。

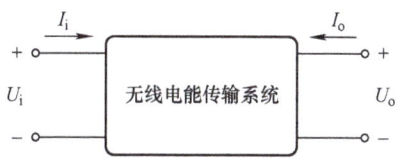

图 3-17　无线电能传输系统简化图

由式（3-44）可以看出，系统的传输效率可以表示成电压增益和电流增益乘积的形式，如果无线电能传输系统的电压增益和电流增益都在 1 附近或者电压增益和电流增益的乘积在 1 附近，则系统的传输效率可以达到较高水平。

由上一节对双侧 LCC 补偿拓扑能量传递路径和能量传递系数的定义过程，可以看出能量传递系数是补偿拓扑电感值之比，因此其量值大小在某种程度上会影响系统的电压增益和电流增益。以系统的能量传递系数为出发点，推导含有能量传递系数的电压增益和电流增益表达式并探究能量传递系数对增益的影响趋势，通过划定能量传递系数令电压增益和电流增益为 1 或者乘积为 1 的范围可以使得系统的传输效率最大。

将图 3-12 所示的双侧 LCC 补偿拓扑去耦等效电路的阻抗模型进行简化可以得到图 3-18 所示的电路模型。根据图 3-18 可得电压增益和电流增益如式（3-46）所示。假设电路输入电压为恒定电压，电路等效负载 R_{e} 为恒定电阻。

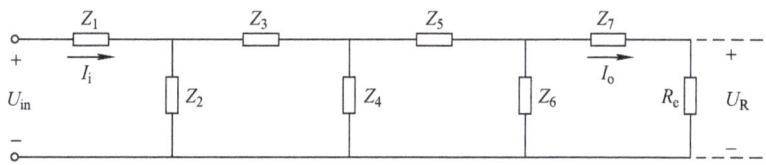

图 3-18　双侧 LCC 补偿拓扑去耦等效电路的阻抗模型

$$\begin{cases} G_{\mathrm{v}} = \dfrac{U_{\mathrm{R}}}{U_{\mathrm{in}}} = \dfrac{A_{13}}{A_{13}+Z_{1}} \cdot \dfrac{A_{12}}{A_{12}+Z_{3}} \cdot \dfrac{A_{11}}{A_{11}+Z_{5}} \cdot \dfrac{R_{\mathrm{e}}}{R_{\mathrm{e}}+Z_{7}} \\[3mm] G_{\mathrm{i}} = \dfrac{I_{\mathrm{o}}}{I_{\mathrm{i}}} = \dfrac{Z_{2}}{Z_{2}+Z_{3}+A_{12}} \cdot \dfrac{Z_{4}}{Z_{4}+Z_{5}+A_{11}} \cdot \dfrac{Z_{6}}{Z_{6}+Z_{7}+R_{\mathrm{e}}} \end{cases} \tag{3-46}$$

式（3-46）中的 $A_{11} \sim A_{13}$ 表达式为

$$
\begin{cases}
A_{11} = \dfrac{(Z_7 + R_e)Z_6}{Z_7 + Z_6 + R_e} \\[3mm]
A_{12} = \dfrac{(Z_5 + A_{11})Z_4}{Z_5 + Z_4 + A_{11}} \\[3mm]
A_{13} = \dfrac{(Z_5 + A_{12})Z_2}{Z_3 + Z_2 + A_{12}}
\end{cases}
\tag{3-47}
$$

式（3-46）和式（3-47）中的 $Z_1 \sim Z_7$ 表达式为

$$
\begin{cases}
Z_1 = j\omega L_{f1} \\[3mm]
Z_2 = \dfrac{1}{j\omega C_{f1}} \\[3mm]
Z_3 = j\omega L_1' + \dfrac{1}{j\omega C_1} = j\omega(1-k)L_1 + \dfrac{1}{j\omega C_1} \\[3mm]
Z_4 = j\omega L_m = j\omega k L_1 \\[3mm]
Z_5 = j\omega L_2' + \dfrac{1}{j\omega C_2'} = j\omega(1-k)\dfrac{L_2}{n^2} + \dfrac{1}{j\omega n^2 C_2} \\[3mm]
Z_6 = \dfrac{1}{j\omega C_{f2}'} = \dfrac{1}{j\omega n^2 C_{f2}} \\[3mm]
Z_7 = j\omega L_{f2}' = j\omega \dfrac{L_{f2}}{n^2}
\end{cases}
\tag{3-48}
$$

式（3-48）中的电压比 n 即为松耦合变压器的等效匝数比 $n = \sqrt{L_2/L_1}$。电路的谐振角频率为 ω_0，为了简化分析，定义系统归一化角频率 $\omega_n = \omega/\omega_0$，为了表示负载对系统的影响，定义系统的电路等效品质因数 $Q_n = \omega_0 L_1/R_L$。双侧 LCC 的系统谐振频率表达式见式（3-49），通过谐振频率表达式将补偿电容的容值表示成式（3-50）所示形式。

$$
\omega_0^2 = \frac{1}{C_1(L_1 - L_{f1})} = \frac{1}{C_{f1}L_{f1}} = \frac{1}{C_2(L_2 - L_{f2})} = \frac{1}{C_{f2}L_{f2}}
\tag{3-49}
$$

$$
\begin{cases}
C_1 = \dfrac{1}{\omega_0^2(L_1 - L_{f1})}, \quad C_{f1} = \dfrac{1}{\omega_0^2 L_{f1}} \\[3mm]
C_2 = \dfrac{1}{\omega_0^2(L_2 - L_{f2})}, \quad C_{f2} = \dfrac{1}{\omega_0^2 L_{f2}}
\end{cases}
\tag{3-50}
$$

电路增益的推导思路是将式（3-46）表示成以三个能量传递系数为主要变量的表达式。将式（3-47）和式（3-48）代入式（3-46）获得以电感和电容以及电路工作频率 ω 等为变量的综合表达式，将等效匝数比 n、电路等效品质因数 Q_n 以及归一化角频率 ω_n 分别代入消去变量 n、R_e 和 ω 的影响。经过上述化简后，表达式仍然含有补偿电容变量，将式（3-50）代入消去所有的补偿电容变量可以得到电压增益和电流表达式

$$\begin{cases} |G_v| = \dfrac{\alpha\beta\gamma k\omega_n^3}{\sqrt{\beta^4\gamma^2\omega_n^2 A + Q_n^2 B}} \\[3mm] |G_i| = \dfrac{\beta k Q_n\omega_n^2}{\alpha\sqrt{\beta^4\gamma^2\omega_n^2 C + Q_n^2 D}} \end{cases} \tag{3-51}$$

最终代入三个能量传递系数消去各个电感对增益的影响并对表达式取模值。最终对电压增益和电流增益的表达式取模得到含有能量传递系数的表达式，见式（3-51），其中 A、B、C、D 的表达式见式（3-52）。

$$\begin{cases} A = (\omega_n^2-1)^2(1+\alpha(2\omega_n^2+(k^2-1)\omega_n^4-1))^2 \\ B = (\beta(\omega_n^2-1)^2+\alpha(\omega_n^2-1)^2(1+\beta(2\omega_n^2+(k^2-1)\omega_n^4-1))-1)^2 \\ C = (2\omega_n^2+(k^2-1)\omega_n^4-1)^2 \\ D = (\omega_n^2-1)^2(1+\beta(2\omega_n^2+(k^2-1)\omega_n^4-1))^2 \end{cases} \tag{3-52}$$

如式（3-51）和式（3-52）所示，推导出的双侧 LCC 补偿拓扑的电压增益和电流增益的表达式由三个能量传递系数、耦合系数 k、电路等效负载品质因数 Q_n 以及归一化角频率 ω_n 构成。由于正常无线电能传输系统工作时经常工作在定频状态，并且耦合系数 k 在一个很小的范围内变化，因此可以将 k 和 ω_n 看成常数，则电路增益就与三个能量传递系数和电路的负载有关系，通过分析能量传递系数和电路等效品质因数的范围可以改变增益的大小，进而将传输效率控制在较高的范围。

根据式（3-51）和式（3-52），进一步分析每个能量传递系数和电路等效品质因数对电压增益和电流增益的影响。由于无线电能传输系统的典型耦合系数在 0.1 ~ 0.3 之间，因此令 $k = 0.2$，对于多变量的数学模型，可以采用控制其余变量的方法进行分析，例如当分析能量传递系数 α 对电压增益的影响时，令 β 和 γ 以及 Q_n 均为 1，仅考察能量传递系数 α 和归一化角频率 ω_n 的关系。其余变量的分析方法均与此类似。

分别绘制三个能量传递系数取多个不同数值时以归一化角频率为横坐标，电压增益和电流增益为纵坐标的曲线图，如图 3-19 所示。图中 $\omega_n = 1$ 是系统的谐振频率点，由图 3-19a 可以看出 α 值对于系统电压增益的影响集中在系统谐振点两侧，α 值越大，电压增益越大，当 α 值小于 1 时，谐振点左侧没有峰值点，当 α 值大于 1 时，谐振点左侧开始出现峰值点。随着 α 值的增大，两个峰值点越来越近，左右两侧峰值点逐渐向谐振点靠近。图 3-19b 中，β 值对电压增益的影响主要集中在谐振频率点及其右侧 1.45 倍处，并且随着 β 值的增大，谐振频率点处的电压增益越来越大，但是两个峰值点并没有发生移动。图 3-19c 中，γ 值对电压增益的影响主要集中在谐振频率点及其右侧 1.45 倍处，γ 值越大，电压增益越大。

综上，可以看到 α 值的变化对于电压增益大小的影响不是非常明显，其主要影响电压增益曲线的两个峰值点的位置，β 值和 γ 值主要影响谐振频率点及其右侧 1.45 倍处的电压增益大小。图 3-19d 所示为 α 值对电流增益的影响，α 值对于电流增益的影响主要集中在谐振频率点上，α 值越大，谐振频率点处的电流增益越小。图 3-19e 所示为 β 值对于电流增益的影响，可以看到，随着 β 值的增大，谐振频率点处的电流增益逐渐降低，并且谐振频率点两侧随 β 值的减小出现两个电流增益峰值点。图 3-19f 所示为 γ 值对电流增益的影响，

可以看到随着 γ 值的增大，谐振频率点处的电流增益逐渐降低。

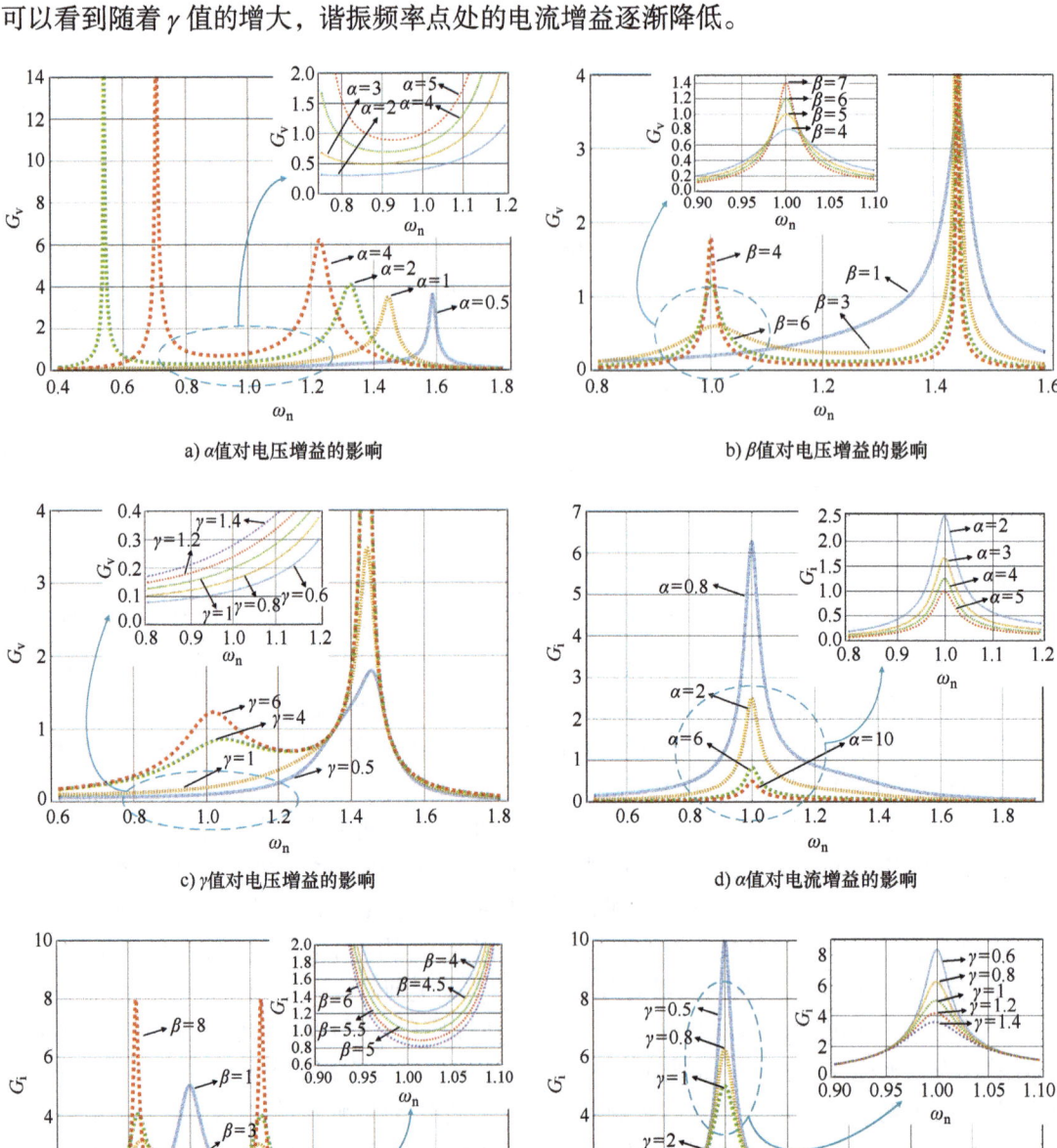

图 3-19　能量传递系数对双侧 LCC 补偿拓扑电压增益和电流增益的影响

由前所述，当无线电能传输系统的电压增益和电流增益都在 1 附近时，系统能够达到较高的传输效率，因此在图 3-19 中谐振频率点附近确定三个能量传递系数对电压增益和电流增益的影响都为 1 或者二者乘积为 1 的区域。当 α 值在 2～4.5 之间时，由图 3-19a、d 可得电压增益和电流增益的值在 1 附近。当 β 值在 4.5～5.5 之间时，由图 3-19b、e 可得电压增益和电流增益也达到近似为 1 的效果。由于 γ 值代表发射线圈电感与接收线圈电感的比值，所以 γ 值不能过大或者过小，如果 γ 值过大或者过小会导致发射线圈或者接收线圈一侧电流过大，不利于系统的稳定。当 γ 值在 $0.6 \sim 1.5$ 之间时，由图 3-19c 可得电压增益远小于 1，由图 3-19f 可得电流增益大于 1，二者的乘积近似等于 1。

电路等效品质因数 Q_n 代表等效负载对电路的影响，由于实际电路参数在设计时也需要考虑负载的影响，因此需要考察 Q_n 对电压增益和电流增益的影响。在确定三个能量传递系数范围时使 Q_n 为 1 消去了其对于增益的影响，但是实际参数设计时仍要考虑 Q_n 对增益的影响，即也需要找到 Q_n 使电压增益和电流增益为 1 或乘积为 1 的范围。在前述确定的能量传递系数范围内选取一组参数（$\alpha = 2.5$，$\beta = 5$，$\gamma = 0.7$），考察 Q_n 值与电压增益和电流增益的关系，从而在 α、β 和 γ 值使增益为 1 的情况下确定 Q_n 值使增益为 1 的范围。

由图 3-20a 可得随着 Q_n 值的增大，谐振频率点处的电压增益越来越小，这意味着电压增益随负载电阻的减小而降低，由图 3-20b 可得随着 Q_n 值增大，谐振频率点处的电流增益逐渐增大，这意味着电流增益随负载电阻的减小而升高。由前述能量传递系数的确定方法，寻找令电压增益和电流增益在 1 附近或者二者乘积近似为 1 的 Q_n 值范围。由图 3-20a、b 可得当 Q_n 值在 $1 \sim 2.5$ 之间时，电压增益和电流增益近似等于 1。

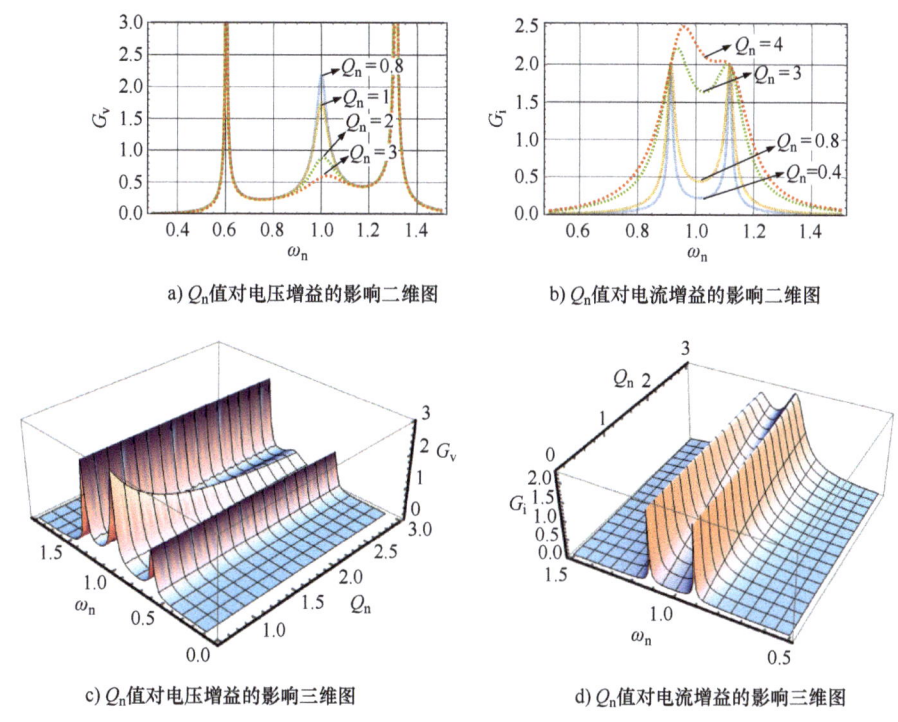

a) Q_n 值对电压增益的影响二维图　　b) Q_n 值对电流增益的影响二维图

c) Q_n 值对电压增益的影响三维图　　d) Q_n 值对电流增益的影响三维图

图 3-20　电路等效品质因数 Q_n 对双侧 LCC 补偿拓扑电压增益和电流增益的影响

3.4.2　LCC-S

根据第 2 章对双侧 LCC 补偿拓扑的能量传递路径分析方法，将其应用到混合型补偿拓扑 LCC-S 中，对其进行电路增益的推导与分析。

（1）基于能量传递系数的 LCC-S 电路增益推导

与前述双侧 LCC 补偿拓扑的推导过程相似，LCC-S 补偿拓扑的等效电路仍采用松耦合变压器等效电路，其等效电路如图 3-21 所示。

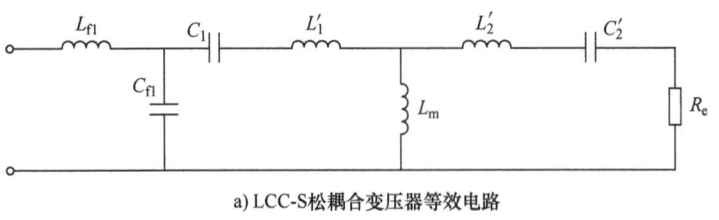

a) LCC-S 松耦合变压器等效电路

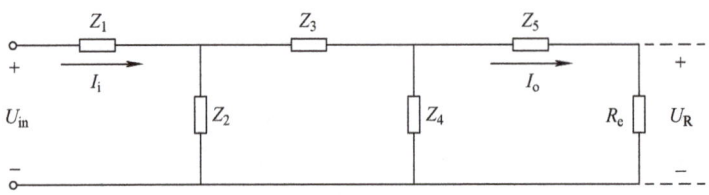

b) LCC-S 松耦合变压器等效电路简化图

图 3-21　LCC-S 补偿拓扑去耦等效电路及其阻抗模型

由图 3-21b 得出如下关系：

$$\begin{cases} A_{11} = \dfrac{(Z_5 + R_e)Z_4}{Z_5 + Z_4 + R_e} \\ A_{12} = \dfrac{(Z_3 + A_{11})Z_2}{Z_3 + Z_2 + A_{11}} \end{cases} \tag{3-53}$$

LCC-S 补偿电路的电压增益和电流增益表达式为

$$\begin{cases} G_v = \dfrac{A_{12}}{A_{12} + Z_1} \cdot \dfrac{A_{11}}{A_{11} + Z_3} \cdot \dfrac{R_e}{R_e + Z_5} \\ G_i = \dfrac{Z_2}{Z_2 + Z_3 + A_{11}} \cdot \dfrac{Z_4}{Z_4 + Z_5 + R_e} \end{cases} \tag{3-54}$$

式（3-54）中 $Z_1 \sim Z_5$ 的表达式为

$$\begin{cases} Z_1 = j\omega L_{f1} \\ Z_2 = \dfrac{1}{j\omega C_{f1}} \\ Z_3 = j\omega L_1' + \dfrac{1}{j\omega C_1} = j\omega(1-k)L_1 + \dfrac{1}{j\omega C_1} \\ Z_4 = j\omega L_m = j\omega k L_1 \\ Z_5 = j\omega L_2' + \dfrac{1}{j\omega C_2'} = j\omega(1-k)\dfrac{L_2}{n^2} + \dfrac{1}{j\omega n^2 C_2} \end{cases} \tag{3-55}$$

LCC-S 补偿电路的谐振条件为

$$\omega_0^2 = \frac{1}{C_1(L_1 - L_{f1})} = \frac{1}{C_{f1}L_{f1}} = \frac{1}{C_2 L_2} \tag{3-56}$$

将式（3-53）和式（3-55）代入式（3-54），进一步将松耦合变压器的电压比 n、谐振条件式（3-56）、电路等效品质因数 Q_n 以及归一化角频率代入电压增益和电流增益表达式中。由于 LCC-S 补偿结构接受侧没有补偿电感，因此能量传递系数只有 $\alpha = L_1/L_{f1}$ 和 $\gamma = L_1/L_2$，最终得到含有能量传递系数的 LCC-S 补偿电路的电压增益和电流增益表达式，即

$$\begin{cases} G_v = \dfrac{\alpha \gamma k \omega_n^3}{\sqrt{\gamma^2 \omega_n^2 A + Q_n^2 B}} \\ G_i = \dfrac{k Q_n \omega_n^2}{\alpha \sqrt{\gamma^2 \omega_n^2 C + Q_n^2 D}} \end{cases} \tag{3-57}$$

式（3-57）中的 A、B、C、D 的表达式为

$$\begin{cases} A = (\alpha(\omega_n^2 - 1)^2 - 1)^2 \\ B = (\omega_n^2 - 1)^2 (1 + \alpha(2\omega_n^2 + (k^2 - 1)\omega_n^4 - 1))^2 \\ C = (\omega_n^2 - 1)^2 \\ D = (2\omega_n^2 + (k^2 - 1)\omega_n^4 - 1)^2 \end{cases} \tag{3-58}$$

（2）LCC-S 补偿拓扑增益分析

与双侧 LCC 补偿拓扑的分析方法一样，因此令 $k = 0.2$，除被分析的能量传递系数和耦合系数外，其余变量统一设置为 1，以此消除其余变量的影响。能量传递系数对 LCC-S 补偿拓扑的电压增益和电流增益的影响如图 3-22 所示。

将图 3-22a、c 与图 3-19a、d 比较可得，能量传递系数 α 对 LCC-S 补偿拓扑的电压增益和电流增益的影响与对双侧 LCC 补偿拓扑的影响是相似的。但是 γ 对电压增益和电流增益的影响却明显不同，由图 3-22b 所示，γ 值在 1.4 倍谐振频率处取得最大值，γ 值越大，电压增益越高。但是不同的 γ 值在谐振点处对电压增益的影响是相同的，即谐振点处电压增益不受 γ 值的影响。由图 3-22d 可得，不同 γ 值在谐振点处对电流增益的影响也是定值，即谐振点处电流增益不受 γ 值的影响。在谐振点处的不同 γ 值对应的电压增益和电流增益值分别是 0.2 和 5，二者的乘积为 1，因此理论上 LCC-S 系统的传输效率不受 γ 值的影响。

综上，在系统谐振工作点只有能量传递系数 α 对电压增益和电流增益起作用，根据 α 的定义只有补偿电感 L_{f1} 和 L_1 的大小会产生影响。在此前提下分析电路等效品质因数 Q_n 对系统电压增益和电流增益的影响。

图 3-23 是 Q_n 值对 LCC-S 补偿拓扑电压增益和电流增益的影响，在 $\omega_n = 1$ 即系统谐振频率点处，不同 Q_n 值对系统的电压增益和电流增益的影响为定值，即当系统工作在谐振频率时，其电压增益和电流增益不受 Q_n 的影响。谐振点处不同 Q_n 对应的电压增益和电流增益分别是 0.5 和 2，由于二者乘积为 1，因此 LCC-S 的传输效率不受 Q_n 的影响。

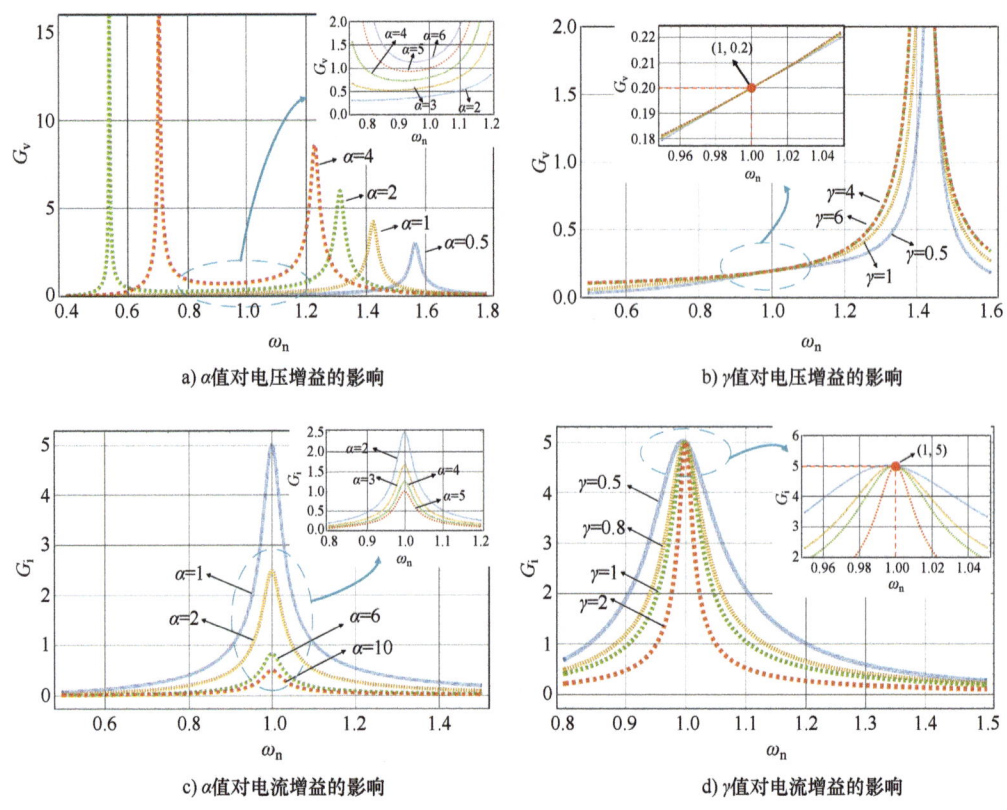

a) α值对电压增益的影响

b) γ值对电压增益的影响

c) α值对电流增益的影响

d) γ值对电流增益的影响

图 3-22　能量传递系数对 LCC-S 补偿拓扑电压增益和电流增益的影响

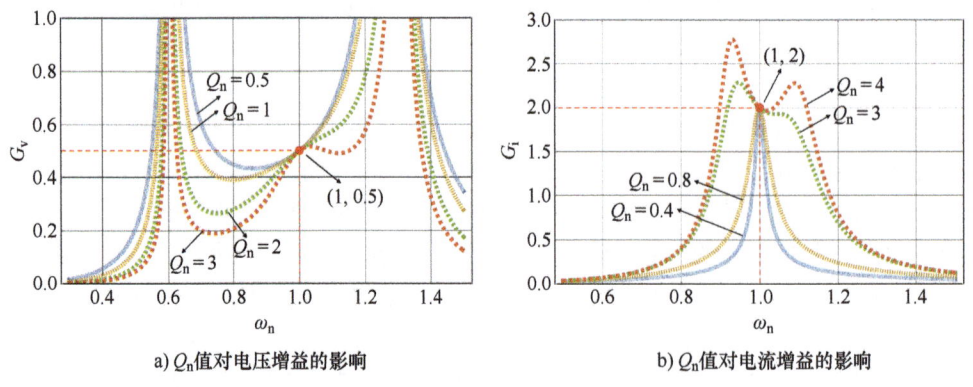

a) Q_n值对电压增益的影响

b) Q_n值对电流增益的影响

图 3-23　电路等效品质因数 Q_n 对 LCC-S 补偿拓扑电压增益和电流增益的影响

（3）LCC-S 补偿拓扑补偿电感的作用

由前面的分析可以看出，LCC-S 补偿拓扑不同于双侧 LCC 补偿拓扑，其在谐振点的电压增益和电流增益只与能量传递系数 α 有关，而与其他能量传递系数和负载无关，因此有必要对其补偿电感 L_{f1} 在电路中的作用进行深入分析。

图 3-24 所示为基于 LCC-S 补偿拓扑的解耦电路，为了更好地分析解耦后电路的特性，定义电感的品质因数 Q_1、Q_2 和 Q_{f1} 以及电路等效品质因数 Q_n 的表达式如下：

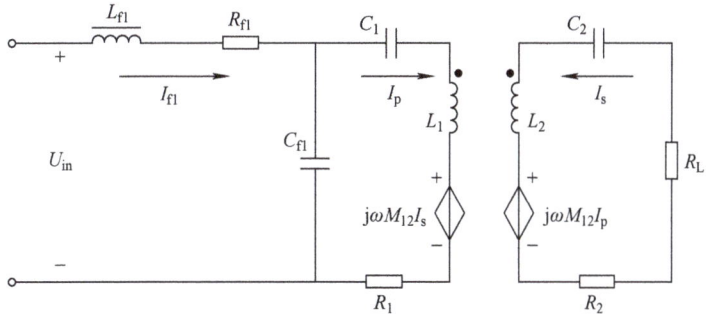

图 3-24 基于 LCC-S 补偿拓扑的解耦电路

$$\begin{cases} Q_x = \omega L_x / R_0 & x \in (\mathrm{f1,1,2}) \\ Q_n = \omega L_1 / R_{\mathrm{L}} \end{cases} \quad (3\text{-}59)$$

系统的电感内阻分别为 R_1、R_2 和 R_{f1}，由于无线电能传输系统通常采用高品质利兹线，其线材内阻很低，在工作频率下实际线圈内阻仅为毫欧级别，因此在理论分析时将三个线圈的内阻进行等值化处理，在不影响理论分析结果的基础上由统一的内阻 R_0 来代替所有内阻，为简化分析过程做出如下等值：

$$R_0 = R_1 = R_2 = R_{\mathrm{f1}} \quad (3\text{-}60)$$

根据电路的结构列写电路的回路电流方程

$$\begin{cases} U_{\mathrm{in}} = (Z_1 + Z_2)I_{\mathrm{f1}} - Z_2 I_{\mathrm{p}} \\ -\mathrm{j}\omega M_{12} I_{\mathrm{s}} = (Z_2 + Z_3)I_{\mathrm{p}} - Z_2 I_{\mathrm{f1}} \\ -\mathrm{j}\omega M_{12} I_{\mathrm{P}} = (Z_4 + R_{\mathrm{L}})I_{\mathrm{s}} \end{cases} \quad (3\text{-}61)$$

式（3-61）中的 $Z_1 \sim Z_4$ 表达式为

$$\begin{cases} Z_1 = \mathrm{j}\omega L_{\mathrm{f1}} + R_{\mathrm{f1}} \\ Z_2 = \dfrac{1}{\mathrm{j}\omega C_{\mathrm{f1}}} \\ Z_3 = \mathrm{j}\omega L_1 + \dfrac{1}{\mathrm{j}\omega C_1} + R_1 \\ Z_4 = \mathrm{j}\omega L_2 + \dfrac{1}{\mathrm{j}\omega C_2} + R_2 \end{cases} \quad (3\text{-}62)$$

LCC-S 的系统谐振频率表达式为

$$\omega_0 = \frac{1}{\sqrt{C_1(L_1 - L_{\mathrm{f1}})}} = \frac{1}{\sqrt{L_2 C_2}} = \frac{1}{\sqrt{L_{\mathrm{f1}} C_{\mathrm{f1}}}} \quad (3\text{-}63)$$

通过式（3-63）得出每个电容的表达式为

$$\begin{cases} C_1 = \dfrac{1}{\omega_0^2(L_1 - L_{f1})} \\[3mm] C_{f1} = \dfrac{1}{\omega_0^2 L_{f1}} \\[3mm] C_2 = \dfrac{1}{L_2\omega_0^2} \end{cases} \tag{3-64}$$

根据式（3-61）解出 LCC-S 解耦等效电路的回路电流，并将式（3-62）~ 式（3-64）代入输出功率和效率表达式求出 LCC-S 型补偿电路的输出功率和传输效率的表达式为

$$\begin{cases} P_o = \dfrac{k_{12}^2 Q_n Q_2 Q_{f1}^2 U_{in}^2}{(1 + k_{12}^2 Q_n Q_2 + Q_{f1}^2)^2 R_0} \\[4mm] \eta = \dfrac{k_{12}^2 Q_n Q_2 Q_{f1}^2}{(1 + k_{12}^2 Q_n Q_2)(1 + k_{12}^2 Q_n Q_2 + Q_{f1}^2)} \end{cases} \tag{3-65}$$

由式（3-65）可以看出，LCC-S 补偿电路的输出功率和传输效率与多种因素有关，如电感品质因数、电路等效品质因数、发射端和接收端之间的耦合系数以及电感等效内阻。但在系统参数确定的情况下，电感品质因数和电路等效品质因数是定值，因此系统的输出功率和传输效率与耦合系数的变化十分密切。

由于发射端和接收端发生相对移动时耦合系数 k_{12} 会明显下降，根据式（3-65）绘制输出功率和传输效率随耦合系数 k_{12} 的变化曲线，如图 3-25 所示。

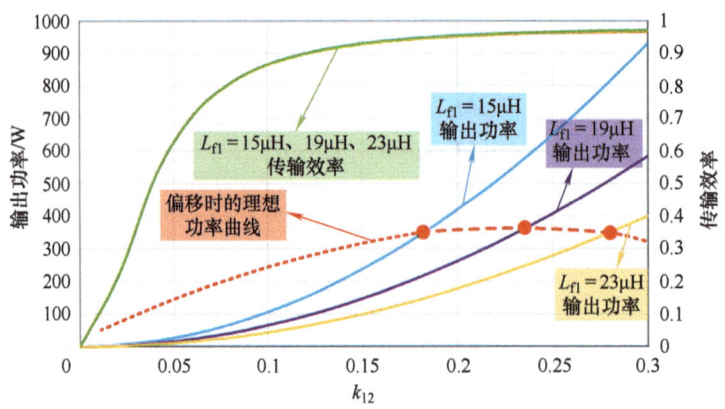

图 3-25　$\omega_0 = 85.5\text{kHz}$、$L_1 = 43\mu\text{H}$、$L_2 = 65\mu\text{H}$、$L_{f1} = 15\mu\text{H}$、$19\mu\text{H}$ 和 $23\mu\text{H}$、$R_0 = 0.1\Omega$ 时在 100V 输入电压下基于 LCC-S 补偿拓扑的系统输出功率与传输效率

如图 3-25 所示，LCC-S 补偿电路的输出功率和传输效率与耦合系数 k_{12} 均呈现一种"正相关"的趋势，即 k_{12} 越大，输出功率和传输效率越高。不同补偿电感 L_{f1} 对系统传输效率的影响基本相同，但是对输出功率的影响十分明显，补偿电感 L_{f1} 越大，输出功率越小。补偿电感 L_{f1} 的电感值与输出功率呈现一种"负相关"的趋势。由于补偿电感和耦合系数对输出功率的影响趋势相反，如果在耦合系数降低的同时降低补偿电感 L_{f1} 的电感值，则可能使功率在一定范围内保持稳定。

参 考 文 献

[1] 杨庆新, 章鹏程, 祝丽花, 等. 无线电能传输技术的关键基础与技术瓶颈问题 [J]. 电工技术学报, 2015, 30(5): 1-8.

[2] 张波, 疏许健, 黄润鸿. 感应和谐振无线电能传输技术的发展 [J]. 电工技术学报, 2017, 32(18): 3-17.

[3] 张献, 韩大稳, 杨庆新, 等. 一种从能量传递角度出发的 DLCC-WPT 系统参数设计方法 [J]. 中国电机工程学报, 2022, 42(3): 1134-1145.

[4] Li W, Wang Q, Kang J, et al. Energy-concentrating optimization based on energy distribution characteristics of MCR WPT systems with SS/PS compensation [J]. IEEE Transactions on Industrial Electronics, 2019, 67(12): 10410-10420.

[5] Zhang Y, Chen S, Li X, et al. Design of high-power static wireless power transfer via magnetic induction: an overview [J]. CPSS Transactions on Power Electronics and Applications, 2021, 6(4): 281-297.

[6] Mai R, Luo B, Chen Y, et al. Double-sided CL compensation topology based component voltage stress optimization method for capacitive power transfer charging system [J]. IET Power Electronics, 2018, 11(7): 1153-1160.

[7] Luo B, Long T, Mai R, et al. Analysis and design of hybrid inductive and capacitive wireless power transfer for high-power applications [J]. IET Power Electronics, 2018, 11(14): 2263-2270.

[8] 吴理豪, 张波. 电动汽车静态无线充电技术研究综述: 上篇 [J]. 电工技术学报, 2020, 35(6): 1153-1165.

[9] 吴理豪, 张波. 电动汽车静态无线充电技术研究综述: 下篇 [J]. 电工技术学报, 2020, 35(8): 1662-1678.

第 4 章　磁耦合机构与抗偏移方法研究

磁耦合谐振式无线电能传输系统包括电源、高频逆变器、磁耦合器、整流滤波器以及负载五部分（见图 4-1）。其中发射侧逆变器将直流输入电压转换为特定工作频率的交流输入电压，使得发射线圈流过高频交流电流，产生相应的高频交变磁场。同时，该磁场与接收线圈建立磁耦合关系，从而通过发射线圈与接收线圈之间的互感实现能量的传递，并在整流器的作用下转变为直流电为电池充电。磁耦合器作为无线电能传输系统的核心部分，由发射线圈、接收线圈、磁屏蔽层以及谐振补偿电路构成，以时变电磁场为媒介，完成了电能的无接触式传递。

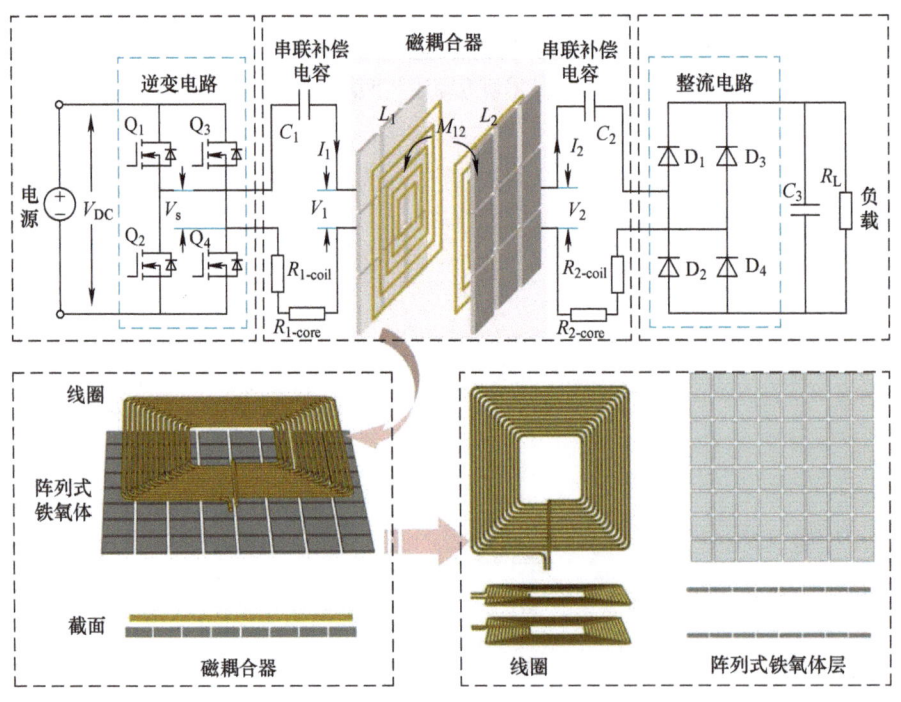

图 4-1　无线电能传输系统模型

在实际应用中，无线电能传输系统不可避免地面临着发射线圈与接收线圈之间的相对位置偏移问题。耦合线圈的偏移直接导致互感、自感等参数发生变化。此外，还可能导致严重的问题，如系统稳定性降低，功率传输能力减弱，系统电路失谐，能量损失增加等。因此，为了保障系统输出功率的稳定性同时确保供电的灵活性，无线电能传输系统应当具有高抗偏移能力，也就是需要提升无线电能传输系统的偏移容错能力。本章针对上述问题进行了深入探索，为高能效、抗偏移的无线电能传输系统提供了新的解决方案。

4.1　耦合线圈抗偏移设计

在实际的无线电能传输系统应用中，由于各种因素的干扰，耦合线圈之间的相对位置偏移是不可避免的。这种偏移情况直接影响了系统能量传输的稳定性，导致系统的能量传输效率和可靠性下降[1]。耦合线圈在无线电能传输系统中扮演着至关重要的角色，因此设计具有抗偏移特性的耦合线圈结构成为提高无线电能传输系统抗偏移能力的关键方法。

4.1.1　抗偏移新型线圈结构

1）双极型 DD 线圈结构，该结构由两个相邻的反向绕制的方形线圈串联组成。如图 4-2a 所示，该结构具有平行耦合磁场，因此具有良好的抗偏移性能。

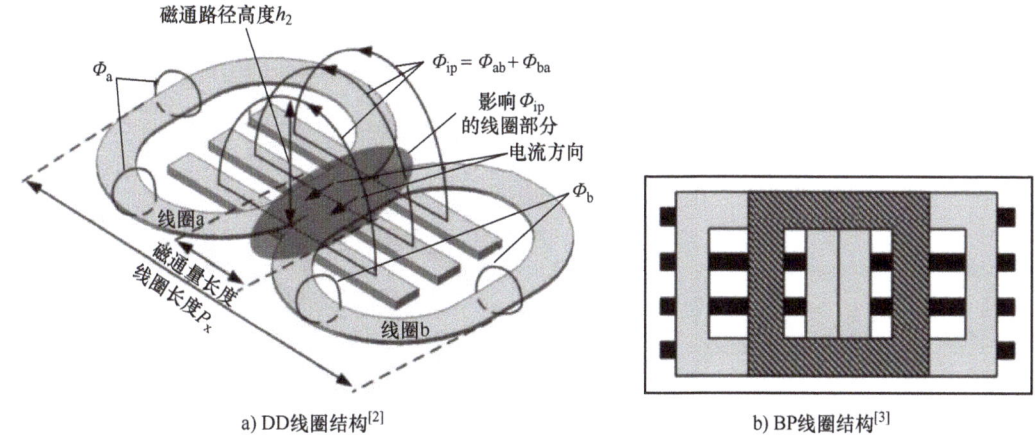

a) DD线圈结构[2]　　　　　　　　　　b) BP线圈结构[3]

图 4-2　双极型抗偏移线圈结构

2）BP 线圈结构，该结构由两个 D 型线圈组成，通过部分重叠实现解耦设计，如图 4-2b 所示，解决了 DD 线圈偏移过程中存在的零耦合点问题。与 DD 线圈相比，BP 线圈具有更优秀的抗偏移能力，但解耦要求增加了设计的复杂性。此外，DD 线圈和 BP 线圈结构均不是全对称结构，因此只在特定方向上具有较好的抗偏移能力。

3）三极型平面线圈结构，如图 4-3a 所示，其由两个正交双极型线圈和一个圆形线圈叠层放置组成，三个线圈自然解耦，当接收线圈发生任意角度的偏移时，系统的输出功率和传输效率均能保持在相同水平。

4）倾斜环路型线圈结构，如图 4-3b 所示，其是由倾斜环路组成的发射线圈结构，通过优化线圈倾斜角度，系统的横向抗偏移范围可以达到发射线圈尺寸的 2/3。

引入辅助线圈或中继线圈的设计同样可以有效增强无线电能传输系统的抗偏移性能。通过在耦合线圈之间或系统周围放置额外的线圈，可以增加耦合路径，从而提高无线电能传输系统的抗偏移能力，并且辅助线圈或中继线圈的设计可以根据具体系统需求和偏移情况进行调整。

5）由 4×4 方形线圈组成的无源阵列式中继线圈结构，如图 4-4a 所示。该结构分为 2×2 中心阵列线圈和边缘辅助阵列线圈，通过多目标优化线圈参数，实现了 80mm 的抗偏移范围，达到了发射线圈和接收线圈直径的 1/3。

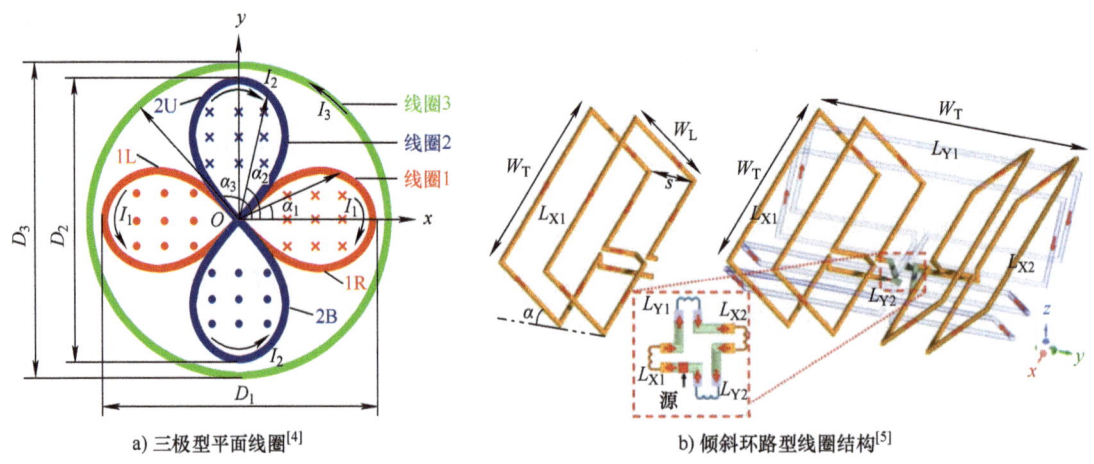

a) 三极型平面线圈[4]　　　　　　　　b) 倾斜环路型线圈结构[5]

图 4-3　特殊形状的抗偏移线圈结构

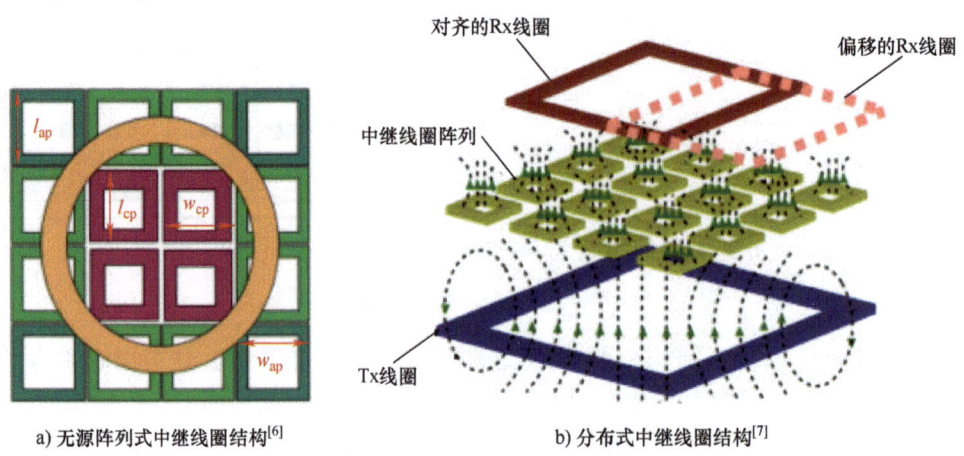

a) 无源阵列式中继线圈结构[6]　　　　　b) 分布式中继线圈结构[7]

图 4-4　抗偏移中继线圈结构

6）分布式中继线圈结构，如图 4-4b 所示。该结构由 5 个线圈组成，其中 1 个线圈置于传能中心位置，4 个线圈均匀分布在接收线圈四周，该设计可以有效利用边缘中继线圈，增加磁场均匀性和传输距离，进一步提高抗偏移范围。

7）基于六边形阵列线圈的灵活组合多发射线圈结构，如图 4-5a 所示。通过检测初级电流控制发射线圈工作模式，有效提高了偏移情况下无线电能传输系统在线圈边界处的传输效率，增强了系统的抗偏移能力。

8）由 4 个独立的 2×2 阵列线圈组成的矩阵型发射线圈结构，并通过优化 4 个独立矩阵线圈之间的重叠面积提高了系统等效互感在偏移情况下的稳定性，如图 4-5b 所示。然而，上述设计均需要配置大量开关元件和复杂的控制系统，增加了系统成本和设计难度。

综上所述，当前的抗偏移线圈设计主要集中在新型线圈结构上。然而，这些新型结构通常较为复杂，且大多需要额外的控制系统支持，从而增加了系统设计的成本和难度。因此，在不需要额外控制的前提下，降低线圈设计的难度成为抗偏移设计的关键。

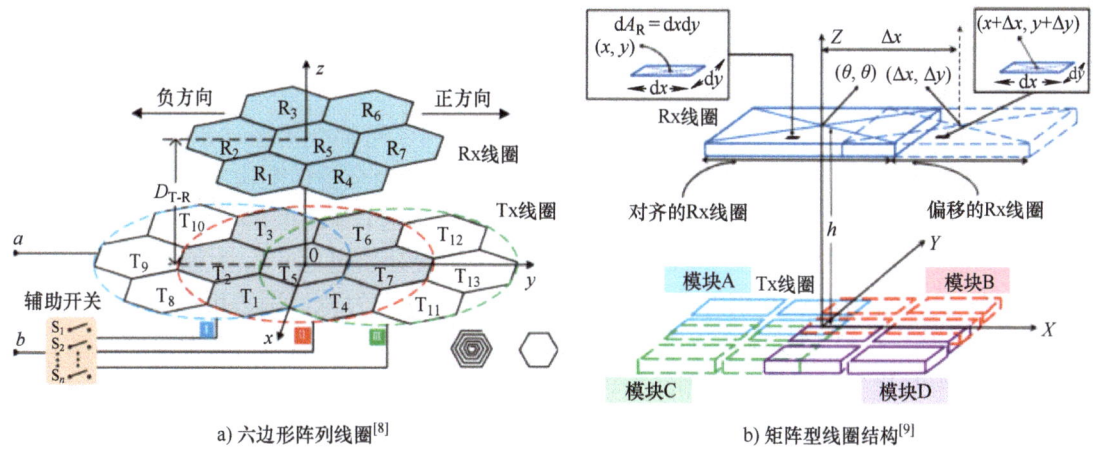

a) 六边形阵列线圈[8]　　　　　　b) 矩阵型线圈结构[9]

图 4-5　矩阵型抗偏移线圈结构

4.1.2　DDQ/DD 线圈偏移特性分析

本节所设计的 DDQ/DD 耦合机构如
图 4-6 所示，主要包括原边和副边两部分，
原边部分由原边 DD 线圈、原边 Q 线圈和原
边磁芯组成，副边部分由副边 DD 线圈和副
边磁芯组成，额定情况下，耦合机构的传输
距离 d 为 150mm[10]。

基于 DDQ/DD 耦合机构的恒压输出型
无线电能传输系统如图 4-7 所示。

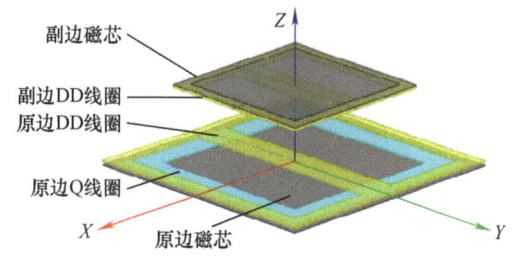

图 4-6　DDQ/DD 耦合机构

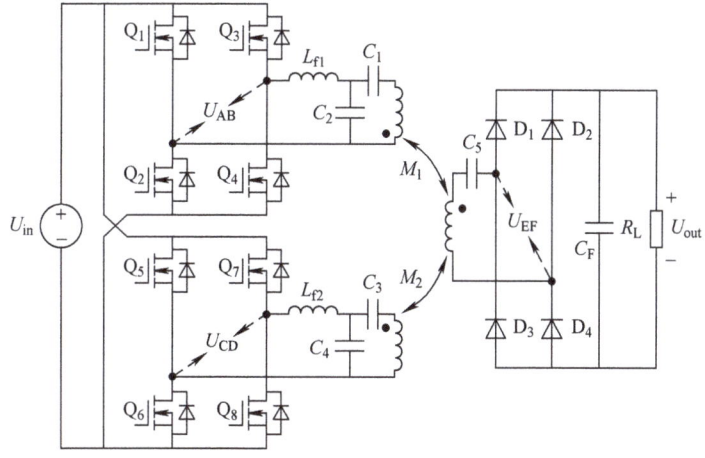

图 4-7　无线电能传输系统电路图

图 4-7 中，M_1、M_2 分别为原边 DD 线圈、原边 Q 线圈与副边 DD 线圈间的互感。为叙
述方便，将原边 DD 线圈、原边 Q 线圈与副边 DD 线圈间的耦合通道分别称为能量通道 1
和 2。在本研究中，两路能量通道均采用 LCC/S 补偿拓扑。该系统在 XY 平面上具有较强

的抗偏移能力，耦合机构正对时，原边 Q 线圈与副边 DD 线圈正交，$M_2 = 0$，系统输出电压与 M_1 成正比；耦合机构发生偏移后，M_1 减小，能量通道 1 输出电压降低，但 M_2 增大，能量通道 2 输出电压增大，系统输出电压变化很小。

为简化分析，本研究采用基波分析法，因此，图 4-7 可简化为图 4-8 所示等效电路。图 4-8 中，采用松耦合变压器的受控源模型，U_{AB1}、U_{AB2} 为全桥逆变输出电压的基波有效值；L_1、L_2 和 L_3 分别为原边 DD 线圈、原边 Q 线圈和副边 DD 线圈的自感；M_1、M_2 分别为 L_1 和 L_3、L_2 和 L_3 之间的互感；L_{f1} 为能量通道 1 原边补偿电感；L_{f2} 为能量通道 2 原边补偿电感；C_2、C_4 为原边并联补偿电容；C_1、C_3 和 C_5 分别为原、副边串联补偿电容；R_E 为等效电阻；I_1、I_2 和 I_3 分别为原边 DD 线圈、原边 Q 线圈和副边 DD 线圈上的电流；原边虚线框内为对称 T 形电路，点划线框内为 T 形对称电路的右臂，其阻抗值为 L_1 与 C_1（L_2 与 C_3）串联后的等效阻抗。由 LCC 补偿拓扑参数调谐方法可得

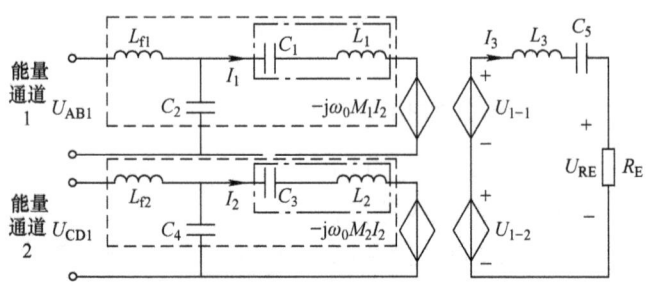

图 4-8　无线电能传输系统简化等效电路图

$$\begin{cases} C_1 = \dfrac{1}{\omega^2(L_1 - L_{f1})} \\[2mm] C_2 = \dfrac{1}{\omega^2 L_{f1}} \\[2mm] C_3 = \dfrac{1}{\omega^2(L_2 - L_{f2})} \\[2mm] C_4 = \dfrac{1}{\omega^2 L_{f2}} \end{cases} \tag{4-1}$$

L_3 与 C_5 在系统工作频率 f 处谐振，即

$$C_5 = \frac{1}{\omega^2 L_3} \tag{4-2}$$

能量通道 1 副边等效受控电压源可表示为

$$U_{1-1} = j\omega_0 M_1 I_1 \tag{4-3}$$

能量通道 2 副边等效受控电压源可表示为

$$U_{1-2} = j\omega_0 M_2 I_2 \tag{4-4}$$

由参考文献 [11] 可得 DDQ- 无线电能传输系统的电压增益 G_v 为

$$G_v = \frac{U_{\text{out}}}{U_{\text{in}}} = \frac{M_1}{L_{f1}} + \frac{M_2}{L_{f2}} \tag{4-5}$$

L_{f1} 由额定情况下（耦合机构正对，传输距离为 150mm）的电压增益确定，此时 M_2 为 0，由式（4-5）可得

$$L_{f1} = \frac{U_{\text{in}}}{U_{\text{out}}} M_{10} \tag{4-6}$$

式中，M_{10} 为额定情况下原、副边 DD 线圈间的互感。

由 T 形对称电路的压流变换特性可知

$$I_1 = \frac{U_{\text{AB1}}}{jX_1} = \frac{U_{\text{AB1}}}{j\omega_0 L_{f1}} \tag{4-7}$$

$$I_2 = \frac{U_{\text{CD1}}}{jX_2} = \frac{U_{\text{CD1}}}{j\omega_0 L_{f2}} \tag{4-8}$$

副边线圈电流 I_3 为

$$I_3 = \frac{\pi}{2\sqrt{2}} \cdot \frac{U_{\text{in}}}{R_L} \left(\frac{M_1}{L_{T1}} + \frac{M_2}{L_{T2}} \right) \tag{4-9}$$

在整个偏移范围内，通过合理设计补偿电感 L_{f2}，可以使系统的抗偏移特性更好。

本节还对副边 DD 线圈与原边 Q 线圈之间产生的耦合磁场进行了详细分析。为分析副边 DD 线圈对原边 Q 线圈产生的影响，图 4-9a 给出了当耦合机构正对时，在 Q 线圈无激励情况下副边 DD 线圈在 XOY 平面产生的磁场强度分布图，可见 DD 线圈产生的磁场关于 Q 线圈中心线对称分布。当耦合机构在正对情况下其在 XOZ 平面产生的磁感线强度分布图如图 4-9b 所示。由此可知在耦合机构正对情况下，副边 DD 线圈产生磁感线进入 Q 线圈的总量与从 Q 线圈出去的总量基本相等，可知在耦合机构正对情况下副边 DD 线圈与原边 Q 线圈解耦，即不产生磁场耦合[12]。

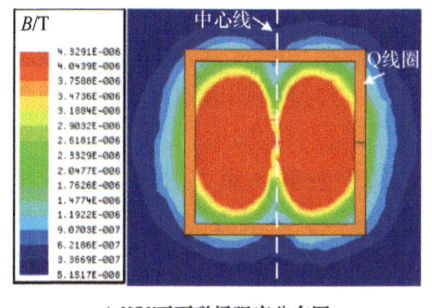

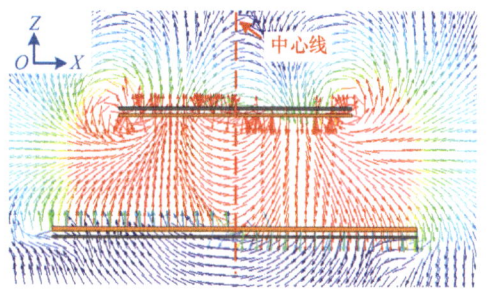

a) XOY 平面磁场强度分布图　　　　　b) XOZ 平面磁感线强度分布图

图 4-9　正对时 DD 线圈在 XOY 平面磁场强度及 XOZ 平面磁感线强度分布图

当耦合机构沿 X 方向发生偏移时，副边 DD 线圈产生的 XOY 平面磁场强度分布图如图 4-10a 所示，可知此时 DD 线圈产生磁场关于 Q 线圈中心线已不具备对称性。图 4-10b 给出了耦合机构沿 X 方向发生偏移时，DD 线圈在 XOZ 平面产生的磁感线强度分布图。

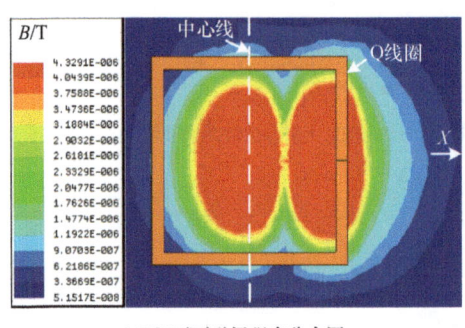
a) *XOY*平面磁场强度分布图

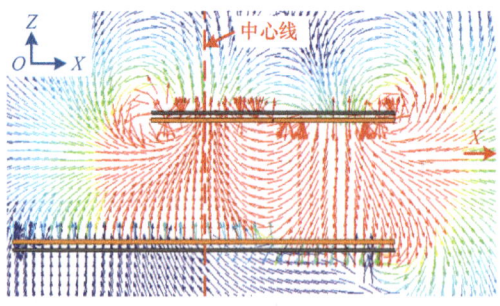
b) *XOZ*平面磁感线强度分布图

图 4-10　沿 *X* 方向偏移时 DD 线圈在 *XOY* 平面磁场强度及 *XOZ* 平面磁感线强度分布图

由图 4-10 可知，横向偏移时 DD 线圈产生的磁感线进入 Q 线圈的磁通总量与从 Q 线圈出来的磁通总量不相等，即 DD 线圈与 Q 线圈产生耦合。当耦合机构沿 *X* 方向发生偏移时，原边 DD 线圈与副边 DD 线圈耦合强度减小，但原边 Q 线圈与副边 DD 线圈耦合强度增加，由此提升了 DD/DD 耦合机构沿 *X* 方向抗偏移性能。同理可知，原边 Q 线圈始终关于原边 DD 线圈对称放置，因此原边 Q 线圈与原边 DD 线圈始终解耦，即原边 Q 线圈始终与原边 DD 线圈不产生耦合。

4.2　抗偏移磁集成方法及特性研究

耦合线圈相对位置偏移引起的磁耦合参数的变化是影响系统输出稳定性的重要因素。在抗偏移设计中，磁集成方法增加了新的传能通道，引入新的耦合参数调节系统在偏移情况下的耦合状态，提高系统传输性能。然而，磁集成引入耦合参数在补偿网络中的位置的不同直接影响到无线电能传输系统的性能和应用范围。因此，有必要研究不同磁集成方法，探究其耦合特性差异，阐述其抗偏移原理，从理论上为系统抗偏移设计提供指导。本节深入研究了不同磁集成方法机理，探究磁集成对系统输入、输出性能以及对系统抗偏移性能的影响。

4.2.1　抗偏移磁集成方法研究

目前，抗偏移磁集成方法主要有两种。一种是线圈结构磁集成方法，它将线圈设置为多个组成部分，然后通过串联方式进行重新组合。另一种是拓扑磁集成方法，它将系统补偿网络中的补偿电感以辅助传能线圈替换，并与主线圈进行磁集成。

图 4-11 所示为线圈结构磁集成方法原理图。其中发射线圈 L_p 由 n 个部分组成，即 L_{p1}、L_{p2}、$\cdots$、$L_{p(n-1)}$、L_{pn}，并通过串联进行磁集成。在这种磁集成方法中，利用抗偏移线圈，通过合理设计 n 个线圈的结构及其之间的布局，实现系统抗偏移特性。这 n 个线圈可以是 DD 线圈、DDQ 线圈、BP 线圈和反向串联结构线圈等线圈之间的组合。

根据磁集成线圈的位置，线圈结构可分为发射线圈磁集成、接收线圈磁集成和双侧线圈磁集成三种方式。在图 4-11 中，以发射端集成为例，对其抗偏移原理进行了阐述。采用多线圈集成方式设计发射线圈，增加了系统原互感 M_{ps} 的可调性。此时，发射线圈 L_p 与接收线圈 L_s 之间的耦合不再是单一的互感，而是以多互感叠加的形式呈现，即 $M_{ps} = M_{p1s} + M_{p2s} + \cdots + M_{p(n-1)s} + M_{pns}$。通过优化各部分线圈的参数和布局方式，调节各互感的大小和极性，使得在一定范围内，随着偏移的变化，互感和能够保持稳定，实现了抗偏移磁集成。

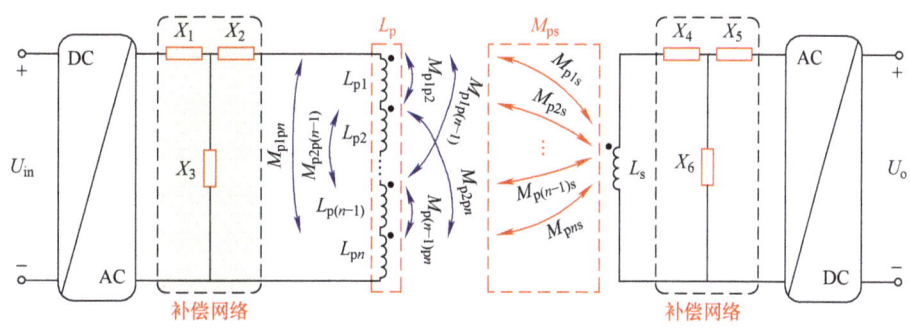

图 4-11　线圈结构磁集成方法原理图

需要注意的是，发射线圈磁集成的各部分线圈之间会产生额外的互感。这不仅会增加系统分析和参数设计难度，还会增加回路中的无功环流，进而增加系统功率损耗。因此，在这种抗偏移磁集成方法中，通常需要进行集成线圈间的解耦设计。然而，解耦设计会增加线圈的设计难度，同时也会降低线圈设计的灵活性。

拓扑磁集成方法同样包括三种方式：发射侧拓扑磁集成、接收侧拓扑磁集成和双侧拓扑磁集成。图 4-12 所示为发射侧补偿拓扑磁集成方法原理图，其中将补偿网络中的补偿电感替换为辅助传能线圈与发射线圈进行磁集成。图中，L_f 代表补偿线圈，L_p 代表发射线圈，L_s 代表接收线圈。通过集成补偿线圈，可以解决无源补偿电感元件带来的体积和散热问题，使系统设计更加紧凑和高效。同时，系统中引入了新的耦合变量，即补偿线圈与发射线圈之间的互感 M_{fp} 以及补偿线圈与接收线圈之间的互感 M_{fs}，不仅扩展了系统的传能通道，同时改善了系统传输性能。这种调节机制为系统的抗偏移性能调优提供了一种有效手段，有效提高了系统的灵活性和可调性。值得注意的是，互感 M_{fp} 代表发射侧的内部耦合，不直接参与能量向接收侧的传递，主要用于调节系统的阻抗关系，从而调整控制系统的工作点和性能表现，使得发射端和接收端之间的能量传输效率达到最佳状态。

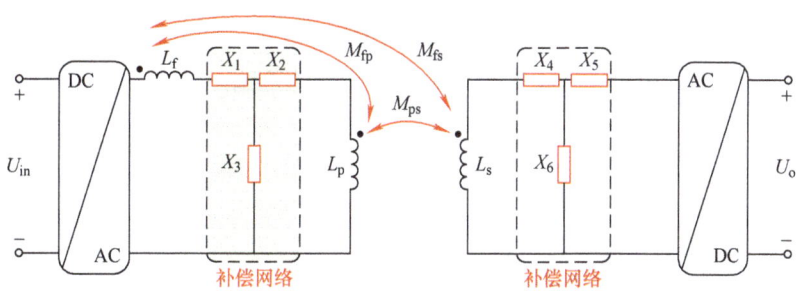

图 4-12　发射侧补偿拓扑磁集成方法原理图

当双侧补偿拓扑均采用磁集成设计时，系统的耦合关系变得更加复杂，如图 4-13 所示。虽然这种设计增加了系统的可调节性，但过多的耦合关系导致系统谐振状态受多个变量影响，从而增加了系统设计的难度和复杂性，甚至可能导致部分性能的丢失。在某些情况下，为了避免额外引入的耦合对系统性能和系统参数设计的影响，通常会对线圈结构进行解耦设计。这种解耦设计可以消除不必要的交叉互感，如互感 M_{fs}、M_{po} 等，从而简化系统的谐振关系，使系统更容易实现抗偏移特性。

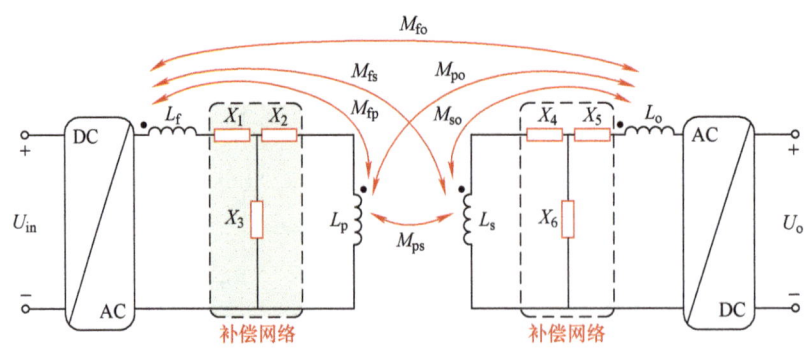

图 4-13 双侧补偿拓扑磁集成方法原理图

综上所述，两类磁集成方法都通过引入新的互感参数来调节系统的传输性能。因此，设计系统的互感特性关系成为实现系统抗偏移输出特性的关键。为此，需要建立无线电能传输系统磁集成分析模型，对互感的作用机制及其对系统特性的影响规律进行深入分析，从而得到系统实现抗偏移特性的设计原则，为后续章节的抗偏移磁集成方法研究奠定基础。

4.2.2 线圈结构磁集成抗偏移特性分析

将线圈设置为多个组成部分，各部分通过串联或并联方式进行重新组合，构成线圈结构磁集成方法。这种方法将原本单一的线圈拆分成若干个组成部分，在设计上更加灵活，可以根据具体需求进行调整和优化。通过各部分线圈之间的配合可以有效地调节系统的耦合状态，从而改善偏移条件下的系统输出特性。

例如：一种反向串联集成发射线圈结构，如图 4-14a 所示，利用互感极性相反的特性，实现了两个反向串联线圈与接收线圈之间的互感差值耦合。通过合理优化线圈参数，在偏移过程中，当两个反向串联线圈与接收线圈之间的互感保持平行变化关系时，系统能够获得稳定的互感差，从而实现了抗偏移输出；一种新型 SDDP 耦合线圈结构，实现了螺线管线圈和 DD 线圈的串联集成，如图 4-14b 所示。通过螺线管线圈磁场的补偿作用，该结构克服了 DD 线圈仅在单一方向上具有良好抗偏移性能的限制。

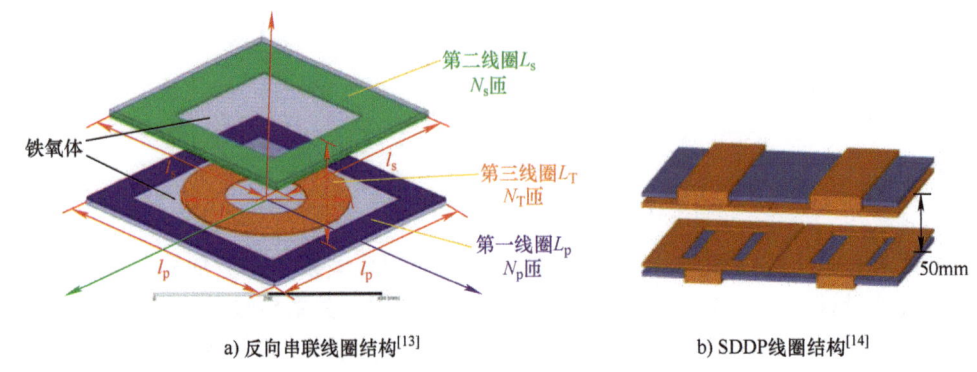

a) 反向串联线圈结构[13]　　　　　　b) SDDP 线圈结构[14]

图 4-14　串联磁集成线圈结构

图 4-15 所示为发射线圈磁集成无线电能传输系统等效电路，U_{in}、I_{in} 为逆变器输出电压、电流，I_p、I_s 分别为流过发射线圈和接收线圈的电流，$\sum_{k=1}^{n} L_{pk}$ 为发射线圈等效自感，L_s 为接收线圈自感，U_o、I_o 为整流器输入电压、电流，R_{eq} 为整流输入侧看入的等效负载，$X_1 \sim X_6$ 为补偿网络各支路的等效电抗，M_{pks} 为发射线圈各个分线圈与接收线圈之间的互感，M_{ij} 为发射线圈各个分线圈内部之间的互感。

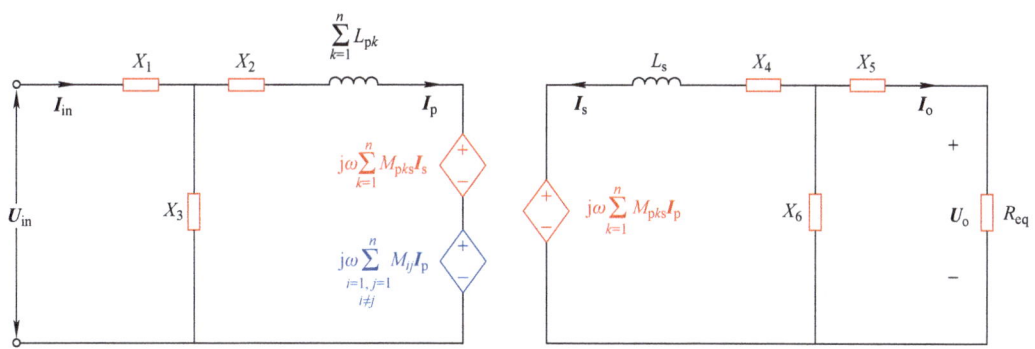

图 4-15 发射线圈磁集成无线电能传输系统等效电路

根据 KVL，图 4-15 所示电路模型可以描述为

$$Z[I_{in} \quad I_p \quad I_s \quad I_o]^T = [U_{in} \quad 0 \quad 0 \quad -R_{eq}I_o]^T \tag{4-10}$$

$$Z = \begin{bmatrix} j(X_1 + X_3) & jX_3 & 0 & 0 \\ jX_3 & j\left(\omega\sum_{k=1}^{n}L_{pk} + X_2 + X_3 + \omega\sum_{i=1,j=1}^{n}M_{ij}\right) & j\omega\sum_{k=1}^{n}M_{pks} & 0 \\ 0 & j\omega\sum_{k=1}^{n}M_{pks} & j(\omega L_s + X_4 + X_6) & jX_6 \\ 0 & 0 & jX_6 & j(X_5 + X_6) \end{bmatrix}$$

$$\tag{4-11}$$

式中，ω 为系统的谐振角频率。

在典型系统谐振条件下，即

$$\begin{cases} X_1 + X_3 = 0 \\ \omega\sum_{k=1}^{n}L_{pk} + X_2 + X_3 = 0 \\ \omega L_s + X_4 + X_6 = 0 \\ X_5 + X_6 = 0 \end{cases} \tag{4-12}$$

将式（4-12）代入式（4-10），从而可求得各电流表达式为

$$
\begin{cases}
\boldsymbol{I}_{\mathrm{in}} = \dfrac{R_{\mathrm{eq}}\omega^2\left(\displaystyle\sum_{k=1}^{n}M_{pks}\right)^2}{X_3^2 X_6^2}\boldsymbol{U}_{\mathrm{in}} + \dfrac{\mathrm{j}\omega\displaystyle\sum_{i=1,j=1}^{n}M_{ij}}{X_3^2}\boldsymbol{U}_{\mathrm{in}} \\[6mm]
\boldsymbol{I}_{\mathrm{p}} = \dfrac{\mathrm{j}\boldsymbol{U}_{\mathrm{in}}}{X_3} \\[6mm]
\boldsymbol{I}_{\mathrm{s}} = \dfrac{R_{\mathrm{eq}}\omega\displaystyle\sum_{k=1}^{n}M_{pks}}{X_3 X_6^2}\boldsymbol{U}_{\mathrm{in}} \\[6mm]
\boldsymbol{I}_{\mathrm{o}} = \dfrac{-\mathrm{j}\omega\displaystyle\sum_{k=1}^{n}M_{pks}}{X_3 X_6}\boldsymbol{U}_{\mathrm{in}}
\end{cases}
\tag{4-13}
$$

系统的输入阻抗 Z_{in} 为

$$
Z_{\mathrm{in}} = \dfrac{X_3^2 X_6^2}{R_{\mathrm{eq}}\omega^2\left(\displaystyle\sum_{k=1}^{n}M_{pks}\right)^2 + \mathrm{j}X_6^2\omega\displaystyle\sum_{i=1,j=1}^{n}M_{ij}}
\tag{4-14}
$$

由式（4-14）可知，线圈结构磁集成方法中，磁集成线圈各个分线圈之间的互感会改变系统的阻抗关系，从而影响系统的谐振参数设计。对于发射端磁集成系统，虽然系统保留了恒流输出特性，但失去了 ZPA（Zero Phase Angle，零相角）输入特性，从而增加了系统的功率损耗，降低了系统的传输效率。为重新获得 ZPA 输入特性，需重新修正系统的谐振条件。当磁集成发射线圈回路阻抗关系修正为

$$
\omega\sum_{k=1}^{n}L_k + X_2 + X_3 + \omega\sum_{i=1,j=1}^{n}M_{ij}
\tag{4-15}
$$

其他谐振条件保持式（4-12）关系不变，式（4-14）则改写为

$$
Z_{\mathrm{in}} = \dfrac{X_3^2 X_6^2}{R_{\mathrm{eq}}\omega^2\left(\displaystyle\sum_{k=1}^{n}M_{pks}\right)^2}
\tag{4-16}
$$

此时，系统输入电流 $\boldsymbol{I}_{\mathrm{in}}$ 变为

$$
\boldsymbol{I}_{\mathrm{in}} = \dfrac{R_{\mathrm{eq}}\omega^2\left(\displaystyle\sum_{k=1}^{n}M_{pks}\right)^2}{X_3^2 X_6^2}\boldsymbol{U}_{\mathrm{in}}
\tag{4-17}
$$

由式（4-17）可知，在修正谐振条件下，系统重新获得 ZPA 输入特性，而其他电流不受影响。

分析式（4-13）中系统输出电流可知，为实现系统的抗偏移恒流输出，必须保证

$\sum_{k=1}^{n} M_{pks}$ 在偏移过程中保持稳定，即保持 $M_{p1s} + M_{p2s} + M_{p3s} + \cdots + M_{p(n-1)s} + M_{pns}$ 稳定。因此，需要对磁集成引入互感的特性进行调整，通过合理调节互感之间的极性及大小，实现系统的抗偏移输出。在偏移变化过程中，若互感特性存在相反的极性，可以通过维持恒定的互感差来实现抗偏移输出；而若互感特性表现为相同的极性，可以通过设计互感变化趋势相反的磁集成线圈，利用互感叠加维持总互感的稳定，从而实现抗偏移输出。

4.2.3　补偿拓扑磁集成抗偏移特性分析

高阶拓扑由于包含更多的补偿元件，因此具有更高的设计灵活性和多种输出特性。然而，拓扑中的补偿电感虽然具有磁能，但并不参与系统的功率传输过程。因此，提出补偿拓扑磁集成方法。

紧凑化的磁集成设计可以有效地减小无线电能传输系统的体积，使得系统更加模块化，提高系统的功率密度，尤其是对于高阶补偿拓扑的系统而言，通过集成补偿电感线圈，可以降低大功率电感元件的体积和功率损耗，同时增加系统的功率传输通道，提高无线电能传输系统的传输性能。

以发射侧补偿拓扑磁集成为例，分析系统传输特性，系统等效电路如图 4-16 所示。图中，L_f、L_p、L_s 分别为补偿线圈、发射线圈和接收线圈的自感，M_{fp}、M_{fs}、M_{ps} 分别为补偿线圈与发射线圈、补偿线圈与接收线圈、发射线圈与接收线圈之间的互感，其他参数与图 4-15 中代表含义相同。

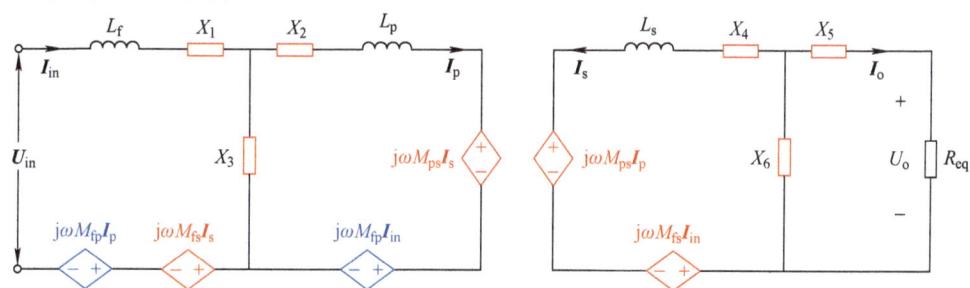

图 4-16　发射侧磁集成 LCC 拓扑无线电能传输系统等效电路

根据 KVL，图 4-16 所示电路模型也可描述为式（4-10）所示方程关系，但系统阻抗矩阵为

$$
Z = \begin{bmatrix}
j(\omega L_f + X_1 + X_3) & j(\omega M_{fp} - X_3) & j\omega M_{fs} & 0 \\
j(\omega M_{fp} - X_3) & j(\omega L_f + X_2 + X_3) & j\omega M_{ps} & 0 \\
j\omega M_{fs} & j\omega M_{ps} & j(\omega L_s + X_4 + X_6) & jX_6 \\
0 & 0 & jX_6 & j(X_5 + X_6)
\end{bmatrix}
\quad （4\text{-}18）
$$

当系统谐振时，即

$$
\begin{cases}
\omega L_f + X_1 + X_3 = 0 \\
\omega L_f + X_2 + X_3 = 0 \\
\omega L_s + X_4 + X_6 = 0 \\
X_5 + X_6 = 0
\end{cases}
\quad （4\text{-}19）
$$

将式（4-18）和式（4-19）代入式（4-10）并化简，可求得各电流的表达式为

$$
\begin{cases}
I_f = \dfrac{\omega^2 M_{ps}^2 R_{eq}}{(X_3 - \omega M_{fp})((X_3 - \omega M_{fp})X_6^2 + 2j\omega^2 M_{fs}M_{ps}R_{eq})} U_{in} \\[3mm]
I_p = \dfrac{j(X_3 - \omega M_{fp})X_6^2 - \omega^2 M_{fs}M_{ps}R_{eq}}{(\omega M_{fp} - X_3)((X_3 - \omega M_{fp})X_6^2 + 2j\omega^2 M_{fs}M_{ps}R_{eq})} U_{in} \\[3mm]
I_s = \dfrac{\omega M_{ps}R_{eq}}{(X_3 - \omega M_{fp})X_6^2 + 2j\omega^2 M_{fs}M_{ps}R_{eq}} U_{in} \\[3mm]
I_o = \dfrac{-j\omega M_{ps}X_6}{(X_3 - \omega M_{fp})X_6^2 + 2j\omega^2 M_{fs}M_{ps}R_{eq}} U_{in}
\end{cases}
\tag{4-20}
$$

系统的输入阻抗为

$$
Z_{in} = \frac{(X_3 - \omega M_{fp})^2 X_6^2}{\omega^2 M_{ps}^2 R_{eq}} - j\frac{2M_{fs}(X_3 - \omega M_{fp})}{M_{ps}}
\tag{4-21}
$$

分析式（4-20）和式（4-21）可知，由于补偿拓扑磁集成引入了新互感 M_{fp} 和 M_{fs}，导致系统在原谐振条件下失去了 ZPA 输入特性和恒定输出特性。因此，补偿拓扑磁集成会改变系统的阻抗关系和电路特性。为此，需要重新设计系统的补偿条件，以适应这些变化。

观察上述结果，通过重新设计使 $M_{fs} = 0$，可以重新实现 ZPA 输入和恒流输出特性。然而，这种情况下只存在一个传能通道，补偿线圈仅在空间上与发射线圈进行磁集成，仅起到紧凑设计的作用，并未参与功率传输，导致系统依然存在较大的损耗。因此，为解决这一问题，需采用重新设计系统补偿参数的方法。在保持 ZPA 输入和恒定输出特性的约束下，对系统谐振参数进行修正，以确保补偿线圈能够有效参与功率传输，从而降低系统的损耗。这样的设计方法能够兼顾系统的性能和效率，并提高系统的整体性能。

另外，也可通过合理的线圈结构设计来实现 M_{ps} 和 M_{fs} 在偏移范围内保持不变，从而确保系统的输入、输出特性不受影响。

综上所述，两种磁集成方法都通过引入额外的互感参数来调节系统的抗偏移性能。然而，额外的耦合互感会导致系统阻抗关系发生变化，在基础谐振条件下，两种磁集成方法都无法维持系统原始输入和输出特性。因此，需要进一步探究新的参数设计或磁集成线圈结构设计，以在保持系统原始输入和输出特性的前提下，提升系统的抗偏移能力。

4.3　互感叠加抗偏移磁集成方法研究

紧凑、小型化和轻量化的接收装置是移动设备无线充电系统设计的关键因素之一。通过对接收线圈的磁性元件布局进行优化，实现磁集成设计，能够减少能量损失，提高系统传输效率。同时，这也有助于减小装置体积和重量，降低制造成本，并增强系统性能。尤其是在考虑到实际应用中耦合线圈相对位置可能出现的偏移情况时，磁集成设计能够引入新的耦合变量对系统性能进行调节，更好地应对这一挑战，确保能量传输效率的稳定性。因此，有必要深入研究接收侧抗偏移磁集成方法，为实现紧凑、高效的接收线圈设计提供技术支持，以提升无线电能传输系统的整体性能。

本节设计了互感叠加磁集成耦合结构，基于 S-LCC 型补偿拓扑，提出了磁集成抗偏移参数设计方法，详细分析了设计方法的可行性，成功实现了 ZPA 输入和恒流输出特性，并设计实验样机验证了理论分析的正确性。

4.3.1　磁集成耦合结构设计

为了应对偏移情况下的互感下降问题，本小节利用互感随偏移变化趋势相反的线圈，提出了一种新型磁集成耦合机构。该机构通过互感叠加实现了在偏移情况下系统互感的稳定。所提出互感叠加磁集成耦合线圈如图 4-17 所示，其中箭头方向表示线圈中的电流方向。

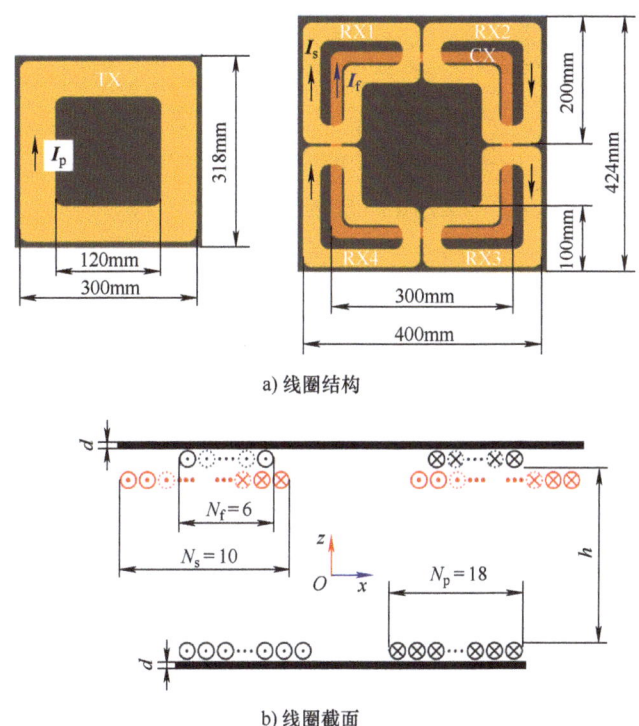

a) 线圈结构

b) 线圈截面

图 4-17　互感叠加磁集成耦合线圈

在该结构中，发射线圈（TX）和补偿线圈（CX）设计为正方形结构，具有相同的外尺寸，外边长均为 300mm。接收线圈（RX）由 4 个串联的 L 形线圈（RX1～RX4）组成，这些线圈结构参数相同，对称分布在 CX 线圈周围并与之磁集成。通过设计更大的接收线圈可以提高线圈的抗偏移范围，但同时会增加 RX 线圈的无效耦合区域并导致漏磁增加。为避免较大的漏磁，并在有限的线圈尺寸条件下保证足够的耦合互感，RX1～RX4 线圈的外边长确定为 200mm。

为了实现在线圈偏移情况下 TX 线圈与 RX 线圈之间的互感 M_{ps} 和 TX 线圈与 CX 线圈之间的互感 M_{fp} 具有相反的变化趋势，形成稳定的叠加互感，根据互感极性与线圈相对位置之间的关系，RX1～RX4 线圈的中心轴线分别与 CX 线圈的外边界重合，因此，RX 线圈的宽度设置为 $w_{o,RX} = 0.5l_{o,L}$。

为了验证 CX 线圈与 RX 线圈具有互感相互补偿的特性，图 4-18 描述了偏移过程中各互感的变化情况。在偏移过程中，互感 M_{ps} 呈降低趋势，而互感 M_{fp} 呈增长趋势，因此，通过合理设计线圈参数，可以实现互感叠加后的稳定性。

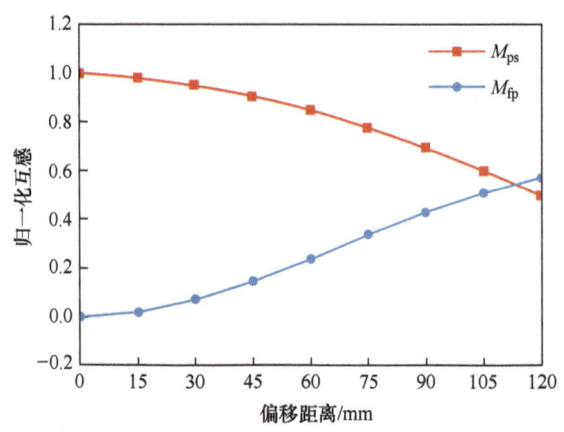

图 4-18　互感叠加原理图

4.3.2　建模与抗偏移特性分析

采用 S-LCC 型补偿拓扑对所提出的互感叠加磁集成设计进行分析验证，系统原理图如图 4-19 所示。U_{dc} 表示直流输入电压，$Q_1 \sim Q_4$ 和 $D_1 \sim D_4$ 分别表示全桥逆变器和整流器的 MOSFET 和二极管。RX 线圈由 RX1、RX2、RX3 和 RX4 线圈串联组成。L_{si} 表示 RXi（$i = 1,2,3,4$）线圈的自感。L_p 和 L_f 分别表示 TX 线圈和 CX 线圈的电感。C_p、C_f、C_s 分别表示 TX 线圈、CX 线圈、RX 线圈的补偿电容。M_{smsn}、M_{sq}、M_{psj} 分别表示 L_{sm} 和 L_{sn}、L_f 和 L_{sq}、L_p 和 L_{sj} 之间的互感，其中 m、n、j、$q = 1,2,3,4$。M_{fp}、$M_{ps} = M_{ps1} + M_{ps2} + M_{ps3} + M_{ps4}$ 和 $M_{fs} = M_{fs1} + M_{fs2} + M_{fs3} + M_{fs4}$ 分别表示 TX 线圈和 CX 线圈之间、TX 线圈和 RX 线圈之间、RX 线圈和 CX 线圈之间的互感。I_p、I_f 和 I_s 分别表示流过 TX 线圈、CX 线圈和 RX 线圈的电流。U_{in} 表示发射侧逆变器的输出电压，U_o 表示接收侧整流器的输入电压，C_o 表示滤波电容，U_B 和 I_B 分别表示电池负载的充电电压和电流。在平衡状态下，电池的等效电阻表示为 $R_B = U_B/I_B$。

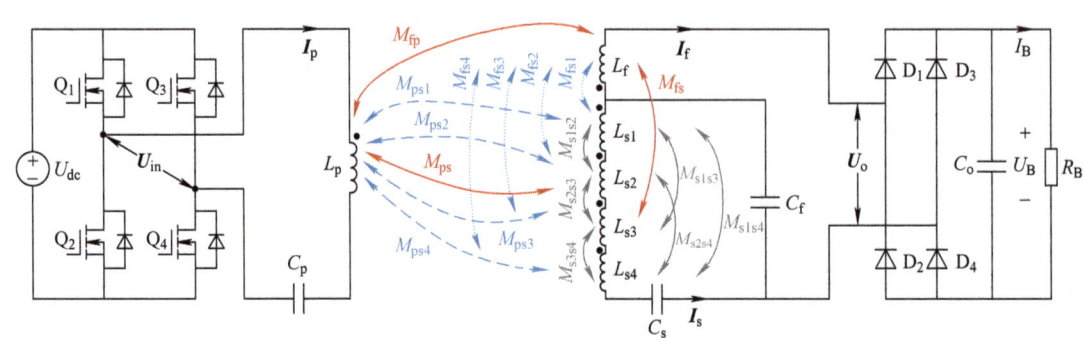

图 4-19　S-LCC 型互感叠加抗偏移磁集成无线电能传输系统原理图

根据基波分析法对电路进行分析，图 4-20a 所示为互感叠加磁集成系统的 T 形解耦等效模型。为简化分析，基于星角变换理论可将图 4-20a 简化为图 4-20b。图中，L_{pe}、L_{se} 和 L_{fe} 为

$$\begin{cases} L_{pe} = L_p + M_{fp} - M_{ps} \\ L_{se} = L_s - M_{ps} - M_{fs} \\ L_{fe} = L_f + M_{fp} - M_{fs} \end{cases} \qquad (4\text{-}22)$$

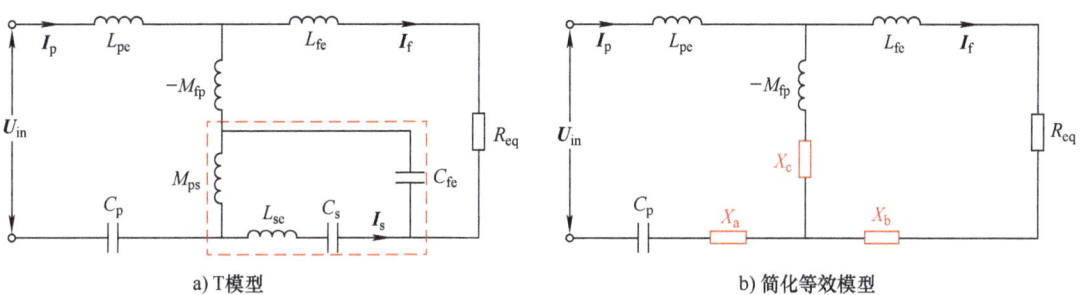

a) T模型   b) 简化等效模型

图 4-20   S-LCC 型互感叠加抗偏移磁集成无线电能传输系统等效模型

由星角变换原理，图 4-20b 中的参数 X_a、X_b 和 X_c 可表示为

$$\begin{cases} X_a = \dfrac{X_3 X_1}{X_1 + X_2 + X_3} = \dfrac{\omega^2 M_{ps} C_{fe}(\omega^2 L_{se} C_s - 1)}{\omega[\omega^2(L_{pe1} + M_{ps})C_{fe} C_s - C_s - C_{fe}]} \\[3mm] X_b = \dfrac{X_3 X_2}{X_1 + X_2 + X_3} = \dfrac{1 - \omega^2 C_s L_{se}}{\omega[\omega^2(L_{pe}1 + M_{ps})C_{fe} C_s - C_s - C_{fe}]} \\[3mm] X_c = \dfrac{X_2 X_1}{X_1 + X_2 + X_3} = \dfrac{-M_{ps}\omega^2 C_s}{\omega[\omega^2(L_{pe}1 + M_{ps})C_{fe} C_s - C_s - C_{fe}]} \end{cases} \qquad (4\text{-}23)$$

式中，

$$\begin{cases} X_1 = \omega M_{ps} \\[2mm] X_2 = -\dfrac{1}{\omega C_{fe}} \\[2mm] X_3 = \omega L_{se} - \dfrac{1}{\omega C_s} \end{cases} \qquad (4\text{-}24)$$

根据图 4-19，令各回路阻抗为

$$\begin{cases} X_p = \omega L_p - \dfrac{1}{\omega C_p} \\[2mm] X_f = \omega L_{fe} - \dfrac{1}{\omega C_{fe}} \\[2mm] X_s = \omega L_{se} - \dfrac{1}{\omega C_s} - \dfrac{1}{\omega C_{fe}} \end{cases} \quad (4\text{-}25)$$

因此，式（4-23）可进一步化简为

$$\begin{cases} X_a = \dfrac{Y_f(X_s - Y_f - \omega M_{ps})}{X_s} \\[3mm] X_b = \dfrac{\omega M_{ps}(X_s - Y_f - \omega M_{ps})}{X_s} \\[3mm] X_c = \dfrac{Y_f \omega M_{ps}}{X_s} \end{cases} \quad (4\text{-}26)$$

式中，$Y_f = -1/(\omega C_{fe})$。

根据 KVL，图 4-20b 的电路模型可表示为

$$\begin{bmatrix} Z_{pe} & M_{eq} \\ M_{eq} & Z_{fe} \end{bmatrix} \begin{bmatrix} I_p \\ I_f \end{bmatrix} = \begin{bmatrix} U_{in} \\ -I_f R_{eq} \end{bmatrix} \quad (4\text{-}27)$$

式中，Z_{pe}、Z_{fe} 为等效电路的回路阻抗；M_{eq} 为等效互感，表达式为

$$\begin{cases} Z_{pe} = j\omega(L_{pe} - M_{fp}) + \dfrac{1}{j\omega C_p} + j(X_c + X_b) \\[2mm] Z_{fe} = j\omega(L_{fe} - M_{fp}) + j(X_c + X_a) \\[2mm] M_{eq} = j(\omega M_{fp} - X_c) \end{cases} \quad (4\text{-}28)$$

求解式（4-27）可得系统输入、输出电流为

$$\begin{cases} I_p = \dfrac{X_s R_{eq} + j(X_s X_f - Y_f^2)}{a + jb} U_{in} \\[3mm] I_f = \dfrac{j\omega(M_{ps} Y_f - M_{fp} X_s)}{a + jb} U_{in} \end{cases} \quad (4\text{-}29)$$

式中，

$$\begin{cases} a = \omega^2(M_{ps}^2 X_f + M_{fp}^2 X_s - 2M_{ps} M_{fp} Y_f) + X_p(Y_f^2 - X_s X_f) \\[2mm] b = R_{eq}(X_p X_s - \omega^2 M_{ps}^2) \end{cases} \quad (4\text{-}30)$$

进而可求得 RX 线圈流过的电流为

$$I_s = -\dfrac{\omega M_{ps}}{X_s} I_p - \dfrac{Y_f}{X_s} I_f = -\dfrac{\omega M_{ps} R_{eq} - j\omega(M_{fp} Y_f - M_{ps} X_f)}{a + jb} U_{in} \quad (4\text{-}31)$$

为确保系统具有 ZPA 输入特性和恒定输出特性，根据式（4-29）所示结果，对系统参数进行分类讨论。

1）当 $a = 0$ 时，需要 $X_s = 0$ 才能实现 ZPA 输入。此时，系统具有恒压输出特性，输出电压为 $U_s = Y_f U_{in}/(\omega M_{ps})$。同时，可求得系统的补偿电容为

$$\begin{cases} C_p = \dfrac{L_f - M_{fs}}{\omega^2(L_p(L_f - M_{fs}) - M_{fp}(M_{ps} - M_{fp}))} \\[3mm] C_s = \dfrac{M_{fp} - M_{ps}}{\omega^2(M_{ps}(L_f - L_s) - M_{fp}(L_s - M_{fs}))} \\[3mm] C_f = \dfrac{M_{ps} - M_{fp}}{\omega^2((L_f - 2M_{fs})M_{ps} + M_{fs}M_{fp})} \end{cases} \quad （4-32）$$

2）当 $b = 0$ 时，要实现系统 ZPA 输入，必须满足 $X_s X_f - Y_{2f} = 0$。此时，系统输出为恒流特性，即 $I_f = (M_{ps}Y_f - M_{fp}X_p)U_{in}/a$。系统补偿电容为

$$\begin{cases} C_p = \dfrac{1}{\omega^2(L_p - \lambda\omega^2 C_{fe}M_{ps}^2)} \\[3mm] C_s = \dfrac{\lambda}{\omega^2(\lambda(L_s - M_{fs}) - (L_f - M_{fs}))} \\[3mm] C_f = \dfrac{\lambda + 1}{\omega^2(L_f + \lambda M_{fs})} \end{cases} \quad （4-33）$$

式中，

$$\lambda = \omega^2(L_f - M_{fs})C_{fe} - 1 \quad （4-34）$$

综上所述，当系统实现 ZPA 输入和恒压输出时，系统输出电压仅与互感 M_{ps} 相关。在这种情况下，CX 线圈不参与系统功率传输，从而增加了系统功率损耗。在恒压输出状态下，由于 M_{ps} 和 M_{fp} 易受偏移情况的影响，为维持系统的谐振状态，由式（4-32）可知，C_p、C_f、C_s 必须随着 M_{fp} 和 M_{ps} 变化实时进行调整。当系统实现 ZPA 输入和恒流输出时，由输出电流 I_f 的表达式可知，M_{ps} 和 M_{fp} 均参与系统功率传输。由于 M_{fs} 是 RX 和 CX 线圈之间的互感，其不受线圈偏移的影响。由式（4-33）可知，在恒流输出模式下，仅 C_p 受到 M_{ps} 变化的影响，因此相比于恒压模式，具有更高的谐振稳定性。因此，基于上述分析，这里选择恒流输出设计。

根据式（4-33）所示恒流输出系统补偿条件，可将式（4-29）和式（4-31）简化为

$$\begin{cases} I_p = \dfrac{R_{eq}}{\omega^2 M_{eq}^2}U_{in} \\[3mm] I_s = -\dfrac{\lambda R_{eq}C_{fe}M_{ps}}{M_{eq}^2}U_{in} - \mathrm{j}\dfrac{\lambda}{M_{eq}}U_{in} \\[3mm] I_f = -\mathrm{j}\dfrac{1}{\omega M_{eq}}U_{in} \end{cases} \quad （4-35）$$

将式（4-33）代入 M_{eq} 表达式，可得到 $M_{eq} = M_{fp} + \lambda M_{ps}$，因此，在一定偏移范围内，当等效互感 M_{eq} 保持恒定时，系统可以实现抗偏移恒流输出特性，即

$$M_{fp} + \lambda M_{ps} = \text{Const} \tag{4-36}$$

式中，Const 表示常数。

因此，通过优化磁集成线圈结构参数并选取合适的 λ，可以在线圈偏移情况下获得稳定的等效互感，从而实现系统的抗偏移特性。

为了获得最佳的 λ 值，基于最小二乘法，可得模型函数

$$F(\lambda) = \frac{1}{n} \sum_{i=0}^{n} \left(M_{eq}^i - \frac{M_{eq}^0 + M_{eq\text{-max}} + M_{eq\text{-min}}}{3} \right)^2 = \frac{1}{n} \sum_{i=0}^{n} (M_{eq}^i - M_{eq}^{avg})^2 \tag{4-37}$$

式中，$M_{eq}^{avg} = (M_{eq}^0 + M_{eq\text{-max}} + M_{eq\text{-min}})/3$，$M_{eq}^i$ 为各个偏移位置下的等效互感，M_{eq}^0 为正对时的等效互感，$M_{eq\text{-max}}$ 为偏移范围内等效互感最大值；$M_{eq\text{-min}}$ 为偏移范围内等效互感最小值。

当 $F(\lambda)$ 获得最小值时，系统具有稳定的恒流输出，即实现抗偏移特性。因此，令 $F(\lambda)$ 的一阶导数为零，即

$$\frac{\mathrm{d}F(\lambda)}{\mathrm{d}\lambda} = \frac{2}{n} \sum_{i=0}^{n} (M_{eq}^i - M_{eq}^{avg})(M_{ps}^i - M_{ps}^{avg}) = 0 \tag{4-38}$$

从而可求得 λ 的值为

$$\lambda = \frac{M_{fp}^i M_{ps}^{avg} + M_{eq}^i (M_{ps}^i - M_{ps}^{avg}) - M_{fp}^i M_{ps}^i}{((M_{ps}^i)^2 - M_{ps}^i M_{ps}^{avg})} \tag{4-39}$$

为了尽可能地减小偏移情况下系统输出电流波动，λ 应满足以下条件：

$$\left| \frac{\Delta M_{eq\text{-max}}}{M_{eq}} \right| = \left| \frac{\Delta M_{fp} + \lambda \Delta M_{ps}}{M_{fp} + \lambda M_{ps}} \right| < 0.1$$
$$\Rightarrow -\frac{M_{fp} + 10\Delta M_{fp}}{M_{ps} + 10\Delta M_{ps}} < \lambda < \frac{M_{fp} - 10\Delta M_{fp}}{-M_{ps} + 10\Delta M_{ps}} \tag{4-40}$$

$$\left| \frac{\Delta \boldsymbol{I}_f}{\boldsymbol{I}_f} \right| = \left| \frac{M_{fp} + \lambda M_{ps}}{(M_{fp} + \Delta M_{fp}) + \lambda(M_{ps} + \Delta M_{ps})} \right| < 0.1$$
$$\Rightarrow -\frac{M_{fp} + 11\Delta M_{fp}}{M_{ps} + 11\Delta M_{ps}} < \lambda < \frac{M_{fp} - 9\Delta M_{fp}}{-M_{ps} + 9\Delta M_{ps}} \tag{4-41}$$

式中，ΔM_{ps} 和 ΔM_{fp} 为偏移过程中 M_{ps} 和 M_{fp} 的变化量的最大值。

需要注意的是，为了减少 C_p 在偏移过程中的变化对系统性能的影响，以保证系统能够维持 ZPA 输入，在偏移过程中，λ 的取值应使 C_p 的最大变化 ΔC_{pmax} 控制在 $\pm 5\%$ 范围内，即

$$\left|\frac{\Delta C_{pmax}}{C_p}\right| = \left|\frac{C_{pmax} - C_p}{C_p}\right| = \left|\frac{\lambda\omega^2 M_{ps}^2 C_{fe} - \lambda\omega^2(M_{ps} + \Delta M_{psmax})^2 C_{fe}}{L_p - \lambda\omega^2(M_{ps} + \Delta M_{psmax})^2 C_{fe}}\right| < 0.05 \quad （4\text{-}42）$$

4.3.3 磁集成线圈结构优化

根据 4.3.2 节的分析结果，对 4.3.1 节提出的互感叠加磁集成线圈结构进行优化设计。线圈均采用直径为 3mm 的利兹线绕制。为简化设计过程，通过优化设计 RX 线圈参数来实现系统的抗偏移特性。

在优化过程中，确定 TX 线圈和 CX 线圈的外边长为 $l_{o,TX} = l_{o,CX} = 300mm$。为了增强线圈之间的耦合，TX 线圈内边长为 $l_{i,TX} = 120mm$，匝数 $N_p = 18$。CX 线圈的匝数为 $N_f = 6$，其内边长为 $l_{i,CX} = l_{o,CX} - 2\varphi N_f$。RX 线圈的外边长为 $l_{o,RX} = 400mm$，其中 L 形线圈的外边长为 $l_{o,L} = 200mm$，外部宽为 $w_{o,L} = 100mm$。考虑到结构限制，L 形线圈的内边长为 $l_{i,L} = l_{o,L} - 2\varphi N_s$，内部宽为 $w_{i,L} = w_{o,L} - 2\varphi N_s$，$N_s$ 为 RX 线圈匝数。电磁屏蔽材料为初始相对磁导率为 3300 的铁氧体板，厚度为 $d = 2.5mm$，其在发射侧和接收侧的边长分别为 $l_{fp} = 424mm$ 和 $l_{fs} = 318mm$。

由于线圈尺寸与其匝数相关，因此 RX 线圈参数的优化转换为对其匝数 N_s 的优化。令 N_s 从 5 到 10 变化，步长为 1。考虑磁集成耦合线圈结构的对称性，仅研究 x 方向的抗偏移性能。设 TX 和 RX 线圈之间的传输距离为 $d = 100mm$，系统谐振频率为 $f = 85kHz$，RX 线圈的设计流程如图 4-21 所示。

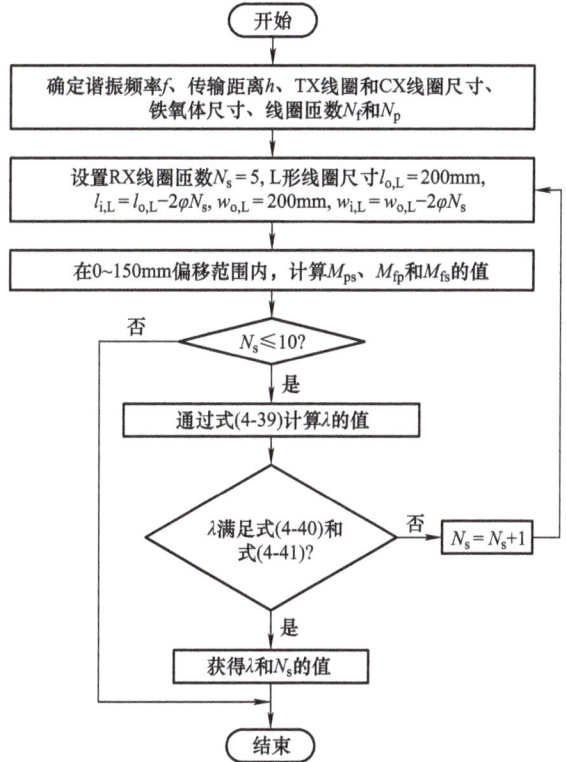

图 4-21 RX 线圈的设计流程图

根据图 4-21 所示的设计流程图，代入不同位置的 M_{ps} 和 M_{fp} 的值，由式（4-27）和式（4-33），可得不同情况下的 λ 值、等效互感值以及等效互感值和 CX 线圈补偿电容在偏移过程中的波动情况，结果见表 4-1。

表 4-1　RX 线圈优化结果

匝数	λ	M_{eq}	$\dfrac{\Delta M_{eq\text{-}max}}{M_{eq}}$	$\dfrac{\Delta C_{p\text{-}max}}{C_p}$
$N_s = 5$	2.24	20.52μH	6.87%	1.53%
$N_s = 6$	1.84	20.49μH	8.43%	1.72%
$N_s = 7$	1.73	20.26μH	6.78%	1.79%
$N_s = 8$	1.57	20.08μH	6.90%	1.69%
$N_s = 9$	1.44	19.96μH	6.91%	1.42%
$N_s = 10$	1.35	19.81μH	6.99%	1.36%

根据表 4-1 所示结果，尽管 $N_s = 5$ 的系统具有最大的 M_{eq} 值，为 20.52μH，但是较大的 λ 值会导致 I_s 过大，存在过电流的风险。当 $N_s = 6$ 时，虽然 M_{eq} 能达到 20.49μH，但在偏移范围内其波动较大。在 $N_s = 10$ 的情况下，M_{eq} 的值为 19.81μH，仅比 $N_s = 5$ 时小了 0.71μH。与 $N_s = 7,8,9$ 相比，虽然在偏移范围内会出现较大的等效互感波动，但在 $\lambda = 1.35$ 的较小值下，系统即可实现稳定的 ZPA 输入，并避免了过电流现象，具有较好的综合性能。因此，$N_s = 10$ 和 $\lambda = 1.35$ 被确定为最优解，表 4-2 给出了最优解条件下系统相关参数的设计结果。

表 4-2　线圈参数仿真优化结果

符号	描述	数值
N_f	CX 线圈的匝数	6
N_s	RX 线圈的匝数	10
N_p	TX 线圈的匝数	18
$l_{i,TX}$	TX 线圈的内边长	180mm
$l_{o,TX}$	TX 线圈的外边长	300mm
$l_{i,CX}$	CX 线圈的内边长	240mm
$l_{o,CX}$	CX 线圈的外边长	264mm
$l_{i,RX}$	RX 线圈的内边长	200mm
$l_{o,RX}$	RX 线圈的外边长	400mm
l_{fp1}	原边铁氧体的长度	318mm
l_{fp2}	副边铁氧体的长度	424mm
$l_{o,L}$	L 形线圈的外边长	200mm
$l_{i,L}$	L 形线圈的内边长	140mm
$w_{o,L}$	L 形线圈的外边宽	200mm
$w_{i,L}$	L 形线圈的内边宽	40mm

4.4 双互感差值抗偏移磁集成方法研究

4.4.1 磁集成耦合结构设计

为了应对系统谐振状态受到互感变化的影响，甚至可能导致系统无法维持抗偏移特性的情况，本小节提出了一种双互感差值磁集成耦合结构。该结构采用两组互感差值耦合线圈，旨在实现在抗偏移范围内恒定的等效互感，从而消除了偏移变化对系统耦合关系的影响因素，确保系统能够保持稳定的抗偏移特性。双互感差值磁集成耦合线圈如图 4-22 所示。首先，通过双互感差值耦合结构的应用，有效地调整系统内部的磁场分布，以减少偏移引起的不良影响。其次，借助两组互感差值耦合线圈与补偿拓扑的联合作用，实现了系统对偏移的高度抵抗力，从而确保了系统在各种工作条件下的稳定性。

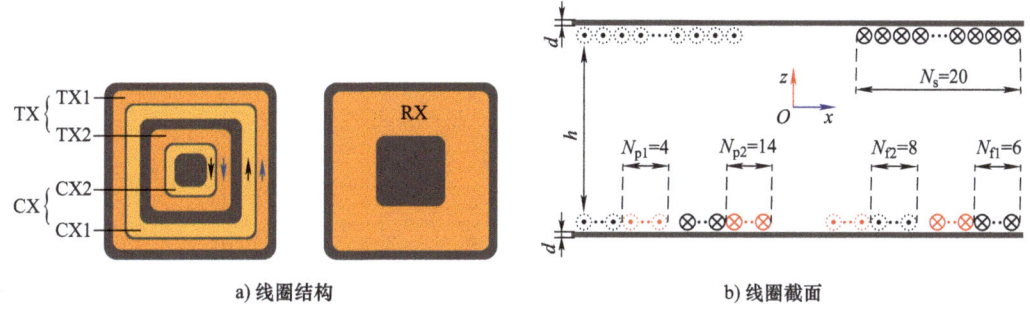

图 4-22　双互感差值磁集成耦合线圈

在该结构中，所有线圈均设计为方形。CX 线圈由 CX1 线圈和 CX2 线圈反向串联组成，TX 线圈由 TX1 和 TX2 线圈反向串联组成。CX 线圈放置在 TX1 线圈和 TX2 线圈的内侧，CX1 线圈的绕制方向与 TX1 线圈相同，而 CX2 线圈和 TX2 线圈的绕制方向相同。TX 线圈和 CX 线圈实现双互感差值磁集成。

4.4.2 建模与抗偏移特性分析

采用 LCC-LCC 型补偿拓扑对所提出的双互感差值磁集成设计进行分析验证，其中 CX 线圈用作补偿线圈，TX 线圈用作发射线圈，RX 线圈用作接收线圈，图 4-23 所示为系统原理图。

图 4-23 中，U_{dc} 为直流源输入电压，其逆变为交流电压 U_{in}，系统工作频率为 85kHz，由原边的全桥逆变器实现。I_f 为逆变器的输出电流，流经 CX 线圈。I_p 和 I_s 分别为流过 TX 线圈和 RX 线圈的电流。U_o 和 I_o 分别为副边桥式整流电路的输入电压和输入电流。$L_f = L_{f1} + L_{f2}$ 和 C_f、$L_p = L_{p1} + L_{p2}$ 和 C_p、L_s 和 C_s 分别为 CX 线圈、TX 线圈和 RX 线圈的自感和补偿电容。L_o 和 C_o 分别为接收侧补偿电感和补偿电容。M_{fp}、M_{fs} 和 M_{ps} 分别为 CX 线圈和 TX 线圈、CX 线圈和 RX 线圈以及 TX 线圈和 RX 线圈之间的互感。M_{fmpn} 为 L_{fm} 和 L_{pn} 之间的互感，m，$n = 1$，2，M_{f1f2} 为 L_{f1} 和 L_{f2} 之间的互感，M_{p1p2} 为 L_{p1} 和 L_{p2} 之间的互感，M_{fms} 为 L_{fm} 和 L_s 之间的互感，M_{pns} 为 L_{pn} 和 L_s 之间的互感。C_B 是滤波电容。I_B 和 U_B 分别为直流充电电流和电压。由于电池充电过程缓慢且充电电流为直流电流，在平衡状态下，电池可以建模为等效电阻 R_B，其中 $R_B = U_B/I_B$。

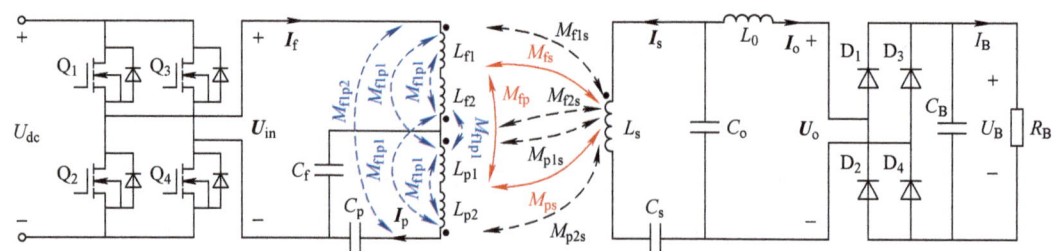

图 4-23 LCC-LCC 型双互感差值抗偏移磁集成无线电能传输系统原理图

根据互感原理，可得系统等效电路模型，如图 4-24 所示。其中，$L_{fe} = L_f + M_{fp}$，$L_{pe} = L_p + M_{fp}$，等效补偿电容 $C_{fe} = C_f/(1 + \omega^2 M_{fp} C_f)$。$R_{eq}$ 为从整流电路输入侧看向输出的等效电阻，且有 $R_{eq} = 8R_B/\pi^2$。

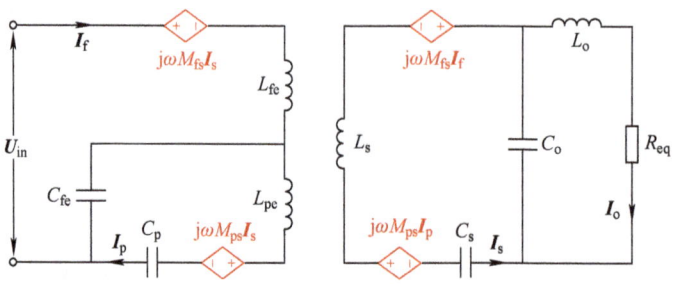

图 4-24 LCC-LCC 型双互感差值抗偏移磁集成无线电能传输系统等效模型

令 $Y_{fe} = -1/(\omega C_{fe})$，$Y_s = -1/(\omega C_s)$，$Y_p = -1/(\omega C_p)$，$Y_o = -1/(\omega C_o)$，$\omega$ 为系统的谐振角频率。根据 KVL，可得电路的电流回路方程为

$$
\begin{cases}
jX_f \boldsymbol{I}_f - jY_{fe}\boldsymbol{I}_p + j\omega M_{fs}\boldsymbol{I}_s = \boldsymbol{U}_{in} \\
-jY_{fe}\boldsymbol{I}_f + jX_p\boldsymbol{I}_p + j\omega M_{ps}\boldsymbol{I}_s = 0 \\
j\omega M_{fs}\boldsymbol{I}_f + j\omega M_{ps}\boldsymbol{I}_p + jX_s\boldsymbol{I}_s + jY_o\boldsymbol{I}_o = 0 \\
jY_o\boldsymbol{I}_s + jX_o\boldsymbol{I}_o = -R_{eq}\boldsymbol{I}_o
\end{cases}
\tag{4-43}
$$

式中，$X_f = \omega L_{fe} + Y_{fe}$，$X_p = \omega L_{pe} + Y_{fe} + Y_p$，$X_s = \omega L_s + Y_s + Y_o$，$X_o = \omega L_o + Y_o$。

根据式（4-43），可求得电流 I_f、I_p、I_s 和 I_o 的表达式为

$$
\begin{cases}
\boldsymbol{I}_f = \dfrac{(b\alpha - a\beta)}{\alpha^2 R_{eq}^2 + \beta^2}\boldsymbol{U}_{in} - j\dfrac{a\alpha R_{eq}^2 + b\beta}{\alpha^2 R_{eq}^2 + \beta^2}\boldsymbol{U}_{in} \\[3mm]
\boldsymbol{I}_p = \dfrac{(\alpha(dX_o - Y_o^2(\omega M_{sp} + Y_f)) - d\beta)R_{eq}}{\alpha^2 R_{eq}^2 + \beta^2}\boldsymbol{U}_{in} - j\dfrac{d\alpha R_{eq}^2 + \beta(dX_o - Y_o^2(\omega M_{fp} + Y_f))}{\alpha^2 R_{eq}^2 + \beta^2}\boldsymbol{U}_{in} \\[3mm]
\boldsymbol{I}_s = -\dfrac{c\omega(\alpha X_o + \beta)}{\alpha^2 R_{eq}^2 + \beta^2}\boldsymbol{U}_{in} + j\dfrac{c\omega(\alpha R_{eq}^2 + \beta X_o)}{\alpha^2 R_{eq}^2 + \beta^2}\boldsymbol{U}_{in} \\[3mm]
\boldsymbol{I}_o = -\dfrac{c\alpha\omega Y_o R_{eq}}{\alpha^2 R_{eq}^2 + \beta^2}\boldsymbol{U}_{in} + j\dfrac{c\beta\omega V_o}{\alpha^2 R_{eq}^2 + \beta^2}\boldsymbol{U}_{in}
\end{cases}
\tag{4-44}
$$

式中，

$$
\begin{cases}
a = \omega^2 M_{\mathrm{ps}}^2 - X_{\mathrm{p}} X_{\mathrm{s}} \\
b = a X_{\mathrm{o}} + X_{\mathrm{p}} Y_{\mathrm{o}}^2 \\
c = M_{\mathrm{ps}}(\omega M_{\mathrm{fp}} + Y_{\mathrm{fe}}) - M_{\mathrm{fs}} X_{\mathrm{p}} \\
d = X_{\mathrm{s}}(\omega M_{\mathrm{fp}} + Y_{\mathrm{fe}}) - \omega^2 M_{\mathrm{fs}} M_{\mathrm{ps}}
\end{cases}
\tag{4-45}
$$

$$
\begin{cases}
\alpha = (\omega M_{\mathrm{fp}} + Y_{\mathrm{fe}})(d - \omega^2 M_{\mathrm{fs}} M_{\mathrm{ps}}) + \alpha X_{\mathrm{fe}} + \omega^2 M_{\mathrm{fs}}^2 X_{\mathrm{p}} \\
\beta = \alpha X_{\mathrm{o}} - Y_{\mathrm{o}}^2 [(\omega M_{\mathrm{fp}} + Y_{\mathrm{fe}})^2 - X_{\mathrm{fe}} X_{\mathrm{p}}]
\end{cases}
\tag{4-46}
$$

系统等效电路的输入阻抗 Z_{in} 为

$$
Z_{\mathrm{in}} = \frac{(b\alpha - a\beta) R_{\mathrm{eq}}}{a^2 R_{\mathrm{eq}}^2 + b^2} + \mathrm{j} \frac{a\alpha R_{\mathrm{eq}}^2 + b\beta}{a^2 R_{\mathrm{eq}}^2 + b^2}
\tag{4-47}
$$

为了实现系统的 ZPA 输入特性，Z_{in} 应为纯阻性，即其虚部必须为零，表示为

$$
a\alpha R_{\mathrm{eq}}^2 + b\beta = 0
\tag{4-48}
$$

考虑到式（4-44）和式（4-47）出现分母为零的情况，式（4-48）的解可能存在两种情况，即

$$
\begin{cases}
\mathrm{S}_1 : a = 0, \beta = 0 \\
\mathrm{S}_2 : b = 0, \alpha = 0
\end{cases}
\tag{4-49}
$$

在采用解 S_1 时，系统会存在太多未定的关系，这增加了参数设计的复杂度。为了降低这种复杂度，并确保系统能够实现恒定输出特性，本小节采用解 S_2 来进行系统参数的设计。

将解 S_2、式（4-45）和式（4-46）代入式（4-47），可将式（4-47）化简为

$$
Z_{\mathrm{in}} = \frac{\beta}{a R_{\mathrm{eq}}} = \frac{-Y_{\mathrm{o}}^2 ((\omega M_{\mathrm{fp}} + Y_{\mathrm{fe}}) - X_{\mathrm{fe}} X_{\mathrm{p}})}{(\omega^2 M_{\mathrm{ps}}^2 - X_{\mathrm{p}} X_{\mathrm{s}}) R_{\mathrm{eq}}}
\tag{4-50}
$$

通过求解 S_2 中的关系，可求得各补偿电容为

$$
\begin{cases}
C_{\mathrm{f}} = \dfrac{2 M_{\mathrm{fs}} + M_{\mathrm{ps}}}{\omega^2 (L_{\mathrm{f}} M_{\mathrm{ps}} - 2 M_{\mathrm{fp}} M_{\mathrm{fs}})} \\[3mm]
C_{\mathrm{p}} = \dfrac{2 M_{\mathrm{fs}} + M_{\mathrm{ps}}}{\omega^2 (2 M_{\mathrm{fs}}(L_{\mathrm{p}} + M_{\mathrm{fp}}) + M_{\mathrm{ps}}(L_{\mathrm{p}} - L_{\mathrm{f}}))} \\[3mm]
C_{\mathrm{s}} = \dfrac{1}{\omega^2 (L_{\mathrm{s}} - L_{\mathrm{o}})} \\[3mm]
C_{\mathrm{o}} = \dfrac{1}{\omega^2 L_{\mathrm{o}}}
\end{cases}
\tag{4-51}
$$

由式（4-51）可知，在偏移过程中，补偿电容 C_f 和 C_p 的取值受到互感 M_{fs} 和 M_{ps} 变化的影响，从而导致系统谐振状态的改变，进而影响系统的 ZPA 输入、恒定输出和抗偏移特性。然而，本节所提出的双互感差值磁集成耦合结构能够确保 M_{fs} 和 M_{ps} 在系统偏移范围内的稳定，从而为系统的稳定传输性能提供了可靠的保障。

在式（4-51）的补偿条件下，式（4-44）可简化为

$$\begin{cases} I_f = \dfrac{(2M_{fs}+M_{ps})^2 R_{eq}}{\omega^2 L_o^2 (L_f+M_{fp})^2} U_{in} \\[3mm] I_p = -\dfrac{M_{fs}(2M_{fs}+M_{ps})^2 R_{eq}}{\omega^2 L_{ps}^2 M_{ps}(L_f+M_{fp})^2} U_{in} - j\dfrac{2M_{fs}+M_{ps}}{\omega M_{ps}(L_f+M_{fp})} U_{in} \\[3mm] I_s = -\dfrac{(2M_{fs}+M_{ps})R_{eq}}{\omega^2 L_o^2 (L_f+M_{fp})} U_{in} \\[3mm] I_o = -j\dfrac{2M_{fs}+M_{ps}}{\omega L_o(L_f+M_{fp})} U_{in} \end{cases} \quad (4\text{-}52)$$

由式（4-52）可知，系统实现了 ZPA 输入和恒流输出特性。由于 TX 线圈和 CX 线圈实现磁集成，因此互感 M_{fp} 恒定不变。综合考虑式（4-51），在偏移情况下，保持互感 M_{fs} 和 M_{ps} 的稳定性，能够有效地抵抗偏移引起的影响，从而确保系统能够持续地提供恒流输出，并保持 ZPA 输入的特性。因此，需要对两组互感差值磁集成线圈进行优化设计，以获得稳定的 M_{fs} 和 M_{ps}。

另一方面，由于 M_{fs} 和 M_{ps} 作为分子在输入电流和输出电流表达式里，因此可以避免偏移过大或者负载断路情况时出现过电流现象。同时，根据输出电流表达式，可以通过调节 L_o 的值来控制输出电流 I_o 的大小，这意味着所提出的参数设计方法可以通过调整 L_o 和 C_o 来提供可变输出，以适应不同输出要求的场景。

此外，为了提高电流增益，获得更高的传输容量，M_{fs} 和 M_{ps} 的极性应该相同。因此，将 CX 线圈放置在 TX1 和 TX2 线圈的内侧，CX1 线圈的绕制方向与 TX1 线圈相同，而 CX2 和 TX2 线圈的绕制方向相同。

基于上述分析，系统抗偏移参数设计目标可概括如下：

1）在允许偏移范围内保持 M_{fs} 和 M_{ps} 稳定。

2）在允许偏移范围内，互感叠加之和 $M_e = 2M_{fs}+M_{ps}$ 的变化率小于 10%，即

$$\left| \dfrac{\Delta M_{e\text{-}max}}{M_e} \right| \leqslant 10\% \quad (4\text{-}53)$$

式中，$\Delta M_{e\text{-}max}$ 为允许偏移范围内 M_e 变化的最大值。

3）M_{fs} 和 M_{ps} 的极性相同，增强系统的耦合效应，以提高功率传输能力。

4.4.3　磁集成线圈结构优化

为了达到上述要求，对磁集成 TX 线圈和 CX 线圈参数进行优化设计。线圈均采用

直径为 $\varphi = 3\text{mm}$ 的利兹线绕制。为了降低设计复杂性，RX 线圈尺寸、匝数确定，且发射侧和接收侧线圈具有相同的外尺寸。RX 线圈的内、外边长分别为 $l_{\text{o,RX}} = 400\text{mm}$ 和 $l_{\text{i,RX}} = 160\text{mm}$，匝数 $N_s = 20$。TX1 线圈和 TX2 线圈采用密绕的方式，具体尺寸为 $l_{\text{o,TX1}} = 400\text{mm}$，$l_{\text{i,TX1}} = l_{\text{o,TX1}} - 2\varphi N_{p1}$，$l_{\text{o,TX2}} = l_{\text{i,TX1}} - S$，$l_{\text{i,TX2}} = l_{\text{o,TX2}} - 2\varphi N_{p2}$，其中 S 为 TX1 线圈和 TX2 线圈之间的间隙。CX1 线圈和 CX2 线圈同样采用密绕的方式，具体尺寸为 $l_{\text{o,CX1}} = l_{\text{i,TX1}} - \varphi$，$l_{\text{i,CX1}} = l_{\text{o,CX1}} - 2\varphi N_{f1}$，$l_{\text{o,CX2}} = l_{\text{i,TX2}} - ss$，$l_{\text{i,CX2}} = l_{\text{o,CX2}} - 2\varphi N_{f2}$，其中 ss 为 CX2 线圈和 TX2 线圈之间的间隙。所用铁氧体初始磁导率为 3300，外尺寸为 $424\text{mm} \times 424\text{mm} \times 2.5\text{mm}$。由于 TX 线圈和 CX 线圈结构尺寸均与其各自的匝数有关，因此优化线圈匝数可以有效地调节系统的抗偏移特性。在谐振频率 $f = 85\text{kHz}$ 下，线圈的设计流程图如图 4-25 和图 4-26 所示。

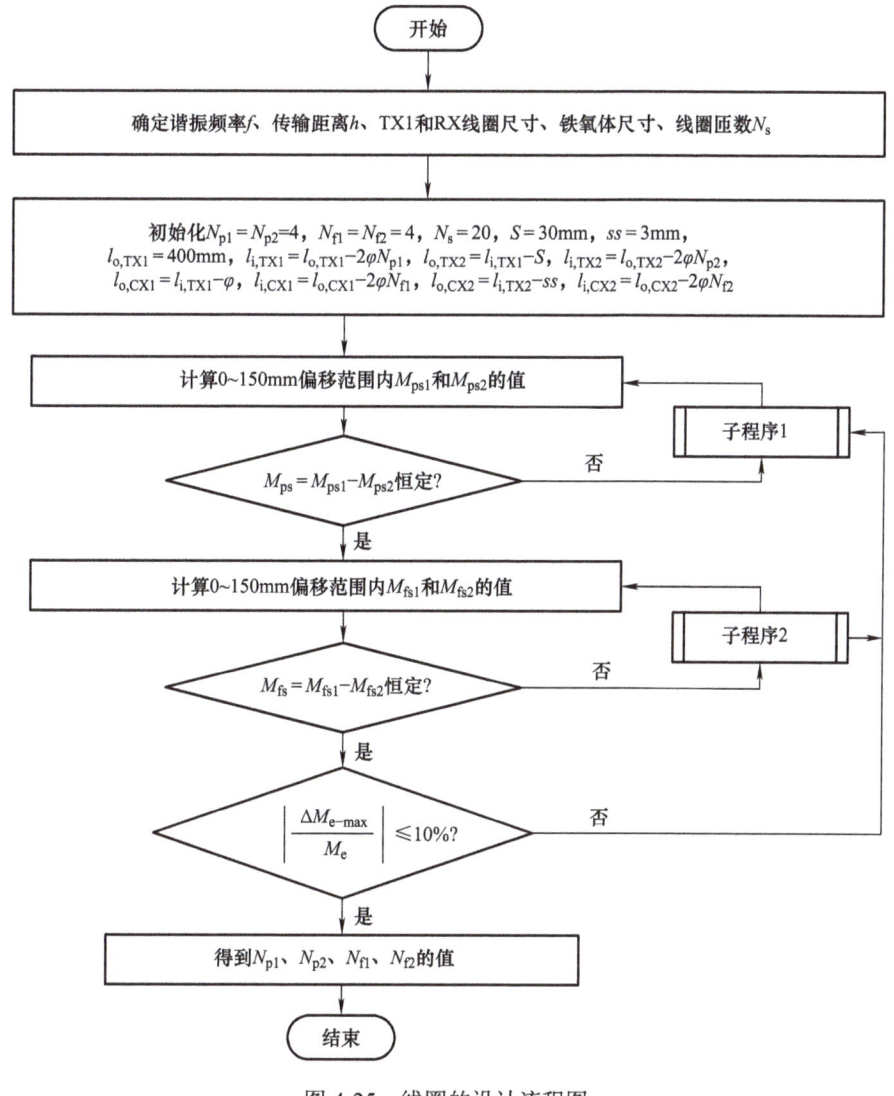

图 4-25　线圈的设计流程图

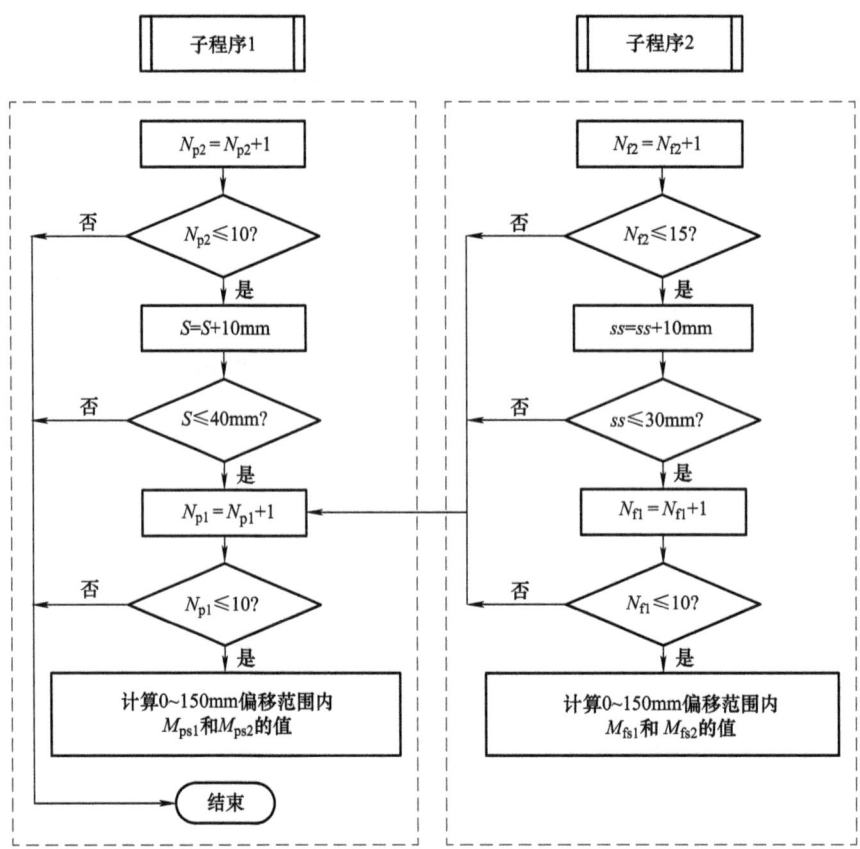

图 4-26 线圈的设计子流程图

参 考 文 献

[1] 肖蕙蕙, 周青山, 熊山香, 等. 基于双层正交 DD 线圈抗偏移偏转的无线电能传输系统 [J]. 电工技术学报, 2022, 37(16): 4004-4018.

[2] Budhia M, Boys J T, Covic G A, et al. Development of a single-sided flux magnetic coupler for electric vehicle IPT charging systems [J]. IEEE Transactions on Industrial Electronics, 2011, 60(1): 318-328.

[3] Covic G A, Kissin M L G, Kacprzak D, et al. A bipolar primary pad topology for EV stationary charging and highway power by inductive coupling [C]. 2011 IEEE Energy Conversion Congress and Exposition, 2011: 1832-1838.

[4] Feng T, Sun Y, Feng Y, et al. A tripolar plane-type transmitter for three-dimensional omnidirectional wireless power transfer [J]. IEEE Transactions on Industry Applications, 2021, 58(1): 1254-1267.

[5] Pham C D, Nguyen T L, Ha-Van N, et al. Enhancing the stability of wireless power transfer system in lateral misalignment [J]. IEEE Microwave and Wireless Technology Letters, 2023, 33(12): 1666-1669.

[6] Rong C, Chen M, Duan X, et al. Optimized design of passive array coils for high-efficiency and anti-misalignment WPT system [J]. IEEE Transactions on Power Electronics, 2024, 39(5): 6504-6514.

[7] Jain S, Bharadwaj A, Sharma A. Spatially arranged relay coils to improve the misalignment tolerance at an enhanced transfer distance [J]. IEEE Transactions on Antennas and Propagation, 2024, 72(3): 2171-2180.

[8] Tan P, Peng T, Gao X, et al. Flexible combination and switching control for robust wireless power transfer

system with hexagonal array coil [J]. IEEE Transactions on Power Electronics, 2020, 36(4): 3868-3882.

[9]　Bharadwaj A, Sharma A, Chandupatla C R. A switched modular multi-coil array transmitter pad with coil rectenna sensors to improve lateral misalignment tolerance in wireless power charging of drone systems [J]. IEEE Transactions on Intelligent Transportation Systems, 2022, 24(2): 2010-2023.

[10]　庄廷伟, 姚友素, 袁悦, 等 . 基于 DDQ/DD 耦合机构的强抗偏移电动汽车用无线充电系统 [J]. 中国电机工程学报 , 2022, 42(15): 5675-5685.

[11]　Wang Y, Lu K X, Yao Y S. An electric vehicle (EV)-oriented wireless power transfer system featuring high misalignment tolerance [J]. Proceedings of the CSEE, 2019, 39(13): 3907-3917.

[12]　庄廷伟 . 基于 DDQ/DD 耦合机构的强抗偏移无线电能传输系统研究 [D]. 哈尔滨 : 哈尔滨工业大学 , 2022.

[13]　Chen Y, Mai R, Zhang Y, et al. Improving misalignment tolerance for IPT system using a third-coil [J]. IEEE Transactions on Power Electronics, 2019, 34(4): 3009-3013.

[14]　Mai J, Wang Y, Yao Y, et al. High-misalignment-tolerant IPT systems with solenoid and double D pads [J]. IEEE Transactions on Industrial Electronics, 2021, 69(4): 3527-3535.

第 5 章 无线电能传输中的电力电子技术

5.1 无线电能传输变换器控制策略与软开关技术

5.1.1 无线电能传输变换器系统控制策略

为了实现对输出的灵活调节，需要对无线电能传输系统进行控制。无线电能传输变换器的控制可以只施加在发射侧或接收侧，也可以同时施加在发射侧与接收侧。其中，发射侧输出功率控制是通过控制原边逆变器来实现对输出的调节，包括：移相控制、幅值控制和变频控制。

1）移相控制。移相控制主要是通过调节原边逆变器输出电压 v_p 的脉冲宽度 α 来控制系统输出功率，如图 5-1 所示。但随着负载的减小，移相角增大，逆变器输出电压脉宽变窄，功率器件将失去软开关，导致系统开关损耗增加，尤其是在轻载时，由于开关损耗占总损耗比重较大，系统效率将明显降低[1]。

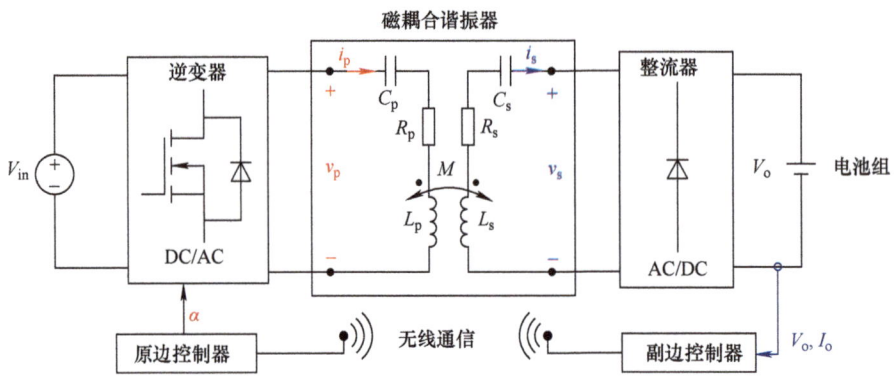

图 5-1 无线充电系统移相控制

2）幅值控制。幅值控制是通过控制发射侧逆变器直流输入电压的大小来调节系统输出功率。传统的方案是通过调节 PWM 整流器的占空比来对直流母线电压进行调节，但 PWM 整流器输出电压的调节范围有限，难以适应负载宽范围变化下的输出功率调节。我们可以在输入直流母线上增加 DC/DC 变换器，通过调节级联 DC/DC 变换器的占空比来调节逆变器输入端母线电压，进而控制输出电压源或电流源的幅值[2]，如图 5-2 所示。但额外的 DC/DC 变换器不仅增加了系统的成本和体积，同时 DC/DC 变换器的损耗也会降低系统的整体效率。

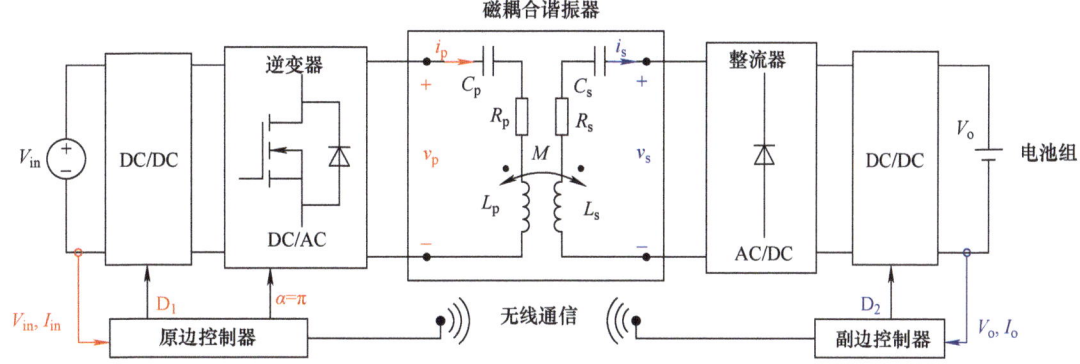

图 5-2　无线充电系统幅值控制

3）变频控制。通过变频控制也可以对无线电能传输变换器的输出功率进行调节，进而实现恒压或恒流的额定输出 [3]，如图 5-3 所示。然而变频控制会使逆变器输出电压和电流之间的相位差增大，进而导致系统的无功回流功率增大，这会增加逆变器的功率容量。另外，调频控制难以使逆变器开关管在全负载范围内实现软开关，特别是在轻载时，逆变器输出电压和电流相位角偏差较大，开关管将失去软开关特性，系统开关损耗增加，工作效率降低。另外，在无线电能传输变换器中，系统可能存在多个谐振点，即频率分叉现象。在频率分叉的系统中，采用调频控制可能导致系统失稳。

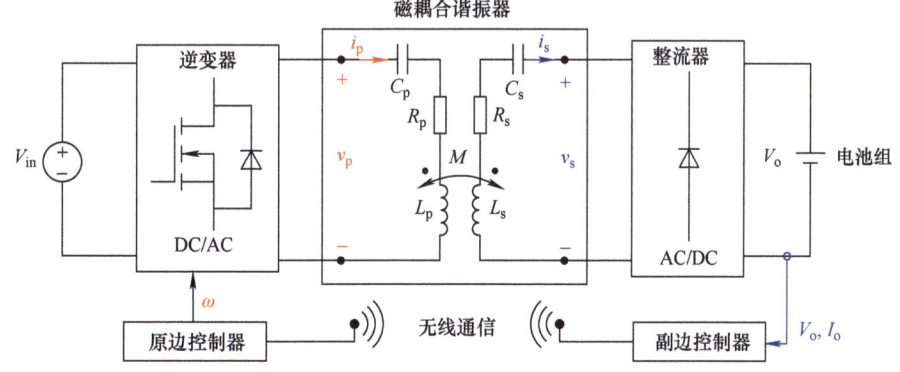

图 5-3　无线充电系统变频控制

上述通过发射侧控制来实现功率调节的方案需要使用无线通信设备将输出电压、电流或功率信号等信息实时传递到发射侧控制系统进行协同控制，然而无线通信设备存在信号传递延迟，这会降低系统的动态响应速度。另外，实时的无线通信容易受到电磁干扰，从而可能导致控制器生成错误指令，对整个无线充电变换器系统的安全造成威胁。因此，有学者提出接收侧直接控制系统输出的方案，主要包括接收侧级联 DC/DC 变换器和采用有源整流器的功率控制方法。

1）接收侧级联 DC/DC 变换器功率控制方法。在传统单级无线电能传输变换器拓扑的接收侧级联 DC/DC 变换器，通过调节 DC/DC 变换器的占空比控制系统输出功率 [4]，如图 5-4 所示。由于 DC/DC 变换器的引入，增加了输出功率控制的灵活性，但是额外级联的变换器会导致系统体积和成本的增加，同时 DC/DC 变换器产生的损耗也降低了系统整体的工作效率。

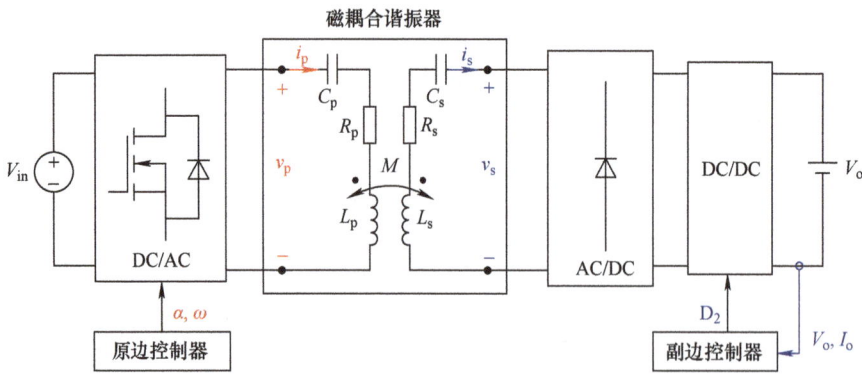

图 5-4   无线充电系统接收侧级联 DC/DC 变换器控制

2）接收侧采用有源整流器的功率控制方法。在接收侧采用有源整流代替不可控整流电路，通过控制有源整流器输入端电压的脉冲宽度来调节系统输出功率[5]。该方法能够在不增加 DC/DC 变换器的情况下，实现输出功率的调节，如图 5-5 所示。然而采用 PWM 控制的有源整流器在脉宽减小时，开关管将失去软开关特性，开关损耗将增加，降低了系统工作效率[6]。

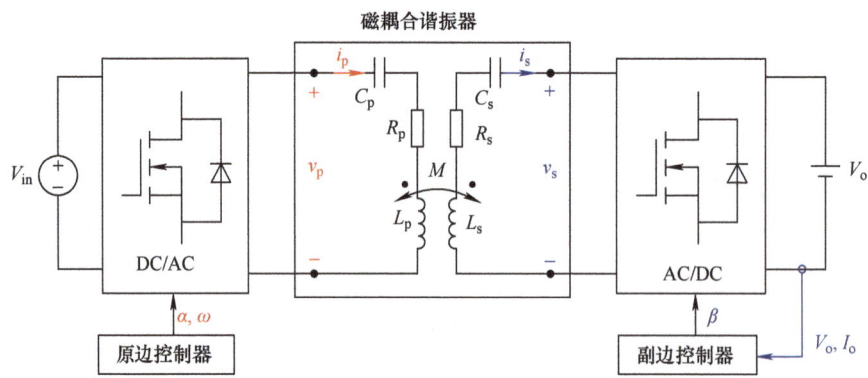

图 5-5   无线充电系统接收侧采用有源整流器控制

5.1.2   无线电能传输变换器功率器件软开关技术

在电力电子变换器中，功率器件通常只工作在导通和截止两个状态（即 0 和 1），由于导通管压降和截止漏电流很小，其导通损耗和截止损耗均近似为零，因此电力电子变换器比传统线性调节器的效率高。功率开关管从截止状态变为导通状态的过渡阶段称为开通过程；开关管从导通状态变为截止状态的过渡阶段称为关断过程。在分析电力电子变换器的工作原理时，通常假设开关管是理想器件，其开通和关断是瞬时完成的，也就是说，开通和关断时间为零。但实际上，功率管并不是理想器件，其开通和关断过程是需要时间的，如图 5-6 所示。在开通时，开关管的电压不是立即下降到零，而是有一个下降时间，同时它的电流也不是立即上升到负载电流，也有一个上升时间。在这段时间里，开关管的电流和电压有一个交叠区，会产生损耗，这个损耗称为开通损耗。当开关管关断时，开关管的电压不是立即从零上升到稳态电压，而是有一个上升时间，同时它的电流也不是立即下降到零，也有一个下降时间。在这段时间里，开关管的电流和电压也有一个交叠区，产生损耗，该损耗称为关断损耗。开通损耗和关断损耗统称为开关损耗，开关损耗限制了开关频率的提高，从而限制了变换器的小型化和轻量化[7]。

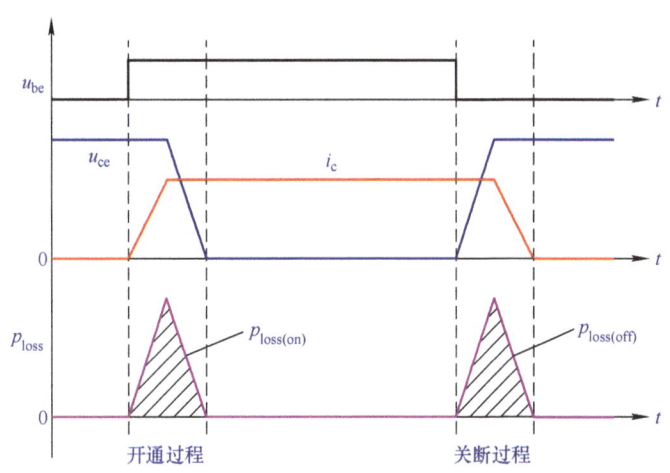

图 5-6　功率器件硬开关示意图

从图 5-6 可知，功率开关管开通和关断时，其电流和电压分别上升很快，即 di/dt 和 dv/dt 很大，因此称为硬开关，它会产生很大的电磁干扰。

为了减小变换器的体积和重量，必须提高开关频率，这就需要降低甚至消除开关损耗，否则开关损耗随着开关频率的升高而线性增加，一方面使得变换器效率降低，另一方面使散热器的体积变大，导致体积和重量增加。减小开关管开通和关断过程中的损耗的途径就是要减小开关过程开关管的电压与电流的交叠时间，或者减小交叠时间内的电压或电流。

可采用以下方法来减小开通损耗：①开关管开通时，使其电流保持在零，或者通过限制电流的上升率使其缓慢上升，如图 5-7a 所示，这样就减小了电流与电压交叠区内电流的大小，因此开通损耗近似为零，这就是零电流开通。②在开关管开通前，使其电压下降到零，这就是零电压开通，如图 5-7b 所示。此时，开通损耗基本减小到零。

减小关断损耗可以采取以下几种方法：①在开关管关断前，使其电流减小到零，这就是零电流关断，如图 5-7a 所示，可以看出，关断损耗基本减小到零。②在开关管关断时，使其电压保持在零，或者限制电压的上升率，从而减小电流与电压的交叠区，如图 5-7b 所示，可以看出，关断损耗基本减小到零。这就是零电压关断。

对于一只开关管而言，其开通损耗和关断损耗需要同时减小或消除，不能只消除一个。实际上，如果开关管是零电流开通，那么一定是零电流关断，即实现零电流开关（Zero-Current-Switching，ZCS）。这里所谓的零电流开通，是指开关管开通时，其电流是慢慢增加的，实际上是近似的零电流开通。而当它关断时，需要提前将其电流减小到零，是真正的零电流关断。类似地，如果开关管是零电压开通，那么一定是零电压关断，即实现零电压开关（Zero-Voltage-Switching，ZVS）。零电压关断是指开关管关断时，其电压慢慢上升，近似于零电压关断。而当开关管开通时，其反向并联二极管已提前导通，将开关管两端电压限制在零，是真正的零电压开通。由于电流流经反向并联二极管，开关管中并无电流，因此，也可以说它是零电流开通。也有文献说，此时开关管实现了零电压和零电流开关。主要为了与零电流关断相匹配，称为零电压开通较为合适。

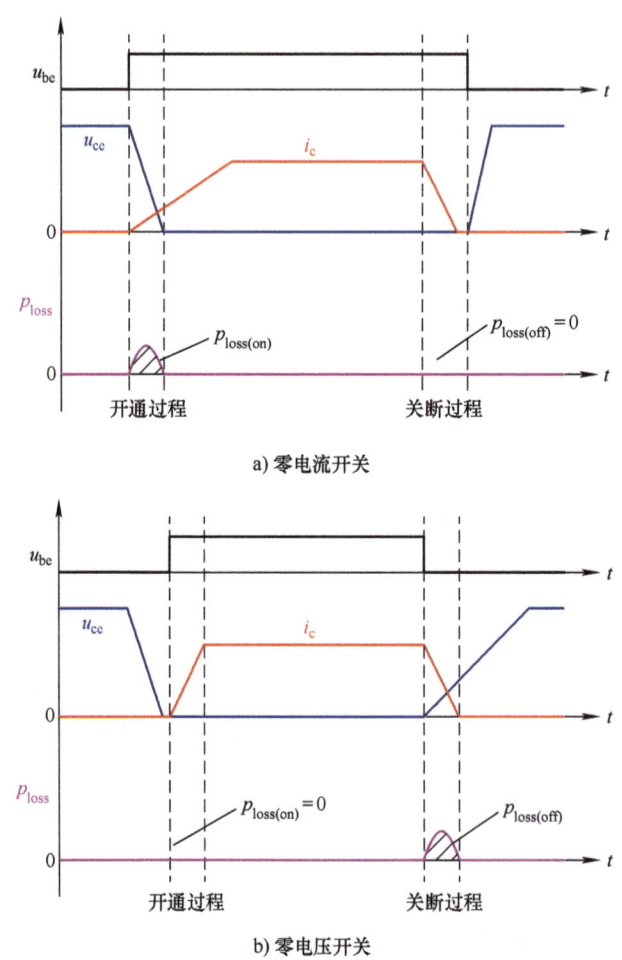

a) 零电流开关

b) 零电压开关

图 5-7　功率器件软开关示意图

从图 5-7 可以看出，开关管如果实现 ZCS，其开通时电流上升速度较慢，关断时电流已经为零；而在实现 ZVS 时，其关断时电压的上升速度较慢，开通时电压已经为零。无论 ZCS 还是 ZVS，开关管开关过程中 $\mathrm{d}i/\mathrm{d}t$ 或者 $\mathrm{d}v/\mathrm{d}t$ 都比硬开关的小，也就是开关过程被软化了，因此称为软开关。

单管直流变换器和桥式直流变换器中开关管的工作特点是不一样的，其软开关的实现也不一样。对于单管直流变换器来说，如六种基本的非隔离型直流变换器、正激和反激两种隔离型直流变换器，其工作是单极性的，也称为单端直流变换器；对于桥式直流变换器来说，如半桥变换器和全桥变换器，其桥臂输出的电压是正负对称的交流方波，因此又称为双端直流变换器。

对于单管直流变换器，其软开关可分为以下几种：

1）准谐振变换器（Quasi-Resonant Converter，QRC）和多谐振变换器（Multi-Resonant Converter，MRC）。这类变换器的特点是：在一个开关周期中，谐振元件参与能量变换的某一个阶段，不是全程参与。QRC 分为 ZCS 和 ZVS 两类，而 MRC 只实现 ZVS。这类变换器需要采用频率调制方法。

2）零开关 PWM 变换器。它们是在 QRC 的基础上，加入一个辅助开关管，将谐振元件的谐振过程分为两个阶段，一个用来实现零电压开通（或零电流开通），另一个实现零电压关断（或零电流关断）。加入辅助开关管后，变换器可以实现 PWM 控制。与 QRC 不同的是，谐振元件的谐振周期相比开关周期应足够小，一般为开关周期的 1/10 ～ 1/5。零开关 PWM 变换器也可分为 ZCS PWM 变换器和 ZVS PWM 变换器。

3）零转换 PWM 变换器。与零开关 PWM 变换器一样，这类变换器也是工作在 PWM 方式。不同的是，其辅助谐振电路只是在主开关管开关时工作很短一段时间，以实现其软开关，其他时间则停止工作，这样辅助谐振电路的损耗很小。零转换 PWM 变换器可分为零电压转换 PWM 变换器和零电流转换 PWM 变换器。

5.2　基于有源整流器的最大效率的跟踪控制

5.2.1　电池无线充电模式

如图 5-8a 所示，典型的电池充电曲线以恒定电流（CC）充电为起始阶段，随后以恒定电压（CV）充电。在 CC-CV 充电过程中，电池电压会逐渐增加直至额定电压值。随后，在电池在额定电压下进行 CV 充电，直至充满。除了传统的先 CC 后 CV 的充电模式外，恒功率充电（CP）可以替代 CC 充电应用在电池充电中，如图 5-8b 所示。可以看出，在 CP 模式充电期间，充电电流随着电池电压的升高而自动减小，然而，在 CC 模式充电期间，充电功率从最小值开始，最后以额定最大值结束，与 CC-CV 充电模式相比，CP-CV 充电模式速度更快[1]。

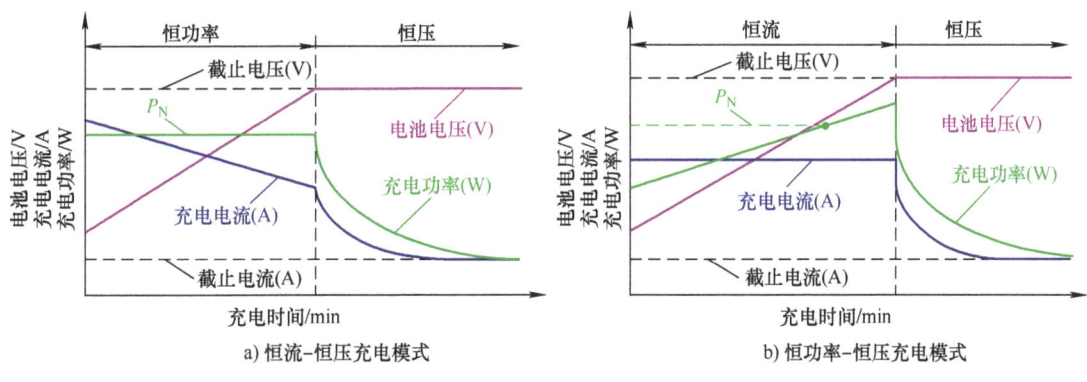

a) 恒流–恒压充电模式　　　　　b) 恒功率–恒压充电模式

图 5-8　电池的典型充电曲线和无线充电的工作模式

在 CC-CV 和 CP-CV 的充电模式中，电池等效阻抗的变化范围很大，一旦电池等效负载偏离最优负载点，会造成无线电能传输变换器的效率急剧衰减。串联－串联补偿拓扑系统只有一个最优的负载点可以取得最大效率，当负载偏离最优负载点时，系统的效率会降低，偏离得越远，降低得越明显，如图 5-9 所示。因此需要研究设计一种效率优化控制方法使得无线电能传输变换器在电池整个充电过程中都保持较高的效率。无线充电系统效率优化控制方法通常将负载阻抗经过变换器等效为系统匹配阻抗以实现效率优化的目标，另外开关器件的 ZVS 软开关对于系统效率的优化和可靠性的提升也很重要[8]。

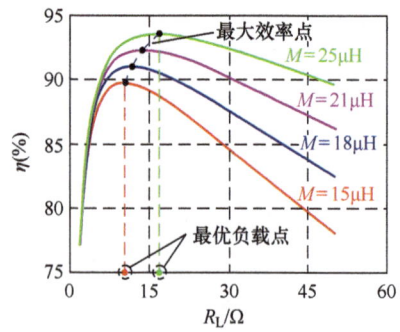

图 5-9　串联－串联补偿系统效率随负载变化曲线

本小节尝试采用副边有源整流器的单级无线电能传输变换器来实现对系统整体损耗的优化，这里原副边采用串联－串联补偿，如图 5-10 所示。

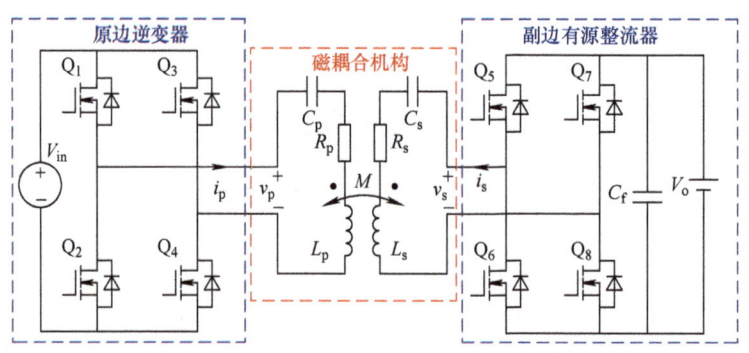

图 5-10　基于有源整流的单级无线电能传输变换器

5.2.2　ZVS 和最小循环无功功率的条件

系统的稳态工作波形如图 5-11 所示，包括原边逆变器输出电压 v_p、电流 i_p，副边整流器输入电压 v_s、电流 i_s。控制信号 G_1 和 G_2 是占空比略小于 50% 的互补方波，以防止 Q_1 和 Q_2 同时导通。这种设置也适用于其他桥臂（Q_3，Q_4）、（Q_5，Q_6）和（Q_7，Q_8）。桥臂（Q_1，Q_2）和（Q_3，Q_4）的相对相移决定了导通角 $\alpha \in [0,\pi]$ 的大小，它代表了一个周期内 v_p 正负电压的持续时间。类似地，导通角 $\beta \in [0,\pi]$ 定义了一个周期内 v_s 正负电压的持续时间。v_p 和 v_s 的相对相位角 $\theta \in [0,\pi/2]$ 可以通过晶体管对（Q_1，Q_2）和（Q_5，Q_6）的相对相位来控制。时序 $\{t_0,\cdots,t_7\}$ 为 8 个功率开关的开通时刻，设置 $t_0 = 0$ 为系统时域模型的时间参考点；t_2 和 t_6 分别为上升趋势和下降趋势中 $i_p = 0$ 对应的时刻。系统谐振频率为

$$\omega = \frac{1}{\sqrt{L_p C_p}} = \frac{1}{\sqrt{L_s C_s}} \tag{5-1}$$

磁耦合机构的等效电路如图 5-12 所示，其中，v_p 和 v_s 为三电平方波。

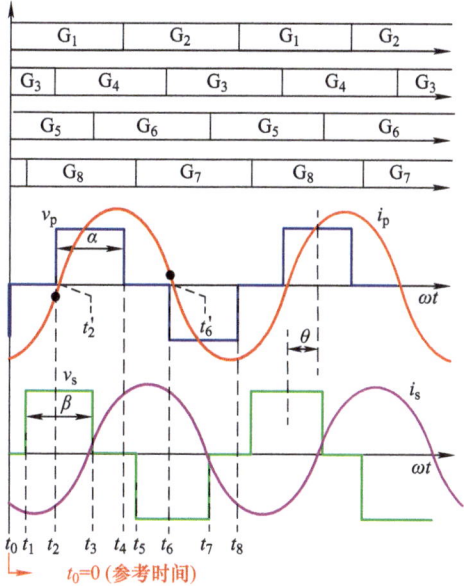

图 5-11　稳态工作波形

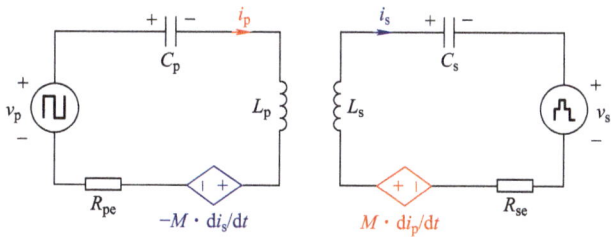

图 5-12　磁耦合机构的等效电路

以 $t_0 = 0$ 作为参考时间点，v_p 和 v_s 的基波时域表达式可以近似为

$$v_p(t) = \frac{4}{\pi} V_{in} \cos\left(\omega t + \frac{\alpha}{2} - \pi\right) \sin\left(\frac{\alpha}{2}\right) \tag{5-2}$$

$$v_s(t) = \frac{4}{\pi} V_o \cos\left(\omega t + \frac{\alpha}{2} - \pi + \theta\right) \sin\left(\frac{\beta}{2}\right) \tag{5-3}$$

应用 KVL 可以得到

$$i_p(t) R_p + L_p \frac{di_p(t)}{dt} + v_{C_p}(t) + M \frac{di_s(t)}{dt} = v_p(t) \tag{5-4}$$

$$i_s(t) R_s + L_s \frac{di_s(t)}{dt} + v_{C_s}(t) - M \frac{di_p(t)}{dt} = -v_s(t) \tag{5-5}$$

系统工作在谐振状态时，C_p 和 L_p 两端的电压之和为零，C_s 和 L_s 也是如此。因此，式（5-4）和式（5-5）可以近似为

$$i_p(t) = \frac{v_p(t) - M\dfrac{di_s(t)}{dt}}{R_p} \tag{5-6}$$

$$i_s(t) = \frac{M\dfrac{di_p(t)}{dt} - v_s(t)}{R_s} \tag{5-7}$$

将式（5-2）中的 $v_p(t)$ 和式（5-3）中的 $v_s(t)$ 代入式（5-6）和式（5-7），并使用该高品质因数电路的 $\omega M \gg R_s$ 和 $\omega^2 M^2 \gg R_p R_s$，可以得到

$$i_p(\vartheta) = \frac{4V_o}{\pi}\frac{\sin\left(\dfrac{\beta}{2}\right)\sin\left(\vartheta - \dfrac{\pi}{2} + \theta\right)}{\omega M} \tag{5-8}$$

$$i_s(\vartheta) = \frac{4V_{in}}{\pi}\frac{\sin\left(\vartheta - \dfrac{\pi}{2}\right)}{\omega M}n \tag{5-9}$$

式中，$\vartheta = \omega t$，由于希望无线电能传输变换器能够实现恒功率输出，系统的传输功率可以表示为

$$P = \frac{1}{2\pi}\int_0^{2\pi} v_p(\vartheta)i_p(\vartheta)d\vartheta \tag{5-10}$$

将 $i_p(\vartheta)$ 和 $v_p(\vartheta)$ 代入式（5-10），可得

$$P = P_M \sin\left(\frac{\alpha}{2}\right)\sin\left(\frac{\beta}{2}\right)\sin(\theta) \tag{5-11}$$

式中，$P_M = \dfrac{8V_{in}V_o}{\pi^2 \omega M}$ 为系统能够输出的最大功率。在实际过程中，输出功率可以通过控制移相角 $\alpha \in [0,\pi]$、$\beta \in [0,\pi]$ 和 $\theta \in [0,\pi/2]$ 来进行调节。

为了减少逆变器和有源整流器的损耗，原副边功率器件应保证 ZVS 软开关。无线电能传输变换器的功率器件主要以 MOSFET 为主。在 MOSFET 导通之前，在死区时间 t_{de} 期间需要一个最小电流值 I_{min} 对 MOSFET 的输出结电容 C_{oss} 进行充电/放电，如图 5-13a 所示，其中 i_p 在 t_{de} 期间的积分表示为 Q_{ZVS}。

开关管 Q_4 将在死区时间 t_{de} 之后（即 $t_2 + t_{de}$）且 i_p 改变极性之前导通。死区时间 t_{de} 的设计应保证电容 C_{oss3} 完全充电、电容 C_{oss4} 完全放电以及 Q_4 的体二极管导通。当 Q_{ZVS} 足以将 C_{oss3} 从 0V 充电至 V_{in} 并将 C_{oss4} 从 V_{in} 放电至 0V 时，即可实现 Q_4 的 ZVS，即

$$Q_{ZVS} = \int_0^{t_{de}} i_p(t)dt \geq \int_0^{V_{in}} (C_{oss3} + C_{oss4})dv \tag{5-12}$$

为了确定 ZVS 所需的最小电流值 I_{min} 和最小死区时间 t_{de-min}，死区期间的 i_p 波形表示为分段正弦波。等效电路如图 5-13b 所示，I_{min} 和 t_{de-min} 可由式（5-13）和式（5-14）计算。

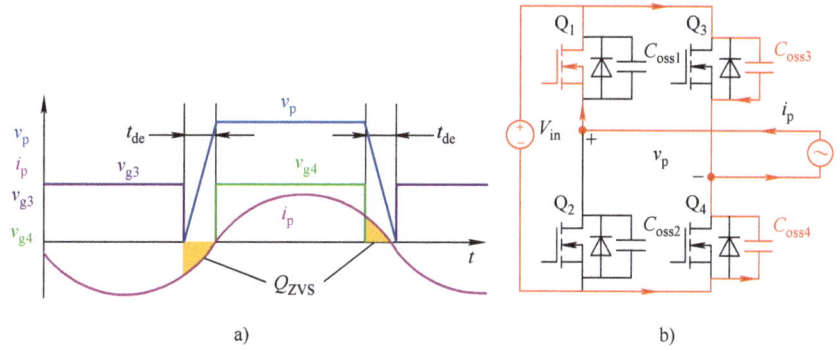

图 5-13　功率管 Q_4 软开关的实现

$$I_{min} = \frac{4V_o \sin\frac{\beta}{2}}{\pi\omega M} \sin(\arccos(1-X/2)) \approx \frac{4V_o \sin\frac{\beta}{2}}{\pi\omega M} \sin(\pi\sqrt{X}) \qquad (5\text{-}13)$$

$$t_{de\text{-}min} = \frac{T_s}{2}\sqrt{X} \qquad (5\text{-}14)$$

式中，$X = \dfrac{V_{in}(C_{oss1} + C_{oss2})\omega M \sin\frac{\beta}{2}}{V_o T_s}$，且 $T_s = 2\pi/\omega$ 是初级逆变器和次级有源整流器的开关周期，相同的条件适用于所有其他晶体管。然而，当晶体管 Q_1 和 Q_2 在更高的电流水平下切换时，该条件会自动满足。那么原边逆变器 ZVS 的条件为

$$\begin{cases} i_p(t_0) < -I_{min} \\ i_p(t_2) < -I_{min} \\ i_p(t_4) > I_{min} \\ i_p(t_6) > I_{min} \end{cases} \qquad (5\text{-}15)$$

式中，t_0、t_2、t_4 和 t_6 分别为 Q_1、Q_4、Q_2 和 Q_3 的导通时间。利用奇对称性 $i_p(t_0) = -i_p(t_4)$ 和 $i_p(t_2) = -i_p(t_6)$，初级侧的 ZVS 条件可简化为

$$\begin{cases} i_p(t_0) < -I_{min} \\ i_p(t_2) < -I_{min} \end{cases} \qquad (5\text{-}16)$$

根据图 5-11 所示的电流波形，自动满足 $i_p(t_0) < i_p(t_2)$。因此，上述不等式简单地表示为

$$i_p(t_2) < -I_{min} \qquad (5\text{-}17)$$

同样，次级开关的 ZVS 要求 $i_s(t_3) > I_{min}$。因此，由式（5-17）可知，双方 ZVS 的条件为

$$\begin{cases} i_p(t_2) < -I_{min} \\ i_s(t_3) > I_{min} \end{cases} \qquad (5\text{-}18)$$

然而，如果 $i_p(t_2)$ 远离 $-I_{min}$，v_p 和 i_p 长时间持续处于相反极性将在系统中产生过多的循环无功功率，表示为 P_{cr}。无功功率将导致 MOSFET 中更多的硬关断损耗以及体二极管中的反向恢复损耗。这会增加电源的额定容量值。结果，功率器件的压力会增加，系统效率会降低。在一个周期内，有两个阶段，即（$t_2 - t'_2$）和（$t_6 - t'_6$），无功功率循环。电流流动路径的等效电路如图 5-14 所示，一般来说，可以通过设计 α、β 和 θ 来控制 $i_p(t_2) = -I_{min}$ 以减轻这种无功功率损耗，使得 $|P_{cr}|$ 刚好足以对电源开关的所有寄生电容进行放电。根据无线电能传输充电器的规格和制造商数据表提供的 MOSFET 的 C_{oss} 值，计算出 I_{min} 和 $t_{de\text{-}min}$ 分别为 0.4205A 和 171.9ns。考虑到计算中的损耗，这里采用 $I_{min} = 1A$ 和 $t_{de\text{-}min} = 200ns$ 的设计范围。

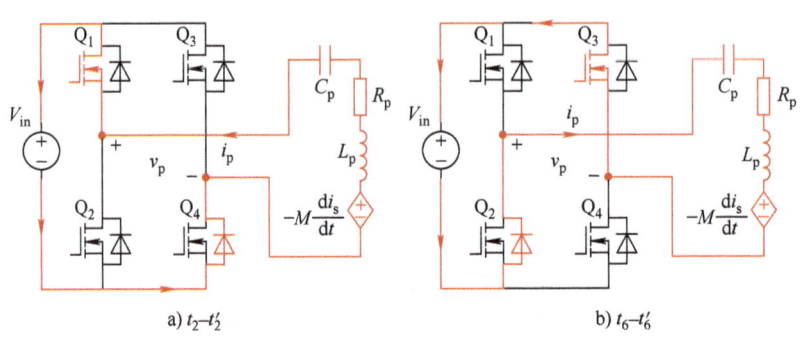

a) $t_2 - t'_2$　　　　　　　　　　　　　b) $t_6 - t'_6$

图 5-14　电流流动路径的等效电路

通过控制 α、β、θ 达到 $i_p(t_2) = -I_{min}$，即可实现 ZVS 和最小 P_{cr}。另外，对于次级侧，为了保证 ZVS，应满足 $i_p(t_3) > I_{min}$。可以得到 $\vartheta_2 = \omega t_2 = \pi - \alpha$ 和 $\vartheta_3 = \omega t_3 = \pi - \dfrac{\alpha}{2} - \theta + \dfrac{\beta}{2}$。将 ϑ_2 和 ϑ_3 分别代入式（5-8）和式（5-9）中，则实现 ZVS 和最小 P_{cr} 的条件为

$$i_p(t_2) = \frac{4V_o}{\pi} \frac{\sin\left(\dfrac{\beta}{2}\right)\sin\left(-\dfrac{\alpha}{2} + \theta\right)}{\omega M} = -I_{min} \tag{5-19}$$

$$i_s(t_3) = \frac{4V_{in}}{\pi} \frac{\sin\left(\dfrac{\alpha}{2}\right)\sin\left(\dfrac{\beta}{2} - \theta\right)}{\omega M} \geq I_{min} \tag{5-20}$$

5.2.3　损耗分析与优化

在确保实现 ZVS 和最小无功功率后，可以进一步通过最小化逆变器、磁耦合机构和有源整流器的损耗来最大化系统的效率。可以根据图 5-12 中的等效电路来实现阻抗匹配以减小系统的导通损耗。然而，逆变器和有源整流器中的损耗还包括 MOSFET 的硬关断损耗和二极管的反向恢复损耗，这些损耗在现有的研究中大都没有进行考虑。在本节提出的方案中，我们尝试通过调节 α、β 和 θ 来控制初级侧和次级侧的电流有效值以优化系统总体损耗。

参考图 5-14 所示的等效电路，磁耦合机构中的电阻功率损耗可以表示为

$$P_{\text{coil-loss}} = I_p^2 R_p + I_s^2 R_s \tag{5-21}$$

式中，I_p 和 I_s 分别为 i_p 和 i_s 的有效值，利用式（5-8）和式（5-9），有

$$I_p = \sqrt{\frac{1}{\pi} \int_0^\pi i_p(t)^2 \mathrm{d}(\omega t)} = \frac{2\sqrt{2}V_o}{\pi \omega M} \sin \frac{\beta}{2} \tag{5-22}$$

$$I_s = \sqrt{\frac{1}{\pi} \int_0^\pi i_s(t)^2 \mathrm{d}(\omega t)} = \frac{2\sqrt{2}V_{\text{in}}}{\pi \omega M} \sin \frac{\alpha}{2} \tag{5-23}$$

磁耦合机构的效率可表示为

$$\eta_{\text{coil}} = \frac{P}{P + P_{\text{coil-loss}}} \tag{5-24}$$

将式（5-11）~式（5-23）代入式（5-24），可得

$$\eta_{\text{coil}} = \frac{\omega M \sin \theta}{\omega M \sin \theta + K R_p + \dfrac{1}{K} R_s} \tag{5-25}$$

式中，

$$K = \frac{V_o \sin \dfrac{\beta}{2}}{V_{\text{in}} \sin \dfrac{\alpha}{2}} = \frac{I_p}{I_s} \tag{5-26}$$

效率在 $\theta = \pi/2$ 时达到最大。对于另外两个控制参数，最大效率可以通过求解来计算

$$\frac{\partial \eta_{\text{coil}}}{\partial K} = 0 \tag{5-27}$$

这使得

$$K = \frac{I_p}{I_s} = \sqrt{\frac{R_s}{R_p}} \tag{5-28}$$

式（5-28）表明 $I_p^2 R_p = I_s^2 R_s$，即初级侧和次级侧的损耗均匀分布。此外，根据系统稳态工作波形（见图 5-11），在 $t_0 \sim t_2$ 和 $t_4 \sim t_6$ 期间，电流的续流路径可以是（Q_1，Q_3）和（Q_2，Q_4），也可以是（D_1，D_3）和（D_2，D_4），具体路径由电流的幅值大小确定。当MOSFET 导通时，相当于一个恒定的导通电阻 R_{on}，体二极管相当于一个与小电阻 R_d 串联的正向电压源 V_F，当 $R_{\text{on}}i > V_F$ 时，电流会流过 MOSFET 和二极管，而当 $R_{\text{on}}i < V_F$ 时，电流只会流过 MOSFET。

根据式（5-8）和式（5-9），i_p 和 i_s 的最大值分别为 $4V_{\text{max}}/(\pi \omega M)$ 和 $4V_{\text{in}}/(\pi \omega M)$。根据表 5-1 中列出的实验参数，通过计算可以得到 i_p 和 i_s 的峰值分别为 8.75A 和 8.97A。实验样机所使用的 MOSFET 是 IPP65R045。根据器件数据手册表，我们知道体二极管正向电

压 V_{SD} 约为 0.9V，MOSFET 的导通电阻为 45mΩ。$R_{on}i_p$ 和 $R_{on}i_s$ 的峰值均小于 V_{SD}。因此，在 $t_0 \sim t_2$ 和 $t_4 \sim t_6$ 期间，续流路径分别为（Q_1，Q_3）和（Q_2，Q_4）。逆变器和有源整流器中其他不同种类的损耗计算如下：

表 5-1　实验样机参数

参数	特征	数值
额定充电功率	P_N	120W
电池充电电压	$[V_{min},\ V_{max}]$	55 ~ 78V
输入电压	V_{in}	80V
开关频率	f	50kHz
MOSFET	$Q_1 \sim Q_8$	IPP65R045
二极管	$D_1 \sim D_8$	MBR20200
自感	L_p，L_s	117.9μH，174.4μH
耦合系数	k	0.252
线圈电阻	R_p，R_s	0.21Ω，0.254Ω
补偿电容	C_p，C_s	85.99nF，58.15nF

1）MOSFET 的导通损耗：MOSFET 导通时，导通电阻恒定，损耗可按下式计算

$$P_{on,p} = I_p^2 2R_{on} \tag{5-29}$$

$$P_{on,s} = I_s^2 2R_{on} \tag{5-30}$$

式中，R_{on} 为 MOSFET 的等效导通电阻；$P_{on,p}$ 和 $P_{on,s}$ 分别为 MOSFET 原边和副边的导通损耗。

2）MOSFET 的硬关断损耗：由于保证了 ZVS，因此开关损耗主要是指 MOSFET 的关断损耗。根据对称性，开关管 Q_1 和 Q_2 的关断电流为 $i_p(t_0)$，而 Q_4 和 Q_3 的关断电流为 I_{min}。类似地，在接收侧，Q_7 和 Q_8 的关断电流近似为 $i_s(t_1)$，Q_5 和 Q_6 的关断电流近似为 $i_s(t_3)$。系统总关断损耗可通过下式计算：

$$P_{sw,p} = \frac{1}{T} V_{in} |I_{min}| t_{off} + \frac{1}{T} V_{in} |i_p(t_0)| t_{off} \tag{5-31}$$

$$P_{sw,s} = \frac{1}{T} V_o |i_s(t_1)| t_{off} + \frac{1}{T} V_o |i_s(t_3)| t_{off} \tag{5-32}$$

式中，t_{off} 为 MOSFET 的关断时间，约等于死区时间 t_{de}。此外，可以看到，如果在 MOSFET 导通时控制 I_{min}，可以最大限度地减少 MOSFET 的关断损耗。

3）二极管损耗：由于在时间 $t_0 \sim t_2$ 和 $t_4 \sim t_6$ 期间导通路径不流经二极管，因此与较大的反向恢复损耗相比，二极管的导通损耗可以忽略不计。然而，体二极管具有较长的反向恢复时间 t_{rr}，较大的峰值电流 I_{RRM} 和电压 V_{RRM}。反向恢复损耗可计算为

$$P_{re} = P_{t_s} + P_{t_F} = \frac{V_F}{T} \int_0^{t_s} i_R dt + \frac{1}{T} \int_0^{t_F} i_R V_R dt$$

$$= V_F I_{RRM} \frac{t_S}{2T} + V_{RRM} I_{RRM} \frac{t_F}{4T}$$

（5-33）

式中，t_S 和 t_F 为二极管的反向恢复时间，当电流从体二极管流向 MOSFET 时，每个开关时间都会发生反向恢复过程。使用双脉冲测试，可以测量不同开关电流值下的峰值电流和电压，并可以评估反向恢复损耗 $P_{re,p}$ 和 $P_{re,s}$。

在 $V_o = 55V$、$I_{min} = -1A$ 且 $K = 1$ 的条件下，反向恢复损耗为 $P_{re,p} = 2.60W$ 和 $P_{re,s} = 2.80W$。由于反向恢复时间较长且峰值电流和电压较大，体二极管不能充分用作无线充电系统的续流二极管。在这里，并联一个肖特基势垒二极管（SBD）来消除反向恢复损耗，从而提高系统效率。初级逆变器和次级有源整流器的损耗是 MOSFET 和二极管消耗的所有功率之和，$P_{converter\text{-}loss} = P_{on,p} + P_{sw,p} + P_{on,s} + P_{sw,s}$。

当 $I_p / I_s = \sqrt{R_s / R_p}$ 时，磁耦合机构损耗 $P_{coil\text{-}loss}$ 取得最小值，因为 $P_{converter\text{-}loss}$ 也与 I_p 和 I_s 的方均根电流相关。以总损耗 P_{loss} 最小化为目标，在额定传输功率 P_N、ZVS 最小电流 I_{min}、最小环流功率、I_p/I_s 比值等一系列约束下，可以求得 I_p/I_s 的最优解：通过最小化 P_{loss} 获得，即

$$\min(P_{loss}(\alpha, \beta, \theta))$$

$$\text{s.t.}\begin{cases} P_N = \dfrac{8V_n V_o}{\pi^2 \omega M} \sin\dfrac{\alpha}{2} \sin\dfrac{\beta}{2} \sin\theta \\[3mm] i_p(t_2) = \dfrac{4V_o}{\pi} \dfrac{\sin\left(\dfrac{\beta}{2}\right)\sin\left(-\dfrac{\alpha}{2}+\theta\right)}{\omega M} = I_{min} \\[3mm] \dfrac{I_p}{I_s} = \dfrac{V_o \sin\dfrac{\beta}{2}}{V_{in} \sin\dfrac{\alpha}{2}} = K \end{cases}$$

（5-34）

$$\begin{cases} i_p(t_0) = \dfrac{4V_o}{\pi} \dfrac{\sin\left(\dfrac{\beta}{2}\right)\sin\left(\dfrac{\alpha}{2}-\pi+\theta\right)}{\omega M} \\[4mm] i_s(t_1) = \dfrac{4V_{in}}{\pi} \dfrac{\sin\left(\dfrac{\alpha}{2}\right)\sin\left(-\dfrac{\beta}{2}+\theta\right)}{\omega M} \\[4mm] i_s(t_3) = \dfrac{4V_{in}}{\pi} \dfrac{\sin\left(\dfrac{\alpha}{2}\right)\sin\left(-\dfrac{3\beta}{2}+\theta\right)}{\omega M} \end{cases}$$

（5-35）

式中，$P_{loss} = P_{coil\text{-}loss} + P_{converter\text{-}loss}$，它是式（5-21）、式（5-29）~ 式（5-32）之和。I_p 和 I_s 的计算在式（5-22）和式（5-23）中已给出。式（5-31）和式（5-32）内的当前点 $i_p(t_0)$、$i_p(t_1)$ 和

$i_s(t_3)$ 由式（5-35）给出。

这样，P_{loss} 就可以表示为 α、β、θ 的函数，式（5-34）可以通过数值求解。给定一个 K 值，获得式（5-34）中 P_{loss} 值的数值解（α_K，β_K，θ_K）。基于在不同 K 值和 $V_o = 78V$ 下的一些数值解，可以选择与最小 P_{loss} 相对应的最优 K 来控制无线电能传输变换器，以获得实现 ZVS 和最小总体损耗的最优原副边 RMS 电流比，即

$$K_{optimal} = \frac{I_p}{I_s} = 1 \tag{5-36}$$

5.2.4 设计方法

在恒功率充电过程中，电池电压 V_o 会不断增加，直到达到预定的阈值电压。为了使输出功率保持在 P_N，我们需要根据 V_o 自适应调整 α、β 或 θ。同时，前面给出的 ZVS、最小回流无功功率和最小总损耗的条件应通过控制 α、β 和 θ 来实现。根据式（5-36）中最优的电流有效值比值 $K_{optimal} = 1$，可以得到式（5-34）中（α，β，θ）的最优解。可以采用以下三步的近似方法。通常，$I_{min} < -1A$。因此，$\left| \theta - \dfrac{\alpha}{2} \right| \approx 0$。第一步是让 $\theta = \alpha / 2$ 代入式（5-34）

$$\alpha' = 2\arcsin\left(\sqrt[3]{\frac{P_N \pi^2 \omega M}{8 V_{in}^2}} \right) \tag{5-37}$$

$$\theta' = \arcsin\left(\sqrt[3]{\frac{P_N \pi^2 \omega M}{8 V_{in}^2}} \right) \tag{5-38}$$

假设 $\sigma = \left| \theta - \alpha / 2 \right|$ 是 θ 和 $\alpha/2$ 之间的差，使 $I_{min} = -1A$。然后，θ 由下式给出：

$$\theta = \theta' - \sigma \tag{5-39}$$

最后，为了找到满足额定功率 P_N 的 α 和 β，我们再次将式（5-39）代入式（5-34），得到

$$\alpha = 2\arcsin\left(\sqrt{\frac{P_N \pi^2 \omega M}{8 V_{in}^2 \sin\theta}} \right) \tag{5-40}$$

$$\beta = 2\arcsin\left(\sqrt{\frac{P_N \pi^2 \omega M}{8 V_o^2 \sin\theta}} \right) \tag{5-41}$$

由于 P_N 随 α、β 和 θ 单调增加，因此该求解方法可以保证 $\sigma \approx \left| \theta - \dfrac{\alpha}{2} \right|$，同时保持 $I_p/I_s = 1$ 和恒定的 P_N。根据 V_o，可以由式（5-41）计算出 β 的控制信号。在恒功率充电过程中，只需要调整 β 即可在负载电阻变化的情况下保持恒定的输出。

5.3　基于互感在线辨识的最大效率跟踪控制策略

在无线电能传输系统中，互感是一个非常重要的参数，互感的变化会影响系统的输出和效率。然而，现有的关于无线电能传输变换器的优化控制大都没有考虑互感的变化，由于互感是效率优化控制的重要参数，利用优化算法求解出的系统最优控制变量含有互感参数，因此，无线电能传输变换器的优化控制需要考虑互感的参数辨识。另外，对于动态无线电能传输系统来说，由于互感随着时间动态变化，因此需要对互感进行在线辨识才能满足动态场景的需求。本节主要介绍一种基于串联–串联补偿的无线电能传输变换器的互感参数在线辨识策略，副边采用有源整流器的单级无线电能传输变换器，在提出的控制策略下，系统能够实现在互感动态变化条件下的最大效率跟踪控制。本节的主要内容来自团队成员发表在 IEEE Transactions on Power Electronics 上面的期刊论文 "Inductive Power Transfer System with Maximum Efficiency Tracking Control and Real-time Mutual Inductance Estimation"，即本章参考文献 [9]。

5.3.1　稳态模型的构建

系统的稳态工作波形如图 5-15 所示，对于初级侧，晶体管对（Q_1，Q_4）和（Q_2，Q_3）以 50% 占空比同时导通和截止，因此 v_p 是正电压和负电压在一个开关周期内所占比例均为 50% 的两电平方波。副边有源整流器的移相角 $\beta \in [0,\pi]$ 决定了一个周期内 v_s 正负电压的占空比。v_p 和 v_s 的相对相位角 $\theta \in [0,\pi/2]$ 可以通过晶体管对（Q_1，Q_2）和（Q_5，Q_6）的相对相位来控制。

时序 $\{t_0,\cdots,t_6\}$ 为一个开关周期内原副边开关管的导通时刻。图 5-15 所示的 i_p、i_s、v_p 和 i_s 的相位设置保证了 ZVS 的实现。一般来说，C_p 和 C_s 的设计旨在补偿 L_p 和 L_s，以匹配所需的谐振频率 ω，从而最小化额定视在功率并最大化传输能力。工作开关频率通常设计为谐振频率，即

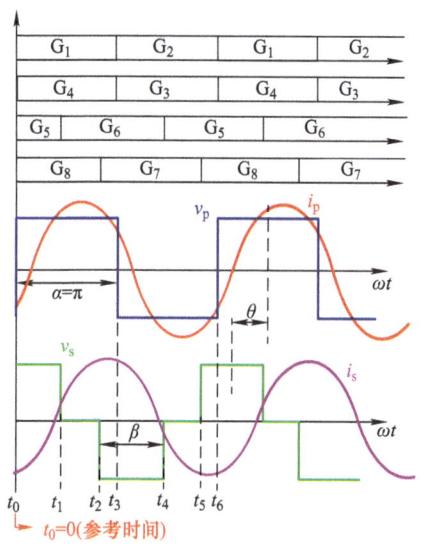

图 5-15　稳态工作波形

$$\omega = \frac{1}{\sqrt{L_p C_p}} = \frac{1}{\sqrt{L_s C_s}} \tag{5-42}$$

当 $t_0 = 0$ 时，$v_p(t)$ 和 $v_s(t)$ 的基波分量为

$$v_p(t) = \frac{4V_{in}}{\pi}\cos\left(\omega t - \frac{\pi}{2}\right) \tag{5-43}$$

$$v_{\mathrm{s}}(t) = \frac{4V_{\mathrm{o}}}{\pi} \cos\left(\omega t - \frac{\pi}{2} + \theta\right) \sin\left(\frac{\beta}{2}\right) \tag{5-44}$$

根据图 5-16 所示的系统等效电路图，应用 KVL，可以得到

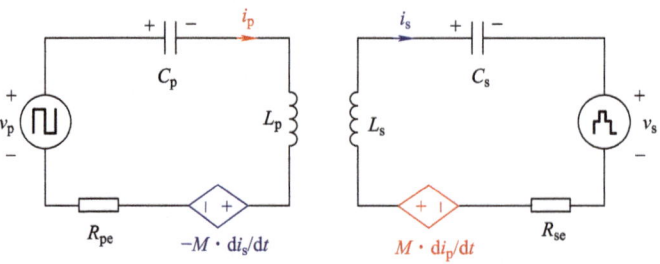

图 5-16 磁耦合机构的等效电路

$$i_{\mathrm{p}}(t)R_{\mathrm{pe}} + L_{\mathrm{p}} \frac{\mathrm{d}i_{\mathrm{p}}(t)}{\mathrm{d}t} + v_{C_{\mathrm{p}}}(t) - M \frac{\mathrm{d}i_{\mathrm{s}}(t)}{\mathrm{d}t} = v_{\mathrm{p}}(t) \tag{5-45}$$

$$i_{\mathrm{s}}(t)R_{\mathrm{se}} + L_{\mathrm{s}} \frac{\mathrm{d}i_{\mathrm{s}}(t)}{\mathrm{d}t} + v_{C_{\mathrm{s}}}(t) - M \frac{\mathrm{d}i_{\mathrm{p}}(t)}{\mathrm{d}t} = -v_{\mathrm{s}}(t) \tag{5-46}$$

式中，$R_{\mathrm{pe}} = R_{\mathrm{p}} + 2R_{\mathrm{ds}} + R_{C_{\mathrm{p}}}$ 和 $R_{\mathrm{se}} = R_{\mathrm{s}} + 2R_{\mathrm{ds}} + R_{C_{\mathrm{s}}}$ 是无线电能传输变换器系统的等效电阻，其中 R_{ds} 是 MOSFET 的导通电阻，$R_{C_{\mathrm{s}}}$ 是电容器的串联电阻。系统工作在谐振状态时，C_{p} 和 L_{p} 两端的电压之和为零，C_{s} 和 L_{s} 也是如此。因此，式（5-45）和式（5-46）可以近似为

$$i_{\mathrm{p}}(t) = \frac{v_{\mathrm{p}}(t) - M \dfrac{\mathrm{d}i_{\mathrm{s}}(t)}{\mathrm{d}t}}{R_{\mathrm{pe}}} \tag{5-47}$$

$$i_{\mathrm{s}}(t) = \frac{M \dfrac{\mathrm{d}i_{\mathrm{p}}(t)}{\mathrm{d}t} - v_{\mathrm{s}}(t)}{R_{\mathrm{se}}} \tag{5-48}$$

将式（5-43）中的 $v_{\mathrm{p}}(t)$ 和式（5-44）中的 $v_{\mathrm{s}}(t)$ 代入式（5-47）和式（5-48），由于 $\omega M \gg R_{\mathrm{se}}$ 和 $\omega^2 M^2 \gg R_{\mathrm{pe}}R_{\mathrm{se}}$，因此，可以得到

$$i_{\mathrm{p}}(\vartheta) = \frac{4V_{\mathrm{o}}}{\pi} \frac{\sin\left(\dfrac{\beta}{2}\right)\sin\left(\vartheta - \dfrac{\pi}{2} + \theta\right)}{\omega M} \tag{5-49}$$

$$i_{\mathrm{s}}(\vartheta) = \frac{4V_{\mathrm{in}}}{\pi} \frac{\sin\left(\vartheta - \dfrac{\pi}{2}\right)}{\omega M} \tag{5-50}$$

式中，$\vartheta = \omega t$。该近似无损系统的传输功率可以表示为

$$P = \frac{1}{2\pi} \int_0^{2\pi} v_{\mathrm{p}}(\vartheta) i_{\mathrm{p}}(\vartheta) \mathrm{d}\vartheta \qquad (5\text{-}51)$$

将式（5-49）和式（5-43）代入式（5-51），可得

$$P = \frac{8 V_{\mathrm{in}} V_{\mathrm{o}}}{\pi^2 \omega M} \sin\left(\frac{\beta}{2}\right) \sin(\theta) \qquad (5\text{-}52)$$

根据式（5-52），输出功率可以通过控制相位角 $\beta \in [0,\pi]$ 和 $\theta \in [0,\pi/2]$ 来进行控制。

5.3.2 最大效率跟踪控制

在无线电能传输变换器中，我们希望系统中所有功率器件均能实现 ZVS，以减小开关损耗。以原边开关管 Q_4 为例来分析实现 ZVS 软开关的条件，电流 i_{p} 的相位应滞后 v_{p}，确保在死区时间 t_{de} 内将晶体管 Q_4 的输出电容 C_{oss4} 两端电压从直流母线电压放电到零，其中 t_{de} 期间 i_{p} 的积分可表示为 Q_{ZVS}，当 Q_{ZVS} 足以将 C_{oss3} 两端电压从 0V 充电至 V_{in} 并将 C_{oss4} 两端电压从 V_{in} 放电至 0V 时，Q_4 即可实现 ZVS，即

$$Q_{\mathrm{ZVS}} = \int_0^{t_{\mathrm{de}}} i_{\mathrm{p}} \mathrm{d}t \geq \int_0^{V_{\mathrm{in}}} (C_{\mathrm{oss3}} + C_{\mathrm{oss4}}) \mathrm{d}v \qquad (5\text{-}53)$$

以原边逆变器功率器件软开关为例，确定实现 ZVS 所需的最小相位差 $\delta_{\mathrm{p,min}}$ 和最小死区时间 $t_{\mathrm{p,de\text{-}min}}$。由于死区期间 i_{p} 的波形近似为正弦波的部分，$\delta_{\mathrm{p,min}}$ 和 $t_{\mathrm{p,de\text{-}min}}$ 如下：

$$\begin{aligned} \delta_{\mathrm{p,min}} &= \arccos\left(1 - \frac{\sqrt{2}\pi V_{\mathrm{in}}(C_{\mathrm{oss3}} + C_{\mathrm{oss4}})}{T_{\mathrm{s}} I_{\mathrm{p}}}\right) \\ &\approx \sqrt{\frac{2\sqrt{2}\pi V_{\mathrm{in}}(C_{\mathrm{oss3}} + C_{\mathrm{oss4}})}{T_{\mathrm{s}} I_{\mathrm{p}}}} \end{aligned} \qquad (5\text{-}54)$$

$$t_{\mathrm{p,de\text{-}min}} = \frac{\delta_{\mathrm{p,min}}}{2\pi} T_{\mathrm{s}} \qquad (5\text{-}55)$$

式中，$T_{\mathrm{s}} = 2\pi/\omega$ 为初级逆变器的开关周期；I_{p} 为 i_{p} 的方均根值。同理，也可求出副边有源整流器中 ZVS 所需的最小相位差和最小死区时间，这里不再赘述。根据设计参数 $f = 85\mathrm{kHz}$，$V_{\mathrm{in}} = 45\mathrm{V}$，$V_{\mathrm{o}} = 80\mathrm{V}$，$P_{\mathrm{N}} = 120\mathrm{W}$ 以及所采用的 MOSFET 的数据表 C_{oss} 值，通过计算可以得到原边逆变器和副边有源整流器中功率器件实现 ZVS 的条件是电压 v_{p} 和电流 i_{p} 需要具有的最小相位差 $\delta_{\mathrm{min}} = 0.14\mathrm{rad}$ 和最小死区时间 $t_{\mathrm{de\text{-}min}} = 300\mathrm{ns}$。

分别用 $\varphi_{\mathrm{p,ZA}}$ 和 $\varphi_{\mathrm{s,ZA}}$ 表示滞后于原边和副边电压的电流相位角。根据稳态工作波形，$\varphi_{\mathrm{p,ZA}} = \frac{\pi}{2} - \theta$ 和 $\varphi_{\mathrm{s,ZA}} = \frac{\beta}{2} - \theta$。那么，原边逆变器和副边有源整流器功率器件 ZVS 软开关的条件可表示为

$$\frac{\pi}{2} - \theta \geq \delta_{\mathrm{min}} \qquad (5\text{-}56)$$

$$\frac{\beta}{2} - \theta \geq \delta_{\mathrm{min}} \qquad (5\text{-}57)$$

由于 $\beta \leqslant \pi$，我们只需要在设计中保证系统满足式（5-57）即可确保原副边所有功率器件均能实现 ZVS。在确保 ZVS 软开关的情况下，可以通过控制移相角（β、θ）来最大限度地减少系统导通损耗，以实现系统最大效率的跟踪控制。参考图 5-16 所示的等效电路，无线电能传输变换器系统的电阻功率损耗可以表示为

$$P_{\text{con-loss}} = I_{\text{p}}^2 R_{\text{pe}} + I_{\text{s}}^2 R_{\text{se}} \tag{5-58}$$

式中，I_{p} 和 I_{s} 分别为 i_{p} 和 i_{s} 的方均根。根据式（5-49）和式（5-50），可以得到

$$I_{\text{p}} = \sqrt{\frac{1}{\pi} \int_0^\pi i_{\text{p}}^2(\vartheta)\mathrm{d}(\vartheta)} = \frac{2\sqrt{2}V_{\text{o}}}{\pi\omega M} \sin\frac{\beta}{2} \tag{5-59}$$

$$I_{\text{s}} = \sqrt{\frac{1}{\pi} \int_0^\pi i_{\text{s}}^2(\vartheta)\mathrm{d}(\vartheta)} = \frac{2\sqrt{2}V_{\text{in}}}{\pi\omega M} \tag{5-60}$$

将式（5-59）和式（5-60）代入式（5-58），系统导通损耗 $P_{\text{con-loss}}$ 可由下式计算得出：

$$P_{\text{con-loss}}(\beta) = \frac{8V_{\text{o}}^2}{\pi^2\omega^2 M^2} \sin^2\frac{\beta}{2} R_{\text{pe}} + \frac{8V_{\text{in}}^2}{\pi^2\omega^2 M^2} R_{\text{se}} \tag{5-61}$$

在讨论了系统 ZVS 条件和系统导通损耗之后，我们的目标是寻找最优移相角变量（β，θ）来控制逆变器和有源整流器，以通过条件式（5-56）和式（5-57）给出的 ZVS 实现并通过最小化 $P_{\text{con-loss}}(\beta)$ 来实现最大效率的跟踪控制，总体优化可以描述为

$$\text{Minimize}\{P_{\text{con-loss}}(\beta)\} \tag{5-62}$$

$$\begin{cases} P_{\text{N}} - \dfrac{8V_{\text{in}}V_{\text{o}}}{\pi^2\omega M} \sin\dfrac{\beta}{2}\sin\theta = 0 \\ \dfrac{\beta}{2} - \theta \geqslant \delta_{\min} \end{cases} \tag{5-63}$$

式（5-62）和式（5-63）是一个条件最优化问题，可以使用拉格朗日乘子法来求解。根据式（5-62）和式（5-63），拉格朗日函数可以描述为

$$L(\beta,\theta,\lambda_1,\lambda_2) = P_{\text{con-loss}}(\beta) + \lambda_1\left(P_{\text{N}} - \frac{8V_{\text{in}}V_{\text{o}}}{\pi^2\omega M}\sin\frac{\beta}{2}\sin\theta\right) + \lambda_2\left(\frac{\beta}{2} - \theta - \delta_{\min}\right) \tag{5-64}$$

式中，$\lambda_1 \neq 0$ 且 $\lambda_2 \geqslant 0$。最优解应满足 KKT（Karush-Kuhn-Tucker）条件：

$$\begin{cases} \dfrac{\partial L}{\partial \beta} = 0 \\[2mm] \dfrac{\partial L}{\partial \theta} = 0 \\[2mm] \lambda_1 \left(P_N - \dfrac{8V_{in}V_o}{\pi^2 \omega M} \sin\dfrac{\beta}{2} \sin\theta \right) = 0 \\[2mm] \lambda_2 \left(\dfrac{\beta}{2} - \theta - \delta_{min} \right) = 0 \end{cases} \qquad (5\text{-}65)$$

求解式（5-65），θ_{op} 和 β_{op} 的最优解为

$$\beta_{op} = \arccos\left(1 - \frac{\pi^2 \omega M P_N}{4V_{in}V_o} \right) + \delta_{min} \qquad (5\text{-}66)$$

$$\theta_{op} = \frac{1}{2}\arccos\left(1 - \frac{\pi^2 \omega M P_N}{4V_{in}V_o} \right) - \frac{1}{2}\delta_{min} \qquad (5\text{-}67)$$

5.3.3 互感的动态预测

在给定输出功率 P_N 条件下，根据式（5-66）和式（5-67）可以求解得到无线电能传输变换器系统实现最优效率的解 $(\beta_{op}, \theta_{op})$。由式（5-66）和式（5-67）可知，最优解包含互感 M 的值，为了实现对动态无线电能传输系统最大效率的跟踪控制，应该通过简单的方法来动态估计互感的值。

根据式（5-50），接收侧线圈 i_s 的峰值记为 $|i_{s\_peak}|$，可表示为

$$|i_{s\_peak}| = \frac{4V_{in}}{\pi \omega M} \qquad (5\text{-}68)$$

根据式（5-68）可以观察到 $|i_{s\_peak}|$ 是输入电压 V_{in}、工作角频率 ω 和互感 M 的函数。由于 V_{in} 和 ω 已知，因此，$|i_{s\_peak}|$ 可以看作与互感 M 成反比。因此，我们可以简单地通过测量接收侧线圈电流的峰值 $|i_{s\_peak}|$ 来估计互感值 M 的大小，即

$$M = \frac{4V_{in}}{\pi \omega |i_{s\_peak}|} \qquad (5\text{-}69)$$

在实际的无线电能传输变换器控制系统中，可以通过数字信号处理器（DSP）或单片机的模–数（A-D）转换模块寄存器中的标志信号来触发电流采样。首先，通过高频脉冲电流传感器对接收侧线圈电流进行采样，如图 5-17 所示。然后，将采样信号传递到带通滤波器以消除高频成分并进行相位校正。接下来，信号被传递到超快速放大比较器以执行过零检测。最后将过零点作为标志信号发送给数字信号处理器，大约经过 1/4 周期的延时后，控制器触发 A-D 模块对电流 $|i_{s\_peak}|$ 进行采样。

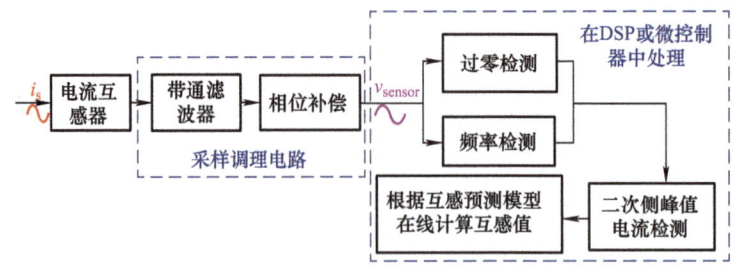

图 5-17　互感动态在线估算流程图

基于互感在线估算的最大效率跟踪控制图如图 5-18 所示，输出电压 V_o 和电流 I_o 被采样后传递到 DSP，输出功率 P_o 可以通过 DSP 中的乘法器计算得出。系统的 PI 控制器用于实现对额定功率 P_N 的跟踪。通过副边峰值电流进行采样，可在线计算出互感 M 的大小。然后，根据式（5-66）和式（5-67），可以得到系统最优解（β_{op}，θ_{op}），实现最大效率的跟踪控制。需要注意的是，PI 控制器的误差输出是用来调整 $\Delta\beta$ 的，而不是 $\Delta\theta$，如图 5-18 所示。由于省略了式（5-52）中的损耗，PI 控制器的稳态误差输出将始终为正值。正的 $\Delta\theta$ 可能会使 $\dfrac{\beta}{2}-(\theta+\Delta\theta)\geq\delta_{min}$，从而导致 ZVS 丢失。相反，正的 $\Delta\beta$ 则有助于系统的功率器件实现 ZVS。

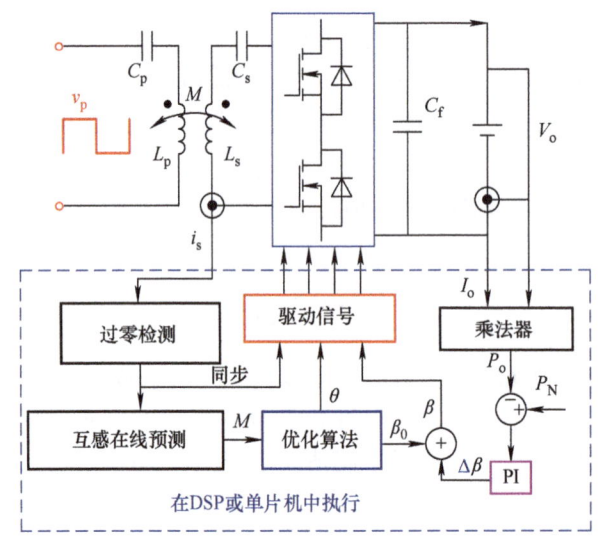

图 5-18　基于互感在线估算的最大效率跟踪控制图

5.3.4　实验验证

为了验证提出的控制策略的可行性和准确性，搭建了实验平台进行了验证。图 5-19a 显示了互感 M 从 21.66μH 增加到 36.15μH 的动态波形，图 5-19b 和 c 分别为 $M=21.66$μH 和 $M=36.15$μH 下的稳态波形。$M=21.66$μH 时理论最优解为（β_{op1}，θ_{op1}）=（0.58π，0.23π），$M=36.15$μH 时理论最优解为（β_{op2}，θ_{op2}）=（0.82π，0.33π）。可以发现，实验的 θ 值与理论值一致，而实验的 β 值略大于理论值。图 5-19 中，v_{DA} 是 v_{sensor} 的采样峰值，很明显，v_{sensor}

在动态和稳态下都能很好地跟踪次级峰值电流，并且 DA 模块 v_{DA} 的输出可以很好地跟踪 v_{sensor} 的峰值包络，这表明设计的控制策略可以很好地估计互感。另外，从稳态波形可以看出，功率器件能实现 ZVS，并且实验最优解与理论最优解近似。

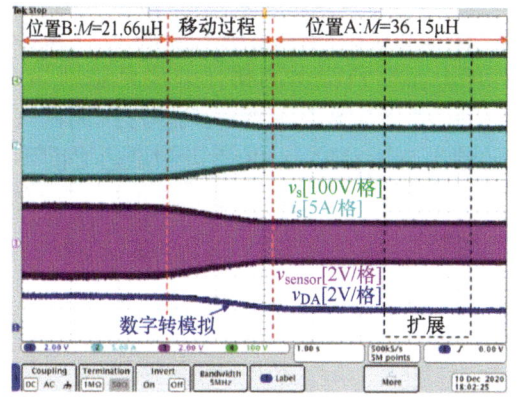

a) M 从 21.66μH 增加到 36.15μH 的动态波形

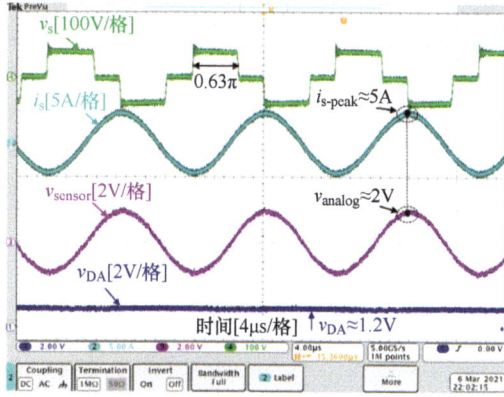

b) M=21.66μH 下的稳态波形

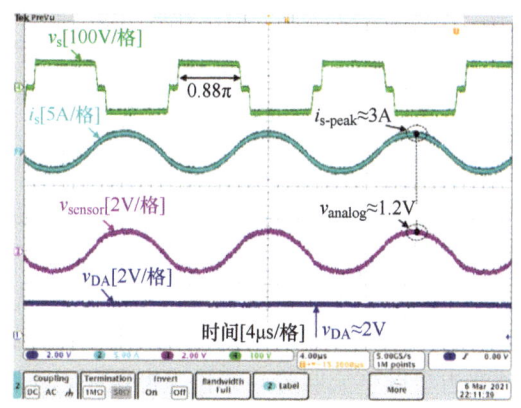

c) M=36.15μH 下的稳态波形

图 5-19　实验波形

5.4　AC/DC WPT 变换器集成式拓扑设计与控制

5.4.1　AC/DC WPT 集成变换器简介

大多数 WPT 变换器只是针对 DC/DC 的变换，实际上 AC/DC WPT 变换器更适用于并网应用。现有多项关于单相单级 AC/DC 的研究，针对中等功率应用的 WPT 具有 PFC（功率因数校正）的拓扑。一般来说，更多的开关不仅会增加功率半导体器件的成本，还会增加相应栅极驱动器和隔离式 DC/DC 电源的成本。本节的思路是首先尽量减少功率开关的数量，然后尽量减少功率二极管的数量，最后提出一种集成式 AC/DC WPT 的高效率与 PFC 接近 1 的变换器拓扑。为了实现这些目标，本节提出了一种单级单相 AC/DC WPT 集成变换器，它提供了单级和两级拓扑之外的替代方案。本节的主要内容来自团队成员发表在 IEEE Transactions on Industrial Electronics 上面的期刊论文 "A Compact Single-Phase AC-DC Wireless-Power-Transfer Converter with Active Power Factor Correction"，即本章参考文献 [10]。

图 5-20 所示为所提出的单相 AC/DC WPT 集成变换器，与传统的两级变换器相比，它整合了前端全桥整流器和升压 PFC 变换器。该结构使用共享全桥结构进行 AC/DC PFC 和 DC/DC WPT 变换，全桥结构产生由两个分量组成的电压：一个是用于有源 PFC 操作的工频分量；另一个是用于激励 WPT 谐振腔的高频分量。所提出的拓扑的优点总结如下：①使用最少数量的功率半导体器件（总共四个开关和四个二极管）；②主动整形网侧输入电流，具有良好的输入电流功率因数（PF）和总谐波失真（THD）；③原边和副边之间不需要实时低延迟通信；④母线电压受控且在宽负载范围内稳定；⑤输出电压、电流不存在二倍工频分量；⑥恒定的工作频率使磁性元件更易于设计。

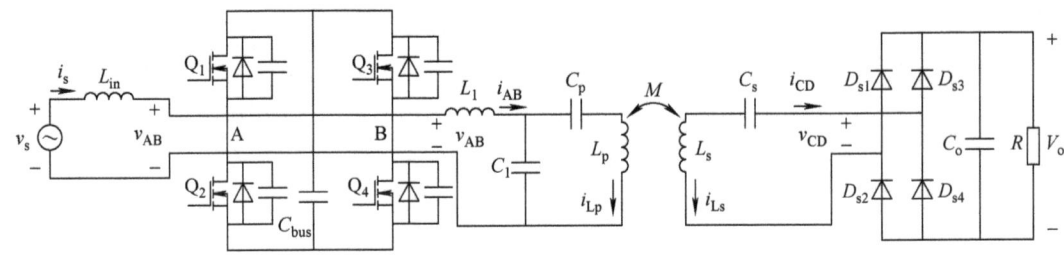

图 5-20 单相 AC/DC WPT 集成变换器

图 5-20 中，v_s 为单相交流电源，L_{in} 为实现 PFC 的输入电感，C_{bus} 为总线电容器，$Q_1 \sim Q_4$ 为四个前端 MOSFET 开关。LCC-S 拓扑被用作 WPT 谐振腔拓扑。L_1、C_1、C_p、C_s 为相应的补偿参数。L_p 和 L_s 分别为原边和副边线圈的自感，M 为互感。$D_{s1} \sim D_{s4}$ 为 4 个副边高频整流二极管，C_o 为输出电容，R 为负载电阻，V_o 为输出电压。v_{AB} 为原边全桥逆变器高频电压，i_s 为网侧交流输入电流，i_{AB} 为流经 L_1 的电流，i_{Lp} 为流经 L_p 的电流，i_{Ls} 为流经 L_s 的电流，v_{CD} 和 i_{CD} 是副边全桥整流器的高频输入电压和电流。v_{C1}、v_{Cp} 和 v_{Cs} 分别定义为 C_1、C_p 和 C_s 两端的电压。在下面的分析中，$v_{AB.fs.1}$、$i_{AB.fs.1}$、$v_{C1.fs.1}$、$i_{C1.fs.1}$、$i_{Lp.fs.1}$、$i_{Ls.fs.1}$、$v_{CD.fs.1}$ 和 $i_{CD.fs.1}$ 分别定义为 v_{AB}、i_{AB}、v_{C1}、i_{C1}、i_{Lp}、i_{Ls}、v_{CD} 和 i_{CD} 的开关频率（f_s）基波（一次谐波）分量。$v_{AB.fl.1}$、$i_{AB.fl.1}$、$v_{C1.fl.1}$、$i_{C1.fl.1}$、$i_{Lp.fl.1}$、$i_{Ls.fl.1}$、$v_{CD.fl.1}$ 和 $i_{CD.fl.1}$ 已定义分别为 v_{AB}、i_{AB}、v_{C1}、i_{C1}、i_{Lp}、i_{Ls}、v_{CD} 和 i_{CD} 的线路频率（f_l）基波（一次谐波）分量。f_s 和 f_l 分别被定义为开关频率和网侧工频。ω_s 和 ω_l 分别定义为开关频率和网侧工频，以 rad 表示。

采用三电平非对称调制方法。图 5-21 所示为集成变换器理想波形。D_{a1} 和 D_{a2} 分别为 v_{AB} 的正负占空比。图 5-22 所示为周期 T_l 内 v_{AB} 的概念波形。

对于网侧工频 f_l，v_{AB} 的基波分量表示如下：

$$v_{AB.fl.1} = (D_{a1} - D_{a2})v_{bus} = V_{AB.sp} \sin(\omega_l t + \varphi) \tag{5-70}$$

式中，$V_{AB.sp}$ 和 φ 分别为幅度和 $v_{AB.fl.1}$ 的相位。通过适当调整 D_{a1} 和 D_{a2}，$v_{AB.fl.1}$ 可以被调制为具有线路频率的正弦波形。单相电源 v_s 表示为

$$v_s = V_{sp} \sin(\omega_l t) \tag{5-71}$$

式中，V_{sp} 为 v_s 的幅值。对于 PFC 的理想要求，交流输入电流表示为

$$i_s = I_{sp} \sin(\omega_l t) \tag{5-72}$$

式中，I_{sp} 为 i_s 的振幅。$v_{AB.fl.1}$ 和 v_s 的关系如下：

$$v_s - v_{AB.fl.1} = L_{in}(di_s / dt) \tag{5-73}$$

因此，$v_{AB.fl.1}$ 计算如下：

$$v_{AB.fl.1} = V_{sp} \sin(\omega_l t) - \omega_l L_{in} I_{sp} \cos(\omega_l t) \tag{5-74}$$

因此，如果 D_{a1} 和 D_{a2} 同时满足式（5-73）和式（5-74），则可以实现 AC/DC PFC 整流。输入功率 p_{in} 公式如下：

$$p_{in} = V_{sp} I_{sp} \sin^2(\omega_l t) \tag{5-75}$$

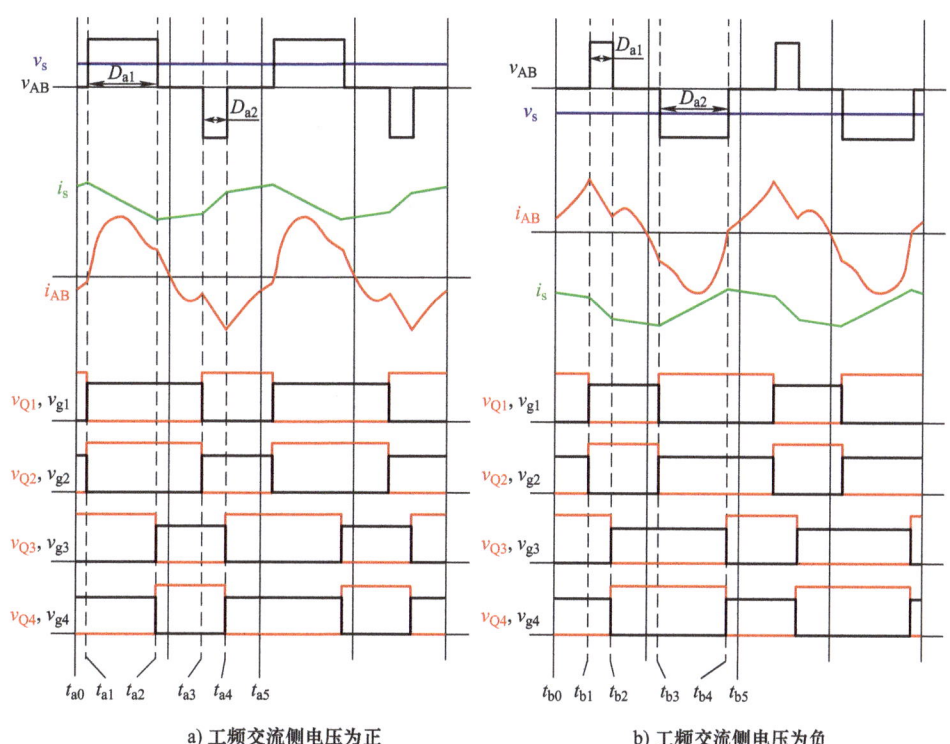

a) 工频交流侧电压为正　　　　b) 工频交流侧电压为负

图 5-21　集成变换器理想波形

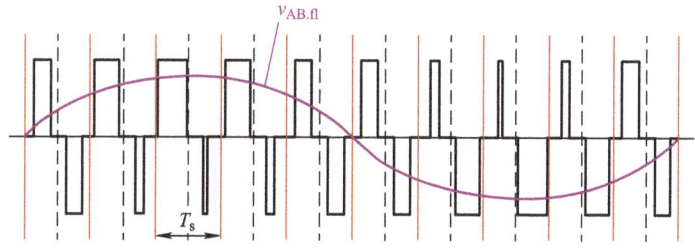

图 5-22　周期 T_l 内 v_{AB} 的概念波形

5.4.2 变换器 LCC-S 补偿网络

全桥结构也用作 WPT DC/DC 的高频逆变器，采用电压传输增益与负载无关的 LCC-S 补偿网络，并采用基波近似（FHA）方法来分析稳态。如果 WPT 线圈耦合保持不变，则可以实现无需副边反馈信息的恒定输出电压的原边控制器。DC/AC 部分由高频逆变器（带有开关 $Q_1 \sim Q_4$）、WPT 谐振回路（带有补偿参数 L_1、C_1、C_p 和 C_s 以及 WPT 线圈 L_p 和 L_s）、副边二极管电桥组成整流器（带有二极管 $D_{s1} \sim D_{s4}$）和输出电容器 C_o，如图 5-23a 所示。v_{C1} 和 i_{C1} 分别是 C_1 两端的电压和流过 C_1 的电流。

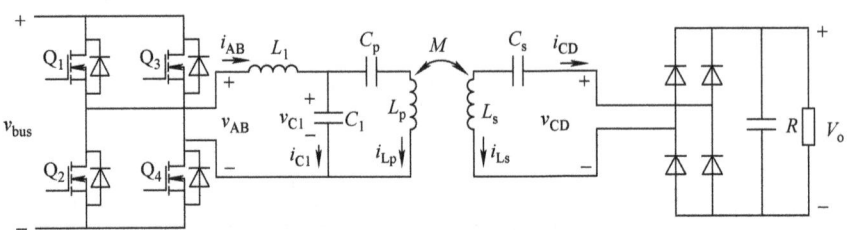

a) 带有LCC-S补偿网络的DC/DC WPT变换器

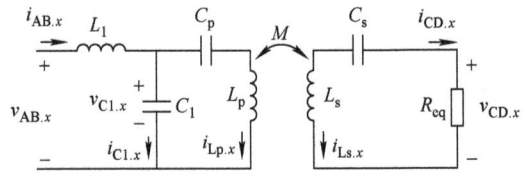

b) LCC-S补偿网络的等效电路

图 5-23　LCC-S 补偿 WPT 等效电路

LCC-S WPT 回路的一般等效电路如图 5-23b 所示，其中下标"x"代表不同的频率分量。对于开关频率基波分量（$x = f_{s.1}$），等效负载电阻 R_{eq} 计算如下：

$$R_{eq} = (8 / \pi^2)R \tag{5-76}$$

等效电路分析如下：

$$
\begin{cases}
v_{AB.x} = j\omega L_1(i_{C1.x} + i_{Lp.x}) + \dfrac{1}{j\omega C_1}i_{C1.x} \\[2mm]
\dfrac{1}{j\omega C_1}i_{C1.x} = \left(j\omega L_{p.x} + \dfrac{1}{j\omega C_{p.x}}\right)i_{Lp.x} + j\omega M i_{Ls.x} \\[2mm]
\left(\dfrac{1}{j\omega C_s} + R_{eq}\right)(-i_{Ls.x}) = j\omega L_s i_{Ls.x} + j\omega M i_{Lp.x}
\end{cases}
\tag{5-77}
$$

式中，ω 为 LCC-SWPT 谐振腔中存在的频率分量。对于开关频率基波分量（$x = f_{s.1}$），ω 等于以 rad 表示的开关频率（ω_s），并且可以应用 FHA 分析方法。对于网侧工频基波分量（$x = f_{l.1}$），ω 等于以 rad 表示的线路频率（ω_1），由式（5-77）可以分析，WPT 谐振回路工频基波分量处的输入阻抗很大，R_{eq} 近似无限大。因此，只有开关频率基波分量可以通过 LCC-S WPT 回路传送到副边负载。

采用所提出的三电平非对称调制方法，v_{AB} 可以表示为线路频率基波分量（表示为 $v_{AB.fl.1}$）、开关频率基波分量（表示为 $v_{AB.fs.1}$）以及通过傅里叶级数分析的开关频率高次谐波分量。在开关频率 ω_s 远大于线路频率 ω_1 的情况下，开关频率基波分量 $v_{AB.fs.1}$ 可近似表示如下：

$$v_{AB.fs.1} = V_{AB.fs.1s} \sin(\omega_s t) + V_{AB.fs.1c} \cos(\omega_s t) \tag{5-78}$$

式中，$V_{AB.fs.1s}$ 和 $V_{AB.fs.1c}$ 分别为 $v_{AB.fs.1}$ 的正弦和余弦系数，计算如下：

$$\begin{cases} V_{AB.fs.1s} = \dfrac{2}{T_s} \int_0^{T_s} v_{AB} \sin(\omega_s t) \mathrm{d}t = \left(\dfrac{2}{\pi}\right) v_{AB} (\sin(D_{a1}\pi) + \sin(D_{a2}\pi)) \\ V_{AB.fs.1c} = \dfrac{2}{T_s} \int_0^{T_s} v_{AB} \cos(\omega_s t) \mathrm{d}t = 0 \end{cases} \tag{5-79}$$

因此，$v_{AB.fs.1}$ 的幅度计算如下：

$$|v_{AB.fs.1}| = (2/\pi) v_{bus} (\sin(D_{a1}\pi) + \sin(D_{a2}\pi)) \tag{5-80}$$

为了实现去除副边时对原边的保护，两侧均设计为工作频率下的谐振状态

$$\begin{cases} \omega_s L_1 - \dfrac{1}{\omega_s C_1} = \omega_s L_p - \dfrac{1}{\omega_s C_p} - \dfrac{1}{\omega_s C_1} = 0 \\ \omega_s L_s - \dfrac{1}{\omega_s C_s} = 0 \end{cases} \tag{5-81}$$

式中，ω_s 和 f_s 分别定义为角频率和开关频率。T_s 为开关周期。因此，得到 v_{bus} 与 V_o 的电压传输比如下：

$$\frac{V_o}{v_{bus}} = \frac{M}{L_1} \cdot \frac{\sin(D_{a1}\pi) + \sin(D_{a2}\pi)}{2} \tag{5-82}$$

由式（5-82）可知，若保持互感不变，则 V_o 与 v_{bus} 之比可由 D_{a1}、D_{a2} 控制。在稳定状态下，输出电压 V_o 必须保持恒定，而 D_{a1}、D_{a2} 和 v_{bus} 在周期 T_1 内连续变化。

图 5-22 为所提出的拓扑的工作波形；以正输入线周期中一个开关周期的工作为例来说明其工作方式，如图 5-23a 所示。负输入线周期的操作波形类似，因此省略。为了进行操作分析，所提出的拓扑被简化为图 5-24 所示的等效电路，其中 WPT 储能电路和副边等效于阻抗 Z_r。

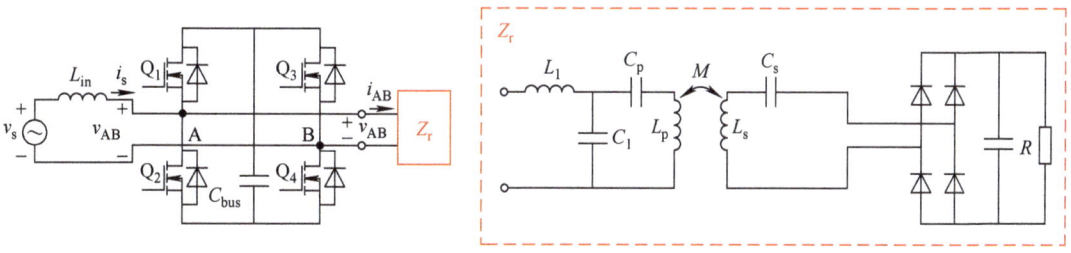

图 5-24　拓扑结构的等效电路，WPT 谐振腔和二次侧等效于阻抗 Z_r

第一阶段（$t_{a0} \sim t_{a1}$）：从 t_{a0} 到 t_{a1}，Q_2 和 Q_4 保持导通状态，并且 i_s 不断增加。电流流经 v_s、L_{in}、Z_r、Q_2 和 Q_4，如图 5-25a 所示。

第二阶段（$t_{a1} \sim t_{a2}$）：在 t_{a1} 时，Q_2 关断，Q_1 导通。Q_4 保持开启状态。在此阶段，i_s 逐渐减小。电流流经 v_s、L_{in}、Z_r、Q_1、C_{bus} 和 Q_4，如图 5-25b 所示。

第三阶段（$t_{a2} \sim t_{a3}$）：在 t_{a2} 时，Q_4 关断，Q_3 导通。Q_1 保持开启状态。在此阶段，i_s 是不断增加的。电流流经 v_s、L_{in}、Z_r、Q_1 和 Q_3，如图 5-25c 所示。

第四阶段（$t_{a3} \sim t_{a4}$）：在 t_{a3} 时，Q_1 关断，Q_2 导通。Q_3 保持开启状态。在此阶段，i_s 是不断增加的。电流流经 v_s、L_{in}、Z_r、Q_2、C_{bus} 和 Q_3，如图 5-25d 所示。

第五阶段（$t_{a4} \sim t_{a5}$）：此阶段与第一阶段相同。

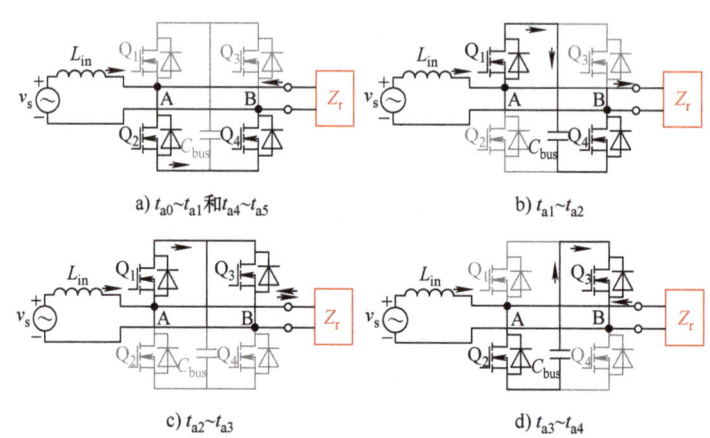

a) $t_{a0} \sim t_{a1}$ 和 $t_{a4} \sim t_{a5}$ b) $t_{a1} \sim t_{a2}$

c) $t_{a2} \sim t_{a3}$ d) $t_{a3} \sim t_{a4}$

图 5-25　网侧电压为正时的工作模式

5.4.3　变换器功率损耗分析

整体功率损耗主要包括输入电感 L_{in}、开关 $Q_1 \sim Q_4$、原边补偿电感 L_1、WPT 线圈 L_p 和 L_s 以及副边二极管 $D_{s1} \sim D_{s4}$，详细分析计算如下：接下来。在下面的分析中，为了更清楚地说明，引入了交流线位角（$\theta = \omega_1 t$）。

1. 输入电感 L_{in}

L_{in} 的铜损由下式给出：

$$P_{Lin.cu} = I_{s.rms}^2 R_{Lin} \tag{5-83}$$

式中，R_{Lin} 为 L_{in} 的等效串联电阻（ESR）；$I_{s.rms}$ 为交流输入电流 i_s 的均方根（rms）值。L_{in} 的磁芯损耗取决于其电流 i_s。由式（5-79）～式（5-83）可推导出相应磁芯损耗的计算公式如下：

$$P_{Lin.core} = V_{e1} \frac{2}{\pi} \int_0^{\frac{\pi}{2}} \left[k_{i1} \frac{1}{(N_1 A_{e1})^{\alpha_1}} \left(\frac{\mu_{r1} \mu_0 N_1}{l_{c1}} \frac{v_{bus} - V_{sp} \sin\theta}{L_{in}} D_{a1} T_s \right)^{\beta_1 - \alpha_1} \left[(v_{bus} - V_{sp}\sin\theta)^{\alpha_1} D_{a1} + (V_{sp}\sin\theta + v_{bus})^{\alpha_1} D_{a2} + (V_{sp}\sin\theta)^{\alpha_1}(1 - D_{a1} - D_{a2}) \right] \right] d\theta \tag{5-84}$$

式中，A_{e1} 和 V_{e1} 分别为磁芯的截面积和体积；N_1 为线圈数；μ_{r1} 为相对磁导率；μ_0 为磁导率常数。k_{i1} 为与 k_1、α_1、β_1 相关的常数，定义如下：

$$k_{i1} = \frac{k_1}{2^{\beta_1+1}\pi^{\alpha_1-1}[0.2761+1.7061/(\alpha_1+1.354)]} \tag{5-85}$$

式中，常数 k_1、α_1 和 β_1 可以从相关数据表中可以找到。

2. 开关 $Q_1 \sim Q_4$

总导通损耗由下式给出：

$$P_{Q.cond} = 2R_{ds.on}\frac{1}{2\pi T_s}\int_0^{2n}\left[\int_0^T (i_{AB}(t)-i_{s1}(\theta,t))^2 dt\right]d\theta \tag{5-86}$$

式中，$R_{ds.on}$ 为导通漏源（DS）电阻。总开关损耗由下式给出：

$$P_{Q.sw} = \frac{f_s}{2\pi}\left(\frac{E_{on.test}}{V_{ds.test}I_{d.test}} + \frac{E_{off.test}}{V_{ds.test}I_{d.test}}\right) \times \int_0^{2\pi} v_{bus}(i_{a1}+i_{a2}+i_{a3}+i_{a4})d\theta \tag{5-87}$$

式中，$E_{on.test}$ 和 $E_{off.test}$ 分别为在测试漏源电压和电流（$V_{ds.test}$ 和 $I_{d.test}$）条件下的参考开通和关断能量，可从相应的数据表中获得。i_{a1}、i_{a2}、i_{a3} 和 i_{a4} 分别为 t_{a1}、t_{a2}、t_{a3} 和 t_{a4} 处的临界开关电流，其表达式如下：

$$
\begin{aligned}
i_{a1} &= \begin{cases} 0, & i_{AB}(t_{a1})-i_{s1}(\theta,t_{a1}) \leqslant 0 \\ i_{AB}(t_{a1})-i_{s1}(\theta,t_{a1}), & i_{AB}(t_{a1})-i_{s1}(\theta,t_{a1}) > 0 \end{cases} \\
i_{a2} &= \begin{cases} 0, & i_{AB}(t_{a2})-i_{s1}(\theta,t_{a2}) \geqslant 0 \\ i_{s1}(\theta,t_{a2})-i_{AB}(t_{a2}), & i_{AB}(t_{a2})-i_{s1}(\theta,t_{a2}) < 0 \end{cases} \\
i_{a3} &= \begin{cases} 0, & i_{AB}(t_{a3})-i_{s1}(\theta,t_{a3}) \geqslant 0 \\ i_{s1}(\theta,t_{a3})-i_{AB}(t_{a3}), & i_{AB}(t_{a3})-i_{s1}(\theta,t_{a3}) < 0 \end{cases} \\
i_{a4} &= \begin{cases} 0, & i_{AB}(t_{a4})-i_{s1}(\theta,t_{a4}) \leqslant 0 \\ i_{AB}(t_{a4})-i_{s1}(\theta,t_{a4}), & i_{AB}(t_{a4})-i_{s1}(\theta,t_{a4}) > 0 \end{cases}
\end{aligned} \tag{5-88}
$$

式中，t_{a1}、t_{a2}、t_{a3} 和 t_{a4} 在图 5-21 中定义并计算如下：

$$
\begin{aligned}
t_{a1} &= (0.25-0.5\cdot D_{a1}(\theta))T_s \\
t_{a2} &= (0.25+0.5\cdot D_{a1}(\theta))T_s \\
t_{a3} &= (0.75-0.5\cdot D_{a2}(\theta))T_s \\
t_{a4} &= (0.75+0.5\cdot D_{a2}(\theta))T_s
\end{aligned} \tag{5-89}
$$

需要注意的是，D_{a1} 和 D_{a2} 随着交流线位角 θ 而变化。

3. 电感 L_1

L_1 的铜损计算如下：

$$P_{L1.cu} = I_{AB.fs.1.rms}^2 R_{L1} \tag{5-90}$$

式中，R_{L1} 为 L_1 的 ESR；$I_{AB.fs.1.rms}$ 为有效值 i_{AB} 的开关频率基波分量

$$I_{\text{AB.fs.1.rms}} = \frac{\pi P_{\text{o}}}{2\sqrt{2}K_{\text{d}}V_{\text{bus.avg}}} \tag{5-91}$$

L_1 的磁芯损耗可由 Steinmetz 方程得出

$$P_{\text{L1.core}} = V_{\text{e2}}k_2 f_{\text{s}}^{\alpha_2}\hat{B}^{\beta_2} = V_{\text{e2}}k_2 f_{\text{s}}^{\alpha_2}\left(\frac{\mu_0 N_2}{l_{\text{g2}}}\sqrt{2}I_{\text{AB.1.rms}}\right)^{\beta_2} \tag{5-92}$$

式中，V_{e2} 为磁芯的体积；N_2 是线圈数；常数 k_2、α_2 和 β_2 可以从相关数据表中找到。采用气隙距离为 l_{g2} 的铁氧体磁芯。

4. WPT 线圈 L_{p} 和 L_{s}

L_{p} 和 L_{s} 的铜损由下式给出：

$$P_{\text{Lp}} = I_{\text{Lp.fs.1.rms}}^2 R_{\text{Lp}} \tag{5-93}$$

$$P_{\text{Ls}} = I_{\text{Ls.fs.1.rms}}^2 R_{\text{Ls}} \tag{5-94}$$

式中，R_{Lp} 和 R_{Ls} 分别为 L_{p} 和 L_{s} 的 ESR；$I_{\text{Lp.fs.1.rms}}$ 和 $I_{\text{Ls.fs.1.rms}}$ 分别为开关频率 i_{Lp} 和 i_{Ls} 基波分量的均方根值。它们的计算如下

$$I_{\text{Lp.fs.1.rms}} = 2\sqrt{2}K_{\text{d}}V_{\text{bus.avg}}/(\pi\omega_{\text{s}}L_1) \tag{5-95}$$

$$I_{\text{Ls.fs.1.rms}} = \pi P_{\text{o}}/(2\sqrt{2}V_{\text{o}})P_{\text{Ds}} = 2(P_{\text{o}}/V_{\text{o}})V_{\text{f.Ds}} \tag{5-96}$$

5. 二极管 $D_{\text{s1}} \sim D_{\text{s4}}$

$D_{\text{s1}} \sim D_{\text{s4}}$ 的总损耗由二极管正向压降产生，由下式给出：

$$P_{\text{Ds}} = 2(P_{\text{o}}/V_{\text{o}})V_{\text{f.Ds}} \tag{5-97}$$

式中，$V_{\text{f.Ds}}$ 为正向电压 $D_{\text{s1}} \sim D_{\text{s4}}$ 的电压降。

5.4.4 控制器设计

1. 输入电压、母线电压、输出电压和工作频率 f_{s} 的设计

输入电压 v_{s} 被确认为来自电网的 50Hz、110V_{rms} 交流电源。输出电压 V_{o} 设计为 350V。最大输出功率 $P_{\text{o.max}}$ 为 500W。在满负载范围条件下，平均总线电压 $V_{\text{bus.avg}}$ 设计为 400V。工作频率 f_{s} 设置为 85kHz。

2. 母线电容 C_{bus} 和输出电容 C_{o} 的选择

为了平衡 C_{bus} 体积和母线电压纹波，C_{bus} 选择电容为 540μF，额定电压为 450V。C_{o} 选择具有 220μF 电容和 450V 额定电压，以过滤开关频率分量。

3. WPT 谐振腔的设计（L_1、C_1、L_{p}、C_{p}、L_{s}、C_{s} 和 M）

由式（5-85）可知，K_{d} 应设计在

$$0.49 \leqslant K_{\text{d}} \leqslant 0.6 \tag{5-98}$$

对于最小互感条件，K_{d} 选择为 0.6。WPT 线圈设计为平均直径 400mm 的螺旋形状。

它们的垂直距离设置为 100mm。采用 1000 股绞合线（每股直径 0.1mm），降低交流电阻和趋肤效应。铁氧体磁板用于屏蔽。对于最小互感条件，WPT 线圈的自感和互感（L_p、L_s 和 M）的测量值分别为 196.8μH、385.7μH 和 109.3μH。由式（5-104）可知，L_1 设计如下：

$$L_1 = M \frac{V_{bus.avg}}{V_o} K_d = 75.0\mu H \tag{5-99}$$

根据式（5-104）和式（5-98），在指定的 K_d 范围内，计算出互感的允许范围为 [109.1μH，133.6μH]。

根据式（5-81），计算出 C_1、C_p 和 C_s 分别为 46.7nF、28.8nF 和 9.1nF。L_1、C_1、C_p 和 C_s 的实际测量值分别为 74.8μH、46.6nF、28.9nF 和 9.2nF。

4. 输入电感 L_{in} 的设计

L_{in} 决定了交流输入电流的纹波。纹波设计不超过峰值输入电流

$$\frac{V_{bus.avg} - V_{sp}}{2L_{in}f_s} D_{a1}\big|_{\theta=90°} \leqslant I_{sp}5\% \tag{5-100}$$

在 90° 交流线位角时，D_{a1} 计算为 0.456。根据（5-100），L_{in} 设计为 2.0mH 电感。

集成变换器控制策略如图 5-26 所示。所提出的控制方案中有三个控制环路，包括交流电流环路、输出电压环路和总线电压环路，它们用于整形输入交流电流，分别保持 V_o 和 $V_{bus.avg}$ 的恒定。V_o 和 $V_{bus.avg}$ 的误差是由元件容差和等效串联电阻（ESR）引起的，并且所提出的闭环控制方案可以补偿和消除耦合变化。采样的反馈信号包括交流输入电压和电流（v_s 和 i_s）、输出电压（V_o）和总线电压（v_{bus}）。$I_{sp.cmd}$（定义为交流输入电流的目标峰值 i_s）和 K_d 是两个控制变量。对 V_o 进行采样并馈入比例积分（PI）补偿模块以获得 $I_{sp.cmd}$。K_{p1} 和 K_{i1} 是相应的 PI 参数。$V_{bus.avg}$ 是半个

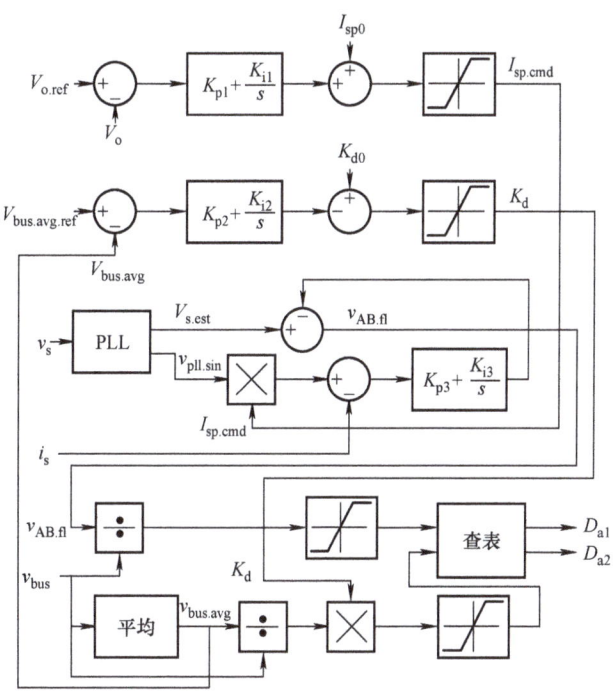

图 5-26　集成变换器控制策略

行周期内采样的 v_{bus} 的平均值。$V_{bus.avg}$ 被馈送到另一个 PI 补偿模块以获得 K_d。K_{p2} 和 K_{i2} 是相应的 PI 参数。$V_{o.ref}$ 和 $V_{bus.avg.ref}$ 分别是 V_o 和 $V_{bus.avg}$ 的参考值。I_{sp0} 和 K_{d0} 分别是 $I_{sp.cmd}$ 和 K_d 的初始值，v_s 被采样并馈送到锁相环（PLL）模块，并生成估计输入电压（$v_{s.est}$）和与 v_s 同步的单一正弦信号（$v_{pll.sin}$）。利用 $I_{sp.cmd}$、$v_{pll.sin}$ 和 $v_{s.est}$，生成所需的线路频率基波分量 $v_{AB.fl}$。

因此，D_{a1} 和 D_{a2} 的差值如下

$$D_{a1} - D_{a2} = \frac{v_{AB.fl.1}}{v_{bus}} \tag{5-101}$$

根据式（5-101），D_{a1} 和 D_{a2} 确定 V_o 和 v_{bus} 的比率。然而，由于输入和输出功率的瞬时不平衡，v_{bus} 随二倍工频变化。v_{bus} 可表示如下

$$v_{bus} = \sqrt{V_{bus.avg}^2 - \frac{P_o}{\omega_1 C_{bus}} \sin(2\omega_1 t)} \tag{5-102}$$

式中，P_o 为输出功率。为了保持恒定的输出电压而没有二倍工频纹波，K_d 定义如下

$$K_d = \frac{v_{bus}}{V_{bus.avg}} \frac{\sin(D_{a1}\pi) + \sin(D_{a2}\pi)}{2} \tag{5-103}$$

因此，根据式（5-82）和式（5-103），从 $V_{bus.avg}$ 到 V_o 的电压传输增益表达如下：

$$\frac{V_o}{V_{bus.avg}} = \frac{M}{L_1} K_d \tag{5-104}$$

根据式（5-103）和式（5-104），D_{a1} 和 D_{a2} 在一个线路周期内主动调整以维持恒定的输出电压。建立查找表来求解式（5-101）和式（5-103）的方程组，得到 D_{a1} 和 D_{a2}，对于微控制器操作来说更加可行。

式（5-101）和式（5-103）组成的方程组不能保证所有可能条件下 D_{a1} 和 D_{a2} 的真实且有意义的解。设 x_d 和 x_s 为 D_{a1} 和 D_{a2} 的函数

$$\begin{cases} x_d = D_{a1} - D_{a2} \\ x_s = \sin(D_{a1}\pi) + \sin(D_{a2}\pi) \end{cases} \tag{5-105}$$

在不同的已知 x_d 和 x_s 下，D_{a1} 和 D_{a2} 的解如图 5-27 所示。可见，只有满足以下条件时，有意义的解才会出现

$$\sin(x_d\pi) \leqslant x_s \leqslant 1 + \sin((0.5 - x_d)\pi) \tag{5-106}$$

从式（5-81）~式（5-106），为了保证真实且有意义的解，获得充分要求如下：

$$\frac{1}{2} \sin\left(\frac{V_{sp.max}}{\sqrt{V_{bus.avg}^2 - \dfrac{P_{o.max}}{\omega_1 C_{bus}}}} \pi \right) \sqrt{1 + \frac{P_{o.max}}{\omega_1 C_{bus} V_{bus.avg}^2}} \leqslant K_d$$

$$\leqslant \frac{1}{2} \left[1 + \sin\left(\left(0.5 - \frac{V_{sp.max}}{\sqrt{V_{bus.avg}^2 - \dfrac{P_{o.max}}{\omega_1 C_{bus}}}} \right) \pi \right) \right] \sqrt{1 - \frac{P_{o.max}}{\omega_1 C_{bus} V_{bus.avg}^2}} n \tag{5-107}$$

调制可以通过 TIC2000 控制器的增强型 PWM（EPWM）模块来实现。所提出的方法可以保证 $Q_1 \sim Q_4$ 承受相同的电压和电流应力，这使得热设计更加容易。TBCTR 为基于时间的计数器，并且配置为向上计数模式。TBPRD 为基于时间的周期。TBPHS 为基于时间的阶段。使用两个 EPWM 通道：EPWM1A 和 EPWM1B 分别用于 v_{g2} 和 v_{g1}；EPWM2A 和 EPWM2B 分别用于 v_{g4} 和 v_{g3}。桥臂开关的 PWM 信号是互补的，因此可以忽略 v_{g1} 和 v_{g3}。对于每个 EPWM 通道，有两个计数器比较值，标记为 CMPA 和

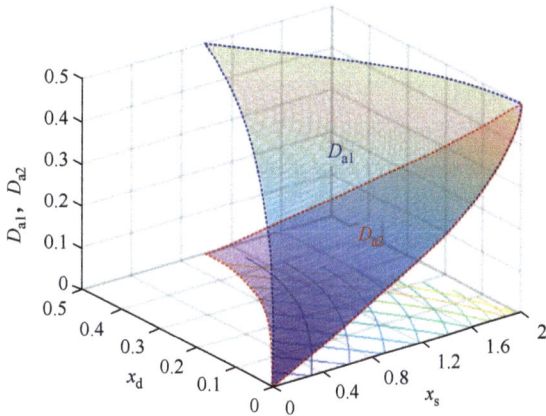

图 5-27　$D_{a1} \geqslant D_{a2}$ 条件下 D_{a1} 和 D_{a2} 关于 x_d 和 x_s 的曲面图

CMPB。当计数器等于 0、CMPA、CMPB 或 TBPRD 时，可以执行四种操作：不执行任何操作、设置高电平、清除低电平和切换。在所提出的方法中，仅使用设置高电平和清除低电平动作，分别用向上和向下箭头标记。例如，当相应的计数器等于 EPWM1-CMPA 时，EPWM1A 被设置为高电平，当计数器等于 EPWM1-CMPB 时清除低电平。EPWM1 和 EPWM2 的计数器比较值计算如下：

$$EPWM1\text{-}CMPA = [0.25 + 0.5D_{a1} + 0.5](1 - D_{a1} - D_{a2})]TBPRD$$
$$EPWM1\text{-}CMPB = [0.25 - 0.5D_{a1}]TBPRD$$
$$EPWM2\text{-}CMPA = [0.75 + 0.5D_{a2}]TBPRD$$
$$EPWM2\text{-}CMPB = [0.75 - 0.5D_{a2} - 0.5](1 - D_{a1} - D_{a2})]TBPRD$$

（5-108）

通过在一个工频周期内调节 D_{a1} 和 D_{a2} 以维持恒定的输出电压。

参 考 文 献

[1]　Berger A, Agostinelli M, Vesti S, et al. A wireless charging system applying phase-shift and amplitude control to maximize efficiency and extractable power [J]. IEEE Transactions on Power Electronics, 2015, 30(11): 6338-6348.

[2]　Li H, Li J, Wang K,et al. A maximum efficiency point tracking control scheme for wireless power transfer systems using magnetic resonant coupling [J]. IEEE Transactions on Power Electronics, 2015, 30(7): 3998-4008.

[3]　Gati E, Kampitsis G, Manias S. Variable frequency controller for inductive power transfer in dynamic conditions [J]. IEEE Transactions on Power Electronics, 2016, 32(2):1684-1696.

[4]　Yeo T D, Kwon D, Khang S,et al. Design of maximum efficiency tracking control scheme for closed-loop wireless power charging system employing series resonant tank [J]. IEEE Transactions on Power Electronics, 2016, 32(1): 471-478.

[5]　Mai R, Liu Y, Li Y, et al. An active-rectifier-based maximum efficiency tracking method using an additional measurement coil for wireless power transfer [J]. IEEE Transactions on Power Electronics, 2017, 33(1): 716-728.

[6] Huang Z, Wong S C, Chi K T. An inductive-power-transfer converter with high efficiency throughout battery-charging process [J]. IEEE Transactions on Power Electronics, 2019, 34(10): 10245-10255.

[7] 杨庆新. 无线电能传输技术及其应用 [M]. 北京: 机械工业出版社, 2014.

[8] Xu F, Wong S C,Chi K T.Overall loss compensation and optimization control in single-stage inductive power transfer converter delivering constant power [J]. IEEE Transactions on Power Electronics, 2021, 37(1): 1146-1158.

[9] Xu F, Wong S C, Chi K T. Inductive power transfer system with maximum efficiency tracking control and real-time mutual inductance estimation [J]. IEEE Transactions on Power Electronics, 2021, 37(5): 6156-6167.

[10] Liu J,Xu F, Sun C, et al. A compact single-phase AC-DC wireless-power-transfer converter with active power factor correction [J]. IEEE Transactions on Industrial Electronics, 2022, 70(1):3685-3696.

第6章　电容式电能传输方法

6.1　电容式电能传输技术的基本原理

电容式电能传输通过电场进行能量的传递，也称作电容式无线电能传输、电容耦合电能传输、电场耦合电能传输、电场耦合式无线电能传输，国外称作 Capacitive Power Transfer、Capacitive Wireless Power Transfer、Capacitively Coupled Power Transfer、Electric-field Coupled Power Transfer、Electric-field Coupled Wireless Power Transfer。统一起见，本书中用电容式电能传输 (Capacitive Power Transfer，CPT) 进行陈述。

6.1.1　电容式无线充电系统工作原理简介

CPT 技术是一种综合利用电力电子技术、谐振补偿与控制等技术，以高频电场作为能量传输介质，实现无直接电气连接的电能传输技术。典型的 CPT 系统结构如图 6-1 所示，包括直流电源、高频逆变器、发射极板侧的补偿电路、电场耦合机构、接收极板侧的补偿电路、整流器和负载。供电直流电源可以是电池等直流电源，也可以是交流电经过整流后的直流电源。高频逆变器用来将输入的直流电转换为高频交流电，高频逆变电路包括全桥电压源逆变器、半桥电压源逆变器、全桥电流源逆变器、半桥电流源逆变器、D 类放大器和 E 类放大器等结构，其中全桥电压源逆变器应用最为广泛，高频逆变器产生的高频交流电经过发射极板侧谐振补偿电路，在电场耦合机构发射极板侧形成若干倍于逆变器输出的高频交流电压，并通过电场耦合机构在接收极板侧感应出高频交流电压，然后经过接收极板侧补偿电路以及整流器为用电设备提供合适的直流电，整流器包含全桥电压源整流器、半桥电压源整流器、全桥电流源整流器、半桥电流源整流器、D 类整流器和 E 类整流器等结构，其中全桥电压源整流器应用最为广泛。

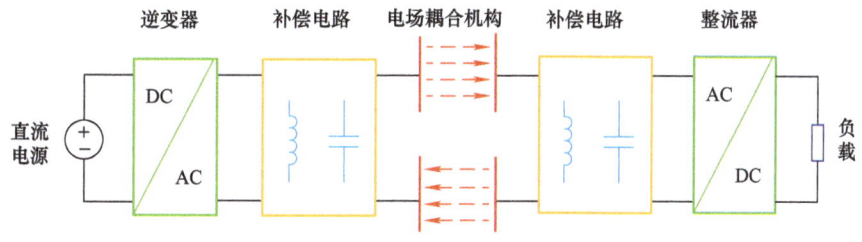

图 6-1　典型的 CPT 系统结构

发射极板侧补偿电路需要具备良好的升压性能，从而确保有足够的电能传递到接收极板侧，并且发射极板侧补偿电路需要让逆变器输出侧具有较高的功率因数，而接收极板侧补偿电路需要根据系统中负载特性的要求来设计，一般需要具有恒定输出电流或者电压的特性以及阻抗匹配的特性。需要注意，在给负载供电时，会在发射极板与接收极板之间形成位移电流，上面两个极板中位移电流的方向是正向的，下面两个极板之间的位移电流是反向的，这样才能形成一个回路。

　　CPT 系统利用电场从发射端口向接收端口传递能量，CPT 中的电场是由高电压流向低电压处，它不是闭合的，频率一般在 500kHz~10MHz 的范围之间，可以应用在生物医疗设备、消费电子产品、小型机器人、灯、同步电动机励磁、电动汽车、工业制造等场合中。CPT 系统能够克服金属障碍物能量传输阻断问题，当有金属障碍物在其周围时，不会在金属障碍物中引起涡流损耗，并且由于电场基本被限制在电场耦合机构之间，能够减小电磁干扰。在极板偏移时，除了正对极板之间的电场之外，还存在边缘电场，这时互电容的变化会低于 IPT 系统中线圈偏移时互感的变化。电场耦合机构一般由轻薄的铜板或者铝板构成，不需要电场屏蔽，可以大大降低电场耦合机构的成本，因此 CPT 系统具有对周围金属导体不敏感、没有由涡流产生的热效应、重量轻以及成本低的优点，可以作为 IPT 系统的替代方案，得到了越来越多学者们的广泛研究。

6.1.2　电场耦合机构

　　电场耦合机构在 CPT 系统中至关重要，图 6-2 给出了电场耦合机构的八种基本结构，包括两极板结构、水平结构、平行柱式结构、垂直结构、六极板结构、含有中继极板对的结构、阵列式结构以及磁场耦合机构与电场耦合机构组成的混合结构。图 6-2a 给出了两极板结构的电场耦合机构，仅使用两个金属板来传输功率，一块金属板放置在初级侧作为功率发射器，另一块金属板放置在次级侧作为功率接收器，两块金属板之间的互电容为电流流向负载提供了路径，然后以大地作为返回路径，使得电流流回初级侧[1]。图 6-2a 所示的两极板结构的电场耦合机构在长距离和短距离场景下均可应用，两个极板的尺寸可以是不同的，例如非对称的电场耦合机构。在电动汽车充电应用场景中，汽车底盘与大地之间的寄生电容可用于传导电流，其关键问题是如何增加大地电导率以及减少系统损耗[2]。参考文献 [3] 指出它具有良好的抗偏移性能，实验表明当与大地的寄生电容非常小时，它仍然能够实现有效的功率传输。因此，两极板结构的电场耦合机构的优点在于结构简单、成本较低和抗偏移能力较强。

　　水平结构的电场耦合机构中的发射极板对与接收极板对平行放置，利用四个金属极板来传输功率，如图 6-2b 所示，任意两个极板之间会形成一个耦合电容，发射极板对和接收极板对之间形成位移电流的流通路径。为了减小交叉耦合电容，可以让发射极板对和接收极板对中水平的两个极板之间的距离足够大，或者可以在发射极板对和接收极板对之间嵌入具有高介电常数的材料来增强电场强度[4]。水平结构的电场耦合机构对旋转错位非常敏感，180° 的旋转错位将使系统无法有效地传输能量。参考文献 [5] 采用平行柱式结构，如图 6-2c 所示，外面环和里面环构成发射 – 接收极板对，这种结构互电容大，交叉耦合较小，常用于轴承或者圆环旋转应用场合。参考文献 [6] 采用垂直结构的电场耦合机构，如图 6-2d 所示，电场耦合机构发射极板侧和接收极板侧采用两个大小不同的金属极板分别堆叠放置，且距离很近，来实现较大的电场耦合机构容抗。与水平结构的电场耦合机构相比，垂直结构的电场耦合机构更加紧凑，由于四个极板是对齐的，因此其对旋转错位的抗偏移能力很强。当用圆形板代替方形板时，旋转错位将不会影响其耦合电容大小，从而大大地增强了其对旋转错位的抗偏移能力。然而由于交叉耦合电容的增加，会使得垂直结构的电场耦合机构的互电容较小。并且由于发射极板侧和接收极板侧的两个金属极板距离很近，同侧极板之间的电压应力通常非常高，因此极板表面应做可靠的绝缘处理。

为了实现高功率传输，CPT 系统的耦合机构中极板上电压会很大，带来安全性的问题，为了减小耦合机构的漏电场，参考文献 [7] 将低压极板放到外侧、高压极板放到内侧来减少电场泄漏，提高系统安全性，如图 6-2e 所示。参考文献 [8] 提出了六极板结构的电场耦合机构，如图 6-2f 所示，其结构包括一个水平结构的电场耦合机构和两个屏蔽极板，两个屏蔽极板分别在水平结构的电场耦合机构的上面和下面，处于悬浮状态，并且屏蔽极板比内部水平结构的电场耦合机构大，内部水平结构的电场耦合机构直接与补偿电路相连，用来传输电能，屏蔽极板和内部水平结构的电场耦合机构之间的耦合电容还可以简化补偿电路的设计。为了增强 CPT 系统的传输距离，参考文献 [9] 在水平结构的电场耦合机构中嵌入了一个中继极板对，形成了含有中继极板对的电场耦合机构，如图 6-2g 所示，随着中继极板对数量的增加，系统的功率损耗相应地也会增加。为了增加抗偏移能力，参考文献 [10] 采用阵列式结构，如图 6-2h 所示，通过让接收极板与发射极板之间正对面积相等，实现偏移下互电容不变，但是发射侧不同极板之间会存在交叉耦合。

电场耦合机构中引入磁场传能通道能够提升系统能效、降低极板电压，综合利用磁场耦合机构功率密度大，电场耦合机构的极板成本低、重量轻、形状灵活性强、周围有金属时不会产生涡流损耗、抗偏移性能强的优点。这种结构称为复合磁电耦合机构，具有空间结构紧凑、抗偏移能力强的优点。与单独的 IPT 系统相比，磁场辐射范围缩小，金属物也不易掉落至磁场中，铝板可以作为屏蔽磁场的物体，也充当部分补偿线圈等效电感的电容，同时也是传输能量的通道。

参考文献 [11] 将矩形线圈和垂直排列的极板串联作为耦合机构，如图 6-2 i 所示，矩形线圈不仅作为谐振补偿拓扑中的补偿电感，而且进行传能，但是线圈趋肤效应会限制系统工作频率，耦合器结构不紧凑，体积大，传输能量密度低。

参考文献 [12] 利用复合磁电耦合机构实现穿越金属极板传能，如图 6-2j 所示，电场耦合机构放置于电能发射端，磁场耦合机构放置于电能接收端，同时将金属板作为耦合机构回路的一部分，发射端通过电场耦合使得金属板中产生交变的位移电流，在接收端将具有位移电流的金属板作为磁场耦合的单匝发射线圈，用带有磁芯的多匝接收线圈耦合并获得位移电流所携带的能量，实现穿越金属板传递功率。

除了上述给单个负载 CPT 系统进行能量传输的电场耦合机构之外，当需要给多个负载进行供电时，需要多个拾取单元。现有文献针对多负载 CPT 系统的电场耦合机构提出了两种结构，第一种多负载 CPT 系统的电场耦合机构结构如图 6-3a 所示，包含多个水平结构的电场耦合机构，且处于同一平面上；第二种多负载 CPT 系统的电场耦合机构结构如图 6-3b 所示，包含一对大的发射极板和多对小的在同一平面上的接收极板，初级侧的发射极板对需要足够大，从而为次级侧所有接收极板提供空间足够大的电场进行电场耦合。但是上述两种结构需要多个发射器或者一个笨重的发射器来为多个接收器供电，会占用较大发射空间。为了减小不必要的交叉耦合，需要让相邻发射 – 接收极板对之间的距离足够大或者拾取单元之间的距离足够大，这两种方式均会增加水平面积。因此，对于多负载 CPT 系统中的电场耦合机构还需要进一步研究。

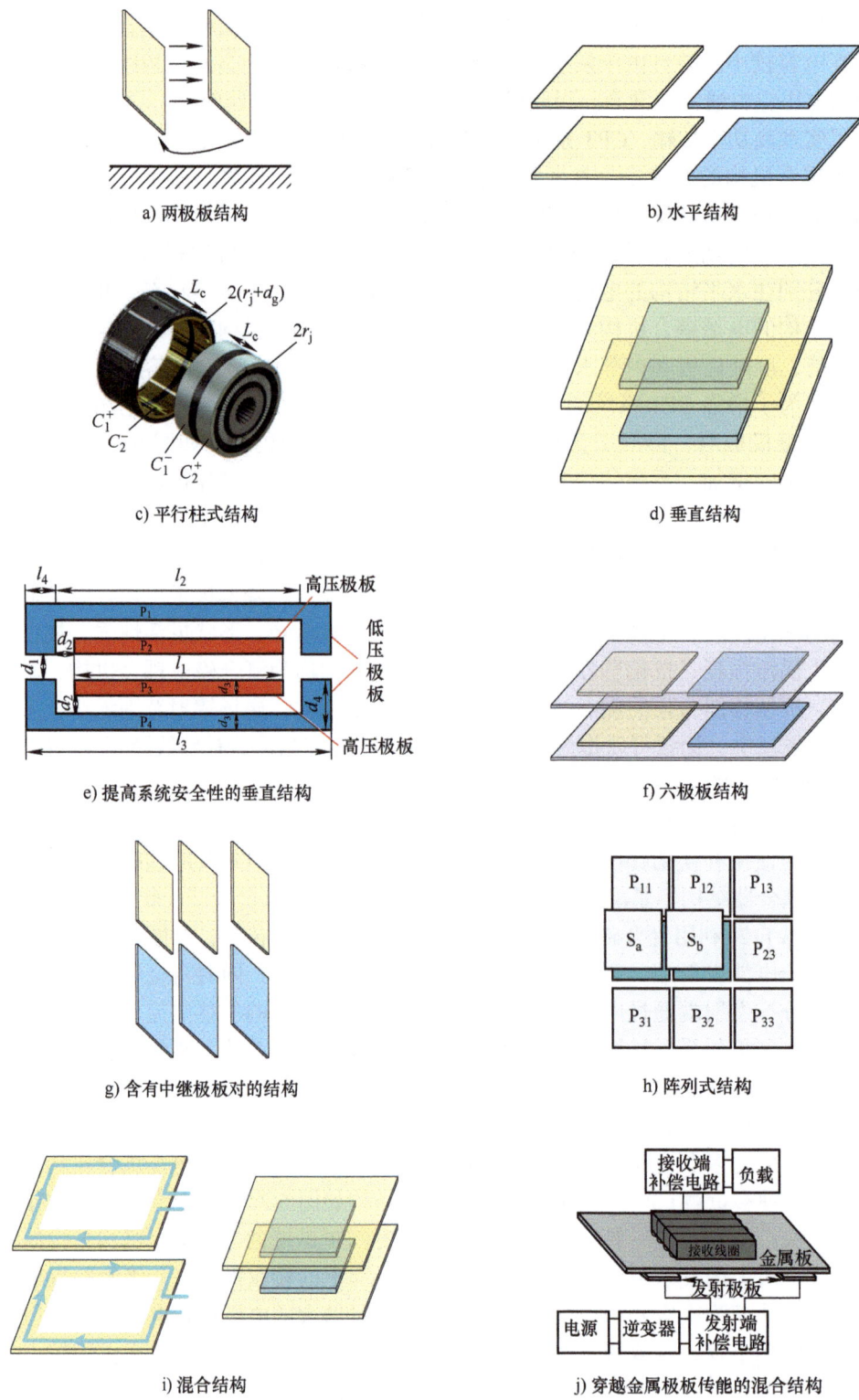

图 6-2　单负载 CPT 系统中的电场耦合机构

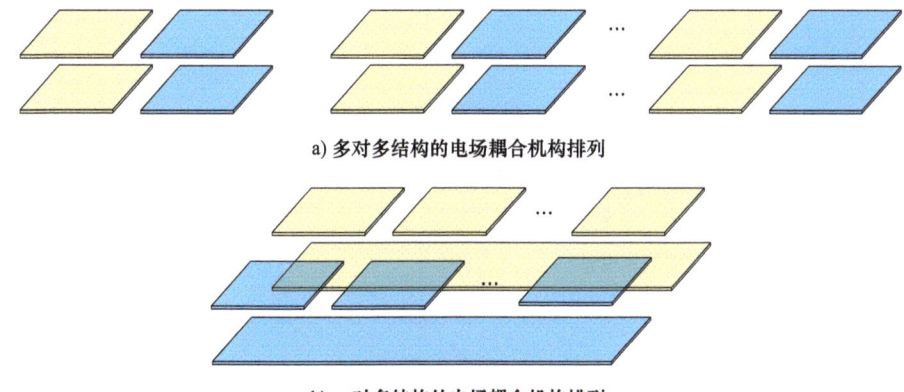

a) 多对多结构的电场耦合机构排列

b) 一对多结构的电场耦合机构排列

图 6-3　多负载 CPT 系统中的电场耦合机构

6.2　电容式无线充电系统建模分析

本节由浅入深地对 CPT 系统中最基本的四极板单负载系统进行建模分析，旨在让读者了解 CPT 系统概念，系统化建立关于 CPT 模型建立、分析和优化的知识体系。本节首先介绍了四极板 CPT 系统简单的两电容模型，其次介绍了在此基础上考虑交叉耦合电容的激励电流源模型及其激励电压源模型，并对其反射阻抗、端口等效电容、传递函数和传输功率进行了分析，然后介绍了如何准确测量等效耦合电容和任意两极板间电容，最后介绍了激励电流源模型和激励电压源模型的补偿网络分析过程，对谐振条件、输出电压或电流、电压应力和传输功率进行了分析。

6.2.1　两电容模型

水平结构的电场耦合机构如图 6-4a 所示，由四个金属板 $P_1 \sim P_4$ 组成。板 P_1 和 P_2 作为发射端水平放置在一次侧的同一平面上。板 P_3 和 P_4 作为接收端放置在二次侧的同一平面上。当 P_1 和 P_3、P_2 和 P_4 的距离很近，P_1 和 P_2、P_3 和 P_4 的距离较远时，交叉耦合电容很小，因此，可以把它等效为两个电容串联的形式，如图 6-4b 所示，发射 – 接收极板之间的电容为 $2C$。其与介质的介电常数 ε_0、两极板之间的正对面积 A 和间距 d 的关系为

$$2C \approx \frac{\varepsilon_0 A}{d} \tag{6-1}$$

式中，$\varepsilon_0 \approx 8.85 \times 10^{-12}\,\mathrm{F/m}$，因此极板间的电容一般为 pF 级别。图 6-4b 等效电路的输出功率 P_o 可以计算为

$$P_o = |I|^2 R_L = \left| \frac{V_{in}}{\dfrac{1}{j\omega C} + R_L} \right|^2 R_L = \frac{\omega^2 C^2 V_{in}^2 R_L}{1 + \omega^2 C^2 R_L} \approx \begin{cases} \dfrac{V_{in}^2}{R_L} & \omega \geqslant \dfrac{1}{R_L C} \\[4mm] \omega^2 C^2 V_{in}^2 R_L & \omega \leqslant \dfrac{1}{R_L C} \end{cases} \tag{6-2}$$

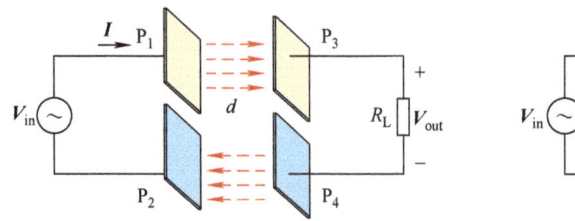 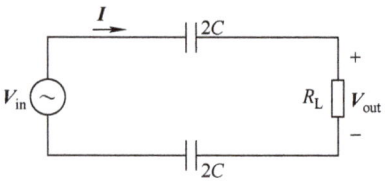

a) 单负载CPT系统四极板模型　　　　　　　　　b) 四极板两电容模型

图 6-4　CPT 系统四极板两电容模型

由式（6-2）可以看出，当系统工作的频率远远高于 $1/RC$ 时，电场耦合机构近似于短路，此时电场耦合机构没有压降，负载上的电压为电源电压。但是实际应用中，电场耦合机构所形成的电容很小，阻抗很大，工作频率会远远低于 $1/RC$，电源上的电压几乎完全施加在两个串联的电容上。此时，负载上的输出功率会非常低。

上述两电容模型是最简单的 CPT 模型，其只考虑极板 P_1 和 P_3、P_2 和 P_4 之间的电容，但是实际上，任意两个极板中间都存在一个电容。为了精确建模，需要考虑任意两个极板之间的电容，如图 6-5 所示的六电容模型，由于 P_1 和 P_3、P_2 和 P_4 正对面积大，因此电容 C_{13} 和 C_{24} 电容值较大；由于 P_1 和 P_2、P_3 和 P_4 正对面积较小，因此 C_{12} 与 C_{34} 电容值较小；由 P_1 和 P_4 以及 P_2 和 P_3 的边缘效应产生的交叉耦合电容 C_{14} 和 C_{23}，尽管它们的值很小，但是对于系统建模是不能忽略的。

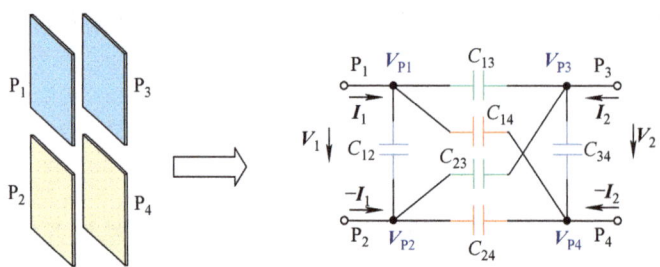

图 6-5　四极板电场耦合机构及其六电容模型

6.2.2　激励电流源模型

六电容模型中，流入 P_1 的电流和流出 P_2 的电流大小相等，流入 P_3 的电流与流出 P_4 的电流大小相等，所以它实际上是一个二端口的网络，任何给定的由线性元件 R、L、C 构成的无源二端口网络可以化简为三个参数确定的 T 形或 Π 形电路。在六电容模型二端口两端施加电压源 V_1 和 V_2，以推导输入和输出端口之间的关系。每个极板上的电压分别定义为 V_{P1}、V_{P2}、V_{P3} 和 V_{P4}，以 P_2 为参考节点，应用节点电压法列写方程：

$$\begin{cases} (j\omega C_{12} + j\omega C_{13} + j\omega C_{14})V_{P1} - j\omega C_{13}V_{P3} - j\omega C_{14}V_{P4} = I_1 \\ j\omega C_{12}V_{P1} - j\omega C_{23}V_{P3} - j\omega C_{24}V_{P4} = -I_1 \\ -j\omega C_{12}V_{P1} + (j\omega C_{13} + j\omega C_{23} + j\omega C_{34})V_{P3} - j\omega C_{34}V_{P4} = I_2 \\ -j\omega C_{14}V_{P1} - j\omega C_{34}V_{P3} + (j\omega C_{14} + j\omega C_{24} + j\omega C_{34})V_{P4} = -I_2 \end{cases} \tag{6-3}$$

式中，第一个式子两边同乘 C_{24}，第二个式子两边同乘 C_{14}，由于 $V_1=V_{P1}$，$V_2=V_{P3}-V_{P4}$，可以得到 V_1、V_2 和 I_1 的关系，类似地，根据第三个和第四个式子可以得到 V_1、V_2 和 I_2 的关系，即

$$V_1 = \frac{V_2 \dfrac{C_{24}C_{13}-C_{14}C_{23}}{C_{13}+C_{14}+C_{23}+C_{24}}}{C_{12}+\dfrac{(C_{13}+C_{14})(C_{23}+C_{24})}{C_{13}+C_{14}+C_{23}+C_{24}}} + \frac{I_1}{\mathrm{j}\omega}\frac{1}{C_{12}+\dfrac{(C_{13}+C_{14})(C_{23}+C_{24})}{C_{13}+C_{14}+C_{23}+C_{24}}}$$

$$V_2 = \frac{V_1 \dfrac{C_{13}C_{24}-C_{14}C_{23}}{C_{13}+C_{14}+C_{23}+C_{24}}}{C_{34}+\dfrac{(C_{13}+C_{23})(C_{14}+C_{24})}{C_{13}+C_{14}+C_{23}+C_{24}}} + \frac{I_2}{\mathrm{j}\omega}\frac{1}{C_{34}+\dfrac{(C_{13}+C_{23})(C_{14}+C_{24})}{C_{13}+C_{14}+C_{23}+C_{24}}}$$

（6-4）

定义自电容 C_1、C_2 和互电容 C_M 为

$$\begin{cases} C_M = \dfrac{C_{13}C_{24}-C_{14}C_{23}}{C_{13}+C_{14}+C_{23}+C_{24}} \\[3mm] C_1 = C_{12}+\dfrac{(C_{13}+C_{14})(C_{23}+C_{24})}{C_{13}+C_{14}+C_{23}+C_{24}} \\[3mm] C_2 = C_{34}+\dfrac{(C_{13}+C_{23})(C_{14}+C_{24})}{C_{13}+C_{14}+C_{23}+C_{24}} \end{cases}$$

（6-5）

此时，式（6-4）为

$$\begin{cases} I_1 = \mathrm{j}\omega C_1 V_1 - \mathrm{j}\omega C_M V_2 \\ I_2 = \mathrm{j}\omega C_2 V_2 - \mathrm{j}\omega C_M V_1 \end{cases}$$

（6-6）

根据式（6-6）可以得到四极板电场耦合机构的激励电流源模型，如图 6-6 所示。

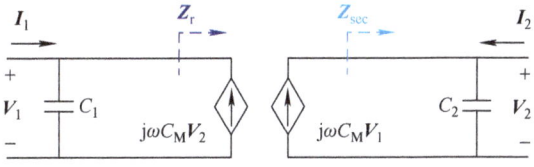

图 6-6　四极板电场耦合机构的激励电流源模型

定义 CPT 系统的耦合系数 k 为

$$k = \frac{C_M}{\sqrt{C_1 C_2}}$$

（6-7）

将式（6-6）整理为

$$\begin{cases} I_1 = \mathrm{j}\omega(C_1-C_M)V_1 + \mathrm{j}\omega C_M(V_1-V_2) \\ I_2 = \mathrm{j}\omega(C_2-C_M)V_2 + \mathrm{j}\omega C_M(V_2-V_1) \end{cases}$$

（6-8）

根据式（6-8）可以得到四极板电场耦合机构的 Π 形等效电路，如图 6-7 所示。

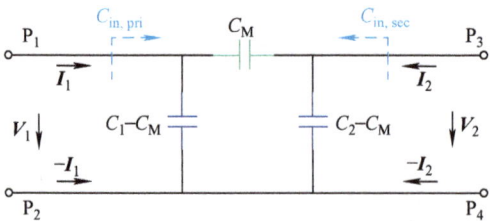

图 6-7　四极板电场耦合机构的 Π 形等效电路

下面研究该模型的反射阻抗、原副边等效电容、原副边电压传递函数和传输功率。
二次侧的阻抗折算到一次侧的阻抗定义为反射阻抗 Z_r，可以表示为

$$Z_r = -\frac{V_1}{\mathrm{j}\omega C_M V_2} = -\frac{V_1}{\mathrm{j}\omega C_M \cdot \mathrm{j}\omega C_M V_1 Z_{\mathrm{sec}}} = \frac{1}{(\omega C_M)^2 Z_{\mathrm{sec}}} \tag{6-9}$$

副边开路时，从原边看进去的等效电容 $C_{\mathrm{in,pri}}$ 为

$$\begin{aligned}
C_{\mathrm{in,pri}} &= \frac{I_1}{\mathrm{j}\omega V_1}\Big|_{I_2=0} \\
&= C_1 - C_M + C_M \,/\!/\, (C_2 - C_M) \\
&= C_1 - \frac{C_M^2}{C_2} = C_1\left(1 - \frac{C_M^2}{C_1 C_2}\right) = C_1(1 - k^2)
\end{aligned} \tag{6-10}$$

原边开路时，从副边看进去的等效电容 $C_{\mathrm{in,sec}}$ 为

$$\begin{aligned}
C_{\mathrm{in,sec}} &= \frac{I_2}{\mathrm{j}\omega V_1}\Big|_{I_1=0} \\
&= C_2 - C_M + C_M \,/\!/\, (C_1 - C_M) \\
&= C_2 - \frac{C_M^2}{C_1} = C_2\left(1 - \frac{C_M^2}{C_1 C_2}\right) = C_2(1 - k^2)
\end{aligned} \tag{6-11}$$

从原边到副边的电压传递函数 $H_{1,2}$ 为

$$H_{1,2} = \frac{V_2}{V_1}\Big|_{I_2=0} = \frac{\dfrac{1}{\mathrm{j}\omega(C_2 - C_M)}}{\dfrac{1}{\mathrm{j}\omega C_M} + \dfrac{1}{\mathrm{j}\omega(C_2 - C_M)}} = \frac{C_M}{C_2} = \frac{k\sqrt{C_1 C_2}}{C_2} = k\sqrt{\frac{C_1}{C_2}} \tag{6-12}$$

从副边到原边的电压传递函数 $H_{2,1}$ 为

$$H_{2,1} = \frac{V_1}{V_2}\Big|_{I_1=0} = \frac{\dfrac{1}{\mathrm{j}\omega(C_1 - C_M)}}{\dfrac{1}{\mathrm{j}\omega C_M} + \dfrac{1}{\mathrm{j}\omega(C_1 - C_M)}} = \frac{C_M}{C_1} = \frac{k\sqrt{C_1 C_2}}{C_1} = k\sqrt{\frac{C_2}{C_1}} \tag{6-13}$$

CPT 系统从原边到副边传递的复功率 S 为极板原边电压 V_1 与原边激励电流源 $\mathrm{j}\omega C_M V_2$ 共轭的乘积，进行整理可以得到有功功率 P 和无功功率 Q。

$$S = V_1 \cdot (-\mathrm{j}\omega C_{\mathrm{M}} V_2)^*$$

$$= |V_1| \mathrm{e}^{\mathrm{j}\varphi_{V1}} \cdot \omega C_{\mathrm{M}} \left(\mathrm{e}^{-\mathrm{j}\frac{\pi}{2}} |V_2| \mathrm{e}^{\mathrm{j}\varphi_{V2}} \right)^* = \omega C_{\mathrm{M}} |V_1||V_2| \mathrm{e}^{\mathrm{j}\left(\varphi_{V1} - \varphi_{V2} + \frac{\pi}{2}\right)} \qquad (6\text{-}14)$$

$$= \omega C_{\mathrm{M}} |V_1||V_2| \cos\left(\varphi_{V1} - \varphi_{V2} + \frac{\pi}{2}\right) + \mathrm{j}\omega C_{\mathrm{M}} |V_1||V_2| \sin\left(\varphi_{V1} - \varphi_{V2} + \frac{\pi}{2}\right) = P + \mathrm{j}Q$$

由式（6-14）可知，当 $\varphi_{V1} - \varphi_{V2} = -\pi/2$ 时，即原副边电压之间相位差 $\varphi_{V1} - \varphi_{V2}$ 为 90° 时，有功功率最大，此时最大有功功率 $P_{\max} = \omega C_{\mathrm{M}}|V_1||V_2|$，无功功率 Q 为 0。

由图 6-8 可以看出，随着极板电压增大，传输的有功功率增加越多，频率越高，传输的有功功率越多；由图 6-9 可以看出，随着互电容的增大，极板间电压快速减小后趋于平缓，随着频率增加，极板电压也逐渐减小。综上所述，为了提高系统传输功率，有三种方式：①提高频率，但是频率的升高是受电力电子器件的限制的，同时高开关频率容易使得补偿电感产生自谐振，目前 CPT 系统中频率最高做到了 MHz 数量级；②提升互电容，可以通过增加极板面积，减少发射 – 接收极板对之间的间距以及采用介电常数大的电介质来实现；③提高极板两端电压，但是极板两端电压越大，边缘电场会越大，安全性会降低。

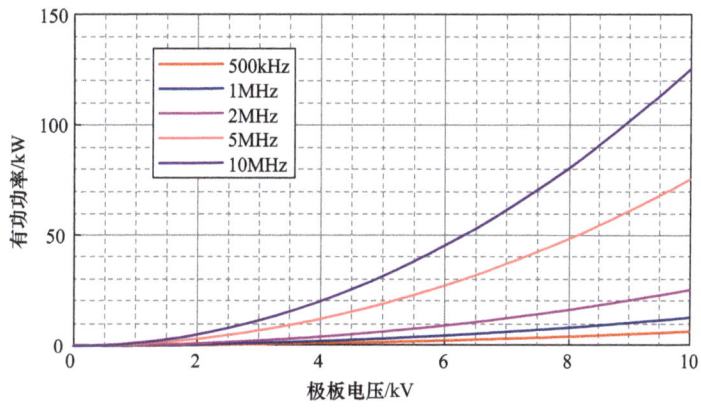

图 6-8　有功功率与极板电压之间的关系

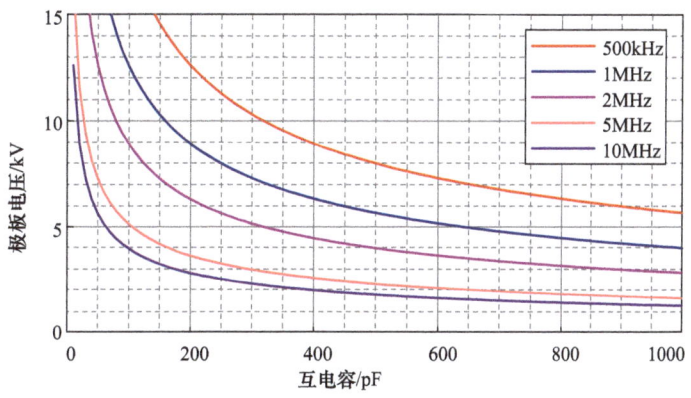

图 6-9　极板电压与互电容之间的关系

6.2.3 激励电压源模型

激励电压源模型可以通过激励电流源模型变形得到，由式（6-8）可得四极板 CPT 系统 Z 参数方程：

$$\begin{bmatrix} V_1 \\ V_2 \end{bmatrix} = \begin{bmatrix} \dfrac{1}{j\omega} \cdot \dfrac{C_2}{C_1C_2 - C_M^2} & -\dfrac{1}{j\omega} \cdot \dfrac{C_M}{C_1C_2 - C_M^2} \\ \dfrac{1}{j\omega} \cdot \dfrac{C_M}{C_1C_2 - C_M^2} & -\dfrac{1}{j\omega} \cdot \dfrac{C_2}{C_1C_2 - C_M^2} \end{bmatrix} \begin{bmatrix} I_1 \\ I_2 \end{bmatrix} \tag{6-15}$$

激励电压源模型中等效自电容 C_{V1}、C_{V2} 和互电容 C_{VM} 为

$$\begin{cases} C_{V1} = \dfrac{C_1C_2 - C_M^2}{C_2} \\[2mm] C_{V2} = \dfrac{C_1C_2 - C_M^2}{C_1} \\[2mm] C_{VM} = \dfrac{C_1C_2 - C_M^2}{C_M} \end{cases} \tag{6-16}$$

式（6-15）可以表示为

$$\begin{cases} V_1 = \dfrac{1}{j\omega C_{V1}} I_1 - \dfrac{1}{j\omega C_{VM}} I_2 \\[2mm] V_2 = \dfrac{1}{j\omega C_{VM}} I_1 - \dfrac{1}{j\omega C_{V2}} I_2 \end{cases} \tag{6-17}$$

由式（6-17）可以得到四极板 CPT 系统的激励电压源模型，如图 6-10 所示。

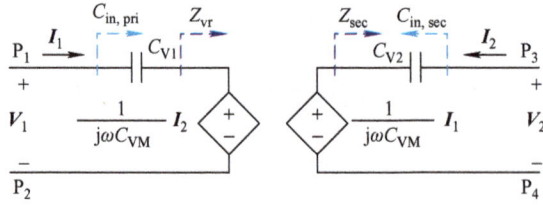

图 6-10　四极板电场耦合机构激励电压源模型

整理式（6-17）有

$$\begin{cases} V_1 = \left(\dfrac{1}{j\omega C_{V1}} - \dfrac{1}{j\omega C_{VM}} \right) I_1 + \dfrac{1}{j\omega C_{VM}}(I_1 - I_2) \\[2mm] V_2 = \dfrac{1}{j\omega C_{VM}}(I_1 - I_2) + \left(\dfrac{1}{j\omega C_{VM}} - \dfrac{1}{j\omega C_{V2}} \right) I_2 \end{cases} \tag{6-18}$$

由式（6-18）可得四极板 CPT 系统的 T 形等效电路，如图 6-11 所示。

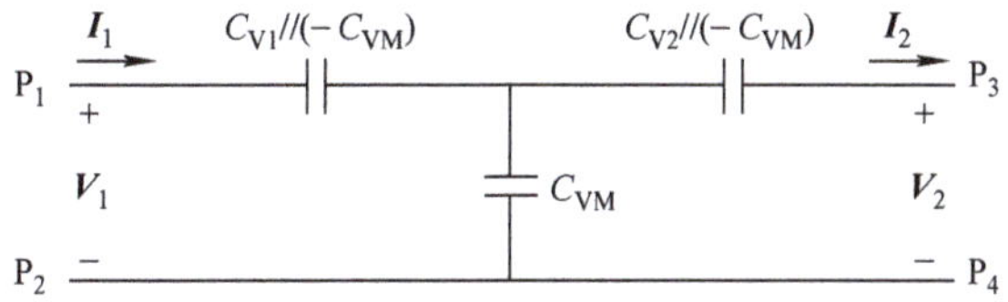

图 6-11　四极板电场耦合机构 T 形等效电路

下面分析激励电压源模型的反射阻抗、原副边等效电容、原副边电压传递函数和传输功率。

反射阻抗 Z_{vr} 为

$$Z_{vr} = \frac{-\dfrac{1}{j\omega C_{VM}}\boldsymbol{I}_2}{\boldsymbol{I}_1} = -\frac{1}{j\omega C_{VM}} \cdot \frac{\dfrac{\dfrac{1}{j\omega C_{VM}}\boldsymbol{I}_1}{Z_{vsec}}}{\boldsymbol{I}_1} = \frac{1}{(\omega C_{VM})^2 Z_{vsec}} \tag{6-19}$$

从原边看进去的等效电容 $C_{in,pri}$ 为

$$C_{in,pri} = \frac{\boldsymbol{V}_1}{\boldsymbol{I}_1}\Big|_{I_2=0} = C_{V1}//(-C_{VM})//C_{VM} = C_{V1} \tag{6-20}$$

从副边看进去的等效电容 $C_{in,sec}$ 为

$$C_{in,sec} = \frac{\boldsymbol{V}_2}{\boldsymbol{I}_2}\Big|_{I_1=0} = C_{V2}//(-C_{VM})//C_{VM} = C_{V2} \tag{6-21}$$

从原边到副边的电压传递函数 $H_{1,2}$ 为

$$H_{1,2} = \frac{\boldsymbol{V}_2}{\boldsymbol{V}_1}\Big|_{I_2=0} = \frac{\dfrac{1}{j\omega C_{VM}}\boldsymbol{I}_1}{\dfrac{1}{j\omega(C_{V1}//(-C_{VM}))}\boldsymbol{I}_1 + \dfrac{1}{j\omega C_{VM}}\boldsymbol{I}_1} = \frac{\dfrac{1}{j\omega C_{VM}}\boldsymbol{I}_1}{\dfrac{1}{j\omega C_{V1}}\boldsymbol{I}_1} = \frac{C_{V1}}{C_{VM}} = k_V\sqrt{\frac{C_{V1}}{C_{V2}}} \tag{6-22}$$

从副边到原边的电压传递函数 $H_{2,1}$ 为

$$H_{2,1} = \frac{\boldsymbol{V}_1}{\boldsymbol{V}_2}\Big|_{I_1=0} = \frac{\dfrac{1}{j\omega C_{VM}}(-\boldsymbol{I}_2)}{\dfrac{1}{j\omega C_{VM}}(-\boldsymbol{I}_2) + \dfrac{1}{j\omega(C_{V2}//(-C_{VM}))}(-\boldsymbol{I}_2)} = \frac{\dfrac{1}{j\omega C_{VM}}(-\boldsymbol{I}_2)}{\dfrac{1}{j\omega C_{V2}}(-\boldsymbol{I}_2)} = \frac{C_{V2}}{C_{VM}} = k_V\sqrt{\frac{C_{V2}}{C_{V1}}}$$

$$\tag{6-23}$$

表 6-1 归纳了两种模型与 IPT 激励电压源模型之间的对比。

表 6-1 CPT 激励电流源模型与激励电压源模型、IPT 的激励电压源模型对比

对比项目	CPT(ICS)	CPT(IVS)	IPT(IVS)
电路模型			
等效电路模型			
互电容 / 互感	$C_M = \dfrac{C_{13}C_{24} - C_{14}C_{23}}{C_{13} + C_{14} + C_{23} + C_{24}}$	$C_{VM} = \dfrac{C_1 C_2 - C_M^2}{C_M}$	M
自电容 / 自感	$C_1 = C_{12} + \dfrac{(C_{13} + C_{14})(C_{23} + C_{24})}{C_{13} + C_{14} + C_{23} + C_{24}}$ $C_2 = C_{34} + \dfrac{(C_{13} + C_{23})(C_{14} + C_{24})}{C_{13} + C_{14} + C_{23} + C_{24}}$	$C_{V1} = \dfrac{C_1 C_2 - C_M^2}{C_2}$ $C_{V2} = \dfrac{C_1 C_2 - C_M^2}{C_1}$	L_1 L_2
耦合系数	$k = \dfrac{C_M}{\sqrt{C_1 C_2}}$	$k = \dfrac{\sqrt{C_{V1} C_{V2}}}{C_{VM}}$	$k_L = \dfrac{M}{\sqrt{L_1 L_2}}$
从原边 / 副边看进去的等效电容 / 电感	$C_{in,pri} = C_1(1 - k^2)$ $C_{in,sec} = C_2(1 - k^2)$	$C_{in,pri} = C_{V1}$ $C_{in,sec} = C_{V2}$	$L_{in,pri} = L_1$ $L_{in,sec} = L_2$
从原边到副边的电压传递函数	$H_{1,2} = \dfrac{V_2}{V_1}\Big|_{I_2=0} = k\sqrt{\dfrac{C_1}{C_2}}$	$H_{1,2} = \dfrac{V_2}{V_1}\Big|_{I_2=0} = \dfrac{C_{V1}}{C_{VM}} = k_V\sqrt{\dfrac{C_{V1}}{C_{V2}}}$	$H_{1,2} = \dfrac{V_2}{V_1}\Big|_{I_2=0} = \dfrac{M}{L_1} = k_L\sqrt{\dfrac{L_2}{L_1}}$
从副边到原边的电压传递函数	$H_{2,1} = \dfrac{V_1}{V_2}\Big|_{I_1=0} = k\sqrt{\dfrac{C_2}{C_1}}$	$H_{2,1} = \dfrac{V_1}{V_2}\Big|_{I_1=0} = \dfrac{C_{V2}}{C_{VM}} = k_V\sqrt{\dfrac{C_{V2}}{C_{V1}}}$	$H_{2,1} = \dfrac{V_1}{V_2}\Big|_{I_1=0} = \dfrac{M}{L_2} = k_L\sqrt{\dfrac{L_1}{L_2}}$
反射阻抗	$Z_r = \dfrac{1}{(\omega C_M)^2 Z_{sec}}$	$Z_{vr} = \dfrac{1}{(\omega C_{VM})^2 Z_{vsec}}$	$Z_r = \dfrac{(\omega M)^2}{Z_{sec}}$

6.2.4 耦合电容测量

由于电场耦合机构的制作工艺以及测量的误差，极板间电容的真实值和仿真值之间存在误差，所以需要实际测量所制作的电场耦合机构的值。测量耦合机构等效耦合电容有两种方法：开路法和短路法。

开路法能够获得电场耦合机构等效模型中互电容和自电容。使用 LCR 测量仪，夹在 P_1 和 P_2 的两端，测得的电容为从原边看进去的等效电容 $C_{in,pri}$：

$$C_{in,pri} = C_1(1-k^2) \tag{6-24}$$

然后使用 LCR 测量仪，夹在 P_3 和 P_4 的两端，此时测得的电容为从副边看进去的等效电容 $C_{in,sec}$，需要注意测得的电容不是电场耦合机构中 P_1 和 P_2、P_3 和 P_4 之间的电容。

$$C_{in,sec} = C_2(1-k^2) \tag{6-25}$$

还需要在 P_1 和 P_2 两端让信号发生器产生正弦波电压，并用示波器测量输出电压的值，可以计算从原边到副边的传递函数：

$$H_{1,2} = \frac{V_2}{V_1}\Big|_{I_2=0} = k\sqrt{\frac{C_1}{C_2}} \tag{6-26}$$

联立式（6-24）、式（6-25）和式（6-26），可以解得 C_1、C_2、C_M 为

$$\begin{cases} C_1 = \dfrac{C_{in,pri}^2}{C_{in,pri} - C_{in,sec}H_{1,2}^2} \\[2mm] C_2 = \dfrac{C_{in,pri}C_{in,sec}}{C_{in,pri} - C_{in,sec}H_{1,2}^2} \\[2mm] C_M = \dfrac{C_{in,pri}C_{in,sec}H_{1,2}}{C_{in,pri} - C_{in,sec}H_{1,2}^2} \end{cases} \tag{6-27}$$

短路法则是在原边用信号发生器产生正弦波电压，同时将副边短路，测量短路电流 I_M 来求得互电容，如图 6-12 所示。

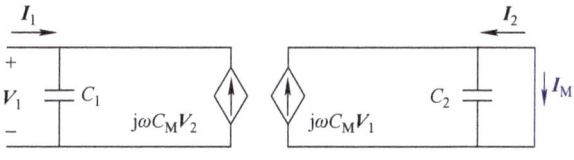

图 6-12　短路法测量互电容

此时

$$I_M = j\omega C_M V_1 \Rightarrow C_M = \frac{I_M}{j\omega V_1} \tag{6-28}$$

此时，联立式（6-24）和式（6-25）即可求解出 C_1 和 C_2。

开路法和短路法仅仅测量的是两个端口的等效电容而非每个极板间的电容，若要得到任意两个极板之间的实际电容，需要通过测量任意两个极板之间端口的等效电容后联立求解。图 6-13 给出了采用 LCR 测量仪所测得的六个端口电容的实际值。

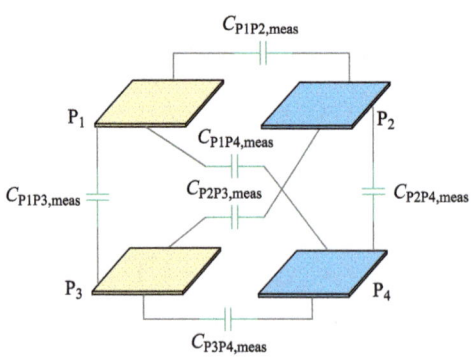

图 6-13　四极板电场耦合机构的端口电容

当用 LCR 测量仪分别夹在 P_1 和 P_2、P_3 和 P_4 之间时，如图 6-14a 所示，可以得到以 P_1 和 P_2 为输入端、以 P_3 和 P_4 为输出端的端口电容 $C_{P1P2,meas}$ 和 $C_{P3P4,meas}$、自电容 C_{P1P2} 和 C_{P3P4} 与此时端口的耦合系数 $k_{P1P2,P3P4}^2$ 的关系。同理，LCR 测量仪分别夹在 P_1 和 P_3、P_2 和 P_4、P_1 和 P_4、P_2 和 P_3 两端，如图 6-14b、c 所示，可以得到相应端口电容和自电容与耦合系数的关系。联立可得下式：

$$\begin{cases} C_{P1P2,meas} = C_{P1P2}(1 - k_{P1P2,P3P4}^2) \\ C_{P3P4,meas} = C_{P3P4}(1 - k_{P1P2,P3P4}^2) \\ C_{P1P3,meas} = C_{P1P3}(1 - k_{P1P3,P2P4}^2) \\ C_{P2P4,meas} = C_{P2P4}(1 - k_{P1P3,P2P4}^2) \\ C_{P1P4,meas} = C_{P1P4}(1 - k_{P1P4,P2P3}^2) \\ C_{P2P3,meas} = C_{P2P3}(1 - k_{P1P4,P2P3}^2) \end{cases} \tag{6-29}$$

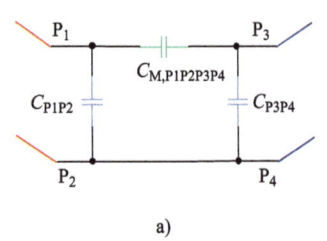

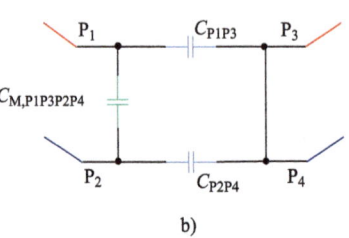

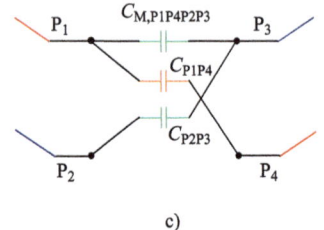

a)　　　　　　　　　　b)　　　　　　　　　　c)

图 6-14　端口电容测量

解式（6-29）即可求得任意两个极板之间的耦合电容 C_{12}、C_{13}、C_{14}、C_{23}、C_{24}、C_{34}。

6.2.5　补偿网络设计

通过在一次侧和二次侧引入补偿网络，补偿网络中的补偿元件与电路中的等效阻抗谐振，进而减少电路中的无功功率环流。一次侧的补偿网络补偿耦合机构一次侧的输入阻抗，二次侧的补偿网络可以补偿耦合机构二次侧的输出阻抗，可以使一次侧的输入电压和输入电流实现 ZPA 输出，进而增强系统的功率传输能力，提高系统的输出效率。同时，不同的补偿网络可以实现恒压或恒流的输出结果，可以根据想要的输出结果来选择适合的补偿拓扑。

1. 双边 LCL 补偿拓扑

双边 LCL 补偿电路拓扑如图 6-15 所示，耦合机构为垂直四极板结构，一次侧电路包括电源 V_s、全控 H 桥逆变器、补偿电感 L_{f1} 和 L_1、补偿电容 C_{f1}，二次侧电路包括补偿电感 L_2 和 L_{f2}、补偿电容 C_{f2}、二极管整流桥和负载电压 V_b。在图 6-15 中，假设所有元件都具有高品质因数，并且在分析过程中忽略寄生电阻。采用基波近似法对电路进行分析，图 6-16a 所示为 CPT 系统中耦合机构使用激励电流源模型的简化电路拓扑。由于图 6-16a 中的电路是线性的，可以使用叠加定理，分别分析一次侧电源激励时的电路状态和二次侧电源激励时的电路状态，如图 6-16b、c 所示，将这两种电路状态叠加在一起得到一次侧电源和二次侧电源同时激励时的电路状态。

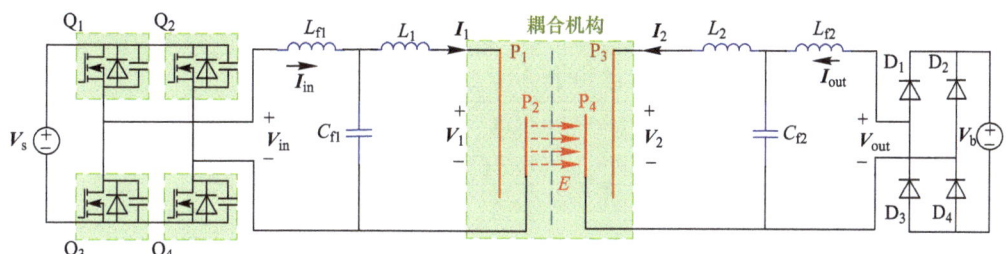

图 6-15　双边 LCL 补偿电路拓扑

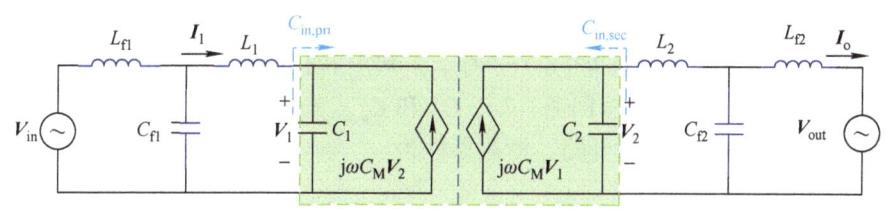

a) 简化电路模型

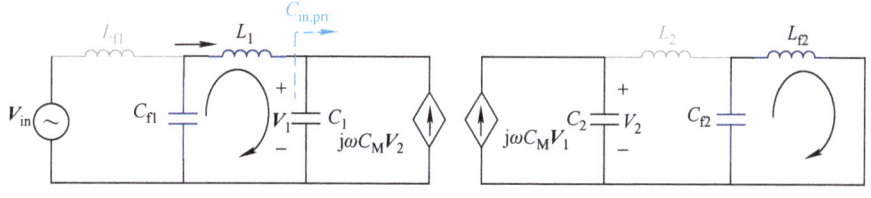

b) 一次侧电源单独激励

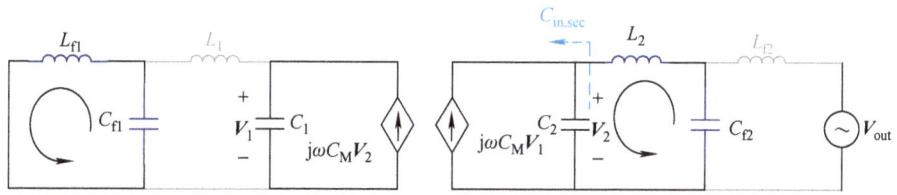

c) 二次侧电源单独激励

图 6-16　CPT 系统的基波近似分析

一次侧电源单独激励的电路如图 6-16b 所示。L_{f2} 和 C_{f2} 形成并联谐振，使得它们的阻抗无穷大，L_2 被视为开路。L_1、C_{f1} 和 $C_{in,pri}$ 形成另一并联谐振，因此没有电流流过 L_{f1}，这表明输入电流不受输入电压 V_{in} 影响。谐振条件为

$$\omega = 2\pi f_{sw} = \frac{1}{\sqrt{L_{f2}C_{f2}}} = \frac{1}{\sqrt{L_1 \dfrac{C_{f1}C_{in,pri}}{C_{f1}+C_{in,pri}}}} \tag{6-30}$$

由于 L_{f1} 和 L_2 被视为开路，因此 $V_{Cf1} = V_{in}$，$V_{Cf2} = V_2$。通过一次侧电压和二次侧电压之间的传递函数来计算电压和电流，则输出电流 I_{Lf2} 为

$$\begin{cases} V_1 = V_{Cf1} \cdot \dfrac{C_{f1}}{C_{in,pri}} = V_{in} \cdot \dfrac{C_{f1}}{(1-k_c^2) \cdot C_1} \\[3mm] V_2 = H_{1,2} \cdot V_1 = \dfrac{C_M \cdot C_{f1} \cdot V_{in}}{(1-k_c^2) \cdot C_1 C_2} \\[3mm] I_{Lf2} = V_2 \cdot \dfrac{1}{j\omega L_{f2}} = V_2 \cdot \dfrac{\omega \cdot C_{f2}}{j} = \dfrac{\omega \cdot C_M \cdot C_{f1}C_{f2} \cdot V_{in}}{j(1-k_c^2) \cdot C_1 C_2} \end{cases} \tag{6-31}$$

输出功率 P_{out} 可以表示为

$$P_{out} = |V_{out}| \cdot |I_{Lf2}| = \frac{\omega \cdot C_M \cdot C_{f1}C_{f2}}{(1-k_c^2) \cdot C_1 C_2} \cdot |V_{in}| \cdot |V_{out}| \tag{6-32}$$

二次侧电源单独激励的电路如图 6-16c 所示。和图 6-16b 的分析类似，存在两个并联谐振回路。L_{f1} 和 C_{f1} 形成一个谐振回路，L_2、C_{f2} 和 $C_{in,sec}$ 形成另一个谐振回路。由于并联谐振的阻抗很大，L_1 和 L_{f2} 被视为开路，谐振条件为

$$\omega = 2\pi f_{sw} = \frac{1}{\sqrt{L_{f1}C_{f1}}} = \frac{1}{\sqrt{L_2 \dfrac{C_{f2}C_{in,sec}}{C_{f2}+C_{in,sec}}}} \tag{6-33}$$

由于 L_1 和 L_{f2} 是开路，因此 $V_{Cf1} = V_1$，$V_{Cf2} = V_{out}$。考虑到等效电容 $C_{in,sec}$ 和电压传递函数 $H_{2,1}$，输入电流 I_{Lf1} 为

$$\begin{cases} V_2 = V_{Cf2} \cdot \dfrac{C_{f2}}{C_{in,sec}} = V_{out} \cdot \dfrac{C_{f2}}{(1-k_c^2) \cdot C_2} \\[3mm] V_1 = H_{2,1} \cdot V_2 = \dfrac{C_M \cdot C_{f2} \cdot V_{out}}{(1-k_c^2) \cdot C_1 C_2} \\[3mm] I_{Lf1} = V_1 \cdot \dfrac{1}{j\omega L_{f1}} = V_1 \cdot \dfrac{\omega \cdot C_{f1}}{j} = \dfrac{\omega \cdot C_M \cdot C_{f1}C_{f2} \cdot V_{out}}{j(1-k_c^2) \cdot C_1 C_2} \end{cases} \tag{6-34}$$

式（6-34）表明 I_{Lf1} 相位角滞后 V_{out} 相位角 90°，式（6-31）表明 I_{Lf2} 相位角滞后 V_{in} 相位角 90°。V_{out} 和 I_{Lf2} 同相位，则 I_{Lf1} 相位角滞后 V_{in} 相位角 180°。输入电流方向与 I_{Lf1} 相反，则它与 V_{in} 同相位。输入功率 P_{in} 为

$$P_{in} = |V_{in}| \cdot |-I_{Lf1}| = \frac{\omega \cdot C_M \cdot C_{f1}C_{f2}}{(1 - k_c^2) \cdot C_1 C_2} \cdot |V_{in}| \cdot |V_{out}| \tag{6-35}$$

通过比较式（6-34）和式（6-35）可知，当忽略寄生电阻时，输入和输出功率相等。

式（6-35）表明系统功率与互电容 C_M、滤波电容 C_{f1} 和 C_{f2}、输入电压 V_{in}、输出电压 V_{out} 以及开关频率 f_{sw} 成正比。极板设计中，电容耦合系数 k_c 通常远小于 10%，因为（$1 - k_c^2$）≈ 1，系统功率可以简化为

$$P_{in} = P_{out} \approx \frac{\omega \cdot C_M \cdot C_{f1}C_{f2}}{C_1 C_2} \cdot |V_{in}| \cdot |V_{out}| \tag{6-36}$$

考虑到图 6-15 中的输入直流电压 V_s 和输出电池电压 V_b，式（6-36）可以写为

$$P_{in} = P_{out} \approx \frac{\omega \cdot C_M \cdot C_{f1}C_{f2}}{C_1 C_2} \cdot \frac{2\sqrt{2}}{\pi} V_s \cdot \frac{2\sqrt{2}}{\pi} V_b \tag{6-37}$$

在大功率 CPT 系统中，电路元件上的电压应力很值得关注，特别是金属极板上的电压应力。电感 L_{f1}、L_{f2}、L_1、L_2 和电容 C_{f1}、C_{f2} 上的电压可以通过流过它们的电流来计算。两个极板之间的电压可以根据式（6-31）、式（6-34）和表 6-2 来计算。

表 6-2　电路元件上的电压应力

电路元件	电压应力
L_{f1}, L_{f2}	$V_{Lf1} = \dfrac{C_M \cdot C_{f2} \cdot V_{out}}{(1 - k_c^2) \cdot C_1 C_2}, V_{Lf2} = \dfrac{C_M \cdot C_{f1} \cdot V_{in}}{(1 - k_c^2) \cdot C_1 C_2}$
C_{f1}, C_{f2}	$V_{Cf1} = V_{in} + V_{Lf1}, V_{Cf2} = V_{out} + V_{Lf2}$
L_1, L_2	$V_{L1} = \omega^2 L_1 C_{f1} \cdot V_{in}, V_{L2} = \omega^2 L_2 C_{f2} \cdot V_{out}$
P_1-P_2	$V_{P_1\text{-}P_2} = \dfrac{C_{f1} \cdot V_{in}}{(1 - k_c^2) \cdot C_1} + \dfrac{C_M C_{f2} \cdot V_{out}}{(1 - k_c^2) \cdot C_1 C_2}$
P_3-P_4	$V_{P_3\text{-}P_4} = \dfrac{C_M C_{f1} \cdot V_{in}}{(1 - k_c^2) \cdot C_1 C_2} + \dfrac{C_{f2} \cdot V_{out}}{(1 - k_c^2) \cdot C_2}$
P_1-P_3	$\dfrac{C_{34}(C_{23} + C_{24}) + C_{23}(C_{14} + C_{24})}{(C_{13}C_{24} - C_{23}C_{14})} V_{P_3\text{-}P_4} - \dfrac{(C_{23} + C_{24})C_{f2}V_{out}}{(C_{13}C_{24} - C_{23}C_{14})}$
P_2-P_4	$\dfrac{(C_{23} + C_{13})C_{f1}V_{in}}{(C_{13}C_{24} - C_{23}C_{14})} - \dfrac{C_{12}(C_{13} + C_{23}) + C_{23}(C_{13} + C_{14})}{(C_{13}C_{24} - C_{23}C_{14})} V_{P_1\text{-}P_2}$

2. CLL-L 补偿拓扑

CLL-L 补偿电路拓扑如图 6-17a 所示，一次侧电路包括补偿电容 C_{f1}、补偿电感 L_1 和 L_{f1}、电源 V_{in}，二次侧电路包括补偿电感 L_2 和负载 R_L，采用耦合机构的电压源模型（IVS）进行分析。

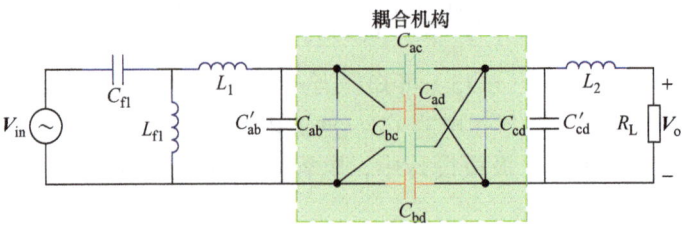

a) 基于六电容的等效电路

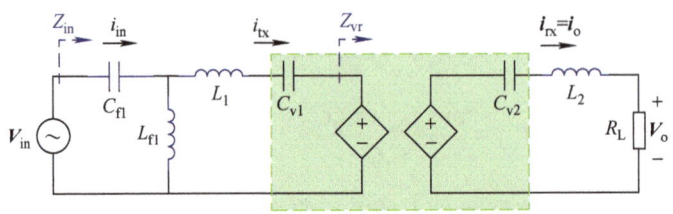

b) 基于电压源模型的等效电路

图 6-17　CLL-L 补偿电路拓扑

针对每个回路列写 KCL 方程，可得

$$\begin{cases} \boldsymbol{i}_{in} \cdot \left(j\omega L_{fl} + \dfrac{1}{j\omega C_{fl}} \right) - \boldsymbol{i}_{tx} \cdot j\omega L_{fl} = 0 \\[3mm] -\boldsymbol{i}_{in} \cdot j\omega L_{fl} + \boldsymbol{i}_{tx} \cdot \left(j\omega L_1 + j\omega L_{fl} + \dfrac{1}{j\omega C_{v1}} \right) + \boldsymbol{i}_{rx} \cdot \dfrac{1}{j\omega C_{vm}} = 0 \\[3mm] -\boldsymbol{i}_{tx} \cdot \dfrac{1}{j\omega C_{vm}} + \boldsymbol{i}_{rx} \cdot \left(j\omega L_2 + \dfrac{1}{j\omega C_{v2}} \right) + V_o = 0 \end{cases} \quad （6\text{-}38）$$

谐振条件为

$$\omega = \frac{1}{\sqrt{L_{fl} C_{fl}}} = \frac{1}{\sqrt{(L_{fl} + L_1) C_{v1}}} = \frac{1}{\sqrt{L_2 C_{v2}}} \quad （6\text{-}39）$$

如图 6-17b 所示，联立式（6-38）、式（6-39），可以得到输出电压 V_o 为

$$V_o = \frac{C_{fl}}{C_{vm}} V_{in} \quad （6\text{-}40）$$

由式（6-40）可得，CPT 系统中 CLL-L 补偿拓扑能够实现与负载无关的恒定电压输出，这与 IPT 系统中的 LCC-C 补偿拓扑相对应。

6.3　具有恒压输出特性的多负载电容式无线充电系统研究

本节提出了一种具有恒压输出特性且含中继单元的多负载 CPT 系统，可以实现多个与负载无关的电压输出。本节所提系统可以用在单输入多输出的堆叠式结构中，如图 6-18 所示，且本节所提结构是多负载 IPT 系统中多米诺骨牌结构在多负载 CPT 系统的拓展延伸，本节的主要贡献如下：

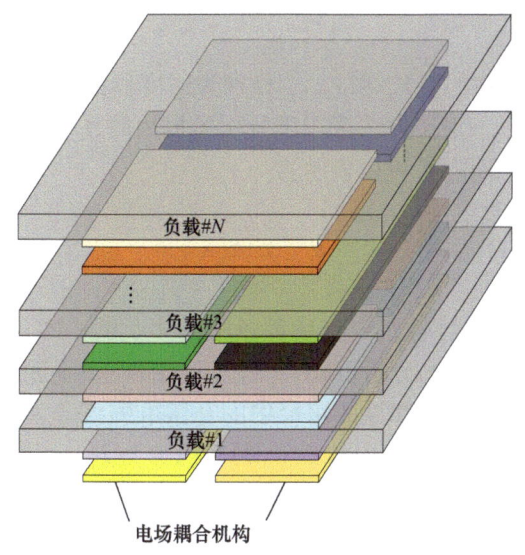

图 6-18　含有中继单元的多负载 CPT 系统放置示意图

1）提出了含有中继单元的多负载 CPT 系统。

2）提出了采用分裂电感的对称补偿电路，可以消除不需要的杂散耦合，简化了系统分析。

3）通过 LCL-L 补偿电路对含有中继单元的电场耦合机构进行补偿，可以实现多个负载恒压输出，避免了负载功率耦合。

本节首先描述了所提系统并对其进行了建模，然后给出了中继单元解耦的方法，并在考虑寄生电阻的情况下，给出了输出电压和系统效率随负载电阻的变化趋势。

6.3.1　恒压输出模型

1. 系统描述

图 6-19 所示为具有恒压输出特性且含有中继单元的多负载 CPT 系统，包括一个逆变器、一个发射单元 #0、一个接收单元 #N 和 N–1 个中继单元 #1~#N–1。P_1 和 P_2 构成发射单元 #0 的发射极板，$P_{4(N-1)+3}$ 和 $P_{4(N-1)+4}$ 构成接收单元 #N 的接收极板，$P_{4(m-1)+3}$、$P_{4(m-1)+4}$、P_{4m+1} 和 P_{4m+2} 构成中继单元 #m($m = 1,2,\cdots,N-1$) 的极板，前两个极板 $P_{4(m-1)+3}$ 和 $P_{4(m-1)+4}$ 用于接收来自前一个单元的功率，后两个极板 P_{4m+1} 和 P_{4m+2} 则将功率传递给下一个单元。$P_{4(m-1)+1}$ 和 $P_{4(m-1)+2}$ 构成端口 $2m-1$，$P_{4(m-1)+3}$ 和 $P_{4(m-1)+4}$ 构成端口 $2m$($m=1,2,\cdots,N$)。V_{dc} 是逆变器的直流输入电压。在实际应用中，输出端口包含一个不可控整流桥和直流负载组成的电路，为了简化分析，这个不可控整流桥和直流负载可以等效为交流电阻 $R_{L,m}$($m=1,2,\cdots,N$)。外部电容 $C_{ex1,m}$($m=1,2,\cdots,N$) 与 $P_{4(m-1)+1}$ 和 $P_{4(m-1)+2}$ 并联，外部电容 $C_{ex2,m}$($m=1,2,\cdots,N$) 与 $P_{4(m-1)+3}$ 和 $P_{4(m-1)+4}$ 并联。$C_{f,m}$($m=1,2,\cdots,N$) 是补偿电容。L_{p,m_1}、L_{p,m_2}、L_{1,m_1}、L_{1,m_2}、L_{2,m_1} 和 L_{2,m_2}($m=1,2,\cdots,N$) 是补偿电感，它们之间的关系为

$$\begin{cases} L_{p,m\_1}=L_{p,m\_2} \\ L_{1,m\_1}=L_{1,m\_2} \\ L_{2,m\_1}=L_{2,m\_2} \end{cases} \tag{6-41}$$

此时，补偿网络是对称的。V_{in} 和 $I_{Lp,1\_1}$ 分别为逆变器的输出电压和输出电流。由于补偿电路的低通滤波器特性，FHA 方法可用于分析所提出的系统。当逆变器以互补方式工作时，输出电压的基波分量幅值 V_1 可以表示为

$$V_1=\frac{2\sqrt{2}V_{dc}}{\pi} \tag{6-42}$$

图 6-19 中具有恒压输出特性且含有中继单元的多负载 CPT 系统可以看成 N 个发射 – 接收单元级联的形式。由之前的分析可知，流过正向路径和流过返回路径的电流相同，因此可以将正向路径中的补偿电感和返回路径中的补偿电感组合为一个电感来进行分析，例如，前向路径中的 L_{p,m_1} 和返回路径中的 L_{p,m_2} 可以组合为 $L_{p,m}$，可以得到下式：

$$\begin{cases} L_{p,m}=L_{p,m\_1}+L_{p,m\_2} \\ L_{1,m}=L_{1,m\_1}+L_{1,m\_2} \\ L_{2,m}=L_{2,m\_1}+L_{2,m\_2} \end{cases} \tag{6-43}$$

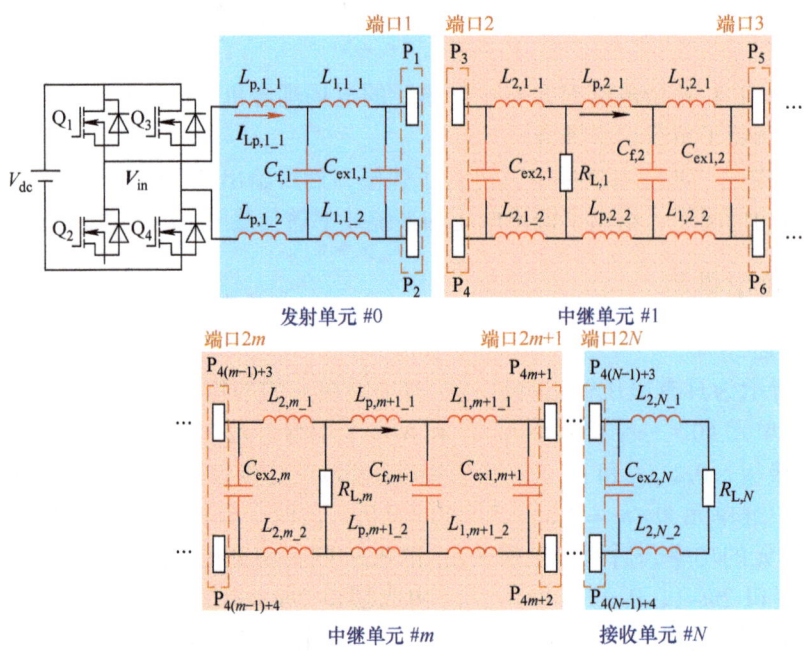

图 6-19 具有恒压输出特性且含中继单元的多负载 CPT 系统

图 6-20 所示为具有恒压输出特性且含有中继单元的多负载 CPT 系统等效 Π 模型。第 m 个发射 – 接收单元中的极板包括 $P_{4(m-1)+1}$、$P_{4(m-1)+2}$、$P_{4(m-1)+3}$ 和 $P_{4(m-1)+4}$，$C_{1,m}$ 和

$C_{2,m}$ ($m=1,2,\cdots,N$) 是第 m 个发射－接收单元的等效自电容，可以表示为

$$\begin{cases} C_{1,m} = C_{\text{in}1,m} + C_{\text{ex}1,m} \\ C_{2,m} = C_{\text{in}2,m} + C_{\text{ex}2,m} \end{cases} \tag{6-44}$$

式中，$C_{\text{in}1,m}$ 和 $C_{\text{in}2,m}$ 为第 m 个发射－接收单元左侧端口 $2m{-}1$ 和右侧端口 $2m$ 的内部自电容。

$C_{\text{M},m}$ ($m=1,2,\cdots,N$) 是第 m 个发射－接收单元左侧端口 $2m{-}1$ 和右侧端口 $2m$ 的互电容，每个发射－接收单元的耦合系数 $k_{\text{c},m}$ ($m=1,2,\cdots,N$) 可以表示为

$$k_{\text{c},m} = \frac{C_{\text{M},m}}{\sqrt{C_{1,m} C_{2,m}}} \tag{6-45}$$

值得注意的是，通过设计合适的电场耦合机构，可以使得每个中继单元的耦合系数为 0，这将在 6.4 节进行分析阐述。

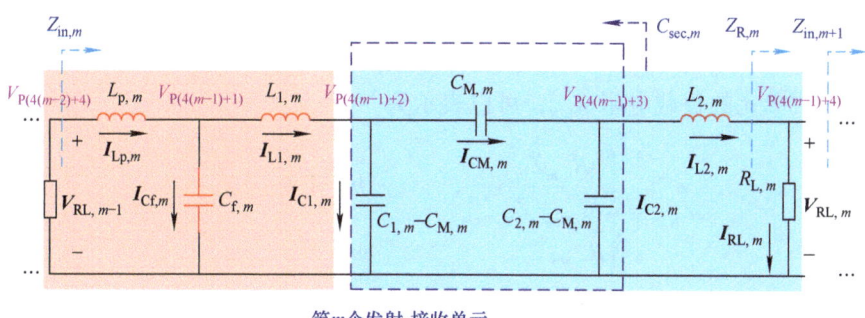

第 m 个发射-接收单元

图 6-20　具有恒压输出特性且含中继单元的多负载 CPT 系统等效 Π 模型

2. 补偿电路设计

在本小节中，为了简化系统分析，首先忽略所有的寄生电阻，寄生电阻对系统的影响将在 6.4 节进行分析。流过 $L_{\text{p},m}$、$C_{\text{f},m}$、$L_{1,m}$、$C_{1,m}{-}C_{\text{M},m}$、$C_{\text{M},m}$、$C_{2,m}{-}C_{\text{M},m}$、$L_{2,m}$ 和 $R_{\text{L},m}$ ($m=1$, $2,\cdots,N$) 的电流分别定义为 $I_{\text{Lp},m}$、$I_{\text{Cf},m}$、$I_{\text{L1},m}$、$I_{\text{C1},m}$、$I_{\text{CM},m}$、$I_{\text{C2},m}$、$I_{\text{L2},m}$ 和 $I_{\text{RL},m}$ ($m=1,2,\cdots,N$)，这些电流的正方向如图 6-20 所示。$C_{\text{f},m}$ 设计为与 $L_{\text{p},m}$ 谐振，即

$$\omega_0^2 = \frac{1}{L_{\text{p},m} C_{\text{f},m}} \tag{6-46}$$

会得到恒定的输出电流 $I_{\text{L1},m}$，可以表示为

$$I_{\text{L1},m} = \frac{V_{\text{RL},m-1}}{\text{j}\omega_0 L_{\text{p},m}} \tag{6-47}$$

根据戴维南定理，图 6-20 左侧的电路可以等效地转换成电压源和等效内阻串联的形式。为了获得恒定的输出电压，等效内阻应为 0。当计算等效内电阻时，电流源 $I_{\text{L1},m}$ 可以看成开路。如果将 $L_{2,m}$ 设计为与从二次侧看去的等效电容 $C_{\text{sec},m}$ 谐振，即

$$\omega_0^2 = \frac{1}{L_{2,m}C_{\mathrm{sec},m}} = \frac{1}{L_{2,m}((C_{2,m}C_{1,m} - C_{\mathrm{M},m}^2)/C_{1,m})} \tag{6-48}$$

其内部阻抗是一个串联谐振电路且内部阻抗为 0，此时，戴维南等效电路是一个内阻为 0 的电压源 $V_{\mathrm{RL},m}$，可以表示为

$$V_{\mathrm{RL},m} = \frac{C_{\mathrm{M},m}}{\mathrm{j}\omega_0(C_{1,m}C_{2,m} - C_{\mathrm{M},m}^2)}I_{\mathrm{L1},m} = \frac{-V_{\mathrm{RL},m-1}C_{\mathrm{M},m}}{\omega_0^2 L_{\mathrm{p},m}(C_{1,m}C_{2,m} - C_{\mathrm{M},m}^2)} \tag{6-49}$$

式中，$V_{\mathrm{RL},0}$ 为逆变器输出电压的基波分量 V_1。

从式（6-49）可以看出，任何两个相邻负载输出电压相位差为 180°。为了获得相等的恒定电压输出，应满足

$$\frac{C_{\mathrm{M},m}}{\omega_0^2 L_{\mathrm{p},m} \cdot (C_{1,m}C_{2,m} - C_{\mathrm{M},m}^2)} = 1 \tag{6-50}$$

$R_{\mathrm{L},m}$ 后面电路的阻抗定义为 $Z_{\mathrm{in},m+1}$，第 $m(m = 1,2,\cdots,N-1)$ 个发射 – 接收单元的负载阻抗 $Z_{\mathrm{R},m}$ 由负载电阻 $R_{\mathrm{L},m}$ 与 $Z_{\mathrm{in},m+1}$ 相并联得到，最后一个发射 – 接收单元的阻抗 $Z_{\mathrm{R},N}$ 为最后一个发射 – 接收单元的负载电阻 $R_{\mathrm{L},N}$，可以表示为

$$Z_{\mathrm{R},m} = \begin{cases} \dfrac{R_{\mathrm{L},m}Z_{\mathrm{in},m+1}}{R_{\mathrm{L},m} + Z_{\mathrm{in},m+1}}, & m = 1,2,\cdots,N-1 \\ R_{\mathrm{L},N}, & m = N \end{cases} \tag{6-51}$$

每个发射 – 接收单元的输入阻抗 $Z_{\mathrm{in},m}(m = 1,2,\cdots,N)$ 可以表示为

$$Z_{\mathrm{in},m} = \frac{1}{\dfrac{Z_{\mathrm{L2},m}^2}{Z_{\mathrm{Lp},m}^2 Z_{\mathrm{R},m}} + \mathrm{j}\left(\dfrac{Z_{\mathrm{L1},m} - Z_{\mathrm{L2},m}}{Z_{\mathrm{Lp},m}^2} - \dfrac{1}{Z_{\mathrm{Lp},m}}\right)} \tag{6-52}$$

式中，$Z_{\mathrm{Lp},m}$、$Z_{\mathrm{L1},m}$ 和 $Z_{\mathrm{L2},m}$ 分别为 $L_{\mathrm{p},m}$、$L_{1,m}$ 和 $L_{2,m}$ 的阻抗，且 $Z_{\mathrm{Lp},m}=\omega_0 L_{\mathrm{p},m}$，$Z_{\mathrm{L1},m}=\omega_0 L_{1,m}$，$Z_{\mathrm{L2},m}=\omega_0 L_{2,m}$。

为了消除电路中的无功功率，应保证 ZPA 输入，由于最后一个发射 – 接收单元的负载 $Z_{\mathrm{R},N}$ 为纯阻性，只要满足 $Z_{\mathrm{L1},m}= Z_{\mathrm{L2},m} + Z_{\mathrm{Lp},m}$（$m = 1,2,\cdots,N$），$Z_{\mathrm{in},m}$ 就是纯阻性的，因此所提系统的补偿电感应满足

$$L_{1,m} = L_{2,m} + L_{\mathrm{p},m} \tag{6-53}$$

根据式（6-46）~ 式（6-53），可以得到本小节所提系统中所有补偿电感和电容的值，此时所有负载输出电压 $V_{\mathrm{RL},m}$ 都相等。其中，$L_{2,m}$ 可以由式（6-48）得到，可以表示为

$$L_{2,m} = \frac{1}{\omega_0^2((C_{2,m}C_{1,m} - C_{\mathrm{M},m}^2)/C_{1,m})} \tag{6-54}$$

$L_{\mathrm{p},m}$ 可以由式（6-50）得到，可以表示为

$$L_{p,m} = \frac{C_{M,m}}{\omega_0^2 \cdot (C_{1,m}C_{2,m} - C_{M,m}^2)} \tag{6-55}$$

$C_{f,m}$ 可以由式（6-46）和式（6-55）得到，可以表示为

$$C_{f,m} = \frac{C_{1,m}C_{2,m} - C_{M,m}^2}{C_{M,m}} - C_{M,m} \tag{6-56}$$

$L_{1,m}$ 可以由式（6-53）~式（6-55）得到，可以表示为

$$L_{1,m} = \frac{1}{\omega_0^2((C_{2,m}C_{1,m} - C_{M,m}^2)/C_{1,m})} + \frac{C_{M,m}}{\omega_0^2 \cdot (C_{1,m}C_{2,m} - C_{M,m}^2)} \tag{6-57}$$

如果系统中的互电容和自电容满足：$C_{M,1} = C_{M,2} = \cdots = C_{M,N} = C_M$，$C_{1,1} = C_{1,2} = \cdots = C_{1,N} = C_1$，$C_{2,1} = C_{2,2} = \cdots = C_{2,N} = C_2$，那么所有中继单元里面的耦合系数、相同位置的补偿电感、相同位置的补偿电容都相等，即 $k_{c,1} = k_{c,2} = \cdots = k_{c,N} = k$，$L_{p,1} = L_{p,2} = \cdots = L_{p,N} = L_p$，$L_{1,1} = L_{1,2} = \cdots = L_{1,N} = L_1$，$L_{2,1} = L_{2,2} = \cdots = L_{2,N} = L_2$，$C_{f,1} = C_{f,2} = \cdots = C_{f,N} = C_f$。需要注意不论每个中继单元离发射单元有多远，本小节所提的系统仍然能够实现多个负载电压的恒定输出。当所有负载电阻均相等时，即 $R_{L,1} = R_{L,2} = \cdots = R_{L,N} = R_L$，所有负载可以获得相等的功率。

6.3.2　电场耦合机构的设计

1. 解耦原理

前文给出了由四个极板组成的单负载 CPT 系统中电场耦合机构的耦合电容模型和等效 Π 模型，如果 P_a 和 P_b 与 P_c 和 P_d 垂直放置，尺寸相同，并具有相同的正对面积，如图 6-21 所示，那么可以得到 $C_{bd} = C_{ac} = C_{ad} = C_{bc}$，将该关系式代入式（6-57），可以得到互电容 $C_{Ms} = 0$，实现了电场耦合机构的解耦。因此，实现电场耦合机构解耦应该满足两个条件：第一个条件是电场耦合机构的耦合电容模型是双端口网络，第二个条件是应采用垂直的电场耦合机构且正对面积应该相等。

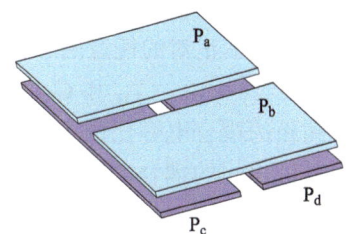

图 6-21　垂直放置的电场耦合机构

2. 所提含有中继单元的电场耦合机构

本节所提系统实现多个负载恒定电压输出的前提条件是中继单元已经实现了解耦，为了实现这一目标，图 6-22 所示为含有中继单元的多负载 CPT 系统的电场耦合机构。极板 P_1 和 P_2 在同一平面上，构成发射单元 #0 的发射极板对；极板 $P_{4(m-1)+3}$ 和 $P_{4(m-1)+4}$ 在同一平面上，构成中继单元 #m 的接收极板对；极板 P_{4m+1} 与 P_{4m+2} 在同一平面上，构成中继单元 #m 的发射极板对；极板 $P_{4(N-1)+3}$ 和 $P_{4(N-1)+4}$ 在同一平面上，构成接收单元 #N 的接收极板对；中继单元 #m 的接收极板 $P_{4(m-1)+3}$、$P_{4(m-1)+4}$ 与发射极板 P_{4m+1}、P_{4m+2} 垂直放置，所有极板大小相等；氧化铝陶瓷嵌入到相邻两个单元的极板对之间来增强电场耦合。所有发射极板和接收极板都采用铜板，长、宽和高分别为 l_1、l_2 和 d_3。两个在同一平面上的铜板之间的距离为 d_2，氧化铝陶瓷的长、宽和高分别为 l_1、(d_2+2l_2) 和 d_1。中继单元中接收极板对与发射极板

对之间的距离为 d_4。下面的分析中，任意两个极板 P_i 和 P_j 之间的耦合电容定义为 $C_{i,j}(i,j = 1,2,\cdots,4(N-1)+4,\ i \neq j)$，任意两个端口 a 和 b 之间的互电容定义为 $C_{Ma,b}\ (a,\ b = 1,2,\cdots,2N,\ a \neq b)$。

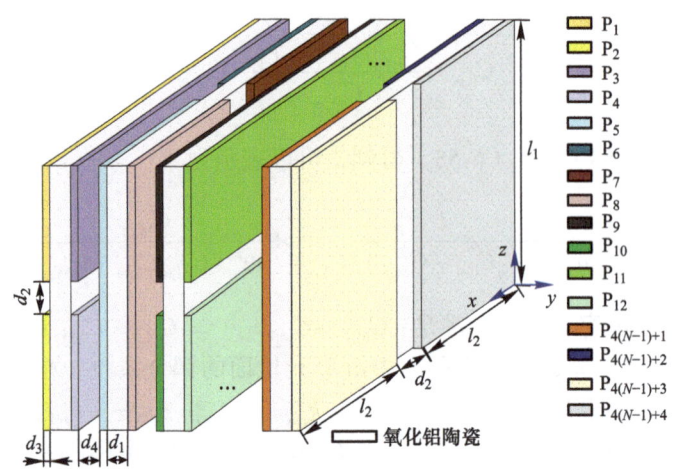

图 6-22　含有中继单元的多负载 CPT 系统的电场耦合机构

　　不失一般性，本节在有限元分析软件 Ansys Maxwell 里面搭建了含有两个中继单元的电场耦合机构，包含 12 块铜板和 3 块氧化铝陶瓷板，氧化铝陶瓷板嵌入到两个相邻的中继单元之间。铜板的长度 l_1 和厚度 d_3 分别为 150mm 和 2mm。图 6-22 给出了耦合电容随中继单元中接收极板对与发送极板对之间的距离 d_4 的变化，由于两个面积正对的铜板之间的耦合电容比不正对的任意两个铜板之间的耦合电容大得多，所以只列出了耦合电容 $C_{3,5}$、$C_{3,6}$、$C_{3,7}$、$C_{3,8}$、$C_{3,9}$、$C_{3,11}$ 和 $C_{1,11}$ 作为比较。可以看出，当 d_4 从 2mm 变化到 16mm 时，两个相邻铜板的耦合电容比两个不相邻铜板的耦合电容大得多。因此，可以忽略任何两个不相邻的铜板之间的耦合电容。在不同的氧化铝陶瓷电介质厚度下，互电容随着同一平面上两个铜板之间距离 d_2 的增大而减小，随着氧化铝陶瓷电介质厚度 d_1 的增大而减小。在中继单元 #1 和 #2 中，由于中继单元内的发射极板对与接收极板对垂直放置，因此互电容 $C_{M2,3}$ 和 $C_{M4,5}$ 约为 0。每个发射－接收单元的互电容 $C_{M1,2}$、$C_{M3,4}$ 和 $C_{M5,6}$ 只与 d_1 有关。$C_{M1,3}$、$C_{M1,4}$、$C_{M1,5}$、$C_{M1,6}$、$C_{M2,4}$、$C_{M2,5}$、$C_{M2,6}$、$C_{M3,5}$、$C_{M3,6}$ 和 $C_{M4,6}$ 的互电容不仅与 d_1 有关，也与 d_4 有关。在本节中，d_3 被设计成与 d_4 相等，每个发射－接收单元的互电容 $C_{M1,2}$、$C_{M3,4}$ 和 $C_{M5,6}$ 会随着 d_1 和 d_4 的增加而减少，而任意两个不相邻的端口之间的互电容比 $C_{M1,2}$、$C_{M3,4}$ 和 $C_{M5,6}$ 小得多。因此，任意两个不相邻端口之间的耦合电容可以忽略。为了实现更大的耦合，同一平面上两个铜板之间距离 d_2 和氧化铝陶瓷电介质厚度 d_1 应该尽量小一些，当 d_1 为 8mm，d_2 为 20mm 时，互电容 $C_{M1,2}$、$C_{M3,4}$ 和 $C_{M5,6}$ 约为 39pF。考虑到含有中继单元的电场耦合机构的体积，d_4 也选为 8mm。

　　根据上述仿真分析可知，只需要考虑四个相邻极板之间的耦合电容，其他极板之间的耦合电容由于很小，因此可以忽略。此时，本章所提系统的耦合电容模型如图 6-23 所示，中继单元 #m 中的耦合电容定义为 Part A_m，中继单元 #m 中的补偿电路和负载定义为 Part B_m，第 m 个发射－接收单元中的耦合电容定义为 Part D_m，极板 P_i 和 P_j 之间的电压定义为

$v_{\mathrm{P}i\mathrm{P}j}$。由于第 m 个中继单元中的接收极板对与发射极板对垂直放置，并且四个极板之间的正对面积相等，可以得到

$$C_{4(m-1)+3,4m+1} = C_{4(m-1)+3,4m+2} = C_{4(m-1)+4,4m+1} = C_{4(m-1)+4,4m+2} \tag{6-58}$$

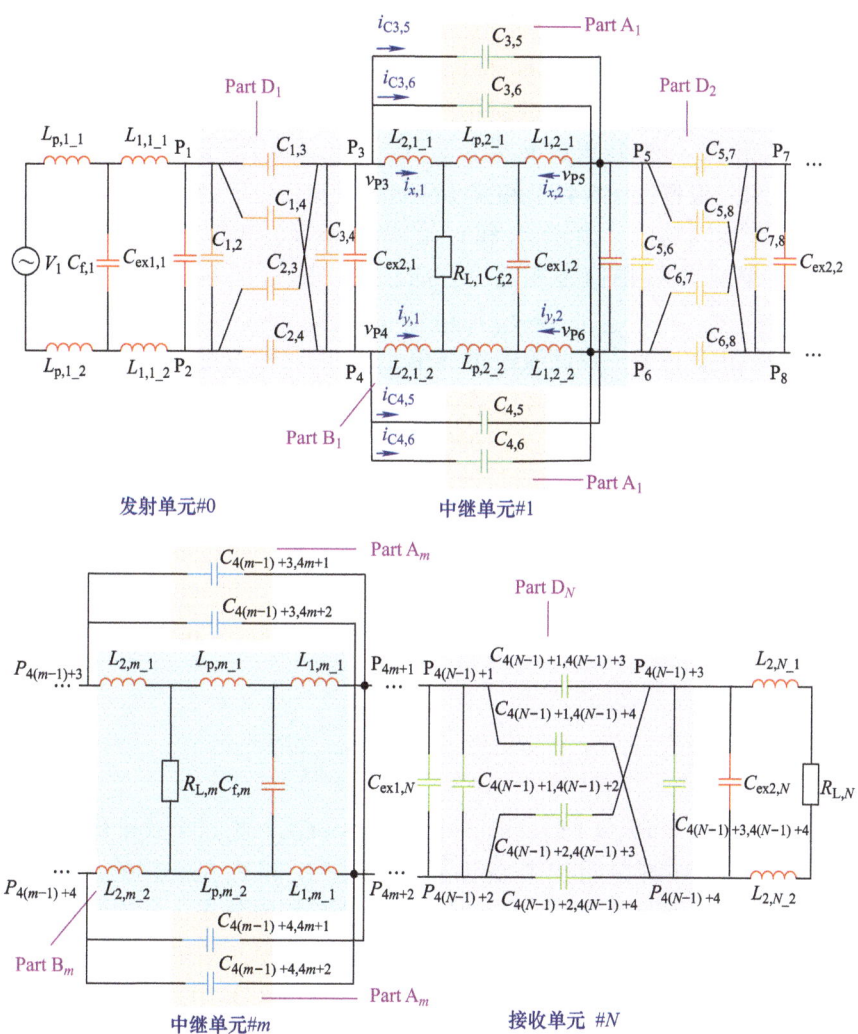

图 6-23　具有恒压输出特性且含中继单元的多负载 CPT 系统耦合电容模型

3. 电场耦合机构解耦分析及其建模

具有恒压输出特性且含中继单元的多负载 CPT 系统耦合电容模型如图 6-24 所示，可以看到每个中继单元的接收极板对与发射极板对垂直放置，如果图 6-23 的中继单元 #m (m= 1,2,…,N) 中的 Part A$_m$ 和 Part B$_m$ 都是双端口网络，那么所有负载就能够实现功率解耦。下面将证明当采用了具有分裂电感的补偿电路后，中继单元 #m (m= 1,2,…,N) 的 Part A$_m$ 和 Part B$_m$ 都是双端口网络。

由于所有中继单元的结构相同，因此以中继单元 #1 为例来证明上述结论。P$_3$ 和 P$_4$ 之

间的电压可以用两个幅值相同、相位相差 180° 的正弦电压源进行表示，同样地，P_5 和 P_6 之间的电压也可以用两个幅值相同、相位相差 180° 的正弦电压源进行表示。P_3、P_4、P_5 和 P_6 上的电压分别可以用 v_{P3}、v_{P4}、v_{P5} 和 v_{P6} 进行表示：

$$\begin{cases} v_{P3} = 0.5 \cdot V_{P3P4} \sin(\omega_0 t + \varphi_1), v_{P4} = 0.5 \cdot V_{P3P4} \sin(\omega_0 t + \varphi_1 + 180°) \\ v_{P5} = 0.5 \cdot V_{P5P6} \sin(\omega_0 t + \varphi_2), v_{P6} = 0.5 \cdot V_{P5P6} \sin(\omega_0 t + \varphi_2 + 180°) \end{cases} \quad (6-59)$$

式中，φ_1 为 v_{P3} 和 v_{P4} 的初始相位角；φ_2 为 v_{P5} 和 v_{P6} 的初始相位角。

中继单元的电压和电流可以通过使用叠加定理推导出来。流过 $C_{3,5}$、$C_{3,6}$、$C_{4,5}$、$C_{4,6}$、$L_{2,1\_1}$、$L_{2,1\_2}$、$L_{1,2\_1}$ 和 $L_{1,2\_2}$ 的电流定义为 $i_{C3,5}$、$i_{C3,6}$、$i_{C4,5}$、$i_{C4,6}$、$i_{L2,1\_1}$、$i_{L2,1\_2}$、$i_{L1,2\_1}$ 和 $i_{L1,2\_2}$，方向如图 6-23 所示。根据式（6-41）和式（6-58）可知，位于对称位置的补偿电路元件参数和耦合电容具有相同的值。由于 v_{P3} 和 v_{P4} 的幅值相等，相位角相差 180°，因此流经中继单元 #1 对称位置的电流幅值也相同，方向相反，即 $i_{C3,5\_1}=-i_{C4,6\_2}$，$i_{C3,6\_1}=-i_{C4,5\_2}$，$i_{C4,6\_1}=-i_{C3,5\_2}$，$i_{C4,5\_1}=-i_{C3,6\_2}$，$i_{x1\_1}=-i_{y1\_2}$，$i_{y1\_1}=-i_{x1\_2}$，$i_{x2\_1}=-i_{y2\_2}$，$i_{y2\_1}=-i_{x2\_2}$。类似地，由于 v_{P5} 和 v_{P6} 的幅值相等，相位角相差 180°，因此流经中继单元 #1 中对称位置的电流幅值相同，方向相反，即 $i_{C3,5\_3}=-i_{C4,6\_4}$，$i_{C4,5\_3}=-i_{C3,6\_4}$，$i_{C4,6\_3}=-i_{C3,5\_4}$，$i_{C3,6\_3}=-i_{C4,5\_4}$，$i_{x1\_3}=-i_{y1\_4}$，$i_{y1\_3}=-i_{x1\_4}$，$i_{x2\_3}=-i_{y2\_4}$，$i_{y2\_3}=-i_{x2\_4}$。由于流过中继单元 #1 中所有电路元件的电流等于 4 个独立电压源分别作用时的电流之和，因此可以得到

$$\begin{cases} i_{C3,5} + i_{C3,6} = -(i_{C4,5} + i_{C4,6}), \quad i_{x1} = -i_{y1} \\ i_{C3,5} + i_{C4,5} = -(i_{C3,6} + i_{C4,6}), \quad i_{x2} = -i_{y2} \end{cases} \quad (6-60)$$

由式（6-60）可以看出 Part A_1 和 Part B_1 都是双端口网络，可以得到中继单元 #1 的互电容 $C_{Mr,1}$ 为

$$C_{Mr,1} = \frac{C_{4,6} \cdot C_{3,5} - C_{4,5} \cdot C_{3,6}}{C_{3,5} + C_{4,5} + C_{3,6} + C_{4,6}} \quad (6-61)$$

由式（6-58）可知，当 $m=1$ 时，$C_{3,5} = C_{3,6} = C_{4,5} = C_{4,6}$。把这个式子代入式（6-61），可以得到 $C_{Mr,1}$ 为 0，因此中继单元 #1 中的极板 P_3、P_4、P_5 和 P_6 是解耦的。这个结论可以推广到其他中继单元中。因为 Part D_m（$m = 1,2,\cdots,N$）没有其他分支，所以它也都是双端口网络。此时，可以使用双端口网络分析方法来计算含有中继单元的多负载 CPT 系统的电场耦合机构自电容和互电容。$C_{in1,1}$ 和 $C_{in2,N}$ 分别是 Part D_1 和 Part D_N 中的内部自电容，$C_{in2,m}$（$m=1$, $2,\cdots,N-1$）和 $C_{in1,m}$（$m=2,3,\cdots,N$）分别是两个相邻单元内部自电容的和，所有的自电容可以表示为式（6-62），所有的互电容可以表示为式（6-63）。此时，图 6-23 中含有中继单元的多负载 CPT 系统的电场耦合机构的简化等效 Π 模型如图 6-24 所示。

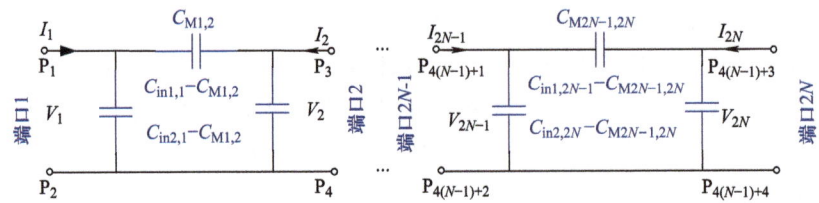

图 6-24 含有中继单元的多负载 CPT 系统的电场耦合机构的简化等效 Π 模型

$$\begin{cases} C_{\mathrm{in}1,1} = C_{1,2} + (C_{1,3} + C_{1,4}) \cdot (C_{2,3} + C_{2,4}) / (C_{1,3} + C_{1,4} + C_{2,3} + C_{2,4}) \\[2mm] C_{\mathrm{in}2,m} = C_{4(m-1)+3,4(m-1)+4} + \dfrac{(C_{4(m-1)+1,4(m-1)+3} + C_{4(m-1)+2,4(m-1)+3}) \cdot}{\left(\begin{array}{c} C_{4(m-1)+1,4(m-1)+4} + C_{4(m-1)+2,4(m-1)+4} \\ \hline C_{4(m-1)+1,4(m-1)+3} + C_{4(m-1)+1,4(m-1)+4} + \\ C_{4(m-1)+2,4(m-1)+3} + C_{4(m-1)+2,4(m-1)+4} \end{array}\right)} + \dfrac{(C_{4(m-1)+3,4m+1} + C_{4(m-1)+3,4m+2}) \cdot}{\left(\begin{array}{c} C_{4(m-1)+4,4m+1} + C_{4,4m+2} \\ \hline C_{4(m-1)+3,4m+1} + C_{4(m-1)+4,4m+1} + \\ C_{4(m-1)+3,4m+2} + C_{4(m-1)+4,4m+2} \end{array}\right)} \quad m = 1,2,\cdots,N-1 \\[2mm] C_{\mathrm{in}1,m} = C_{4(m-1)+1,4(m-1)+2} + \dfrac{(C_{4(m-1)+1,4(m-1)+3} + C_{4(m-1)+1,4(m-1)+4}) \cdot}{\left(\begin{array}{c} C_{4(m-1)+2,4(m-1)+3} + C_{4(m-1)+2,4(m-1)+4} \\ \hline C_{4(m-1)+1,4(m-1)+3} + C_{4(m-1)+1,4(m-1)+4} + \\ C_{4(m-1)+2,4(m-1)+3} + C_{4(m-1)+2,4(m-1)+4} \end{array}\right)} + \dfrac{(C_{4(m-2)+3,4(m-1)+1} + C_{4(m-2)+4,4(m-1)+1}) \cdot}{\left(\begin{array}{c} C_{4(m-2)+3,4(m-1)+2} + C_{4(m-2)+4,4(m-1)+2} \\ \hline C_{4(m-2)+3,4(m-1)+1} + C_{4(m-2)+4,4(m-1)+1} + \\ C_{4(m-2)+3,4(m-1)+2} + C_{4(m-2)+4,4(m-1)+2} \end{array}\right)} \quad m = 2,3,\cdots,N \\[2mm] C_{\mathrm{in}2,N} = C_{4(N-1)+3,4(N-1)+4} + \dfrac{(C_{4(N-1)+1,4(N-1)+3} + C_{4(N-1)+2,4(N-1)+3}) \cdot (C_{4(N-1)+1,4(N-1)+4} + C_{4(N-1)+2,4(N-1)+4})}{(C_{4(N-1)+1,4(N-1)+3} + C_{4(N-1)+1,4(N-1)+4} + C_{4(N-1)+2,4(N-1)+3} + C_{4(N-1)+2,4(N-1)+4})} \end{cases} \quad (6\text{-}62)$$

$$C_{\mathrm{M},m} = \frac{(C_{4(m-1)+2,4(m-1)+4} \cdot C_{4(m-1)+1,4(m-1)+3} - C_{4(m-1)+1,4(m-1)+4} \cdot C_{4(m-1)+2,4(m-1)+3})}{(C_{4(m-1)+1,4(m-1)+3} + C_{4(m-1)+1,4(m-1)+4} + C_{4(m-1)+2,4(m-1)+3} + C_{4(m-1)+2,4(m-1)+4})} \quad (6\text{-}63)$$

值得注意的是，采用含有分裂电感的补偿电路是中继单元 #m 中 Part A$_m$ 和 Part B$_m$ 为双端口网络的前提，如果不采用含有分裂电感的补偿网络，则式（6-63）不再满足，从而本节所提出的含有中继单元的多负载系统没有解耦。图 6-25 给出了采用和不采用含有分裂电感的补偿电路时，含有两个中继单元、三个负载的 CPT 系统的负载输出电压仿真结果，可以看出当采用含有分裂电感的补偿电路时，三个负载输出电压是相同的，当不采用含有分裂电感的补偿电路时，三个负载输出会产生额外的电压降落，且负载离第一个中继单元越远，负载输出电压下降越大。

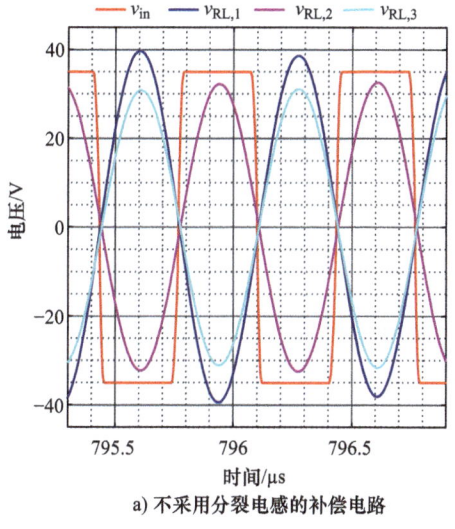

a) 不采用分裂电感的补偿电路

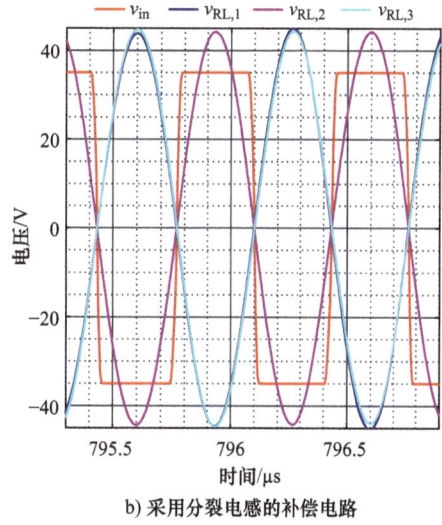

b) 采用分裂电感的补偿电路

图 6-25　不采用分裂电感与采用分裂电感时系统输出电压波形

6.3.3 功率传输能力分析

实际系统中，补偿电路的寄生电阻是固有存在的，会影响负载输出电压和系统效率。定义 $r_{Lp,m}$、$r_{L1,m}$、$r_{L2,m}$、$r_{C1,m}$、$r_{C2,m}$、$r_{Cf,m}$ 和 $r_{CM,m}$ 分别为 $L_{p,m}$、$L_{1,m}$、$L_{2,m}$、$C_{1,m}$–$C_{M,m}$、$C_{2,m}$–$C_{M,m}$、$C_{f,m}$ 和 $C_{M,m}$ 的寄生电阻，$Y_{Lp,m}$、$Y_{L1,m}$、$Y_{L2,m}$、$Y_{C1,m}$、$Y_{C2,m}$、$Y_{Cf,m}$、$Y_{CM,m}$ 和 $Y_{RL,m}$ 分别为 $L_{p,m}$、$L_{1,m}$、$L_{2,m}$、$C_{1,m}$–$C_{M,m}$、$C_{2,m}$–$C_{M,m}$、$C_{f,m}$、$C_{M,m}$ 和 $R_{L,m}$ 的导纳。在不失一般性的前提下，为了简化分析，假设所有补偿电路元件的品质因数 Q 是相同的，所有补偿电路元件的寄生电阻和导纳可以表示为

$$
\begin{cases}
r_{Lp,m} = \omega_0 L_{p,m}/Q,\ r_{L1,m} = \omega_0 L_{1,m}/Q,\ r_{L2,m} = \omega_0 L_{2,m}/Q \\
r_{C1,m} = 1/(\omega_0(C_{1,m}-C_{M,m})Q),\ r_{C2,m} = 1/(\omega_0(C_{2,m}-C_{M,m})Q) \\
r_{CM,m} = 1/(C_{M,m}Q),\ r_{Cf,m} = 1/(C_{f,m}Q),\ Y_{CM,m} = 1/(j\omega_0 C_{M,m}) \\
Y_{Lp,m} = 1/(j\omega_0 L_{p,m}+r_{Lp,m}),\ Y_{L1,m} = 1/(j\omega_0 L_{1,m}+r_{L1,m}),\ Y_{RL,m} = 1/R_{L,m} \\
Y_{L2,m} = 1/(j\omega_0 L_{2,m}+r_{L2,m}),\ Y_{C1,m} = 1/(1/j\omega_0(C_{1,m}-C_{M,m})+r_{C1,m}) \\
Y_{C2,m} = 1/(1/j\omega_0(C_{2,m}-C_{M,m})+r_{C2,m}),\ Y_{Cf,m} = 1/(j\omega_0 C_{f,m}+r_{Cf,m})
\end{cases}
\tag{6-64}
$$

1. 输出电压分析

为了便于分析寄生电阻对所提系统负载输出电压的影响，对图 6-24 应用节点电压法，可得到如下方程：

$$
\begin{bmatrix}
\boldsymbol{M}_1 & \boldsymbol{A}_1 & \boldsymbol{O} & \boldsymbol{O} & \cdots & \boldsymbol{O} & \boldsymbol{O} \\
\boldsymbol{E}_2 & \boldsymbol{M}_2 & \boldsymbol{A}_2 & \boldsymbol{O} & \cdots & \boldsymbol{O} & \boldsymbol{O} \\
\boldsymbol{O} & \boldsymbol{E}_3 & \boldsymbol{M}_3 & \boldsymbol{O} & \cdots & \boldsymbol{O} & \boldsymbol{O} \\
\cdots & \cdots & \cdots & \cdots & \cdots & \cdots & \cdots \\
\boldsymbol{O} & \boldsymbol{O} & \boldsymbol{O} & \boldsymbol{O} & \cdots & \boldsymbol{E}_N & \boldsymbol{M}_N
\end{bmatrix}
\begin{bmatrix}
\boldsymbol{V}_{p1} \\
\boldsymbol{V}_{p2} \\
\boldsymbol{V}_{p3} \\
\cdots \\
\boldsymbol{V}_{pN}
\end{bmatrix}
=
\begin{bmatrix}
\boldsymbol{I} \\
\boldsymbol{o} \\
\boldsymbol{o} \\
\cdots \\
\boldsymbol{o}
\end{bmatrix}
\tag{6-65}
$$

式中，$\boldsymbol{M}_m$ $(m=1,2,\cdots,N)$ 见式（6-66）。$\boldsymbol{A}_m = [0\,0\,0\,0;\,0\,0\,0\,0;\,0\,0\,0\,0;\,-Y_{Lp,m+1}\,0\,0\,0]$，$\boldsymbol{E}_m = [0\,0\,0-Y_{Lp,m};\,0\,0\,0\,0;\,0\,0\,0\,0;\,0\,0\,0\,0]$，$\boldsymbol{I}=[-Y_{Lp,1}\,V_1\,0\,0\,0]^T$，$\boldsymbol{O}$ 为 4×4 阶零矩阵，$\boldsymbol{o}$ 为 4×1 阶零矩阵，$\boldsymbol{V}_{pm}=[V_{P(4(m-1)+1)}\ V_{P(4(m-1)+2)}\ V_{P(4(m-1)+3)}\ V_{P(4(m-1)+4)}]^T$，$V_{P(4(m-1)+1)}$、$V_{P(4(m-1)+2)}$、$V_{P(4(m-1)+3)}$ 和 $V_{P(4(m-1)+4)}$ $(m=1,2,\cdots,N)$ 分别为第 m 个发射 – 接收单元的节点电压。

$$
\boldsymbol{M}_m =
\begin{cases}
\begin{bmatrix}
Y_{Lp,m}+Y_{Cf,m}+Y_{L1,m} & -Y_{L1,m} & 0 & 0 \\
-Y_{L1,m} & Y_{L1,m}+Y_{C1,m}+Y_{CM,m} & -Y_{CM,m} & 0 \\
0 & -Y_{CM,m} & Y_{L2,m}+Y_{C2,m}+Y_{CM,m} & -Y_{L2,m} \\
0 & 0 & -Y_{L2,m} & \begin{cases} Y_{L2,m}+Y_{Lp,m}+Y_{RL,m} \\ (m=1,2,\cdots,N-1) \\ Y_{L2,m}+Y_{RL,m} \\ (m=N) \end{cases}
\end{bmatrix}
\end{cases}
\tag{6-66}
$$

通过解式（6-65），可以得到节点电压 V_{P1}、V_{P2}、$\cdots$、$V_{P(4(N-1)+4)}$，系统的输出电压 $V_{RL,m}$ $(m=1,2,\cdots,N)$ 等于 $V_{P(4(m-1)+4)}$。为了便于比较，基值电压定义为逆变器输出电压的基波分量

V_1。根据式（6-49），基值电阻定义为 $V_{RL,m}$ 与 $I_{L1,m}$ 的比值，可以表示为

$$R_b = \frac{V_{RL,m}}{I_{L1,m}} = \frac{1}{(\omega_0 C_{M,m}(1/k_{c,m}^2 - 1))} \tag{6-67}$$

图 6-26a 给出了负载电压随负载电阻的变化，可以看出，随着负载电阻阻值增加，负载电压逐渐降低，如果连接负载的中继单元离发射单元 #0 的距离越远，则负载电压下降得越快，并且随着负载电阻阻值的增加，负载电压衰减也会变大。图 6-26b 针对含有 3 个负载的 CPT 系统，给出了当标幺化的负载电阻为 0.6 时，第 3 个负载的输出电压随耦合系数和品质因数的变化。可以看出品质因数 Q 越大，负载输出电压越高。因此从恒压输出的角度来看，较高的品质因数和较高的耦合系数有利于系统的恒压输出。

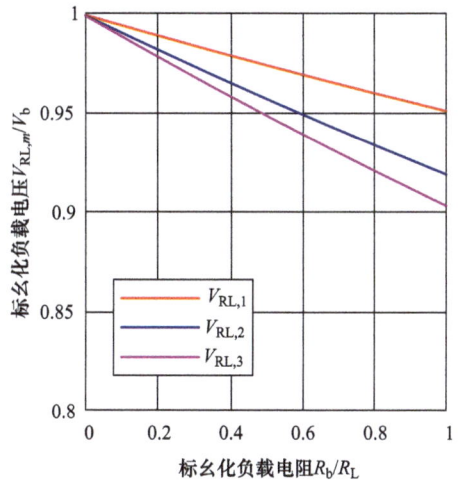

a) 标幺化负载电压变化随标幺化负载电阻的变化
（$k = 0.15$，$Q = 500$）

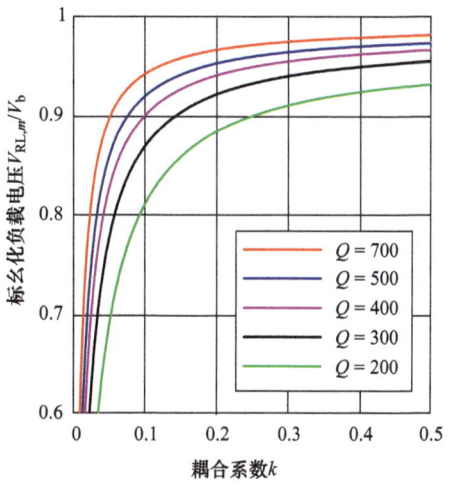

b) 不同耦合系数和品质因数下负载电压的变化
（$N = 3$，$R_b/R_L = 0.6$）

图 6-26　输出电压分析

图 6-27 给出了含有中继单元的电场耦合机构的互电容和自电容随中继单元 #1 中 4 个极板位置偏移的变化，可以看到中继单元 #1 中 4 个极板在 x 轴方向上偏移 5% 时，互电容和自电容变化最大为 6% 左右。

当系统中的补偿电路元件品质因数 Q 为 500，负载的数量 N 为 3，且 $L_{p,m}$ 保持不变时，图 6-28a 给出了系统输出电压随着互电容 $C_{M,m}$ 和自电容 $C_{1,m}(C_{2,m})$ 的变化，可以观察到，当 $C_{M,m}$ 和 $C_{1,m}(C_{2,m})$ 变化 ±5% 时，标幺化负载电压的变化范围为 0.6~1.2，因此，十分有必要确保电场耦合机构的位置固定，本节所提出的系统适用于没有错位的场景。图 6-27b 给出了电场耦合机构尺寸和位置固定时，输出电压随补偿电感 $L_{p,m}$ 的变化，可以看出随着 $L_{p,m}$ 变化比例增大，输出电压幅值会减小，且离发射单元 #0 的距离越远，负载电压降落越大。由于 CPT 系统的工作频率高，因此这是 CPT 系统的一个固有问题，但是从图 6-28b 可以看出，当补偿电感 $L_{p,m}$ 变化 ±5% 时，输出电压变化在 2% 以内，在实际应用中是可以接受的。

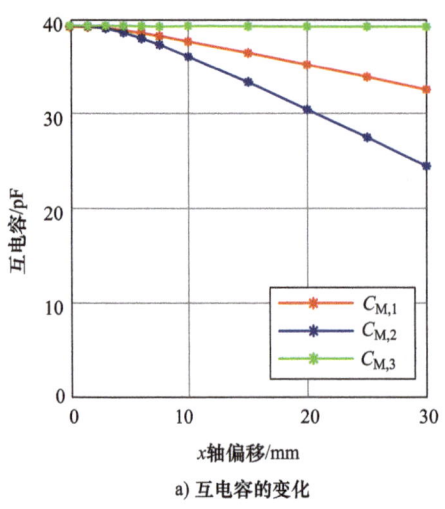

a) 互电容的变化

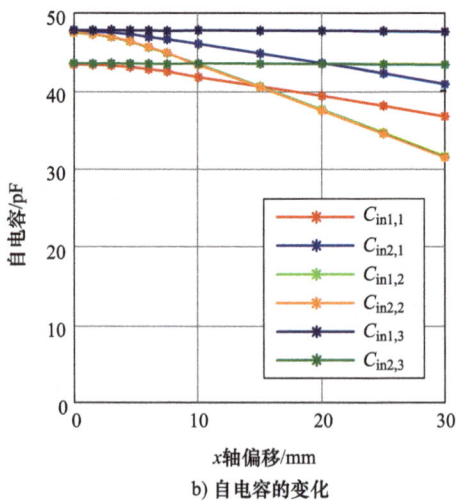

b) 自电容的变化

图 6-27　含有中继单元的电场耦合机构随 x 轴偏移分析

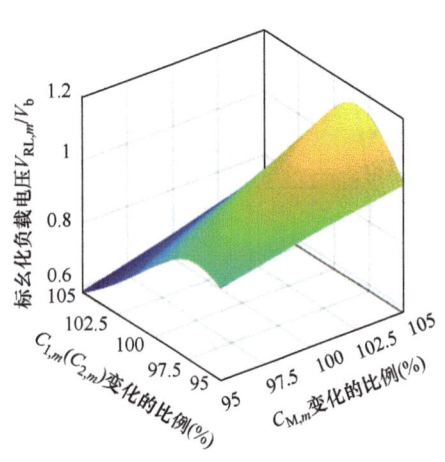

a) 标幺化负载电压随自电容和互电容的变化

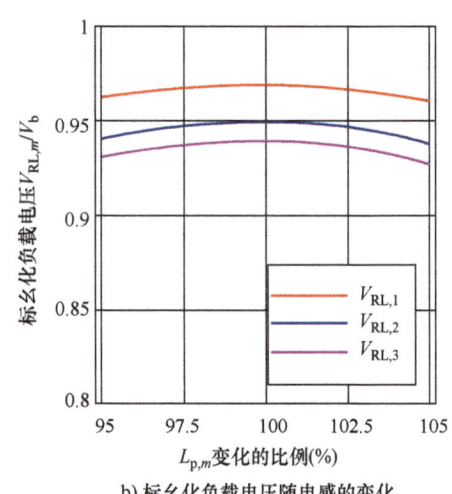

b) 标幺化负载电压随电感的变化

图 6-28　输出电压随参数变化的分析

2. 系统效率分析

流过补偿电路元件的电流可以表示为

$$
\begin{cases}
\boldsymbol{I}_{\mathrm{Lp},m} = \left(\boldsymbol{V}_{\mathrm{P}(4(m-2)+4)} - \boldsymbol{V}_{\mathrm{P}(4(m-1)+1)}\right) \cdot \boldsymbol{Y}_{\mathrm{Lp},m},\ \boldsymbol{I}_{\mathrm{C1},m} = \boldsymbol{V}_{\mathrm{P}(4(m-1)+2)} \cdot \boldsymbol{Y}_{\mathrm{C1},m} \\
\boldsymbol{I}_{\mathrm{L1},m} = \left(\boldsymbol{V}_{\mathrm{P}(4(m-1)+1)} - \boldsymbol{V}_{\mathrm{P}(4(m-1)+2)}\right) \cdot \boldsymbol{Y}_{\mathrm{L1},m},\ \boldsymbol{I}_{\mathrm{C2},m} = \boldsymbol{V}_{\mathrm{P}(4(m-1)+3)} \cdot \boldsymbol{Y}_{\mathrm{C2},m} \\
\boldsymbol{I}_{\mathrm{L2},m} = \left(\boldsymbol{V}_{\mathrm{P}(4(m-1)+3)} - \boldsymbol{V}_{\mathrm{P}(4(m-1)+4)}\right) \cdot \boldsymbol{Y}_{\mathrm{L2},m} \\
\boldsymbol{I}_{\mathrm{Cf},m} = \boldsymbol{V}_{\mathrm{P}(4(m-1)+1)} \cdot \boldsymbol{Y}_{\mathrm{Cf},m},\ \boldsymbol{I}_{\mathrm{RL},m} = \boldsymbol{V}_{\mathrm{P}(4(m-1)+4)} \cdot \boldsymbol{Y}_{\mathrm{RL},m}
\end{cases}
\tag{6-68}
$$

含有 N 个负载的 CPT 系统效率 η_N 可以表示为负载输出功率 $P_{\mathrm{o},m}(m=1,2,\cdots,N)$ 之和与每个发射 – 接收单元的输入功率 $P_{\mathrm{in},m}(m=1,2,\cdots,N)$ 之和的比值，即

$$\eta_N = \left(\sum_{m=1}^{N} P_{\mathrm{o},m} \right) \Big/ \left(\sum_{m=1}^{N} P_{\mathrm{in},m} \right)$$

$$= \frac{\displaystyle\sum_{m=1}^{N}\left(\left| V_{\mathrm{RL},m} \right|^2 / R_{\mathrm{L},m} \right)}{\displaystyle\sum_{m=1}^{N}\left(\begin{array}{l} \left| I_{\mathrm{Lp},m} \right|^2 r_{\mathrm{Lp},m} + \left| I_{\mathrm{Cf},m} \right|^2 r_{\mathrm{Cf},m} + \left| I_{\mathrm{L1},m} \right|^2 r_{\mathrm{L1},m} + \left| I_{\mathrm{C1},m} \right|^2 r_{\mathrm{C1},m} + \\ \left| I_{\mathrm{CM},m} \right|^2 r_{\mathrm{CM},m} + \left| I_{\mathrm{C2},m} \right|^2 r_{\mathrm{C2},m} + \left| I_{\mathrm{L2},m} \right|^2 r_{\mathrm{L2},m} + \left| V_{\mathrm{RL},m} \right|^2 / R_{\mathrm{L},m} \end{array} \right)} \tag{6-69}$$

$$= f(N, R_{\mathrm{L},m}, Q, k_{\mathrm{c},m})$$

式中，负载输出电压和流过补偿电路元件的电流可以由式（6-65）～式（6-68）得到，补偿电路元件的寄生电阻可以由式（6-64）得到。

系统效率随标幺化负载电阻的变化如图 6-29a 所示，可以看出本节所提系统存在最大效率对应的最佳负载电阻点，实现最大系统效率的负载电阻随着中继单元数量的增加而减小。此外，系统效率会受到最大负载数量的限制，随着负载数量 N 增加，系统可实现的最大效率会下降，如果指定了系统的最大效率，那么可将此特性用于指导中继单元个数的设计。图 6-29b 给出了系统实现的最大效率与耦合系数 k 和品质因数 Q 的关系，可以看出，较高的耦合系数和较高的品质因数可以让系统具有较高的效率。

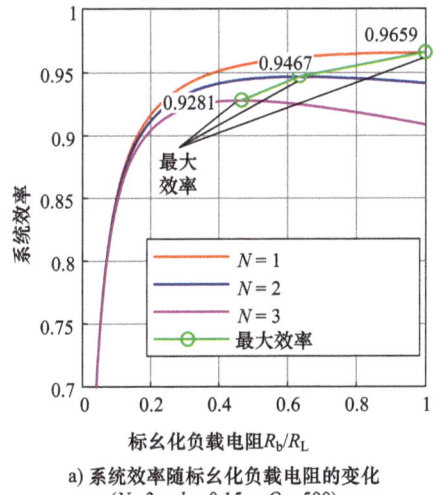

a）系统效率随标幺化负载电阻的变化
（$N=3$，$k=0.15$，$Q=500$）

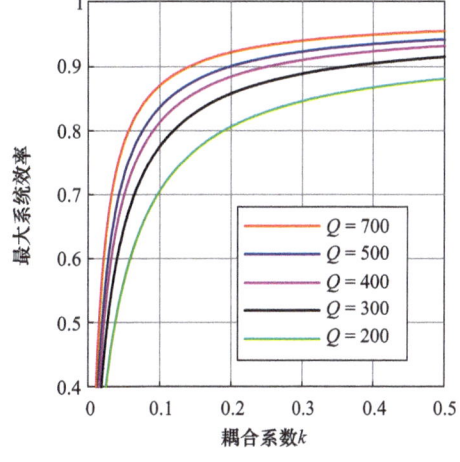

b）最大可实现的效率随不同耦合系数和品质因数的变化（$N=3$，$R_{\mathrm{b}}/R_{\mathrm{L}}=0.15$）

图 6-29　系统效率分析

6.4　具有恒流输出特性的多负载电容式无线充电系统研究

本节提出了一种采用中继单元给多个负载供电的 CPT 系统结构，每个中继单元包含两个接收极板和两个发射极板，两个接收极板与两个发射极板垂直放置，并采用了含有分裂电感的补偿电路，使得每个中继单元都能实现负载功率解耦。与参考文献 [12] 方法相比，不需要复杂的矩阵运算，且本节在建模时考虑了补偿电路对系统的影响。本章节所设计的补偿电路结构中，发射极板和接收极板采用 L 型电路进行补偿，而中继单元采用 LCL 型电路进行补偿，实现了负载独立的多个恒流输出，此外，本节考虑了补偿电路中寄生电阻对系统输出电流和效率的影响，搭建了含有三个负载的实验模型来验证所提系统的正确性。

6.4.1 恒流输出模型

1. 系统描述

图 6-30 所示为具有恒流输出特性且含有中继单元的多负载 CPT 系统拓扑结构，包括 1 个全桥逆变电路、1 个发射单元、(N–1) 个中继单元和 1 个接收单元；发射单元 #0 包含发射极板 P_1 和 P_2，可以给中继单元 #1 传递能量。中继单元 #m (m=1,2,···,N–1) 包含四个极板，分别是发射极板 $P_{4(m-1)+3}$、$P_{4(m-1)+4}$ 以及接收极板 P_{4m+1}、P_{4m+2}。发射极板 $P_{4(m-1)+3}$、$P_{4(m-1)+4}$ 用来从前一个单元接收能量，接收极板 P_{4m+1}、P_{4m+2} 用来给下一个单元传递能量。接收单元 #N 包含接收极板 $P_{4(N-1)+3}$ 和 $P_{4(N-1)+4}$，用来从前一个中继单元 #N–1 接收能量。中继单元 #m 的接收极板 $P_{4(m-1)+3}$、$P_{4(m-1)+4}$ 与发射极板 P_{4m+1}、P_{4m+2} 垂直，所有极板大小相等。

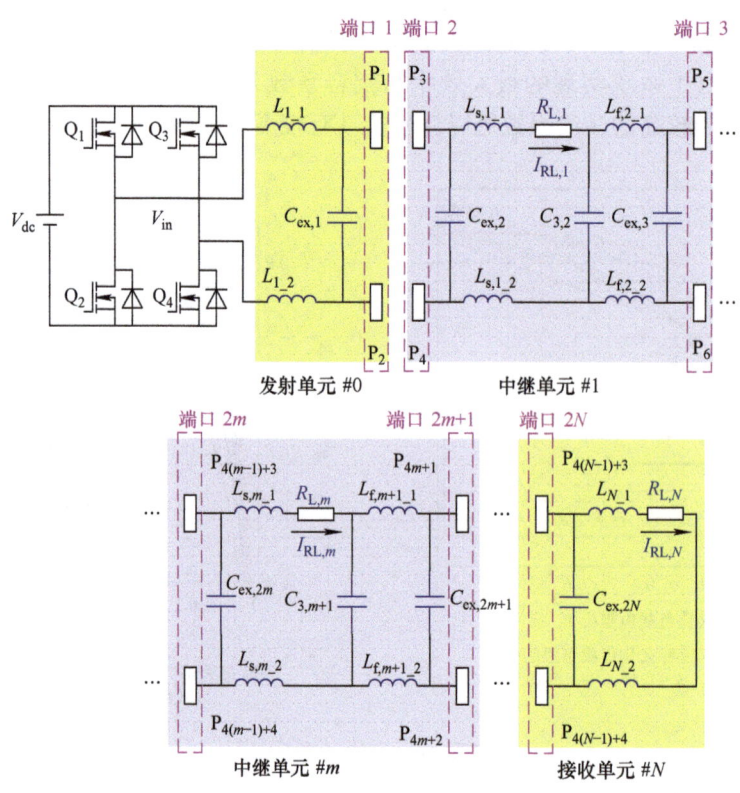

图 6-30 具有恒流输出特性且含有中继单元的多负载 CPT 系统拓扑结构

2. 电场耦合机构解耦分析及其建模

由 6.3.1 节可知，实现电场耦合机构解耦应该满足两个条件：第一个条件是电场耦合机构的等效电路模型是一个双端口网络，第二个条件是应采用垂直的电场耦合机构结构且极板的正对面积相等。图 6-30 所提的具有恒流输出特性且含有中继单元的多负载 CPT 系统的电场耦合机构如图 6-22 所示，每个中继单元采用了垂直的结构，为了实现所提系统的解耦，本节采用了基于分裂电感的补偿电路来实现流入每个端口的电流等于流出每个端口的电流，其中，正向路径中的电感等于返回路径中的电感，即 $L_{1\_1} = L_{1\_2}$，$L_{N\_1} = L_{N\_2}$，$L_{s,m\_1} = L_{s,m\_2}$ $(m=1,2,\cdots,N-1)$，$L_{f,m\_1} = L_{f,m\_2}$ $(m=2,3,\cdots,N)$，此种方式的原因具体如下：

首先，假设负载电阻 $R_{L,1} = R_{L,2} = \cdots = R_{L,N} = 0$。在不失去一般特性的前提下，下面将以最简单的含有一个中继单元、两个负载的 CPT 系统为例进行分析，其耦合电容模型如图 6-31 所示。全桥逆变电路的输出电压可以用两个幅值相等、相位相差 180° 的正弦电压源 $v_{s1}=0.5V_1\sin(\omega_0 t)$ 和 $v_{s2}=0.5V_1\sin(\omega_0 t+\pi)$ 进行表示，分别施加在节点 A 和 B 上。同样地，第二个负载电压 $v_{RL,2}$ 也用两个幅值相等、相位相差 180° 的正弦电压源 $v_{s3}=0.5V_{RL,2}\sin(\omega_0 t+\varphi)$ 和 $v_{s4}=0.5V_{RL,2}\sin(\omega_0 t+\varphi+\pi)$ 进行表示，分别施加在节点 C 和 D 处，其中，$V_{RL,2}$ 是第二个负载电压的有效值，φ 是第二个负载电压的初相角。当 v_{s1}、v_{s2}、v_{s3} 和 v_{s4} 一起作用时，流经 $C_{i,j}$ $(i,j=1,2,\cdots,8, i \neq j)$ 的电流定义为 $i_{Ci,j}$，其正方向如图 6-31 所示，当 v_{sl} $(l=1,2,3)$ 作用而其他正弦电压源短路时，流过 $C_{i,j}$ $(i,j=1,2,\cdots,8, i \neq j)$ 的电容定义为 i_{Ci,j_l}。因为每个电场耦合机构中两个发射极板和接收极板的正对面积相等，所以对称位置的耦合电容大小相等。在逆变器侧，因为本节采用了含有分裂电感的补偿电路，电路结构对称，可以得出流经位于对称位置的耦合电容的相应电流幅值相等，但方向相反。应用叠加原理，流经图 6-31 中所有耦合电容的电流等于四个独立源分别工作时的电流之和，分别在节点 P_1、P_2、P_3、P_4、P_5、P_6、P_7 和 P_8 上应用基尔霍夫电流定律，可以得到

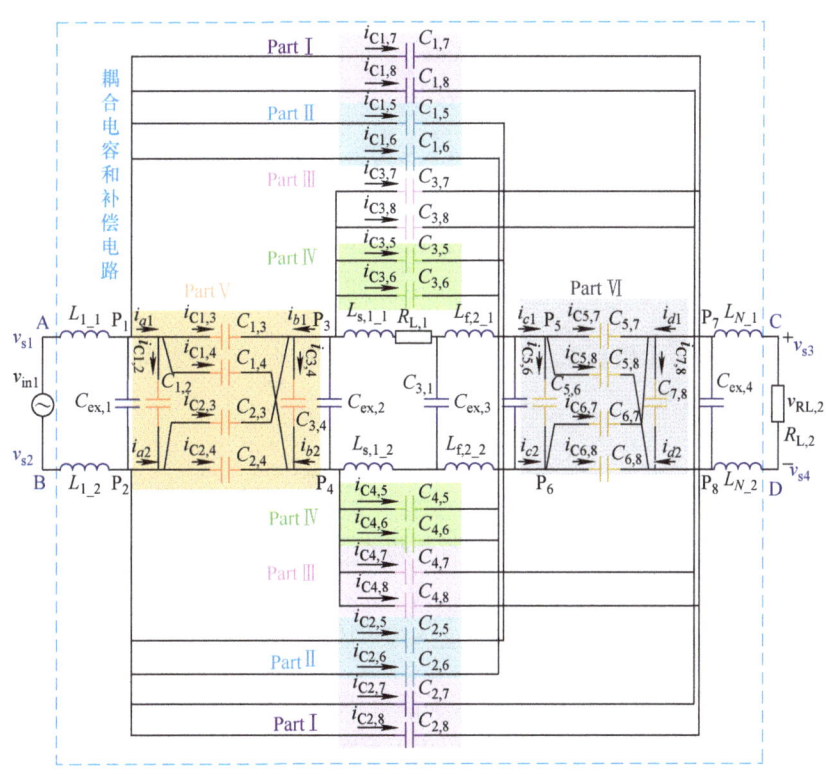

图 6-31 含有一个中继单元的多负载 CPT 系统的电容模型

$$\begin{cases} i_{C1,7} + i_{C1,8} = -(i_{C2,7} + i_{C2,8}), \quad i_{C1,7} + i_{C2,7} = -(i_{C1,8} + i_{C2,8}) \\ i_{C1,5} + i_{C1,6} = -(i_{C2,5} + i_{C2,6}), \quad i_{C1,5} + i_{C2,5} = -(i_{C1,6} + i_{C2,6}) \\ i_{C3,7} + i_{C3,8} = -(i_{C4,7} + i_{C4,8}), \quad i_{C3,7} + i_{C4,7} = -(i_{C3,8} + i_{C4,8}) \\ i_{C3,5} + i_{C3,6} = -(i_{C4,5} + i_{C4,6}), \quad i_{C3,5} + i_{C4,5} = -(i_{C3,6} + i_{C4,6}) \\ i_{a1} = -i_{a2}, \quad i_{b1} = -i_{b2}, \quad i_{c1} = -i_{c2}, \quad i_{d1} = -i_{d2} \end{cases} \quad (6\text{-}70)$$

式中，i_{a1}、i_{a2}、i_{b1}、i_{b2}、i_{c1}、i_{c2}、i_{d1} 和 i_{d2} 的正方向的定义如图 6-31 所示。

从式（6-70）可以看出，含有一个中继单元、两个负载的 CPT 系统可以看成 6 个二端口网络，分别是 Part Ⅰ、Part Ⅱ、Part Ⅲ、Part Ⅳ、Part Ⅴ和 Part Ⅵ，如图 6-31 所示。上述分析过程和结论可以扩展到含有 N 个负载、$2N$ 个端口的 CPT 系统。因为流入每个端口的电流等于流出每个端口的电流，所以可以把含有中继单元、N 个负载的 CPT 系统中的电场耦合机构看成 $C(2N,2)$ 个双端口网络。此时可以使用双端口网络分析方法来计算含有中继单元的多负载 CPT 系统的电场耦合机构自电容和互电容，从而端口 a 的自电容 $C_{\text{port},a}$ $(a = 1,2,\cdots,2N)$ 可以表示为

$$C_{\text{port},a} = \begin{cases} C_{1,2} + \displaystyle\sum_{\substack{x=3,5,7,\cdots,4(N-1)+3 \\ y=4,6,8,\cdots,4(N-1)+4}} \dfrac{(C_{1,x}+C_{1,y})\cdot(C_{2,x}+C_{2,y})}{C_{1,x}+C_{1,y}+C_{2,x}+C_{2,y}} \quad a=1 \\[4mm] C_{i,j} + \displaystyle\sum_{\substack{x=1,3,5,\cdots,i-2 \\ y=2,4,6,\cdots,j-2}} \dfrac{(C_{x,i}+C_{y,i})\cdot(C_{x,j}+C_{y,j})}{C_{x,i}+C_{y,i}+C_{x,j}+C_{y,j}} \\[4mm] \quad + \displaystyle\sum_{\substack{x=i+2,i+4,\cdots,4(N-1)+3 \\ y=j+2,j+4,\cdots,4(N-1)+4}} \dfrac{(C_{i,x}+C_{i,y})\cdot(C_{j,x}+C_{j,y})}{C_{i,x}+C_{i,y}+C_{j,x}+C_{j,y}} \quad a=2,3,\cdots,2N-1 \\[4mm] i\neq j; i=3,5,7,9,\cdots,4(N-1)+1; j=4,6,8,10,\cdots,4(N-1)+2; a=j/2 \\[4mm] C_{4(N-1)+3,4(N-1)+4} + \displaystyle\sum_{\substack{x=1,3,5,\cdots,4(N-1)+1 \\ y=2,4,6,\cdots,4(N-1)+2}} \dfrac{(C_{x,4(N-1)+3}+C_{y,4(N-1)+3})\cdot(C_{x,4(N-1)+4}+C_{y,4(N-1)+4})}{C_{x,4(N-1)+3}+C_{y,4(N-1)+3}+C_{x,4(N-1)+4}+C_{y,4(N-1)+4}} \\[4mm] a=2N \end{cases} \quad (6\text{-}71)$$

任意两个端口 a 和 b 由极板 P_{2a-1}、P_{2a}、P_{2b-1} 和 P_{2b} 组成，它们之间的互电容 $C_{\text{M}a,b}$ $(a,b=1,2,\cdots,2N, a\neq b)$ 可以表示为

$$C_{\text{M}a,b} = \frac{C_{2a,2b}\cdot C_{2a-1,2b-1} - C_{2a-1,2b}\cdot C_{2a,2b-1}}{C_{2a,2b} + C_{2a-1,2b-1} + C_{2a-1,2b} + C_{2a,2b-1}} \quad (6\text{-}72)$$

任意一个端口 a 和剩余端口的互电容的总和 $C_{\text{Mport},a}$ $(a=1,2,\cdots,2N)$ 可以表示为

$$C_{\text{Mport},a} = \sum_{b=1}^{2N} C_{\text{M}a,b} \quad (b\neq a) \quad (6\text{-}73)$$

此时，含有中继单元的多负载 CPT 系统电场耦合机构等效 Π 模型如图 6-32 所示，需要注意该模型考虑了本节所提的含有中继单元的电场耦合机构中任意两个极板之间的耦合电容，给出了精确的等效 Π 模型。V_1、I_1、V_2、I_2、$\cdots$、V_{2N} 和 I_{2N} 分别是 $2N$ 个端口的电压和电流。

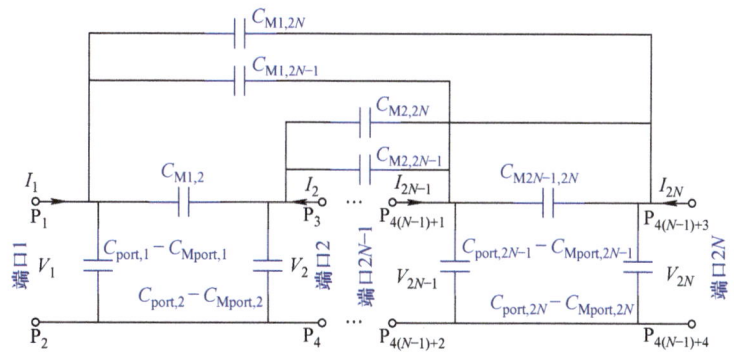

图 6-32　含有中继单元的多负载 CPT 系统电场耦合机构等效 Π 模型

需要注意，中继单元 #m 中包含端口 $2m$ 与端口 $2m+1$，且极板的正对面积相等，所以可以得到

$$C_{4m,4m+2} = C_{4m-1,4m} = C_{4m-1,4m+2} = C_{4m,4m-1} \qquad (6-74)$$

将式（6-74）代入式（6-72），可以得到中继单元 #m 的互电容 $C_{M2m,2m+1}$ 为 0，从而实现了含有中继单元的多负载 CPT 系统内中继单元 #m 解耦。为了分析含有分裂电感的补偿电路以及负载电阻对系统输出的影响。

下面分析含有分裂电感的补偿电路对系统输出的影响。

当所有负载电阻值为 0 时，本节所提系统通过采用基于分裂电感的补偿电路对含有中继单元的电场耦合机构进行补偿，实现了中继单元解耦。图 6-33 给出了当采用含有分裂电感的补偿电路和不采用分裂电感的补偿电路时，三个负载输出电流幅值的变化。从图 6-33a 可以看出，本节所提系统的补偿电路在没有采用分裂电感的情况下，三个负载电流输出的幅值会发生显著变化。从图 6-33b 中可以看出，当采用了含有分裂电感的补偿电路时，三个负载的输出电流的幅值几乎相同。上述仿真结果说明了采用含有分裂电感的补偿电路对于实现具有恒流输出特性的含有中继单元的多负载 CPT 系统解耦至关重要。

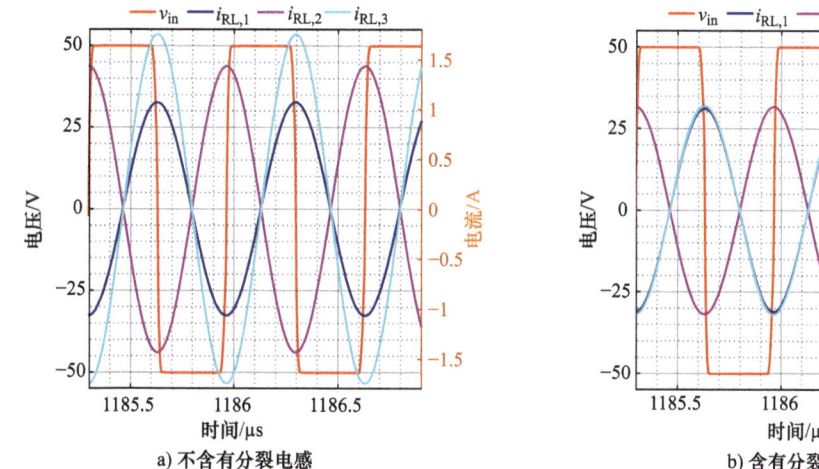

a) 不含有分裂电感　　　　　　　　b) 含有分裂电感

图 6-33　仿真结果

下面分析负载阻抗对系统输出的影响。

在实际系统中，负载阻抗不为零，本节所提系统的对称性不存在。图 6-34 给出了负载电阻在 20 ~ 500Ω 进行宽范围变化时，采用含有分裂电感的补偿电路对含有中继单元的电场耦合机构进行补偿时的仿真结果，可以看到负载电流几乎是恒定的。上述仿真结果说明了负载电阻的大小对于系统解耦性能和负载电流输出的影响可以忽略不计。

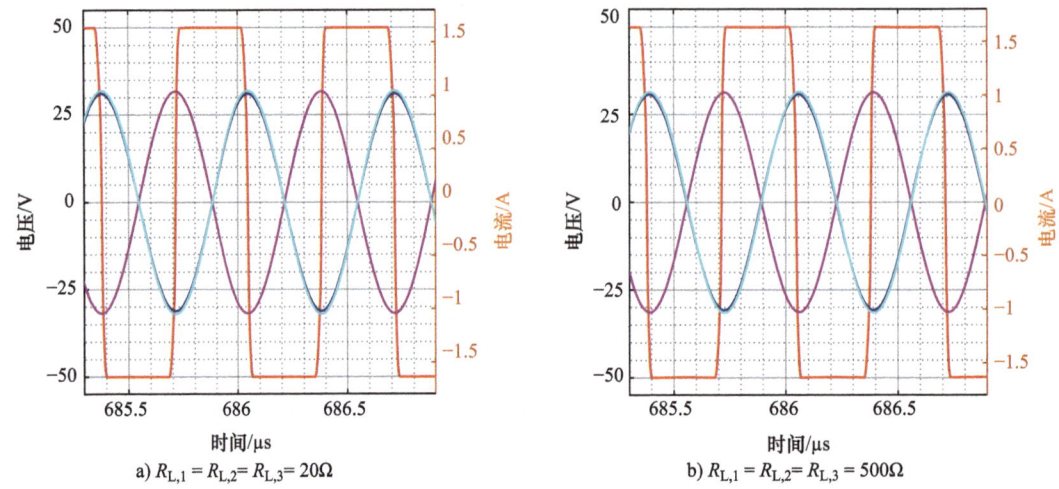

a) $R_{L,1} = R_{L,2} = R_{L,3} = 20\Omega$　　　　　b) $R_{L,1} = R_{L,2} = R_{L,3} = 500\Omega$

图 6-34　含有分裂电感的补偿电路在不同负载电阻下的仿真结果

3. 补偿电路设计

因为补偿电路的寄生电阻非常小，为了便于分析，本节暂不考虑补偿电路的寄生电阻，补偿电路的寄生电阻对系统输出电流和效率的影响已在 6.3 节进行分析。基于 6.3 节中含有中继单元的电场耦合机构的建模以及谐振电路的带通滤波器特性，采用 FHA 分析方法，可以得到具有恒流输出特性且含有中继单元的多负载 CPT 系统的等效 Π 模型，如图 6-35 所示。因为流经前向路径和后向路径中分裂电感的电流是相同的，在分析过程中，两个分裂电感可以合并为一个电感，即 $L_1 = L_{1\_1} + L_{1\_2}$，$L_N = L_{N\_1} + L_{N\_2}$，$L_{s,m} = L_{s,m\_1} + L_{s,m\_2}$（$m=1,2,\cdots,N-1$），$L_{f,m} = L_{f,m\_1} + L_{f,m\_2}$（$m=2,3,\cdots,N$）。$C_{s,2m-1}$ 和 $C_{s,2m}$ 是第 m 个发射 – 接收单元的自电容，可以表示为

$$C_{s,2m-1} = C_{\text{port},2m-1} + C_{\text{ex},2m-1}, \quad C_{s,2m} = C_{\text{port},2m} + C_{\text{ex},2m} \tag{6-75}$$

式中，$C_{\text{port},2m-1}$ 和 $C_{\text{port},2m}$ 为第 m 个发射 – 接收单元左侧端口 $2m-1$ 和右侧端口 $2m$ 处的内部自电容，可以由式（6-71）得到。$C_{\text{ex},2m-1}$ 和 $C_{\text{ex},2m}$ 是第 m 个发射 – 接收单元左侧端口 $2m-1$ 和右侧端口 $2m$ 并联的外部电容。

第 m 个发射 – 接收单元左侧端口 $2m-1$ 和右侧端口 $2m$ 的互电容可以由式（6-75）得到并在此处重新定义为 $C_{\text{M},m}$（$m=1,2,\cdots,N$），此时第 m 个发射 – 接收单元的耦合系数 $k_{\text{c},m}$（$m=1,2,\cdots,N$）可以表示为

$$k_{\text{c},m} = \frac{C_{\text{M},m}}{\sqrt{C_{s,2m-1}C_{s,2m}}} \tag{6-76}$$

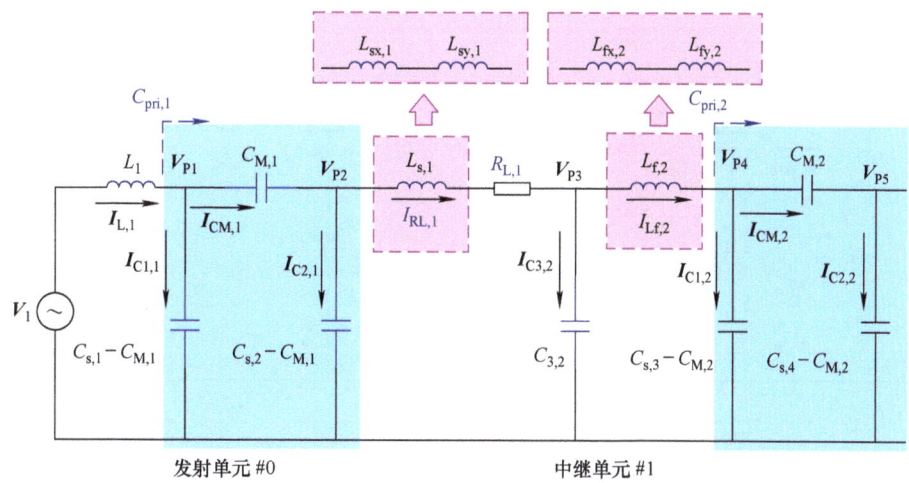

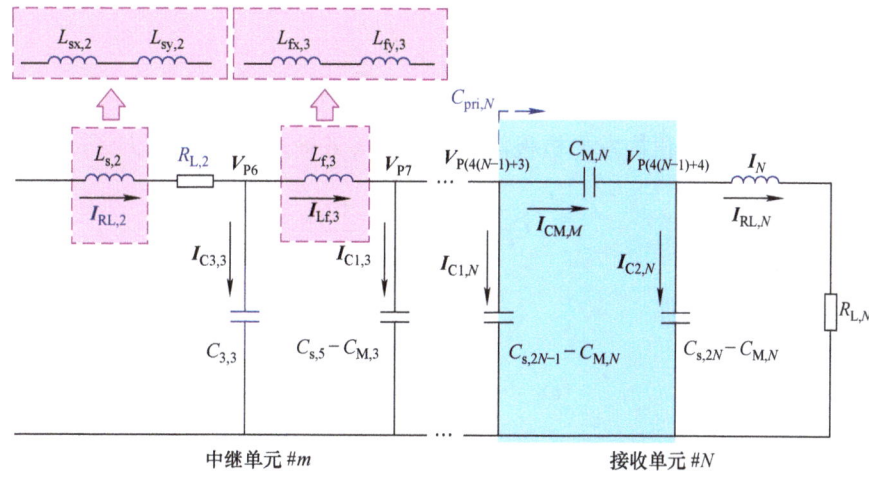

图 6-35　含有中继单元多负载 CPT 系统的等效 Π 模型

为了获得恒定电流输出和 ZPA，具有恒流输出特性且含有中继单元的多负载 CPT 系统谐振条件推导如下：电感 $L_{s,m}$ 可以看成电感 $L_{sx,m}$ 和 $L_{sy,m}$ 串联，电感 $L_{f,m}$ 可以看成电感 $L_{fx,m}$ 和 $L_{fy,m}$ 串联。由图 6-30 和图 6-35 可以看出，本节所提具有恒流输出特性且含有中继单元的多负载 CPT 系统可以看成 N 个发射 – 接收单元级联的结构。由 $L_{sx,m}$、$L_{sy,m}$、$L_{fx,m}$ 和 $L_{fy,m}$ 组成的第 m 个（$m=1,2,\cdots,N$）发射 – 接收单元的等效 Π 模型如图 6-36 所示，其中，第 1 个发射 – 接收单元中不含有 $C_{3,m}$ 和 $L_{fx,m}$，第 N 个发射 – 接收单元中不含有 $L_{sy,N}$。

$I_{RL,m}$（$m=1,2,\cdots,N$）是第 m 个发射 – 接收单元的输出电流，同时也是下一个发射 – 接收单元的输入电流，当满足下列谐振条件

$$\omega_0^2 = \frac{1}{L_{sy,m-1}C_{3,m}} = \frac{1}{L_{fx,m}C_{3,m}} \qquad (6\text{-}77)$$

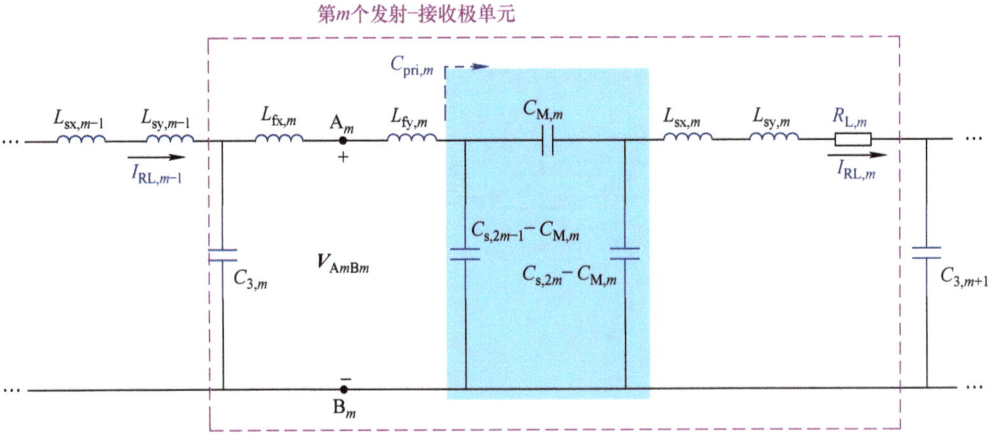

图 6-36 第 m 个发射 – 接收单元的等效 Π 模型

可以得到恒定的输出电压 V_{AmBm} $(m=2,3,\cdots,N)$:

$$V_{AmBm} = \frac{I_{RL,m-1}}{j\omega_0 C_{3,m}} \qquad (6-78)$$

$C_{pri,m}$ 是从电场耦合机构发射极板侧看进去的等效输入电容，可以表示为

$$C_{pri,m} = C_{s,2m-1} - \frac{C_{M,m}^2}{C_{s,2m}} \qquad (6-79)$$

若满足下列谐振条件

$$\omega_0^2 = \frac{1}{L_{fy,m}C_{pri,m}} = \frac{1}{L_{sx,m}C_{pri,m}} \qquad (6-80)$$

根据诺顿定理，可以得到恒定输出电流 $I_{RL,m}$ $(m=1,2,\cdots,N)$:

$$I_{RL,m} = \frac{j\omega_0 C_{M,m}V_{AmBm}}{1-\omega_0^2 L_{fy,m}C_{s,2m-1}} = -\frac{C_{M,m}I_{RL,m-1}}{C_{3,m}}\left(\frac{1}{k_{c,m}^2}-1\right) \qquad (6-81)$$

式中，V_{A1B1} 与逆变器输出电压基波分量的有效值 V_1 相等，$L_{fy,1}$ 与 L_1 相等，$L_{sx,N}$ 与 L_2 相等。

由式（6-77）和式（6-81）可知，第一个负载的输出电流会滞后于逆变器输出电压 90°。相邻发射 – 接收单元中负载输出电流的相位差为 180°。为了确保所有负载的输出电流相等，每一个发射 – 接收单元的输出电流和输入电流需要相等。将式（6-78）代入式（6-81），可以得到补偿电容 $C_{3,m}$ $(m=1,2,\cdots,N)$ 需要满足

$$C_{3,m} = -\frac{C_{M,m}}{1/k_{c,m}^2 - 1} \qquad (6-82)$$

因为 $L_{s,m} = L_{sx,m} + L_{sy,m}$，$L_{f,m} = L_{fx,m} + L_{fy,m}$，且由式（6-77）和式（6-80）可得补偿电路的谐振条件为

$$\omega_0^2 = \frac{1}{L_1 C_{\mathrm{pri},1}} = \frac{1}{L_{\mathrm{s},m} C_{\mathrm{pri},m}} + \frac{1}{L_{\mathrm{s},m} C_{3,m+1}} = \frac{1}{L_{\mathrm{f},m} C_{3,m}} + \frac{1}{L_{\mathrm{f},m} C_{\mathrm{pri},m}} = \frac{1}{L_N C_{\mathrm{pri},N}} \tag{6-83}$$

当含有中继单元的多负载 CPT 系统电场耦合机构尺寸确定后，$C_{\mathrm{M},m}$、$C_{\mathrm{s},2m-1}$ 和 $C_{\mathrm{s},2m}$ 是已知的，此时，L_1、L_N、$L_{\mathrm{s},m}$ $(m=1,2,\cdots,N-1)$ 和 $L_{\mathrm{f},m}$ $(m=2,3,\cdots,N)$ 可以由式（6-79）、式（6-82）和式（6-83）得到。

由于每个中继单元的结构相同，因此每一个发射 – 接收单元之间的互电容是相等的，即满足 $C_{\mathrm{M},1} = C_{\mathrm{M},2} = \cdots = C_{\mathrm{M},N} = C_{\mathrm{M}}$。当每一个发射 – 接收单元的自电容也都相等时，即 $C_{\mathrm{s},1} = C_{\mathrm{s},3} = \cdots = C_{\mathrm{s},2N-1} = C_1$，$C_{\mathrm{s},2} = C_{\mathrm{s},4} = \cdots = C_{\mathrm{s},2N} = C_2$，每一个发射 – 接收单元之间的耦合系数也都相等，即 $k_{\mathrm{c},1} = k_{\mathrm{c},2} = \cdots = k_{\mathrm{c},N} = k$。把上述表达式代入式（6-79）、式（6-82）和式（6-83），可以得到每一个发射 – 接收单元中相同位置的补偿电感和补偿电容相等，即 $L_{\mathrm{s},1} = L_{\mathrm{s},2} = \cdots = L_{\mathrm{s},N-1} = L_{\mathrm{s}}$，$L_{\mathrm{f},2} = L_{\mathrm{f},3} = \cdots = L_{\mathrm{f},N} = L_{\mathrm{f}}$，$C_{3,2} = C_{3,2} = \cdots = C_{3,N} = C_3$。另外，当所有负载电阻相同时，即 $R_{\mathrm{L},1} = R_{\mathrm{L},2} = \cdots = R_{\mathrm{L},N}$，所有的负载可以获得相同的负载功率。

6.4.2 功率传输能力分析

1. 输出电流分析

实际系统中，补偿电路的寄生电阻是固有存在的，会影响负载电流输出特性和系统效率。在图 6-36 中，补偿电路元件 L_1、L_{s}、L_{f}、L_N、C_3、C_{M}、$C_1 - C_{\mathrm{M}}$ 和 $C_2 - C_{\mathrm{M}}$ 的品质因数分别定义为 Q_{L1}、Q_{Ls}、Q_{Lf}、Q_{LN}、Q_{C3}、Q_{CM}、Q_{C1} 和 Q_{C2}。所有补偿电路元件的寄生电阻和导纳可以表示为

$$\begin{cases}
r_{L1} = \omega_0 L / Q_{L1}, \ r_{Ls} = \omega_0 L_{\mathrm{s}} / Q_{Ls}, \ r_{Lf} = \omega_0 L_{\mathrm{f}} / Q_{Lf}, \ r_{LN} = \omega_0 L_N / Q_{LN} \\
Y_{L1} = 1 / (\mathrm{j}\omega_0 L_1 + r_{L1}), \ Y_{Ls} = 1 / (\mathrm{j}\omega_0 L_{\mathrm{s}} + r_{Ls}), \ Y_{Lf} = 1 / (\mathrm{j}\omega_0 L_{\mathrm{f}} + r_{Lf}) \\
Y_{RLN} = 1 / (\mathrm{j}\omega_0 L_N + r_{LN} + R_{\mathrm{L},N}), \ Y_{RLs} = 1 / (\mathrm{j}\omega_0 L_{\mathrm{s}} + r_{Ls} + R_{\mathrm{L},m}) \\
r_{C3} = 1 / (\omega_0 C_3 Q_{C3}), \ Y_{C3} = 1 / [1 / (\mathrm{j}\omega_0 C_3) + r_{C3}] \\
r_{CM} = 1 / (\omega_0 C_{\mathrm{M}} Q_{CM}), \ Y_{CM} = 1 / [1 / (\mathrm{j}\omega_0 C_{\mathrm{M}}) + r_{CM}] \\
r_{C1} = 1 / [\omega_0 (C_1 - C_{\mathrm{M}}) Q_{C1}], \ Y_{C1} = 1 / [1 / (\mathrm{j}\omega_0 (C_1 - C_{\mathrm{M}})) + r_{C1}] \\
r_{C2} = 1 / [\omega_0 (C_2 - C_{\mathrm{M}}) Q_{C2}] \ Y_{C2} = 1 / [1 / (\mathrm{j}\omega_0 (C_2 - C_{\mathrm{M}})) + r_{C2}]
\end{cases} \tag{6-84}$$

式中，r_{L1}、r_{Ls}、r_{Lf}、r_{LN}、r_{C3}、r_{CM}、r_{C1} 和 r_{C2} 为 L_1、L_{s}、L_{f}、L_N、C_3、C_{M}、$C_1 - C_{\mathrm{M}}$ 和 $C_2 - C_{\mathrm{M}}$ 的寄生电阻，Y_{L1}、Y_{Ls}、Y_{Lf}、Y_{C3}、Y_{CM}、Y_{C1} 和 Y_{C2} 为 L_1、L_{s}、L_{f}、C_3、C_{M}、$C_1 - C_{\mathrm{M}}$ 和 $C_2 - C_{\mathrm{M}}$ 的导纳，Y_{RLN} 为最后一个负载支路的导纳，Y_{RLs} 为其余负载支路的导纳。对图 6-35 应用节点电压法，可以得到

$$\begin{bmatrix}
\boldsymbol{G}_1 & \boldsymbol{B}_1 & \boldsymbol{O}_{2\times3} & \boldsymbol{O}_{2\times3} & \cdots & \boldsymbol{O}_{2\times3} & \boldsymbol{O}_{2\times3} \\
\boldsymbol{C}_1 & \boldsymbol{G}_2 & \boldsymbol{B}_2 & \boldsymbol{O}_{3\times3} & \cdots & \boldsymbol{O}_{3\times3} & \boldsymbol{O}_{3\times3} \\
\boldsymbol{O}_{3\times2} & \boldsymbol{C}_2 & \boldsymbol{G}_3 & \boldsymbol{B}_3 & \cdots & \boldsymbol{O}_{3\times3} & \boldsymbol{O}_{3\times3} \\
\cdots & \cdots & \cdots & \cdots & \cdots & \cdots & \cdots \\
\boldsymbol{O}_{3\times2} & \boldsymbol{O}_{3\times3} & \boldsymbol{O}_{3\times3} & \boldsymbol{O}_{3\times3} & \cdots & \boldsymbol{G}_{N-1} & \boldsymbol{B}_{N-1} \\
\boldsymbol{O}_{3\times2} & \boldsymbol{O}_{3\times3} & \boldsymbol{O}_{3\times3} & \boldsymbol{O}_{3\times3} & \cdots & \boldsymbol{C}_{N-1} & \boldsymbol{G}_N
\end{bmatrix}
\begin{bmatrix}
\boldsymbol{V}_{\mathrm{p}1} \\
\boldsymbol{V}_{\mathrm{p}2} \\
\boldsymbol{V}_{\mathrm{p}3} \\
\cdots \\
\boldsymbol{V}_{\mathrm{p}(N-1)} \\
\boldsymbol{V}_{\mathrm{p}N}
\end{bmatrix}
=
\begin{bmatrix}
\boldsymbol{I} \\
\boldsymbol{O}_{3\times1} \\
\boldsymbol{O}_{3\times1} \\
\cdots \\
\boldsymbol{O}_{3\times1} \\
\boldsymbol{O}_{3\times1}
\end{bmatrix} \tag{6-85}$$

式中，$\boldsymbol{O}_{p \times q}$ 为 p 行 q 列零矩阵，$\boldsymbol{G}_m$、$\boldsymbol{B}_m$、$\boldsymbol{C}_m$、$\boldsymbol{V}_{\mathrm{p}m}$ 和 $\boldsymbol{I}$ 分别如下所示：

$$\boldsymbol{G}_m = \begin{cases} \begin{bmatrix} Y_{\mathrm{L1}} + Y_{\mathrm{C1}} + Y_{\mathrm{CM}} & -Y_{\mathrm{CM}} \\ -Y_{\mathrm{CM}} & Y_{\mathrm{ZLs}} + Y_{\mathrm{C2}} + Y_{\mathrm{CM}} \end{bmatrix} & m=1 \\[4mm] \begin{bmatrix} Y_{\mathrm{RLs}} + Y_{\mathrm{C3}} + Y_{\mathrm{Lf}} & -Y_{\mathrm{Lf}} & 0 \\ -Y_{\mathrm{Lf}} & Y_{\mathrm{Lf}} + Y_{\mathrm{C1}} + Y_{\mathrm{CM}} & -Y_{\mathrm{CM}} \\ 0 & -Y_{\mathrm{CM}} & \begin{cases} Y_{\mathrm{CM}} + Y_{\mathrm{C2}} + Y_{\mathrm{RLs}} (m=2,\cdots,N-1) \\ Y_{\mathrm{CM}} + Y_{\mathrm{C2}} + Y_{\mathrm{RL}N} (m=N) \end{cases} \end{bmatrix} & m=2,3,\cdots,N \end{cases} \tag{6-86}$$

$$\boldsymbol{B}_m = \begin{cases} [0\ 0\ 0; -Y_{\mathrm{RLs}}\ 0\ 0] & m=1 \\ [0\ 0\ 0; 0\ 0\ 0; -Y_{\mathrm{RLs}}\ 0\ 0] & m=2,3,\cdots,N-1 \end{cases} \tag{6-87}$$

$$\boldsymbol{C}_m = \begin{cases} [0\ -Y_{\mathrm{RLs}}; 0\ 0; 0\ 0] & m=1 \\ [0\ 0\ -Y_{\mathrm{RLs}}; 0\ 0\ 0; 0\ 0\ 0] & m=2,3,\cdots,N-1 \end{cases} \tag{6-88}$$

$$\boldsymbol{V}_{\mathrm{p}m} = \begin{cases} [\boldsymbol{V}_{\mathrm{P}(3(m-1)+1)} \quad \boldsymbol{V}_{\mathrm{P}(3(m-1)+2)}]^{\mathrm{T}} & m=1 \\ [\boldsymbol{V}_{\mathrm{P}(3(m-1))} \quad \boldsymbol{V}_{\mathrm{P}(3(m-1)+1)} \quad \boldsymbol{V}_{\mathrm{P}(3(m-1)+2)}]^{\mathrm{T}} & m=2,3,\cdots,N \end{cases} \tag{6-89}$$

$$\boldsymbol{I} = [-Y_{\mathrm{L1}}\boldsymbol{V}_1 \quad 0]^{\mathrm{T}} \tag{6-90}$$

式中，V_{P1}、V_{P2}、$\cdots$、$V_{\mathrm{P}N}$ 为图 6-35 中的节点电压，可以通过解式（6-85）得到。

I_{L1}、$I_{\mathrm{Lf},m}$（$m=2,3,\cdots,N$）、I_{CM}、$I_{\mathrm{C1},m}$、$I_{\mathrm{C2},m}$、$I_{\mathrm{C3},m}$ 和 $I_{\mathrm{RL},m}$（$m=1,2,\cdots,N$）分别为流过 L_1、$L_{\mathrm{f},m}$、$C_{\mathrm{M},m}$、$C_{\mathrm{s},2m-1}-C_{\mathrm{M},m}$、$C_{\mathrm{s},2m}-C_{\mathrm{M},m}$、$C_{3,m}$ 和 $R_{\mathrm{L},m}$（$m=1,2,\cdots,N$）的电流，所有电流的方向定义如图 6-35 所示，应用欧姆定律，可以得到上述电流可以表示为

$$\begin{cases} I_{\mathrm{L1}} = \left|(V_{\mathrm{in1}} - V_{\mathrm{P}(3(m-1)+1)}) \cdot Y_{\mathrm{L1}}\right| & m=1 \\ I_{\mathrm{Lf},m} = \left|(V_{\mathrm{P}(3(m-1))} - V_{\mathrm{P}(3(m-1)+1)}) \cdot Y_{\mathrm{Lf}}\right| & m=2,3,\cdots,N \\ I_{\mathrm{CM},m} = \left|(V_{\mathrm{P}(3(m-1)+1)}) \cdot Y_{\mathrm{C1}} - (V_{\mathrm{P}(3(m-1)+2)}) \cdot Y_{\mathrm{C2}}\right| & m=1,2,\cdots,N \\ I_{\mathrm{C1},m} = \left|(V_{\mathrm{P}(3(m-1)+1)}) \cdot Y_{\mathrm{C1}}\right|,\ I_{\mathrm{C2},m} = \left|(V_{\mathrm{P}(3(m-1)+2)}) \cdot Y_{\mathrm{C2}}\right| & m=1,2,\cdots,N \\ I_{\mathrm{C3},m} = \left|(V_{\mathrm{P}(3(m-1)+3)}) \cdot Y_{\mathrm{C3}}\right| & m=2,3,\cdots,N \\ I_{\mathrm{RL},m} = \begin{cases} \left|(V_{\mathrm{P}(3(m-1)+2)} - V_{\mathrm{P}(3(m-1)+3)}) \cdot Y_{\mathrm{RLs}}\right| & m=1,2,\cdots,N-1 \\ \left|(V_{\mathrm{P}(3(m-1)+2)}) \cdot Y_{\mathrm{RL}N}\right| & m=N \end{cases} \end{cases} \tag{6-91}$$

为了便于比较负载输出电流的变化，可以用标幺值来进行衡量，根据式（6-81），负载电阻的基值 R_{b} 可以用 $V_{\mathrm{A}m\mathrm{B}m}$ 除以 $I_{\mathrm{RL},m}$（$m=1,2,\cdots,N$）得到

$$R_{b} = \frac{1}{\omega C_{M}(1/k^2 - 1)} \qquad (6\text{-}92)$$

负载输出电流的基值定义为 I_{b}，负载功率的基值为 P_{b}，可以表示为

$$I_{b} = \frac{V_{1}}{R_{b}}, \quad P_{b} = I_{b}^{2}R_{b} \qquad (6\text{-}93)$$

假设负载电流下降得很小并且所有负载电流几乎等于 I_{b}，则第 m 个负载功率 $P_{RL,m}$ 可以通过其基值功率 P_{b} 进行标幺化，标幺化负载功率 P_{norm} 可以表示为

$$P_{norm} = \frac{P_{RL,m}}{P_{b}} = \frac{I_{RL,m}^{2}R_{L,m}}{I_{b}^{2}R_{b}} \approx \frac{R_{L}}{R_{b}} \qquad (6\text{-}94)$$

通常情况下，图 6-35 中补偿电路元件的品质因数是不同的，但是为了简化对负载电流和效率的分析，假设所有元件的品质因数相同且为 Q，这种假设只会改变数值的大小，不会影响结论的普遍规律。下面关于负载电流和系统效率的分析中，所有负载电阻相同并且同时变化。图 6-37a 给出了负载电流随负载功率变化的关系，可以看出随着负载功率的增加，负载电流逐渐减小。负载与发射单元 #0 之间的距离越远，负载电流下降得越快，因此最后一个负载的电流可以视为对所提系统恒定电流输出特性的评价标准。图 6-37b 给出了第三个负载电流随耦合系数和品质因数的变化，可以看到第三个负载电流下降程度会随着耦合系数和品质因数的增大而减小。因此，较大的耦合系数或品质因数有利于获得更好的恒定负载电流输出特性。

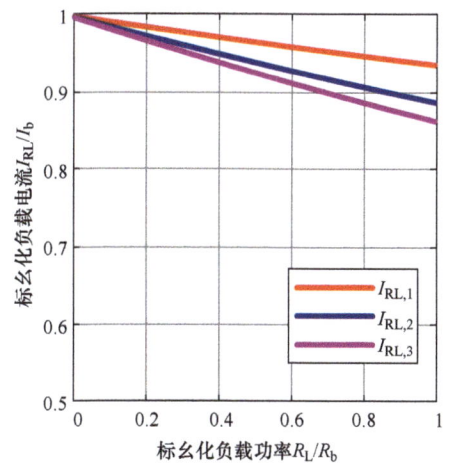

a) 标幺化负载电流随标幺化负载功率的变化
(k=0.15, Q=500)

b) 第三个负载输出电流随耦合系数和品质因数的变化
(N=3, R_{b}/R_{L}=0.6)

图 6-37　负载输出电流分析

2. 系统效率分析

每个发射 – 接收单元中负载输出功率 $P_{o,m}(m=1,2,\cdots,N)$ 可以表示为

$$P_{o,m} = I_{RL,m}^2 R_{L,m} \tag{6-95}$$

每个发射 – 接收单元的输入功率 $P_{in,m}(m=1,2,\cdots,N)$ 可以表示为

$$P_{in,m} = \begin{cases} I_{L1}^2 r_{L1} + I_{C1,m}^2 r_{C1} + I_{CM,m}^2 r_{CM} + I_{C2,m}^2 r_{C2} + I_{RL,m}^2 r_{Ls} + P_{o,m} & m=1 \\ I_{C3,m}^2 r_{C3} + I_{Lf,m}^2 r_{Lf} + I_{C1,m}^2 r_{C1} + I_{CM,m}^2 r_{CM} + I_{C2,m}^2 r_{C2} + I_{RL,m}^2 r_{Ls} + P_{o,m} & m=2,3,\cdots,N-1 \\ I_{C3,m}^2 r_{C3} + I_{Lf,m}^2 r_{Lf} + I_{C1,m}^2 r_{C1} + I_{CM,m}^2 r_{CM} + I_{C2,m}^2 r_{C2} + I_{RL,N}^2 r_{LN} + P_{o,m} & m=N \end{cases} \tag{6-96}$$

含有中继单元、N 个负载的 CPT 系统效率可以表示为

$$\eta_N = \frac{\sum_{m=1}^{N} P_{o,m}}{\sum_{m=1}^{N} P_{in,m}} \tag{6-97}$$

图 6-38a 给出了系统效率随负载功率的变化，可以看到随着负载数量增加，系统效率会降低，且含有中继单元的多负载 CPT 系统实现最大效率时的最优负载功率会随着负载数量增加而减少，这是因为有更多的功率消耗在补偿电路和电场耦合机构中，该特点与单负载 CPT 系统实现最大效率时的标幺化负载功率不同。当负载功率 $R_L/R_b=1$ 时，能够实现单个负载 CPT 系统的最大效率。图 6-38b 给出了含有三个负载的 CPT 系统最大可实现的效率与耦合系数和品质因数的关系，可以得到若想实现更高的效率，那么系统的耦合系数和品质因数应该设计得更大的结论。

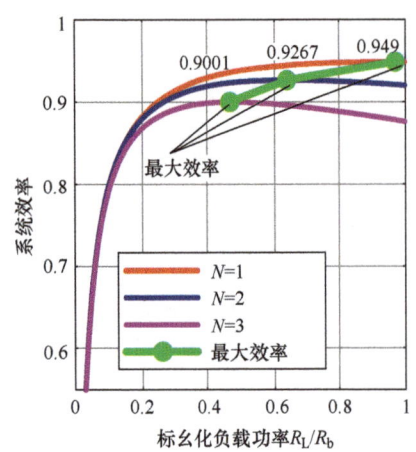

a) 系统效率随标幺化负载功率的变化

($N=3$, $k=0.15$, $Q=500$)

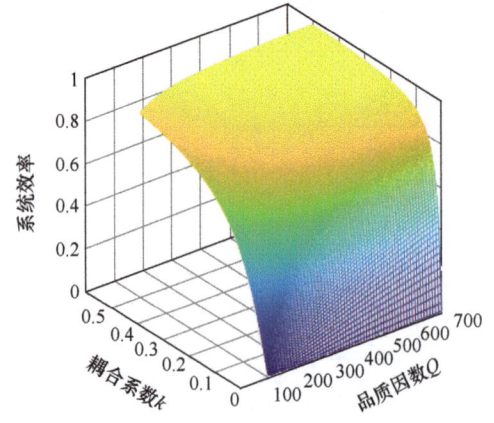

b) 系统最大效率随耦合系数和品质因数的变化

($N=3$, $R_b/R_L=0.6$)

图 6-38 系统效率分析

6.4.3　实验验证

图 6-39 为搭建的含有一个逆变器和三个负载的实验平台。逆变器由四个 SiC MOSFET 构成，用来产生 1.5MHz 的交流电。逆变器的直流输入电压为 50V。每个发射 – 接收极板对的耦合系数设计为 0.15，根据补偿电路设计方法，可以得到系统补偿电路的参数，见表 6-3，其中，$L_{s,1\_1}$ 和 $L_{s,1\_2}$ 略微减少相同的值来实现 MOSFET 的零电压开关，补偿电感由 660 股利兹线制成并缠绕在空心塑料管上，以消除趋肤效应产生的导通损耗。

图 6-39　实验平台

表 6-3　含有中继单元的 CPT 系统参数

参数	数值
$L_{1\_1}, L_{1\_2}, L_{N\_1}, L_{N\_2}$	22μH
$L_{s,2\_1}, L_{s,2\_2}, L_{f,2\_1}, L_{f,2\_2}, L_{f,3\_1}, L_{f,3\_2}$	25.3μH
$L_{s,1\_1}, L_{s,1\_2}$	22μH
$C_{3,1}, C_{3,2}$	1.70nF
$C_{ex,1}, C_{ex,6}$	219pF
$C_{ex,2}, C_{ex,3}, C_{ex,4}, C_{ex,5}$	214pF

当标幺化负载功率为 0.186 时，实验波形如图 6-40 所示，可以看出逆变器输出电流滞后于逆变器输出电压，这表明该系统实现了 ZVS。第一个负载输出电流滞后于逆变器输出电压约为 90°，相邻负载输出电流约相差 180°。图 6-41 给出了负载输出电流随负载功率的变化，可以看到负载电流会随着负载功率增加而逐渐减小。值得注意的是，虽然负载输出电流有轻微的衰减，但该系统仍可被视为具有多个恒定电流输出，负载电流的变化仍然在 3% 以内，这表明本章所提出的含有中继单元的多负载 CPT 系统可以在不同负载电阻下保持恒流输出特性。

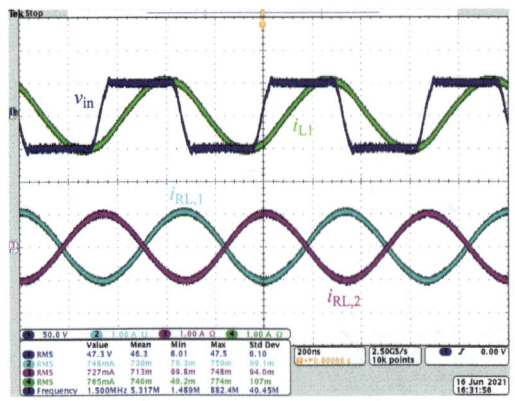 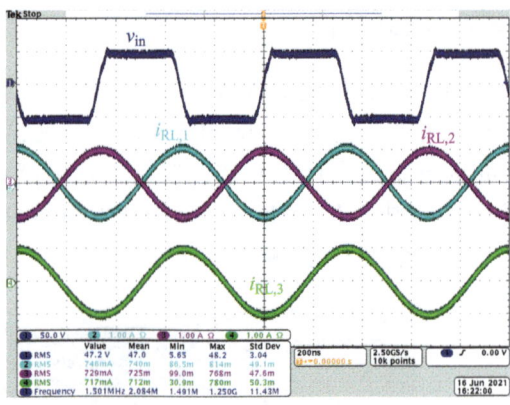

a) 逆变器输出电压和电流以及第二个和第三个负载的电流　　　　　b) 逆变器输出电压和三个负载的输出电流

图 6-40　实验波形

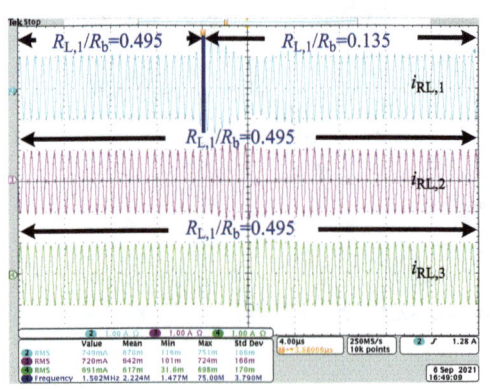 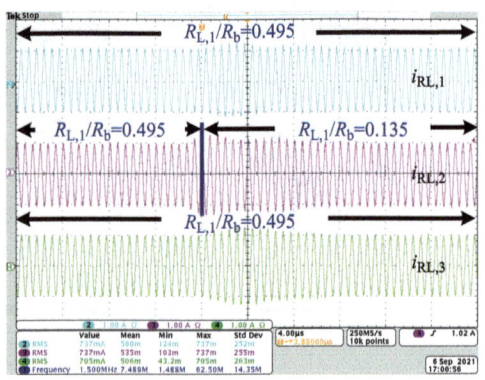

图 6-41　负载输出电流的变化随相同标幺化负载功率的变化

参 考 文 献

[1] Zou L J, Hu A P, Su Y. A single-wire capacitive power transfer system with large coupling alignment tolerance [C]. 2017 IEEE PELS Workshop on Emerging Technologies: Wireless Power Transfer (WoW), 2017: 93-98.

[2] Lu F, Zhang H, Mi C. A two-plate capacitive wireless power transfer system for electric vehicle charging applications [J]. IEEE Transactions on Power Electronics, 2017, 33(2): 964-969.

[3] Van Neste C W, Phani A, Hull R, et al. Quasi-wireless capacitive energy transfer for the dynamic charging of personal mobility vehicles [C]. 2016 IEEE PELS Workshop on Emerging Technologies: Wireless Power Transfer (WoW), 2016: 196-199.

[4] Ge B, Ludois D C, Perez R. The use of dielectric coatings in capacitive power transfer systems [C]. 2014 IEEE Energy Conversion Congress and Exposition (ECCE), 2014: 2193-2199.

[5] Dai J, Hagen S, Ludois D C, et al. P. Synchronous generator brushless field excitation and voltage regulation via capacitive coupling through journal bearings [J]. IEEE Transactions on Industry Applications, 2017, 53(4): 3317-3326.

[6] Zhang H, Lu F, Hofmann H, et al. A four-plate compact capacitive coupler design and LCL-compensated topology for capacitive power transfer in electric vehicle charging applications [J]. IEEE Transactions on

Power Electronics, 2016, 31(12): 8541-8851.

[7] 苏玉刚，傅群锋，马浚豪，等. 电场耦合电能传输系统层叠式耦合机构漏电场抑制方法 [J]. 电力系统自动化，2019, 43(2): 130-136.

[8] Zhang H, Lu F, Hofmann H, et al. Six-plate capacitive coupler to reduce electric field emission in large air-gap capacitive power transfer [J]. IEEE Transactions on Power Electronics, 2017, 33(1): 665-675.

[9] Zhang H, Lu F, Hofmann H, et al. An LC-compensated electric field repeater for long-distance capacitive power transfer [J]. IEEE Transactions on Industry Applications, 2017, 53(5): 4914-4922.

[10] Liu C, Hu A P, Dai X. A contactless power transfer system with capacitively coupled matrix pad [C]. 2011 IEEE Energy Conversion Congress and Exposition, 2011: 3488-3494.

[11] Lu F, Zhang H, Hofmann H, et al. An inductive and capacitive combined wireless power transfer system with LC-compensated topology [J]. IEEE Transactions on Power Electronics, 2016, 31(12): 8471-8482.

[12] Zhou W, Su Y G, Huang L, et al. Wireless power transfer across a metal barrier by combined capacitive and inductive coupling [J]. IEEE Transactions on Industrial Electronics, 2018, 66(5): 4031-4041.

第7章 电动汽车无线充电技术

7.1 电动汽车无线充电标准

目前，国家为规范行业发展制定了一系列标准，主要包括：

GB/T 38775.1—2020 电动汽车无线充电系统 第 1 部分：通用要求[1]；

GB/T 38775.2—2020 电动汽车无线充电系统 第 2 部分：车载充电机和无线充电设备之间的通信协议[2]；

GB/T 38775.3—2020 电动汽车无线充电系统 第 3 部分：特殊要求[3]；

GB/T 38775.4—2020 电动汽车无线充电系统 第 4 部分：电磁环境限值与测试方法[4]；

GB/T 38775.5—2021 电动汽车无线充电系统 第 5 部分：电磁兼容性要求和试验方法[5]；

GB/T 38775.6—2021 电动汽车无线充电系统 第 6 部分：互操作性要求及测试 地面端[6]；

GB/T 38775.7—2021 电动汽车无线充电系统 第 7 部分：互操作性要求及测试 车辆端[7]；

GB/T 38775.8—2023 电动汽车无线充电系统 第 8 部分：商用车应用特殊要求[8]；

GB/T 38775.9 以及 GB/T 38775.10 仍处于起草阶段。

此外，制定了一些国际标准以推动无线充电技术的发展与商业化，例如国际电工委员会（International Electrotechnical Commission, IEC）发布的国际标准 IEC 61980[9-11]。

IEC 61980-1：2020 涉及电动汽车无线充电系统的一般要求；

IEC 61980-2：2023 涉及电动汽车与无线充电系统之间的通信特定要求；

IEC 61980-3：2022 涉及电动汽车磁耦合无线充电系统的特定要求。

除国际标准 IEC 61980 外，SAE J2954 是一份关于轻型插电式电动汽车无线充电技术的行业标准[12]，由国际自动机工程师学会（SAE International）制定。该标准详细规定了无线充电系统的技术要求，包括互操作性、电磁兼容性、电磁场暴露、性能、安全性和测试方法。

7.1.1 电动汽车无线充电标准的术语和定义

下文为 GB/T 19596—2017 所规定的适用于电动汽车无线充电标准术语和定义。

原边设备：能量的发射端，与副边设备耦合，将电能转化成交变电磁场并定向发射的装置。

副边设备：能量的接收端，与原边设备耦合，接收交变电磁场并转化成电能的装置。

无线电能传输：一种借助于空间无形软介质（如电场、磁场、微波等）实现将电能由电源端传递至用电设备的一种供电模式。

电动汽车无线充电：将交流或直流电网（电源）通过无线电能传输技术，为电动汽车动力电池提供电能，也可以为车载设备供电。

非车载功率组件：将电网的电能转换成原边设备所需电能的功率变换单元。

车载功率组件：安装在车辆上，将副边设备接收的电能通过功率变换器转变为直流电，供给电动汽车。

地面设备：电动汽车无线充电系统地面侧设备的统称。

车载设备：电动汽车无线充电系统车载侧设备的统称。

无线充电位：为一辆电动汽车提供无线充电服务的地面设施统称。

机械气隙：原边设备上表面与副边设备下表面的最短间距。

工作气隙：原边设备磁场发射线圈上表面与副边设备磁场接收线圈下表面之间的距离。

离地间隙：车载设备下表面与地面之间的最小垂直距离。

对准容忍区域：当副边设备的离地间隙确定时，无线充电系统可以在 X 轴和 Y 轴方向上满足互操作性要求进行无线电能传输的区域。

异物：位于原边设备和副边设备之间，既不是电动汽车，也不是其无线充电位组成部分的所有物体。

系统效率：电能传输从交流（或直流）电源输入到电动汽车电池 / 车载设备的效率。

保护区域：电动汽车内及周围具有同种类保护需求的区域。

7.1.2　电动汽车无线充电标准内容简介

1. 中国标准

GB/T 38775.1—2020 规定了电动汽车无线充电系统的总体要求、分类、互操作性要求、通信要求、环境测试、安全要求、结构要求、材料和部件强度要求、标识和说明要求等[1]。适用于电动汽车静态磁耦合无线充电系统，其供电电源额定电压最大值为 1000V(AC) 或 1500V(DC)，额定输出电压最大值为 1000V(AC) 或 1500V(DC)。

GB/T 38775.2—2020 规定了电动汽车静态无线充电系统地面通信控制单元 (CSU) 与车载通信控制单元 (IVU) 之间实现无线充电控制的通信协议，也规定了无线充电控制管理系统 (WCCMS) 参与无线充电控制的通信协议。适用于地面通信控制单元 (CSU) 与控制管理系统 (WCCMS) 之间，以及车载通信控制单元 (IVU) 与地面通信控制单元 (CSU) 之间的管理和控制。

GB/T 38775.3—2020 规定了电动汽车无线充电系统的特殊要求，包括分类、一般要求、通信要求、技术要求和测试方法等。适用于电动汽车静态磁耦合无线充电系统，其供电电源额定电压最大值为 1000V（AC）或 1500V（DC），额定输出电压最大值为 1000V（AC）或 1500V（DC）。

GB/T 38775. 4—2020 规定了在电动汽车进行无线充电时，电动汽车内、外的电磁环境限值和测试方法。适用于电动汽车静态磁耦合无线充电系统，其供电电源额定电压最大值为 1000V（AC）或 1500V（DC），额定输出电压最大值为 1000V（AC）或 1500V（DC），原边设备采用地埋安装或地上安装的方式。

GB/T 38775.5—2021 规定了电动汽车无线充电系统的电磁兼容性通用要求、试验方案、抗扰度要求和发射要求。适用于地面设备与车载设备、地面设备与电动汽车所组成的无线充电系统，也适用于无线充电系统中的地面设备、车载设备和电动汽车。规定的辐射发射要求不适用于国际电信联盟定义的无线电发射机产生的有意发射，也不适用于与这些有意发射相关的杂散发射。

GB/T 38775.6—2021 规定了电动汽车无线充电系统地面端的互操作性要求及测试，包括系统架构、分类、技术要求、试验准备、互操作性测试、地面参考设备等。适用于电动汽车静态磁耦合无线充电系统，其供电电源额定电压最大值为 1000V（AC）或 1500V（DC），额定输出电压最大值为 500V（DC），其他额定输出电压参考执行。

GB/T 38775.7—2021 规定了电动汽车无线充电系统车辆端的互操作性要求及测试，包括系统架构、分类、技术要求、试验准备、互操作性测试、车载参考设备等。适用于电动汽车静态磁耦合无线充电系统，其供电电源额定电压最大值为 1000V（AC）或 1500V（DC），额定输出电压最大值 500V（DC），其他额定输出电压参考执行。

GB/T 38775.8—2023 规定了电动汽车无线充电系统商用车应用特殊要求。适用于功率等级超过 22kW 的电动商用车静态磁耦合无线充电系统，其供电电源额定电压最大值为 1500V（DC），额定输出电压最大值为 1500V（DC），其他额定输出电压参考执行。

2. IEC 标准

1）国际电工委员会（IEC）发布的标准 IEC 61980-1 规定了无线充电系统的一般要求：

① 标准范围：适用于使用无线充电方式为电动汽车（包括插电式混合动力车辆）充电的供电设备，涵盖了标准供电电压 IEC 60038 规定的 1000V（AC）以下和 1500V（DC）以下的系统。

② 标准结构：IEC 61980 系列分为多个部分，IEC 61980-1 包含无线充电系统的一般要求，IEC 61980-2 和 IEC 61980-3 分别针对磁耦合无线充电的电动汽车的具体要求。

③ 术语和定义：对无线充电相关的术语进行了定义。

④ 分类：对无线充电系统进行了详细的分类，包括功率传输技术、环境条件、供电网络连接方式等。

⑤ 技术要求：包括充电设备的一般架构、功率传输要求、效率、对准、通信、系统提供的活动、电磁兼容性要求等。

⑥ 安全要求：涉及电气安全、电击保护、故障保护、保护导体尺寸、残余电流保护装置、通信网络等。

⑦ 特定要求：包括无线电能传输系统的一般要求、接触电流、绝缘电阻、介电强度特性、过电流保护和短路承受能力、温度升高和热事件保护、抗异常热和火灾能力、电磁场保护等。

⑧ 环境条件：包括室内使用、暴露于污染或恶劣条件的工业区域使用、室外使用等。

⑨ 测试条件：包括环境测试、干热测试、模拟太阳辐射测试等。

⑩ 电磁兼容性：包括负载和操作条件、抗扰度要求、干扰要求等。

⑪ 标记和说明：包括制造商信息、型号、制造日期、输入电压范围、最大电流、频率范围、保护等级等。

该技术规范旨在确保电动汽车无线充电系统的安全性、可靠性和环境适应性。

2）国际电工委员会 (IEC) 发布的技术规范 IEC 61980-2 规定了电动汽车与无线充电系统之间的通信特定要求：

① 通信系统要求：通信系统应按照 ISO 15118-2 标准实施。通信系统应支持无线电

能传输，无需用户手动干预。无线电能传输站点应能同时与多个电动汽车设备建立和保持通信。

② 安全和互操作性：通信安全应遵循 ISO 15118-2 标准。互操作性要求电力传输机制和通信能够互操作。

③ 通信过程：描述了从电动汽车接近供应设备到电力传输完成的一系列活动，包括通信建立、服务选择、微调定位、配对、最终兼容性检查、初始对齐检查、准备电力传输等。

④ 控制过程状态：详细描述了供应设备和电动汽车设备的状态定义和转换，包括待机、服务初始化、对齐等待、空闲、电力传输等状态。

⑤ 通信参数：规定了通过 ISO 15118-2 协议定义管理的通信过程中的消息参数要求。

⑥ WLAN 通信序列：描述了使用 WLAN 进行通信的消息序列，包括通信建立、服务选择、微调定位、配对、最终兼容性检查、初始对齐检查、准备电力传输、执行电力传输、停止电力传输和终止通信。

该技术规范的目的是为了确保电动汽车无线充电系统的通信能够安全、可靠地进行，同时保证不同设备和系统之间的互操作性。通过详细规定通信过程、控制状态、异常处理机制以及使用案例，IEC 61980-2 为无线充电技术的发展和应用提供了标准化的指导。

3）国际电工委员会 (IEC) 发布的技术规范 IEC 61980-3 规定了电动汽车磁耦合无线充电系统的特定要求：

① 技术要求：详细描述了磁耦合无线充电系统的技术要求，包括系统分类、互操作性、系统基础设施要求、一般系统要求、通信、触电保护、特定无线电能传输系统要求、电力电缆组件要求、结构要求、材料和部件强度、服务和测试条件、电磁兼容性、标记和说明、测试程序等。

② 互操作性：描述了确保不同制造商系统之间互操作性的参数和测试台设置，包括磁场互操作性和电气互操作性。

该技术规范的目的是确保电动汽车磁耦合无线充电系统的技术要求得到满足，包括安全性、效率、互操作性以及电磁兼容性等方面。通过详细规定系统组件、测试方法和互操作性标准，IEC 61980-3 为磁耦合无线充电技术的发展和应用提供了标准化的指导。

IEC 61980 系列标准为电动汽车无线充电系统的制造商、运营商和监管机构提供了一套国际认可的技术规范和安全指南，旨在促进国际上的技术统一和实现产品互操作性。

3. SAE J2954 标准

1）前言和范围：介绍了 SAE J2954 标准的制定背景，目的是推动电气化动力系统的发展，特别是针对电池电动汽车和插电式混合动力汽车。该标准适用于地面安装的无线充电系统，不涉及动态充电应用。

2）引用：列举了与无线充电系统相关的其他标准和出版物，如 SAE、ANSI、CISPR、IEC 等。

3）术语定义：对无线充电系统中使用的关键术语进行了定义，如对准、环境温度、心脏植入式电子设备（CIED）等。

4）无线充电系统分类：根据功率输入和地面间隙对无线充电系统进行分类。

5）无线充电系统功能和操作：描述了无线充电系统的基本功能，包括功率传输、通信和安全功能。

6）物理尺寸和参数：规定了地面组装（Ground Assembly，GA）和车辆组装（Vehicle Assembly，VA）的尺寸要求。

7）性能、互操作性和安全性要求：详细列举了无线充电系统的性能标准，包括功率传输效率、对准公差、电磁兼容性和电磁场暴露要求。

8）电磁兼容性/电磁发射：涉及无线充电系统组件和整车级别的电磁兼容性测试。

9）人类和心脏植入式电子设备的电磁场暴露：提供了关于电磁场暴露的一般信息、车辆级电磁场要求、CIED 电磁场要求以及触摸电流要求。

10）附加安全要求：包括 UL 2750 标准（正在开发中）的参考以及与无线充电系统相关的安全考虑。

11）通信和对准：介绍了无线充电过程中 VA 和 GA 之间的通信要求，包括充电点发现、引导、细对准、配对和对准检查。

12）控制稳定性和监控：介绍了无线充电系统中的控制稳定性，包括操作状态、功率传输周期控制、异常监控和充电过程监控。

13）SAE J2954 停车位：提供了关于 GA 线圈中心点在停车位中的位置、停车方向和视觉提示以及停车位标记的指导。

14）性能测试：包括功率传输测试、电磁兼容性测试、电磁场测试和安全性验证。

15）安全验证：确保在开始和进行功率传输之前，系统是安全的。

16）耐用性：组件和车辆系统的耐用性应符合 UL 2750 和 SAE J1211 规范。

17）附录：包含了测试站 VA 规范、通用 GA 规范、活体保护（LOP）测试程序、停车位定义指南、UL 参考标准、WPT1 互操作性测试站 GA 规范、产品 VA 规范、地上产品 GA 规范、互操作性描述、系统互操作性描述、电磁场规范性评估指南、功率损失量化、低功率激励（LPE）对准方法、低频（LF）RF 对准方法以及光学和外部确认方法的讨论。

无线充电技术的标准化，可以确保不同制造商生产的充电设备和电动汽车之间的兼容性和安全性。通过规定详细的技术要求和测试方法，SAE J2954 标准旨在推动无线充电技术的发展和商业化。

7.2 电动汽车静态和动态无线充电概述

电动汽车无线充电技术按充电时汽车的状态分类可以分为静态无线充电（Static Wireless Charging，SWC）技术与动态无线充电（Dynamic Wireless Charging，DWC）技术，其中静态无线充电技术是指将电动汽车停靠在固定位置，使得收、发线圈正对，从而为电动汽车进行充电的充电方式，解决了插拔式有线充电的线路磨损、老化、适应性差、安全性低的问题。

典型电动汽车静态无线充电系统结构如图 7-1 所示，包括电力电子变换器、原边补偿网络、发射线圈、接收线圈、副边补偿网络、高频整流滤波电路和电池负载等部分[13]。但是为保证续航里程，静态无线充电技术仍需要电动汽车搭载较大容量的动力电池设备，在根本上并没有解决电动汽车续航里程短的主要问题。

电动汽车动态无线充电技术首次应用于 1976 年，美国劳伦斯伯克利国家实验室对动态无线充电技术的可行性进行评估，动态无线充电技术是指将发射线圈及原边所有设备埋藏于地面之下，接收线圈及副边所有设备安装于车载端，电动汽车行驶的过程中，地面装置通过非接触的形式对电动汽车进行源源不断的能量供给，这是一种充电、供电双模式相结合的充电方式，既缩减了充电周期，又克服了电动汽车携带大体积和重量的动力电池的问题，从根本上解决了电动汽车续航时间短的技术难题，降低了电动汽车的生产成本，具有广阔的应用场景，图 7-2 所示为两种模式下的无线充电场景。

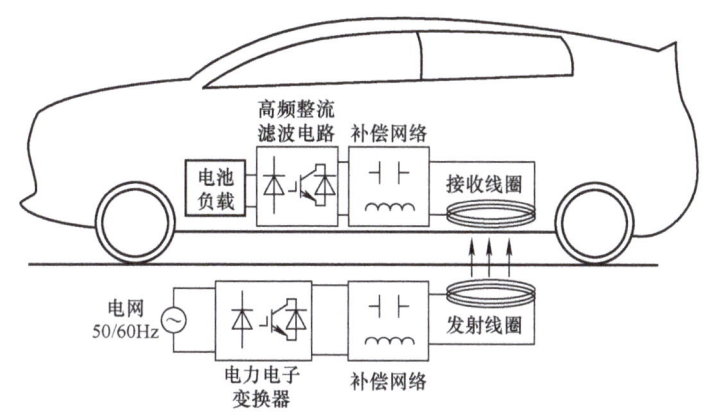

图 7-1　典型电动汽车静态无线充电系统结构

a) 静态无线充电　　　　　　　　　　b) 动态无线充电

图 7-2　两种模式下的无线充电场景

动态无线充电技术从根本上解决了续航时间短、必须携带大容量电池的问题。但是相比于采用静态无线充电技术，采用动态无线充电技术时，在电动汽车行驶期间，原、副边线圈的相对位置发生变化，随之会影响系统的输出电流的平稳性，进而影响输出功率，破坏充电性能。两种充电方式的系统参数设计和充电原理相似，唯一不同的是发射端磁路耦合装置的设计，虽然电动汽车动态无线充电技术具有巨大的优越性，但是车辆行驶过程中耦合系数的变化导致输出电流不稳定，线圈左右偏移导致效率降低，以及无线充电系统的响应速度较慢等问题都会对电动汽车动力电池造成巨大冲击，造成电池严重的极化现象，进而缩短动力电池的使用寿命。因此上述问题是解决电动汽车无线充电的关键性问题。

7.3 电动汽车动态无线充电

7.3.1 无线充电系统的组成与原理

电动汽车的动态无线充电系统本质上是一个大规模强弱电结合的非线性系统，该系统主要由高频逆变部分、双侧 LCC 谐振耦合部分、整流部分和负载四部分组成，电网能量先经过整流将交流电转化成直流电，再经高频逆变电源转化成高频高压交流电，利用磁感应耦合原理，使一、二次线圈发生谐振，将能量传递到二次侧，再经副边整流桥转化成直流电，最后再经过负载端的滤波电容滤波和稳压后传递到电动汽车动力电池中，动力电池再为行驶的电动汽车进行供电。该技术具有使用方便、运行可靠性高、适应环境能力强等特点，可有效解决电动汽车动力电池容量小、能量密度低、续航能力不足等问题[14]。

动态无线充电系统的整体示意图如图 7-3 所示，随着汽车的移动，电动汽车的动态无线充电的原、副边线圈的相对位置是不断变化的，这也导致双边耦合线圈的耦合系数是不断变化的，同时系统输出电流曲线无法与充电电池的电池管理系统（Battery Management System，BMS）曲线重合，长此以往，会对动力电池造成很大的危害，加速动力电池的老化，最终导致电池的使用寿命降低。因此需要采用合适的补偿拓扑结构以及控制方法来减少互感变化，从而减小系统输出电压和电流对电动汽车充电电池的冲击。

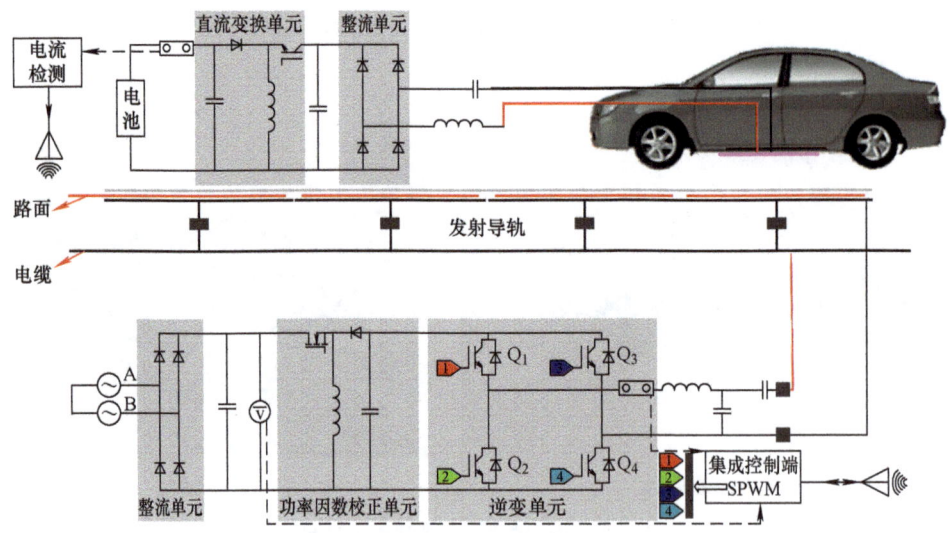

图 7-3　动态无线充电系统整体示意图

7.3.2 动态耦合模式的分析

在电动汽车动态无线充电过程中，动力电池需求电流曲线不断变化。因而随着电动汽车的移动，无线充电系统的输出电流也会大幅度波动，对动力电池造成冲击，从而影响动力电池的使用寿命。线圈结构的不同造成系统的抗偏移特性以及耦合程度也不相同，所以线圈结构的选型对于电动汽车动态无线充电系统至关重要[15-17]。在诸多线圈结构中，方形 - 方形（Square-Square，S-S）线圈结构抗偏移性较高，但是随着电动汽车的移动，该结构的互感还是有很大的波动。本小节针对这一问题，对线圈的动态耦合模式进行详细分析。

现阶段的电动汽车动态无线充电系统的耦合模式主要分为两种，一种耦合模式为阵列式（见图 7-4），另一种耦合模式为导轨式（见图 7-5），其中导轨式又分为长导轨式与阵列导轨式。不同的耦合模式有不同的优缺点。其中线圈阵列式的发射结构主要由一系列连续布置的集中式发射线圈组成。由于线圈阵列式充电系统采用高频开关器件，该系统的控制系统过于复杂。另外，频繁地开关发射端会导致系统存在冲击电压，从而降低电路元器件的使用寿命，而单一的远距离导轨式线圈回路由于长期处于供电状态，存在较大的空载电流损耗。

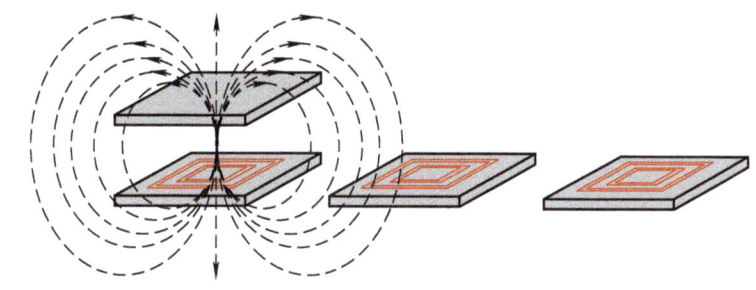

图 7-4　阵列式耦合模式示意图

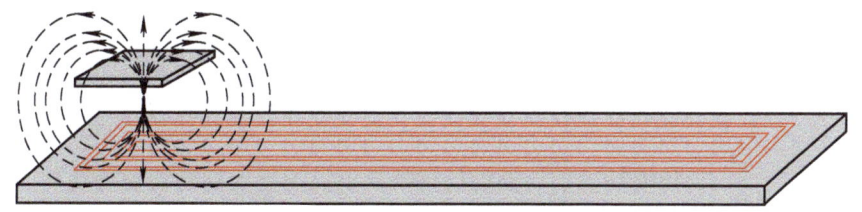

图 7-5　导轨式耦合模式示意图

针对电动汽车动力电池充电的需求，对这两种耦合模式进行建模分析，找到适合的耦合模式。现研究单线圈耦合模式与多线圈耦合模式，然后在此基础上推导所使用的耦合模式。

图 7-6 所示为单线圈耦合模式变化示意图，其中发射线圈为矩形线圈，即 $a_1b_1c_1d_1$，P 点为接收线圈的中心点，d 为线圈的偏移距离，h 为双边耦合线圈的轴间距，r_0 为 P 点到发射线圈 b_1c_1 边的距离，Z 为单位电流元 $\mathrm{d}Z$ 的距离，r 为 P 点到单位电流元 $\mathrm{d}Z$ 的距离。

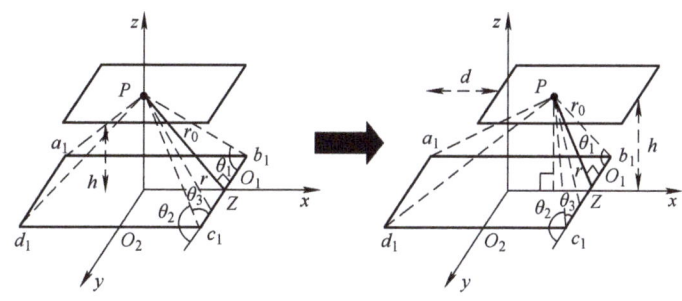

图 7-6　单线圈耦合模式变化示意图

为方便计算，先定义 $a_1b_1=L_W$，$b_1c_1=L_L$，c_1O_1 的长度为 L_2，c_1O_2 长度为 L_1，则 $b_1O_1=L_L-L_2$，$d_1O_2=L_W-L_1$，θ_1 为 Pb_1 与 b_1c_1 的夹角，θ_2 为 Pc_1 与 b_1c_1 的外夹角，θ_3 为 Pc_1 与 b_1c_1 的内夹角。

根据法拉第电磁感应定律，当一个闭合回路放置于高频的载流直导线的附近时，该闭合回路会产生感应电流，而单匝矩形线圈可以看成是四条载流直导线对闭合回路的作用，如图 7-6 所示，设 N 匝的耦合线圈位于四条载流直导线上方且共面，并且取单位电流元为 $\mathrm{d}Z$，则磁链 Ψ 为

$$\Psi = N\phi = N\int \vec{B}\mathrm{d}\vec{S} = N\int B\mathrm{d}S \tag{7-1}$$

式中，B 为耦合线圈的磁感应强度，根据毕奥 – 萨伐尔定律可得载流直导线在 P 点的磁感应强度为

$$B = \int \mathrm{d}\vec{B} = \frac{\mu_0}{4\pi}\int_{b1c1}\frac{I\mathrm{d}Z\sin\theta}{r^2} \tag{7-2}$$

式中，单位电流元 $\mathrm{d}Z$、P 点到 $\mathrm{d}Z$ 距离以及距离 Z 为

$$\begin{cases} r = r_0/\sin\theta \\ \mathrm{d}Z = r_0\mathrm{d}\theta/\sin^2\theta \\ Z = r_0\cot(\pi-\theta) = -r_0\cot\theta \end{cases} \tag{7-3}$$

将式（7-3）代入到式（7-2）中可得具体的单根载流直导体的磁感应强度与 θ 有关，其磁感应强度 B 为

$$B = \frac{\mu_0 I}{4\pi r_0}\int_{\theta_1}^{\theta_2}\sin\theta\mathrm{d}\theta = \frac{\mu_0 I}{4\pi r_0}[\cos\theta_1 - \cos(\pi-\theta_3)] = \frac{\mu_0 I}{4\pi r_0}(\cos\theta_1 + \cos\theta_3) \tag{7-4}$$

首先对于单个发射线圈的四个边进行分析，计算每个载流直导线对接收线圈的磁感应强度，根据上文对于线圈的各个点所赋予的数值可得，b_1 点坐标为 $(L_1, L_2-L_L, 0)$，c_1 点坐标为 $(L_1, L_2, 0)$，P 点坐标为 $(d, 0, h)$，O_1 点坐标为 $(L_1, 0, 0)$，O_2 点坐标为 $(0, L_2, 0)$。根据坐标可得

$$\begin{cases} |Pc_1| = \sqrt{(L_1-d)^2 + L_2^2 + h^2} \\ |Pb_1| = \sqrt{(L_1-d)^2 + (L_2-L_L)^2 + h^2} \end{cases} \tag{7-5}$$

由式 (7-5) 可得 Pb_1 和 Pc_1 的长度，根据其长度，利用三角形勾股定理可以得到对应的角度 θ_1、θ_2、θ_3 以及 r_0 分别为

$$\begin{cases} \cos\theta_3 = \dfrac{|CO_1|}{|Pc_1|} = \dfrac{L_2}{\sqrt{(L_1-d)^2 + L_2^2 + h^2}} \\ r_0 = \sqrt{(L_1-d)^2 + 2L_2^2 + h^2} \\ \cos\theta_1 = \dfrac{|BO_1|}{|Pb_1|} = \dfrac{L_L - L_2}{\sqrt{(L_1-d)^2 + (L_2-L_L)^2 + h^2}} \\ \cos\theta_2 = -\cos\theta_3 \end{cases} \tag{7-6}$$

将式（7-6）代入到式（7-4）中可以得到 b_1c_1 对接收线圈 P 点的磁感应强度为

$$B_{b1c1} = \frac{\mu_0 I}{4\pi} \frac{\dfrac{L_1 - L_2}{(L_1 - d)^2 + (L_2 - L_L)^2 + h^2} + \dfrac{L_2}{(L_1 - d)^2 + L_2^2 + h^2}}{(L_1 - d)^2 + 2L_2^2 + h^2} \tag{7-7}$$

根据上文对线圈的各个点所赋予的数值，可得 a_1 点坐标为（$L_1 - L_w$, $L_2 - L_L$, 0），d_1 点的坐标为（$L_1 - L_w$, L_2, 0），根据各点的坐标可得

$$\begin{cases} |Pa_1| = \sqrt{(L_1 - L_w - d)^2 + (L_2 - L_L)^2 + h^2} \\ |Pd_1| = \sqrt{(L_1 - L_w - d)^2 + L_2^2 + h^2} \end{cases} \tag{7-8}$$

由式（7-8）可得 Pa_1 和 Pd_1 的长度，根据其长度，利用三角形勾股定理可以得到 P 点对于 a_1b_1 边所对应的角度 θ_1、θ_2、θ_3 以及 r_0 分别为

$$\begin{cases} \cos\theta_3 = \dfrac{|DO_2|}{|Pa_1|} = \dfrac{L_w - L_1}{\sqrt{(L_1 - L_w - d)^2 + (L_2 - L_L)^2 + h^2}} \\ r_0 = \sqrt{(L_1 - d)^2 + L_1^2 + h^2 + (L_2 - L_L)^2} \\ \cos\theta_1 = \dfrac{|CO_2|}{|Pb_1|} = \dfrac{L_1}{\sqrt{(L_1 - d)^2 + (L_2 - L_L)^2 + h^2}} \\ \cos\theta_2 = -\cos\theta_3 \end{cases} \tag{7-9}$$

将式（7-9）代入到式（7-4）中可以得到 b_1c_1 对于接收线圈 P 点的磁感应强度为

$$B_{a1b1} = \frac{\mu_0 I}{4\pi} \frac{\dfrac{L_1}{\sqrt{(L_1 - d)^2 + (L_2 - L_L)^2 + h^2}} + \dfrac{L_w - L_1}{\sqrt{(L_1 - L_w - d)^2 + (L_2 - L_L)^2 + h^2}}}{\sqrt{(L_1 - d)^2 + L_1^2 + h^2 + (L_2 - L_L)^2}} \tag{7-10}$$

因为发射线圈为矩形线圈，已知相邻两个边的磁感应强度 B，同理，可以求得另外两个边对于接收线圈中 P 点的磁感应强度为

$$\begin{cases} B_{c1d1} = \dfrac{\mu_0 I}{4\pi} \dfrac{\dfrac{L_1}{\sqrt{(L_1 - d)^2 + L_2^2 + h^2}} + \dfrac{L_w - L_1}{\sqrt{(L_1 - L_w - d)^2 + L_2^2 + h^2}}}{\sqrt{(L_1 - d)^2 + L_1^2 + h^2 + L_2^2}} \\[4ex] B_{d1a1} = \dfrac{\mu_0 I}{4\pi} \dfrac{\dfrac{L_1 - L_2}{\sqrt{(L_1 - L_w - d)^2 + (L_2 - L_L)^2 + h^2}} + \dfrac{L_2}{\sqrt{(L_1 - L_w - d)^2 + L_2^2 + h^2}}}{\sqrt{(L_1 - L_w - d)^2 + h^2 + 2L_2^2}} \end{cases} \tag{7-11}$$

则对于单匝线圈，发射线圈对于接收线圈中 P 点的磁感应强度 B_1 的表达式为

$$B_1 = B_{a1b1} + B_{b1c1} + B_{c1d1} + B_{d1a1} \tag{7-12}$$

图 7-7 为多线圈耦合模式变化示意图，其中发射线圈为矩形线圈，分别为 $a_1b_1c_1d_1$ 和 $a_2b_2c_2d_2$，多发射线圈对于接收线圈 P 点的磁感应强度与单发射线圈的磁感应强度求取的原理相同，只是在原来的基础上加了相邻线圈的四个边，则多发射线圈对接收线圈 P 点的磁感应强度表达式为

$$B_2 = B_{a1b1} + B_{b1c1} + B_{c1d1} + B_{d1a1} + B_{a2b2} + B_{b2c2} + B_{c2d2} + B_{d2a2} \qquad （7-13）$$

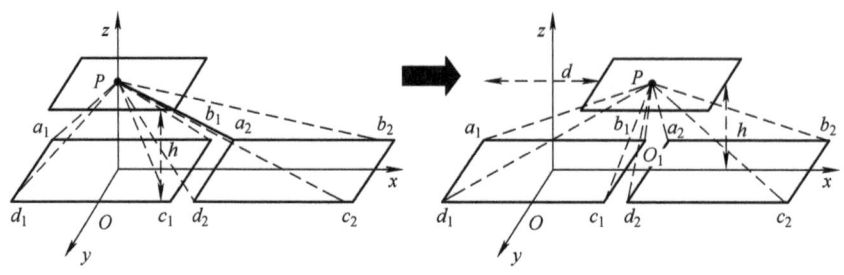

图 7-7　多线圈耦合模式变化示意图

上述都为单匝线圈对于接收线圈的磁感应强度，现设发射线圈的匝数为 N_1，接收线圈的匝数为 N_2，根据式（7-11）与式（7-12）得多匝单线圈和多匝多线圈的发射线圈对于多匝接收线圈的磁感应强度分别为

$$\begin{cases} B_{1'} = N_1 N_2 B_1 \\ B_{2'} = N_1 N_2 B_2 \end{cases} \qquad （7-14）$$

即接收线圈中心处的磁场强度与双边线圈的匝数成正比。由互感计算公式 $M = \phi / I$ 可得，接收线圈和副边线圈之间的互感系数与通过接收线圈的磁通量有关，而通过接收线圈的磁通量为

$$\phi = \int B \mathrm{d}S \qquad （7-15）$$

式中，S 为接收线圈的面积，根据上文推导的公式可得多匝单线圈以及多匝多线圈的双边线圈的耦合系数 M_1、M_2 分别为

$$\begin{cases} M_1 = \dfrac{N_1 N_2 B_1 S}{I} = \dfrac{N_1 N_2 (B_{a1b1} + B_{b1c1} + B_{c1d1} + B_{d1a1}) S}{I} \\ M_2 = \dfrac{N_1 N_2 B_2 S}{I} = \dfrac{N_1 N_2 (B_{a1b1} + B_{b1c1} + B_{c1d1} + B_{d1a1} + B_{a2b2} + B_{b2c2} + B_{c2d2} + B_{d2a2}) S}{I} \end{cases} \qquad （7-16）$$

将式（7-7）、式（7-10）、式（7-11）代入到式（7-16）中可以看到，发射线圈与接收线圈的互感系数与线圈匝数、接收线圈的线圈面积、相邻两个发射线圈的线圈间距、接收线圈与发射线圈的轴间距离、磁导率以及矩形发射线圈的长度和宽度有直接关系。其中对于发射与接收端线圈结构为对称的阵列式耦合模式来说，随着双边线圈相对位置的不断变

化，在双边线圈的耦合范围内的单线圈数目也在不断变化，由式（7-12）可得，当两线圈正对时，处于耦合范围内的是 4 个边长，但随着接收线圈的移动到两线圈之间，此时在双边线圈耦合范围内的边长可能为 5 个、7 个或者 8 个。因此可知线圈的互感是不断变化的，互感的不断变化会造成输出电流的波动，进而对电动汽车动力电池造成冲击。而对于长导轨阵列线圈而言，因为其边长较长，可以认为其横向线圈为无限长载流直导线，在发射线圈开始移动的过程中，只有在双边线圈初始位置有三个边长在耦合范围之内，随着发射线圈的移动，耦合范围内的边长变为两个。因为是无限长载流直导线，所以在耦合范围之内的边长始终为两个。虽然双边线圈之间的互感系数较低，但是此耦合模式的互感系数波动较为平坦，输出电流波动也会较小，满足电动汽车无线充电恒流的需求。

7.3.3　无线充电系统动态耦合模式的仿真

根据上文对于无线充电系统动态耦合模式的理论分析以及公式推导，得到了各种动态耦合模式在双边线圈相对偏移时的动态特性，为验证上述理论分析以及公式推导的正确性，根据上文给出的无线充电原理图，并结合国内外动态无线充电的要求，在理论的基础上设计了该系统的谐振补偿参数，现对于动态无线充电系统建立有限元仿真模型，如图 7-8 所示。

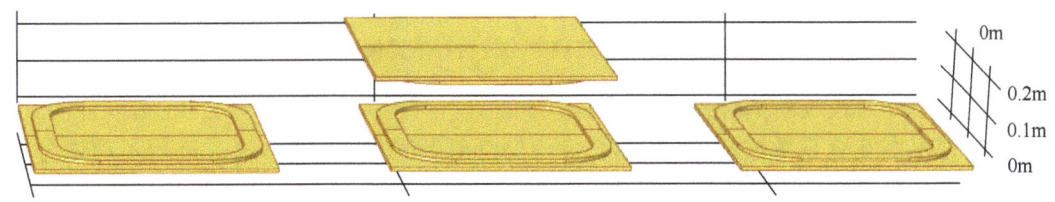

图 7-8　阵列式线圈有限元仿真模型示意图

图 7-8 中，模型中线圈的大小设置为正方形，其边长为 35cm，且每个发射线圈之间的距离也为 35cm（需要加以说明的是，每个发射线圈之间的距离对耦合线圈之间的互感系数也有一定的影响，但是相对于耦合线圈的轴间距离与横纵向偏移对耦合系数的影响来说是可以忽略不计的，这里不再对发射线圈之间的间距加以研究，为了简化后续的对比分析，现将发射线圈之间的距离设置为 35cm）。根据 7.3.2 节的分析，将发射线圈与接收线圈的轴间距设定为 8cm，并且对于阵列式的线圈而言，仿真中将其参考零点设置为接收线圈与第二个发射线圈正对的位置，需要说明的是接收线圈经过发射线圈时，在偏移的每个对应的点处得到的互感系数都是相同的，所以只对前两个发射线圈和接收线圈的互感系数以及系统输出电流进行了仿真分析，如图 7-9 所示。

如图 7-9 所示，随着接收线圈与发射线圈相对位置的变化，互感系数发生了陡坡式变化，这是由于发射线圈为阵列式且面积为特定量，而且双边线圈的耦合范围是一定的，当接收线圈偏移到两个发射线圈中间的位置（如图 7-9 所示的 30cm 处的点）时接收线圈的正下方是无线圈耦合的，只有不正对的两个线圈为其提供很小的能量，所以此时为互感系数最低点。从图 7-9a 还可以看到，在线圈偏移过程中互感系数出现了负值，这是因为在某些位置时两线圈自感磁通和互感磁通相互抵消，从而产生互感为负值的情况，这同时也是互感系数出现波动的原因之一。图 7-9b 是输出电流随接收线圈偏移时的变化，可以看到输出

电流的变化趋势和互感的变化趋势是一样的，这也证明了前文对于输出电流理论推导的正确性，输出电流发生强烈波动的原因就是互感系数的变化。在电动汽车动态无线充电过程中，若输出电流出现此波动，对于无线充电本身来说，无法满足电池管理系统曲线的要求，充电质量较差，最重要的是对于电动汽车的动力电池冲击很大，加速动力电池的老化，故此种线圈的耦合模式不适用于电动汽车动态无线充电。

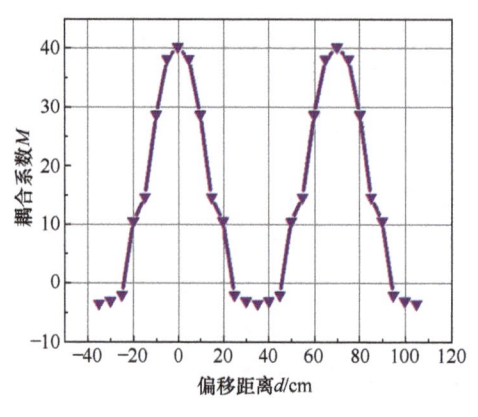

a) 耦合系数 M 随偏移距离的变化

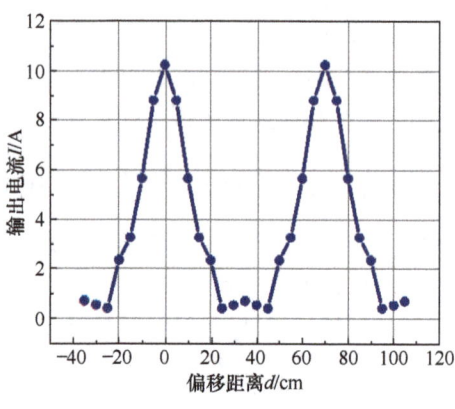

b) 输出电流随偏移距离的变化

图 7-9　阵列式耦合模式系统参数随耦合线圈相对位置偏移而变化的仿真示意图

　　上文对于阵列式线圈耦合模式进行了详细的分析与研究，得到阵列式线圈耦合模式在进行偏移时存在互感系数波动大的问题，针对此问题对导轨式耦合模式进行了理论分析，并对导轨式线圈的磁感应强度和互感进行了详细的推导，为验证上文中理论分析和公式推导的正确性以及与上文中的阵列式线圈耦合模式形成对比，建立了无线充电系统导轨式耦合模式的有限元仿真模型，如图 7-10 所示。

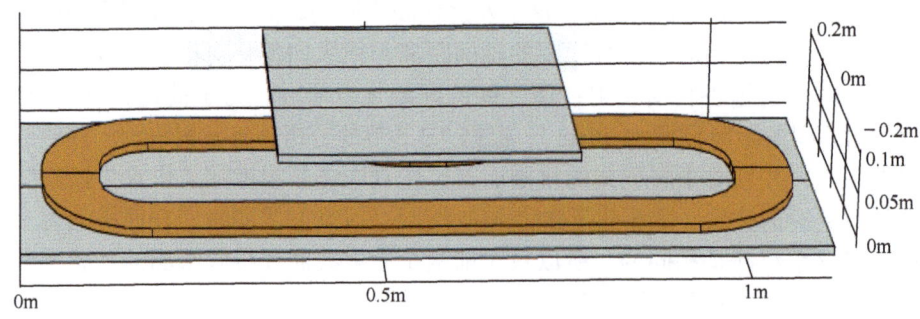

图 7-10　导轨式线圈有限元仿真模型示意图

　　模型中将发射线圈的中心点与接收线圈的中心点正对的位置设置为偏移零点，取纵向偏移为 X 轴，横向偏移为 Y 轴，轴向移动方向为 Z 轴，其中双边线圈的轴向间距 H 依然是上文所分析得到的 8cm，每次移动的步长 d 为 10cm，为了与上文进行分析比较，仿真中将发射线圈的边长设置为 105cm，双边线圈的宽度是相同的，以此为基础得出了导轨式线圈耦合模式的互感系数及输出电流的变化，如图 7-11 所示。

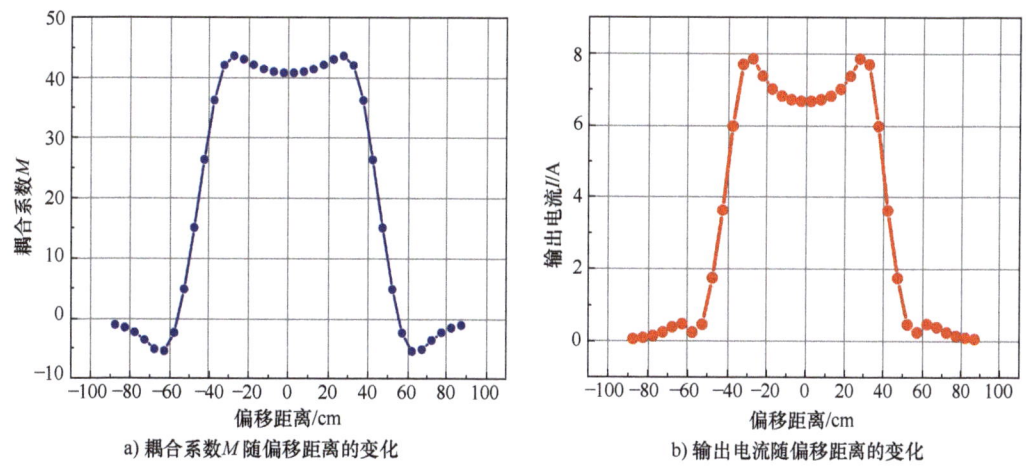

a) 耦合系数M随偏移距离的变化　　　　　b) 输出电流随偏移距离的变化

图 7-11　导轨式耦合模式系统参数随耦合线圈相对位置偏移而变化的仿真示意图

随着接收线圈与发射线圈相对位置的变化，互感系数虽然波动，但是过程中的一段距离内互感系数变化较为平坦，而互感系数波动较大的部分是因为发射线圈刚刚偏移进入接收线圈的正上方，上文理论中也分析过是因为此时接收线圈受到发射线圈的三个边长的磁感应强度影响，随着接收线圈的偏移，发射线圈横向边长对于接收线圈的影响越来越小，直到消失，此时进入到互感系数平稳阶段，理论上发射线圈越长，互感系数平稳阶段越长，但是考虑到电磁安全的影响，将发射线圈的长度定为接收线圈的两倍或者三倍。在图 7-11a 中还可以看到，耦合系数有一段出现了负的情况，其原因和上文中提到的一样，是因为双边线圈在某些位置时两线圈自感磁通和互感磁通相互抵消，从而出现互感为负值的情况，图 7-11b 所示为输出电流随偏移距离的变化，其变化趋势和互感的变化趋势是一样的，因为前文对输出电流与互感的关系做了描述，这里暂不分析。从图中可以看到，导轨式耦合模式的互感变化量以及输出电流波动较为平坦，且满足电动汽车恒流无线充电的需求。导轨式耦合以及阵列式耦合都存在各自的优缺点，对耦合线圈的形状、尺寸、间距、导通数量进行优化，合理利用各类耦合模式的优点，是解决电动汽车动态无线充电功率波动问题的关键。

动态无线充电技术相比于静态无线充电可以为电动汽车提供不间断的能量，减少了电动汽车动力电池的容量，具有广泛的应用场景。但是在动态充电过程中存在输出电流波动大以及负载需求电流变化调节速度慢的问题，从而对电动汽车动力设备或者负载电池造成大的冲击，降低使用寿命[17]。电动汽车动态无线充电是一个复杂的系统，输出功率波动、效率偏低以及充电响应不及时都是亟待解决的技术难题。本节仅针对电动汽车动态无线充电的部分内容进行了介绍，让读者对电动汽车动态无线充电有一个简单而系统的认识。

7.4　电动汽车无线充电互操作性

随着电动汽车无线充电技术的发展，必然存在多厂家、多型号、多技术路线共存的局面，不同厂家、不同型号之间在功率等级、传输距离、线圈类型、补偿结构、控制方式、封装工艺、通信等方面存在明显差异，因此如何能实现不同厂家、不同型号下地面端与车辆端之间的互操作性，成为电动汽车无线充电技术发展的关键[18, 19]。此外，电动汽车无线充电互操作性是衡量不同厂家、不同型号的地面端与车载端设备之间是否能相互匹配、协同工作的重要性质，无论是对理论分析还是实际工程都具有重要的研究意义[20]。

7.4.1 互操作性的定义

电动汽车无线充电互操作性是指相同或不同型号、版本的无线充电系统地面设备与车载设备通过信息交互和过程控制，实现电动汽车无线充电互联互通的能力[21]。电动汽车无线充电互操作性主要分为三个部分：补偿网络互操作性、耦合线圈互操作性、通信互操作性，图 7-12 所示为电动汽车无线充电互操作性示意图。其中，通信互操作性是指保证不同的地面设备与车载设备通信物理层可互操作，且与应用层具有高度一致性，实现通信之间的互联互通；补偿网络互操作性是指由电感、电容通过串、并联及复合连接方式组成的补偿网络，对地面端线圈、车辆端线圈所产生的无功功率进行降低或者抵消的性质；耦合线圈互操作性是指当地面端线圈、车辆端线圈之间的相对位置、传输距离、线圈结构等发生变化时，地面端线圈可发出足够的磁通量且车辆端线圈能接收到一定的磁通量以满足车辆端需求的性质。对于电气领域而言，电动汽车无线充电的研究重点在补偿网络互操作性和耦合线圈互操作性两方面。

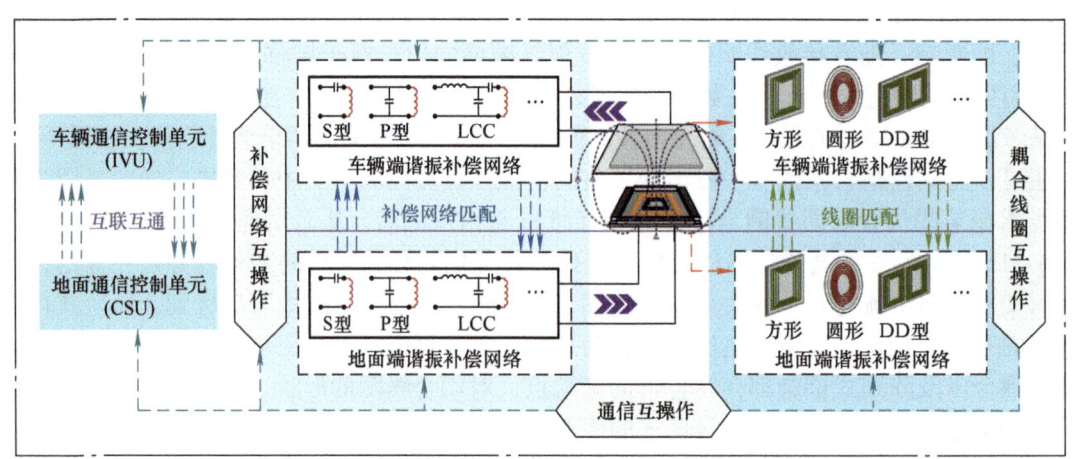

图 7-12 电动汽车无线充电互操作性示意图

电动汽车无线充电互操作性的研究主要集中在两方面：①对于不同厂家、不同型号的无线充电系统地面端与发射端，如何准确地判断该系统能否满足系统的充电需求，即互操作性的评价方法；②对于不具有互操作性的系统，如何通过一系列的调控，使系统重新满足互操作性的要求，或针对具有互操作性但性能较差的系统，如何进一步提升系统的互操作性。下面将针对上述两方面进行论述。

7.4.2 补偿网络互操作性的评价方法

电气领域中评价电动汽车无线充电系统的互操作性主要有两个根本评价指标：输出功率和系统效率。当一个系统满足上述两个指标时，系统才具有互操作性，因此本部分从这两个角度分别进行研究。为了将不同耦合线圈和补偿网络的结构及参数差异对系统互操作性所产生的影响进行归一化讨论，对电动汽车无线充电系统进行阻抗区域划分，如图 7-13

所示，其中 U_S 为电网经过整流逆变后得到的高频交流电源电压，L_1、L_2 分别为地面端线圈与车辆端线圈的电感值，r_1、r_2 分别为地面端线圈与车辆端线圈的内阻，C_{1n}、L_{1n}、C_{2n}、L_{2n} 为地面端与车辆端的补偿网络参数，R_L 为等效负载电阻、M 为 L_1、L_2 两线圈之间的互感。

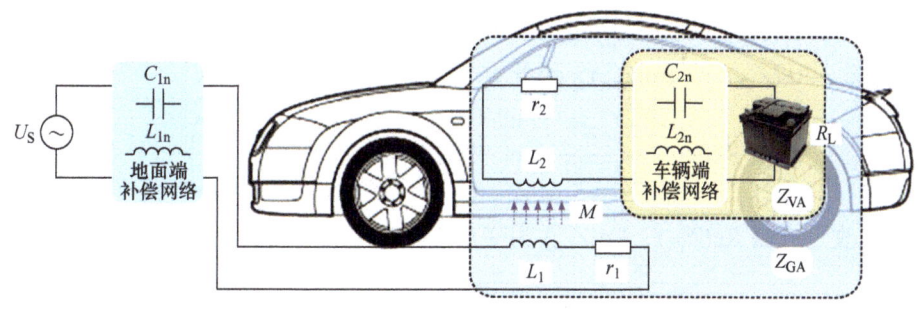

图 7-13　电动汽车无线充电系统阻抗区域划分图

将车辆端线圈后级电路部分的二端口阻抗定义为车辆端阻抗，记为 Z_{VA}，由图可知，Z_{VA} 可以用来表征车辆端的补偿网络参数（C_{2n}、L_{2n}、$\cdots$）、系统等效负载 R_L 的参数变化规律以及电路的阻抗特性；将地面端线圈 L_1 及其后级电路的二端口阻抗部分定义为地面端阻抗，记为 Z_{GA}，此时 Z_{GA} 可以用来表征耦合线圈、车辆端补偿网络及 R_L 的变化情况，当车辆端处于谐振状态时 Z_{GA} 可以用来单独表示 L_1、L_2 两线圈之间的耦合情况。

由图 7-13 可知，地面端阻抗 Z_{GA} 的表达式为

$$Z_{GA} = jX_1 + r_1 + \frac{X_M^2}{Z_{VA} + jX_2 + r_2} \tag{7-17}$$

式中，地面端线圈 L_1 的感抗 $X_1=\omega L_1$，车辆端线圈 L_2 的感抗 $X_2=\omega L_2$，L_1、L_2 两线圈的互感抗 $X_M=\omega M$。可得车辆端阻抗 Z_{VA} 的表达式为

$$Z_{VA} = \frac{X_M^2}{Z_{GA} - jX_1 - r_1} - jX_2 - r_2 = \frac{X_M^2}{[\mathrm{Re}(Z_{GA})-r_1]\left[1+j\dfrac{\mathrm{Im}(Z_{GA})-X_1}{\mathrm{Re}(Z_{GA})-r_1}\right]} - (jX_2 + r_2) \tag{7-18}$$

由式（7-17）和式（7-18）可知，Z_{VA}、Z_{GA} 可以表征耦合线圈与车辆端的全部参数，证明了区域划分及前文分析的正确性。其中，式（7-18）参数较多且形式较为复杂，不易于深入分析，因此需要对式（7-18）中的部分参量进行定义，即引入相应的表征参量；同时对其进行简化处理，记

$$\begin{cases} \xi = \dfrac{\mathrm{Im}(Z_{GA})-X_1}{\mathrm{Re}(Z_{GA})-r_1} \\[3mm] \delta = \dfrac{X_M^2}{\mathrm{Re}(Z_{GA})-r_1} \\[3mm] \mathrm{Re}(Z_{GA}) = r_1 + \dfrac{X_M^2[\mathrm{Re}(Z_{VA})+r_2]}{[\mathrm{Re}(Z_{VA})+r_2]^2 + [\mathrm{Im}(Z_{VA})+X_2]^2} \end{cases} \tag{7-19}$$

定义车辆端回路失谐因子为 ξ、互操作性特征阻抗为 δ、地面端阻抗实部为 $\mathrm{Re}(Z_{\mathrm{GA}})$，因此式（7-18）可以简化为式（7-20）的形式：

$$Z_{\mathrm{VA}} = \frac{\delta}{1+\mathrm{j}\xi} - (r_2 + \mathrm{j}X_2) = \left(\frac{\delta}{1+\xi^2} - r_2\right) - \mathrm{j}\left(\frac{\delta\xi}{1+\xi^2} + X_2\right) \tag{7-20}$$

又根据 $Z_{\mathrm{VA}} = \mathrm{Re}(Z_{\mathrm{VA}}) + \mathrm{j}\cdot\mathrm{Im}(Z_{\mathrm{VA}})$，因此有

$$\mathrm{Re}(Z_{\mathrm{VA}}) = \frac{\delta}{1+\xi^2} - r_2, \quad \mathrm{Im}(Z_{\mathrm{VA}}) = -\left(\frac{\delta\xi}{1+\xi^2} + X_2\right) \tag{7-21}$$

将 ξ、δ 改写成以 $\mathrm{Re}(Z_{\mathrm{VA}})$、$\mathrm{Im}(Z_{\mathrm{VA}})$ 为变量表示的形式，即

$$\xi = -\frac{\mathrm{Im}(Z_{\mathrm{VA}}) + X_2}{\mathrm{Re}(Z_{\mathrm{VA}}) + r_2}, \quad \delta = [\mathrm{Re}(Z_{\mathrm{VA}}) + r_2] + \frac{[\mathrm{Im}(Z_{\mathrm{VA}}) + X_2]^2}{\mathrm{Re}(Z_{\mathrm{VA}}) + r_2} \tag{7-22}$$

当忽略线圈内阻 r_1、r_2 时，式（7-22）可以表示为

$$\mathrm{Im}(Z_{\mathrm{VA}}) = -\xi'\mathrm{Re}(Z_{\mathrm{VA}}) - X_2, \quad \left[\mathrm{Re}(Z_{\mathrm{VA}}) - \frac{\delta'}{2}\right]^2 + [\mathrm{Im}(Z_{\mathrm{VA}}) + X_2]^2 = \left(\frac{\delta'}{2}\right)^2 \tag{7-23}$$

式中，ξ'、δ' 分别为忽略线圈内阻后的 ξ、δ。

根据式（7-23）中的表达式可知，第一式表示一个关于 $\mathrm{Re}(Z_{\mathrm{VA}})$、$\mathrm{Im}(Z_{\mathrm{VA}})$ 的二元一次函数，第二式表示一个关于 $\mathrm{Re}(Z_{\mathrm{VA}})$、$\mathrm{Im}(Z_{\mathrm{VA}})$ 的二元二次函数。因此可以在 $\mathrm{Re}(Z_{\mathrm{VA}})$-$\mathrm{Im}(Z_{\mathrm{VA}})$ 阻抗平面上根据不同 ξ、δ 值绘制关于 $\mathrm{Re}(Z_{\mathrm{VA}})$、$\mathrm{Im}(Z_{\mathrm{VA}})$ 的图形，ξ、δ 值由系统特性确定，如图 7-14 所示。图中实线表示忽略内阻后 ξ'、δ' 关于 $\mathrm{Re}(Z_{\mathrm{VA}})$、$\mathrm{Im}(Z_{\mathrm{VA}})$ 的函数曲线，虚线表示忽略内阻前的实际 ξ、δ 关于 $\mathrm{Re}(Z_{\mathrm{VA}})$、$\mathrm{Im}(Z_{\mathrm{VA}})$ 的函数曲线。根据式（7-19）和式（7-22）可以推出 δ' 的两种表达式分别为

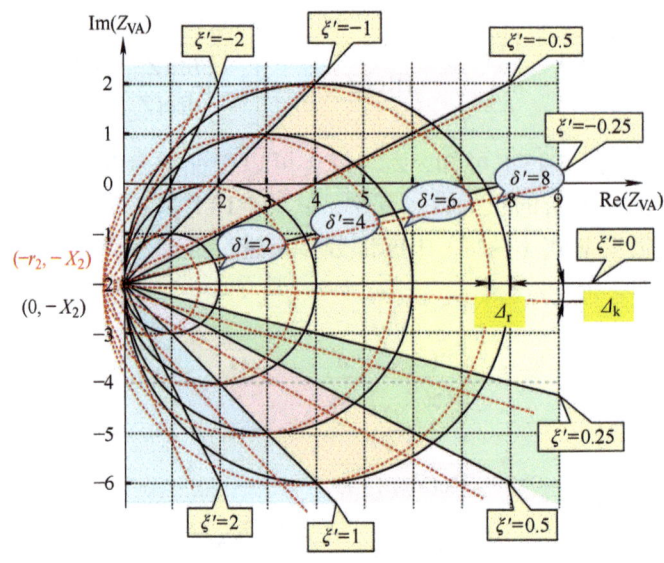

图 7-14　δ、ξ 的阻抗圆图

$$\delta' = \frac{X_M^2}{\mathrm{Re}(Z_{GA})'}, \quad \delta' = \mathrm{Re}(Z_{VA}) + \frac{[\mathrm{Im}(Z_{VA}) + X_2]^2}{\mathrm{Re}(Z_{VA})} \tag{7-24}$$

对比发现式（7-24）中第一式更有益于分析 δ' 参数，由此推导出系统输出功率 P'_{out} 的表达式为

$$P'_{out} = R_L I_L^2 = \mathrm{Re}(Z_{VA}) I_2^2 = \mathrm{Re}(Z_{GA})' I_1^2 \tag{7-25}$$

式中，$\mathrm{Re}(Z_{GA})'$ 为不含线圈内阻的情况，I_1 为流经地面端线圈的电流，I_2 为流经车辆端线圈的电流，I_L 为流经等效负载的电流。

在忽略线圈内阻的条件下，式（7-25）中三个表达式均是等价的。地面端电流 I_1 由地面端设备直接测量得到。由式（7-24）可知，当 X_M 不发生变化，即线圈参数不变时，δ' 正比于 $1/\mathrm{Re}(Z_{GA})$，进而有 $P'_{out} \propto 1/\delta'$，基于此可以在线圈参数不发生变化的同时利用 $\mathrm{Re}(Z_{GA})$ 来表征 δ' 的变化。依据不同系统对于功率等级的需求，可计算出满足相应系统的 δ' 值：

$$\delta' = (X_M I_1)^2 / P'_{out} \tag{7-26}$$

通过前文的分析可知，δ' 值可以反映不同的功率等级。将 $\mathrm{Re}(Z_{VA})$-$\mathrm{Im}(Z_{VA})$ 阻抗平面与该性质相结合，如图 7-14 所示，可以发现输出功率与阻抗平面上的圆的半径成反比，$\mathrm{Re}(Z_{VA})$-$\mathrm{Im}(Z_{VA})$ 阻抗平面上的变化趋势符合上述推论结果。因此可以根据测量所得到的阻抗值在 $\mathrm{Re}(Z_{VA})$-$\mathrm{Im}(Z_{VA})$ 阻抗平面上的位置来判断该车辆端补偿网络是否满足互操作性的功率要求。

从补偿网络的基本工作原理可知，$\mathrm{Im}(Z_{VA})$ 的作用之一是补偿车辆端线圈 $L_2(X_2)$ 产生的无功功率。当 $\mathrm{Im}(Z_{VA})+X_2$ 越趋向于 0 时，车辆端的补偿网络的补偿效果越好，由式（7-22）可知，此时 $\zeta' \to 0$；当 $\mathrm{Im}(Z_{VA})+X_2=0$ 时，$\zeta'=0$，对应的车辆端电路此时呈阻性，其补偿效果达到最佳，对应的有功功率最大。假设地面端电路处于谐振状态，则系统效率由车辆端的状态决定。此时系统的输出功率、输入功率分别为

$$P'_{out} = \mathrm{Re}(Z_{VA}) I_2^2, \quad P'_{in} = \sqrt{\mathrm{Re}(Z_{VA})^2 + [\mathrm{Im}(Z_{VA}) + X_2]^2} I_2^2 \tag{7-27}$$

因此系统效率的表达式为

$$\eta'_2 = 1/\sqrt{1+(-\zeta')^2} \tag{7-28}$$

在当前发布的电动汽车无线充电标准中规定，车辆端与地面端正对时，系统效率不低于 85%；车辆端与地面端偏移时，系统效率不低于 80%。由式（7-28）可知，车辆端与地面端正对时，ζ' 需满足 $-0.62 \leqslant \zeta' \leqslant 0.62$ 的要求。这里的偏移产生的影响主要是指对耦合线圈互感的影响，忽略了线圈自感的变化。因此当车辆端与地面端偏移时，如果偏移范围很小或偏移对线圈自感造成的影响可以忽略不计，ζ' 满足 $-0.75 \leqslant \zeta' \leqslant 0.75$ 的要求即可满足偏移条件下系统的互操作性。

根据前面的分析可知，ζ' 可以用来评价不同车辆端补偿网络是否满足系统互操作性的系统效率要求，不同系统对应的不同 ζ' 在 $\mathrm{Re}(Z_{VA})$-$\mathrm{Im}(Z_{VA})$ 阻抗平面的变化趋势如图 7-14 所示。随着 ζ' 直线逐渐倾斜，其与水平轴的夹角逐渐增大，对应的系统的效率在逐步降低，

因此通过观察阻抗点在 $\text{Re}(Z_{VA})$-$\text{Im}(Z_{VA})$ 阻抗平面中的位置可以直观地体现出该系统在系统效率方面是否满足互操作性。

上文的分析中，为简化分析过程，忽略线圈内阻 r_1、r_2 的影响；然而在实际工作过程中线圈内阻作为系统有功损耗的重要组成部分在研究的过程中是不能忽略的，因此需要对线圈内阻进行分析并对上述问题研究加以完善。

当引入线圈内阻后，互操作性特征阻抗为 δ 发生相应变化，如图 7-14 中虚线所示。由式（7-23）可知，此时 δ 曲线表达式为

$$\left[\text{Re}(Z_{VA}) + r_2 - \frac{\delta}{2}\right]^2 + [\text{Im}(Z_{VA}) + X_2]^2 = \left(\frac{\delta}{2}\right)^2 \tag{7-29}$$

因为本方法主要针对判断不同的车辆端与地面端是否具有互操作性，而地面端线圈内阻 r_1 不属于车辆端部分，因此内阻 r_1 在后文耦合线圈互操作性的评价方法中进行分析。由式（7-29）结合式（7-22）可知，引入线圈内阻后，不同 δ 对应的公共点为 $(-r_2, -X_2)$、圆心为 $(\delta/2 - r_2, -X_2)$，它们同时沿着 $\text{Re}(Z_{VA})$ 轴的负方向偏移了 $|r_2|$ 的距离。但结合实际应用场景，由于 $\text{Re}(Z_{VA}) \gg r_1, r_2$，故仍只需考虑 $\text{Re}(Z_{VA})$-$\text{Im}(Z_{VA})$ 阻抗平面中的第一、四象限；此时对应的阻抗圆的直径变为 $\delta = [\text{Re}(Z_{VA}) + r_2] + [\text{Im}(Z_{VA}) + X_2]^2/[\text{Re}(Z_{VA}) + r_2]$，可见当加入线圈内阻 r_1、r_2 后，δ 的变化量为

$$\Delta_\delta = r_2\left|1 - \frac{[\text{Im}(Z_{VA}) + X_2]^2}{\text{Re}(Z_{VA})[\text{Re}(Z_{VA}) + r_2]}\right| \tag{7-30}$$

与未引入线圈内阻时的分析原理相同，δ 表达式为 $\delta = X_M^2/\text{Re}(Z_{GA})$，可知当线圈参数 (X_M^2) 不发生变化时 $\delta \propto 1/\text{Re}(Z_{GA})$。又根据 $P_{out} = \text{Re}(Z_{GA})I_1^2 - r_1I_1^2 - r_2I_2^2$，其中 I_1 和 I_2 的转换关系可由具体的补偿电路确定，最终得到引入线圈内阻的输出功率计算公式为 $P_{out} = (X_MI_1)^2/(\delta - \Delta_r)$。因此 δ 仍可作为互操作性的评价指标之一，具体偏移参数可根据式（7-28）进行计算，δ 需满足的条件如下：

$$\delta = \frac{X_M^2 I_1^2}{P_{out}} + \Delta_r \tag{7-31}$$

当引入线圈内阻后，车辆端回路失谐因子为 ξ 发生相应变化，对于线圈内阻产生的误差影响如图 7-14 中虚线所示。此时 ξ 的表达式为

$$\xi = -[\text{Im}(Z_{VA}) + X_2]/[\text{Re}(Z_{VA}) + r_2] \tag{7-32}$$

由式（7-32）结合图 7-14 可知，不同 ξ 对应的直线的公共点偏移为 $(-r_2, -X_2)$，在 $\text{Re}(Z_{VA})$-$\text{Im}(Z_{VA})$ 阻抗平面中整体向左移动了 $|r_2|$ 的距离，但结合实际物理性质可知，由于等效负载电阻 R_L 在数值上远大于线圈内阻 r_1、r_2，故仍只需针对 $\text{Re}(Z_{VA})$-$\text{Im}(Z_{VA})$ 阻抗平面中的第一、四象限进行研究。ξ 直线的斜率变为 $-\xi = [\text{Im}(Z_{VA}) + X_2]/[\text{Re}(Z_{VA}) + r_2]$，结合式（7-23）可知，在加入线圈内阻 r_1、r_2 后，ξ 直线斜率减小了。

$$\Delta_k = \left|\frac{r_2[\text{Im}(Z_{VA}) + X_2]}{\text{Re}(Z_{VA})[\text{Re}(Z_{VA}) + r_2]}\right| \tag{7-33}$$

将上述变化映射到 Re(Z_{VA})-Im(Z_{VA}) 阻抗平面上，则 ζ 直线在第一象限会靠近横轴，而在第四象限会远离横轴，即表现出顺时针旋转的变化趋势。结合前文中的理论推导，通过对 ζ 的物理性质分析可知，引入线圈内阻的系统与未引入线圈内阻时的原理相同，都是通过表征车辆端补偿网络的谐振状态来评价该补偿网络是否满足系统互操作性的系统效率条件，因此对于引入线圈内阻的系统而言，只需加上式（7-33）中的变化量即可。因此 ζ 依然可作为互操作性的评价指标之一，具体偏移参数可根据实际情况进行计算，但 ζ 需满足正对时 $\xi \subset (-0.62-|\Delta_k|,\ 0.62-|\Delta_k|)$，偏移时 $\xi \subset (-0.75-|\Delta_k|,\ 0.75-|\Delta_k|)$。

图 7-15 中仿真结果验证了利用 δ 评价不同补偿网络是否能满足互操作性对于输出功率要求的正确性。由仿真的横向对比可知，不同补偿网络输出功率等级是不同的，其中 LCC 型 >S 型 >P 型，同时 P 型补偿网络的输出功率远低于标准中电动汽车无线充电所需要的功率标准，因此判定 P 型补偿网络不适合应用于电动汽车无线充电系统。

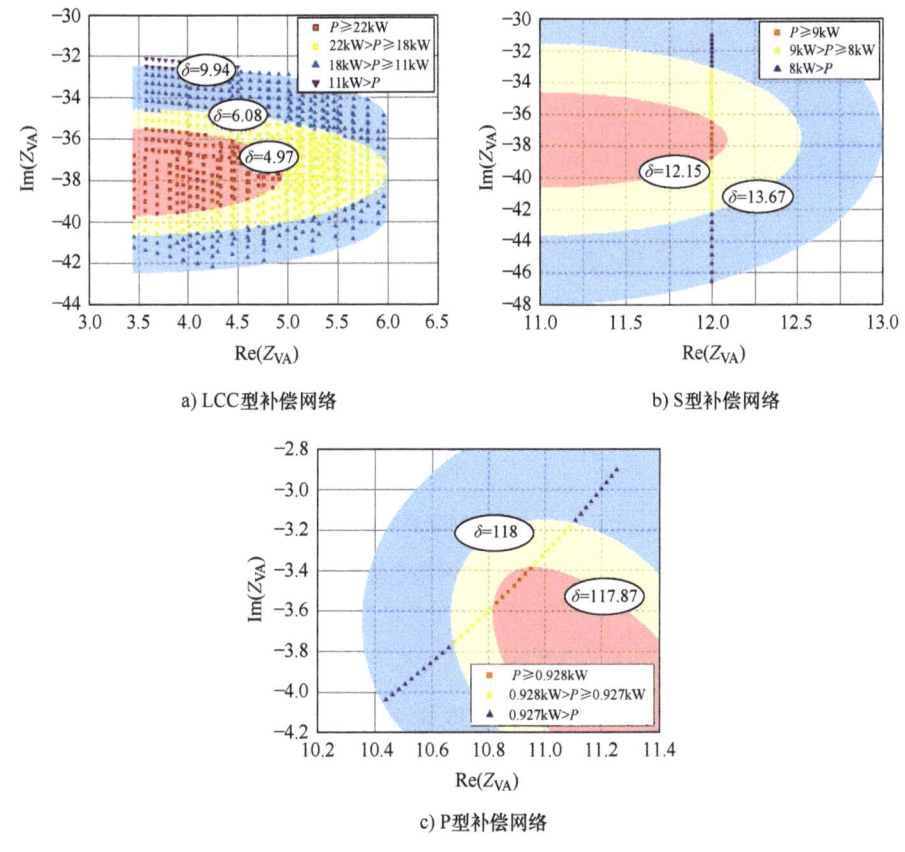

a) LCC 型补偿网络　　　　　　　　　　b) S 型补偿网络

c) P 型补偿网络

图 7-15　不同补偿网络输出功率仿真

沿用前文的研究方法来研究不同补偿网络及不同参数下系统效率是否满足互操作性的要求。根据仿真结果（见图 7-16），当 ζ 满足 $|\xi| \leqslant 0.62$ 时，其系统效率均大于 85%；当 ζ 满足 $|\xi| \leqslant 0.75$ 时，系统传输效率均大于 80%。$|\xi|$ 值与系统效率成负相关，通过上述仿真验证了利用 ζ 参数评价不同的补偿网络是否满足互操作性对于系统效率要求的方法是正确的。同时从仿真结果的数值上可以看出，在地面端参数及线圈参数不变的情况下，LCC 型

补偿网络和 S 型补偿网络的系统效率均存在大于 85%、80% 的点，而 P 型补偿结构的系统效率却远小于 80%，由此判定 P 型补偿网络不适合与地面端的 LCC 型补偿网络进行互操作；从仿真结果的数量上可以看出，LCC 型补偿网络的元件多，其参数设计自由度高，因此相较于 S 型补偿网络来说，LCC 型补偿网络具有更多的互操作性选择点。

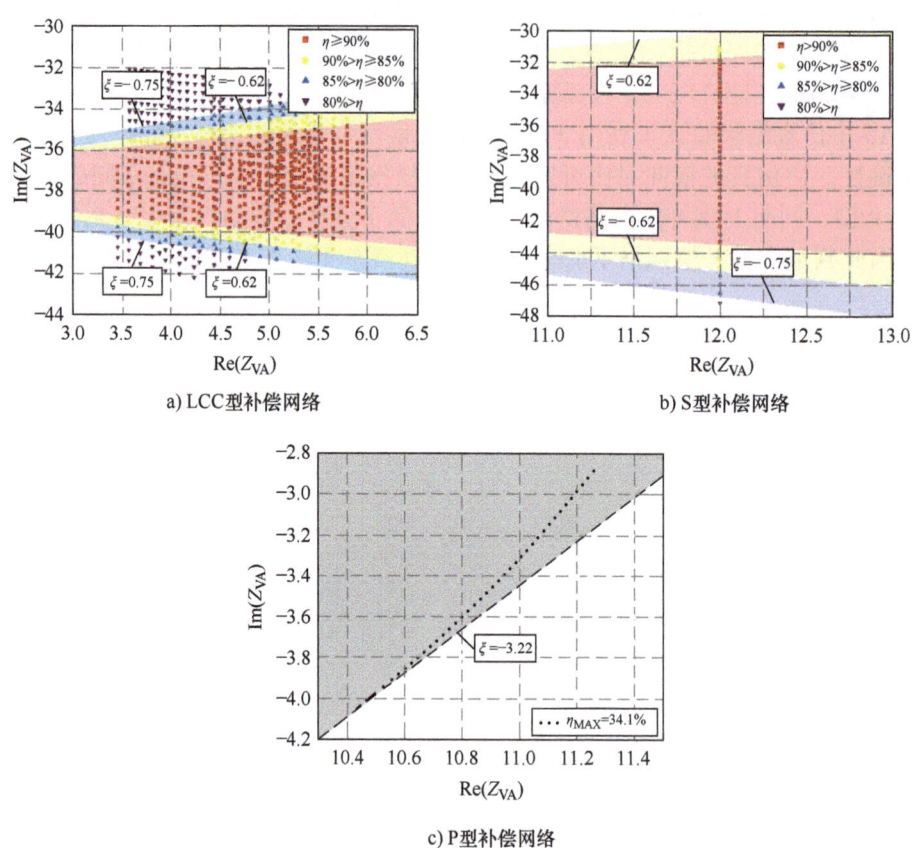

a) LCC型补偿网络　　　　　　b) S型补偿网络

c) P型补偿网络

图 7-16　不同补偿网络系统效率仿真

7.4.3　耦合线圈互操作性的评价方法

耦合线圈主要是通过互感 M 作为载体实现地面端与车辆端之间的能量传递，根据前文的分析在补偿网络实现完全谐振的条件下，由式（7-19）可知，$\text{Re}(Z_{GA})$ 可以用来表征系统的互感值的大小。结合前文的分析，耦合线圈中线圈内阻属于系统有功损耗的主要组成部分，因此在分析线圈的互操作性时不能忽略线圈的内阻对系统的影响。根据前文条件，系统在完全谐振的状态下电动汽车无线充电系统的等效电路可以简化为如图 7-17 所示的形式。

将地面端电路等效到车辆端，得到地面端的反射电压为 $U_{2M}=X_M I_1$，此时流经车辆端线圈电流 I_2 为

$$I_2 = \frac{U_{2M}}{\text{Re}(Z_{VA})+r_2} = \frac{X_M}{\text{Re}(Z_{VA})+r_2} I_1 \tag{7-34}$$

式中，地面端线圈与车辆端线圈之间的互感抗为

$$X_{\mathrm{M}} = \omega k \sqrt{L_1 L_2} \qquad (7\text{-}35)$$

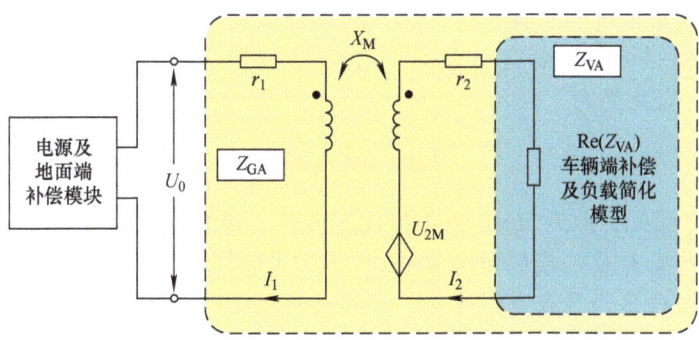

图 7-17 系统实现完全补偿时的等效电路图

由式（7-34）结合图 7-17 可知，系统此时的输出功率表达式为

$$P_{\mathrm{out}} = \mathrm{Re}(Z_{\mathrm{VA}})I_2^2 = \frac{\mathrm{Re}(Z_{\mathrm{VA}})}{\mathrm{Re}(Z_{\mathrm{VA}}) + r_2}[\mathrm{Re}(Z_{\mathrm{GA}}) - r_1]I_1^2 \qquad (7\text{-}36)$$

由式（7-36）可知，输出功率的大小与线圈的耦合情况及地面端的电流大小成正相关。由此可知，对于不同的线圈组合而言，在其最佳传输位置处，线圈的耦合程度最好，耦合系统的性能最佳；当线圈发生偏移时，耦合系统的耦合系数发生改变，对应的输出功率也会发生改变。地面端线圈电流 I_1 随着偏移发生变化，因此结合 I_1、线圈内阻及 $\mathrm{Re}(Z_{\mathrm{GA}})$ 的测量值即可确定系统是否具有互操作性。

由式（7-34）、式（7-36）可以看出，线圈内阻 r_1、r_2 对系统的输出功率存在直接影响。现以车辆端内阻 r_2 为例，对不同车辆端内阻下耦合系数及输出功率的关系进行分析。图 7-18 所示为不同 r_2 下的 k、P_{out} 关系图。

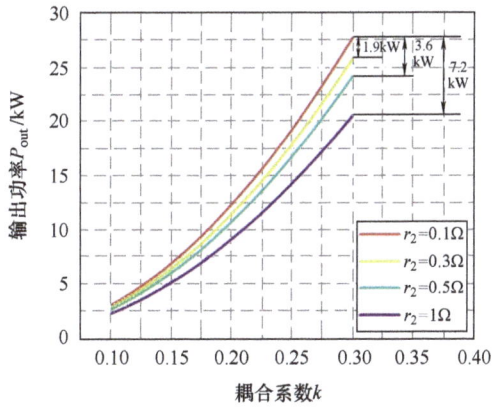

图 7-18 不同 r_2 下的 k、P_{out} 关系图

由图 7-18 可以看出，随着线圈内阻的增加，其对于系统输出功率的影响急剧加大，在线圈内阻从 r_2=0.1Ω 加到 10 倍时，系统的输出功率下降了接近 25%，这对于系统的危害是巨大的，不但会导致受电端无法及时获取电能，同时这部分损耗的能量也会以热能的形式

逸散到周围环境中，造成器件损坏等。

由线圈内阻损耗的计算公式 $P_{r2}=r_2 I_2^2$ 可知，线圈内阻的有功损耗随着电流变化成二次方变化。因此为满足系统的互操作性需求，应通过改变线圈材料、绕制方式、导线匝数等方法将线圈内阻值尽可能控制在一个较小的范围，即 $r_1 \ll \mathrm{Re}(Z_{GA})$、$r_2 \ll \mathrm{Re}(Z_{VA})$。基于该条件，式（7-36）可化简为

$$P_{\mathrm{out}} = \mathrm{Re}(Z_{GA})I_1^2 \tag{7-37}$$

由式（7-37）可知，此时 $\mathrm{Re}(Z_{VA})$ 可以用来表征不同的线圈组合及耦合程度，因此只需通过测量地面端电流 I_1 及二端口阻抗 $\mathrm{Re}(Z_{GA})$ 值即可表征不同线圈组合下系统的输出功率，进而评价该线圈组合是否具有互操作性。实现耦合线圈在输出功率方面互操作性要求的条件是

$$\mathrm{Re}(Z_{GA}) = P_{\mathrm{out}}/I_1^2 \tag{7-38}$$

基于式（7-38），首先根据电动汽车类型确定系统的功率等级，同时车辆端电流 I_1 可由地面端设备提供，通过 $\mathrm{Re}(Z_{GA})$ 的实测值与式 (7-38) 的计算值进行比较，当满足式 (7-38) 的条件时证明该系统满足互操作性的功率条件。根据前文分析可知，在系统补偿网络处于完全谐振的状态时，系统的主要损耗来自于线圈内阻，因此线圈内阻成为影响系统效率的主要因素，包含 Z_{GA} 部分产生的功率为地面端功率，记为 P_{p}；Z_{VA} 部分所产生的功率为车辆端功率，记为 P_{s}。两功率的表达式为

$$P_{\mathrm{p}} = \mathrm{Re}(Z_{GA})I_1^2, \quad P_{\mathrm{s}} = [\mathrm{Re}(Z_{VA})+r_2]I_2^2 \tag{7-39}$$

此时耦合线圈的传输效率可以表示为

$$\eta_{\mathrm{M}} = \frac{P_{\mathrm{s}}}{P_{\mathrm{p}}} = \frac{1}{1+\dfrac{r_1[\mathrm{Re}(Z_{VA})+r_2]}{X_{\mathrm{M}}^2}} = \frac{1}{1+\dfrac{r_1}{\mathrm{Re}(Z_{GA})}} \tag{7-40}$$

根据式（7-40），耦合线圈的传输效率与线圈的耦合程度即 X_{M} 成正比，与线圈内阻 r_1、r_2 成反比。进一步，耦合线圈的传输效率与 $\mathrm{Re}(Z_{GA})$ 成正比。

对于系统整体而言，系统效率的表达式为

$$\eta = \frac{P_{\mathrm{out}}}{P_{\mathrm{p}}} = \frac{\mathrm{Re}(Z_{VA})X_{\mathrm{M}}^2}{[\mathrm{Re}(Z_{VA})+r_2][r_1(\mathrm{Re}(Z_{VA})+r_2)+X_{\mathrm{M}}^2]} \tag{7-41}$$

由式（7-41）可知，系统效率同样会受到耦合系数与线圈内阻的影响，其比例关系同前文分析一致。这里以车辆端线圈内阻 r_2 为例说明 r_2 对系统效率的影响，对比不同 r_2 下系统效率与耦合线圈传输效率随耦合系数变化过程中的输出功率的变化情况，结果如图 7-19 所示。

在不同的线圈内阻下，η 与 η_{M} 之间的差距与 X_{M} 成正比，此时两效率的差值的表达式为

$$\Delta_{\eta} = \eta_M - \eta = \frac{r_2 X_M^2}{[\mathrm{Re}(Z_{VA}) + r_2][r_1(\mathrm{Re}(Z_{VA}) + r_2) + X_M^2]} \qquad （7\text{-}42）$$

由式（7-42）结合图 7-19 可知，系统效率随着线圈内阻的增加而快速下降，这样会使得系统效率 η 与耦合线圈的传输效率 η_M 之间的差值 Δ_{η} 不断变大，因此在系统补偿网络处于谐振状态下，线圈内阻成为影响耦合线圈互操作性的主要原因。参考前文应用于输出功率的研究方法，为满足系统互操作性的要求，应使线圈内阻同样维持在 $r_1 \ll \mathrm{Re}(Z_{GA})$、$r_2 \ll \mathrm{Re}(Z_{VA})$ 的范围内，在此基础上可以保证 $\eta \approx \eta_M$，此时系统效率可以由耦合线圈的传输效率近似等效。

由式（7-40）可知，系统效率与 $\mathrm{Re}(Z_{GA})$ 成正相关，因此系统效率可由 $\mathrm{Re}(Z_{GA})$ 表征，当系统正对时，传输效率需满足 85% 的要求，即 $\mathrm{Re}(Z_{GA}) \geq 5.67 r_1$；当系统偏移时传输效率需满足 80% 的要求，即 $\mathrm{Re}(Z_{GA}) \geq 4 r_1$。根据前文分析，在系统补偿网络实现完全谐振的状态下，$\mathrm{Re}(Z_{GA})$ 可以用来表征不同耦合线圈之间的互操作性。

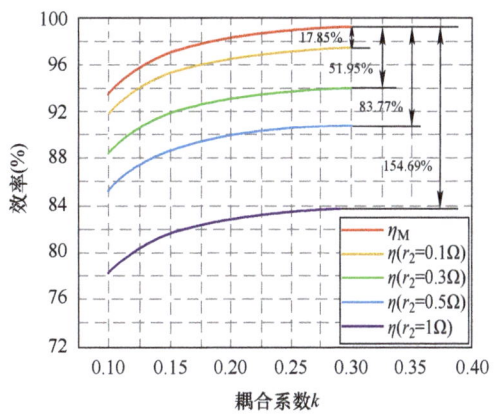

图 7-19　不同 r_2 下的 k、η 关系图

不同耦合线圈组合下 $\mathrm{Re}(Z_{GA})$ 与 P_{out} 关系图如图 7-20 所示，这里的 k 为直线斜率而非耦合系数。图中横轴为 $\mathrm{Re}(Z_{GA})$、纵轴为系统输出功率。根据前面的推导可以得到，$\mathrm{Re}(Z_{GA})$ 可以用来表征系统中耦合线圈参数变化情况。如图 7-20 所示，当线圈内阻满足条件 $r_1 \ll \mathrm{Re}(Z_{GA})$、$r_2 \ll \mathrm{Re}(Z_{VA})$ 时，输出功率与 $\mathrm{Re}(Z_{GA})$ 成正比，其比值为 k，且与地面端电流的二次方近似成正比，因此证明了利用 $\mathrm{Re}(Z_{GA})$ 评价耦合线圈是否满足互操作性对于系统输出功率要求的合理性。

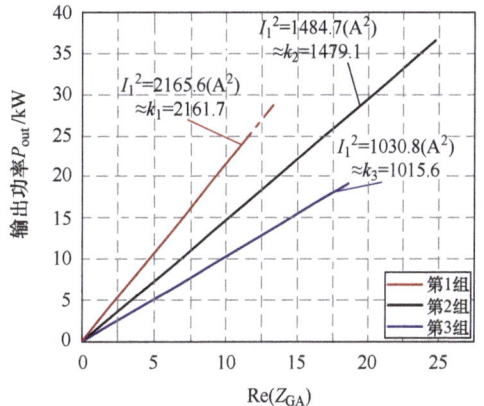

图 7-20　不同耦合线圈组合下 $\mathrm{Re}(Z_{GA})$ 与 P_{out} 关系图

由本节仿真结果可知，在补偿网络完全补偿时，无论线圈参数、耦合系数怎样发生变化，其在数值上最终体现到 $\mathrm{Re}(Z_{GA})$ 的大小上来。因此可以用 $\mathrm{Re}(Z_{GA})$ 来表征不同线圈组合及不同耦合情况对系统互操作性的影响。后文只需通过变化 $\mathrm{Re}(Z_{GA})$ 的数值，即可用来描述耦合线圈在不同场景下的工作状态。图 7-21 所示为不同耦合线圈组合下的 η 与 $\mathrm{Re}(Z_{GA})$ 关系，横轴为 $\mathrm{Re}(Z_{GA})$ 值、纵轴为系统效率。根据前文理论分析，选取内阻为 0.1Ω。根据仿真结果，耦合系数与 $\mathrm{Re}(Z_{GA})$ 呈正相关，随着 $\mathrm{Re}(Z_{GA})$ 的增加，系统效率变大。当系统效率等于 80% 时，$\mathrm{Re}(Z_{GA}) \approx 4 r_1$；当系统效率等于 85% 时，$\mathrm{Re}(Z_{GA}) \approx 5.67 r_1$，由此可知，利用 $\mathrm{Re}(Z_{GA})$ 评价不同耦合线圈的系统效率是否满足互操作性的要求是正确的。

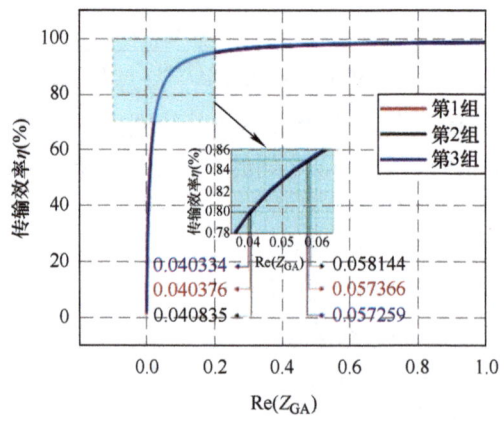

图 7-21　不同耦合线圈组合下 η 与 $\mathrm{Re}(Z_{GA})$ 关系图

7.4.4　互操作性的提升方法

在电动汽车无线充电系统的实际工作状态下，地面端设备与车辆端设备可能会存在以下几点问题：①地面端设备与车辆端设备的生产厂家、技术路线等存在不同，导致其相互之间的部分系统参数存在较大差异；②当前生产加工条件存在一定的局限性，导致地面端设备与车辆端设备的参数与预设值之间存在偏差；③由于自动驾驶技术的不成熟或人为干预，使电动汽车在停车充电时，车辆端线圈与地面端线圈之间发生偏移，导致线圈自感与互感值发生变化，偏离系统的预设值。上述三点问题均会使系统的无功分量增加，进而影响系统的互操作性。考虑到大功率的条件下，线圈内阻所产生的有功损耗对系统整体的影响很小，因此为简化计算忽略线圈内阻。同时，系统同样采用基波分析法进行等效，忽略电压、电流中高次谐波的影响。

由上述分析结果得到简化后的 LCC-LCC 型电动汽车无线充电系统模型等效电路如图 7-22 所示。图中 U_{in} 为供电电压，U_{S} 为系统输入电压，R_0 为实际负载，R_{L} 为系统等效负载，L_1、L_2 为地面端与车辆端主线圈的电感值，M 为两线圈互感，C_1、C_2、L_{f1}、L_{f2}、C_{f1}、C_{f2} 分别为车辆端与地面端补偿网络中的电感、电容，其中下角标 1 表示地面端、2 表示车辆端。根据基尔霍夫电压定律列写系统方程：

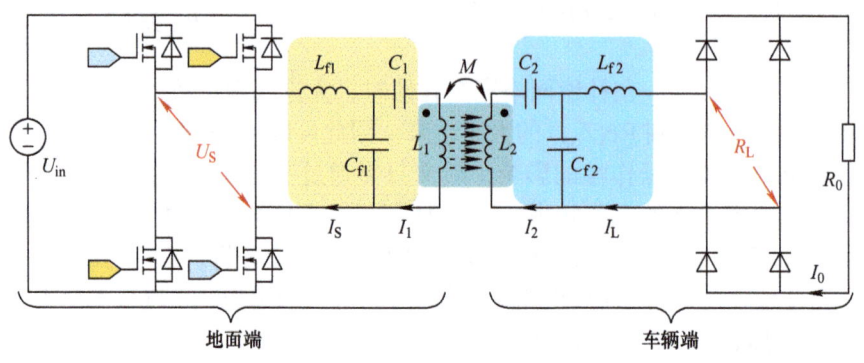

图 7-22　简化后的 LCC-LCC 型电动汽车无线充电系统模型等效电路

$$
\begin{cases}
\dot{U}_\text{S} = \left(\text{j}\omega L_{\text{f1}} + \dfrac{1}{\text{j}\omega C_{\text{f1}}} \right) \dot{I}_\text{S} - \dfrac{1}{\text{j}\omega C_{\text{f1}}} \dot{I}_1 \\[2mm]
0 = -\dfrac{1}{\text{j}\omega C_{\text{f1}}} \dot{I}_\text{S} + \left(\text{j}\omega L_1 + \dfrac{1}{\text{j}\omega C_1} + \dfrac{1}{\text{j}\omega C_{\text{f1}}} \right) \dot{I}_1 - \text{j}\omega M \dot{I}_2 \\[2mm]
0 = -\text{j}\omega M \dot{I}_1 + \left(\text{j}\omega L_2 + \dfrac{1}{\text{j}\omega C_2} + \dfrac{1}{\text{j}\omega C_{\text{f2}}} \right) \dot{I}_2 - \dfrac{1}{\text{j}\omega C_{\text{f2}}} \dot{I}_\text{L} \\[2mm]
0 = -\dfrac{1}{\text{j}\omega C_{\text{f2}}} \dot{I}_2 + \left(\text{j}\omega L_{\text{f2}} + \dfrac{1}{\text{j}\omega C_{\text{f2}}} + R_\text{L} \right) \dot{I}_\text{L}
\end{cases}
\tag{7-43}
$$

其谐振条件为

$$
\omega_0^2 (L_{1,2} - L_{\text{f1,2}}) C_{1,2} = 1, \quad \omega_0^2 L_{\text{f1,2}} C_{\text{f1,2}} = 1
\tag{7-44}
$$

式中，ω_0 为系统固有谐振角频率，其表达式为 $\omega_0 = 2\pi f_0$，f_0 为系统固有谐振频率，即满足当前系统谐振时的频率。设系统归一化角频率为 ω/ω_0，ω 为系统工作状态下的实际频率，为对式（7-43）进行有效化简，取归一化角频率的倒数令其为 $A = \omega_0/\omega$，A 可以用来表示系统固有谐振频率与实际工作频率之间的偏离程度。无偏离时，$A=1$；$f_0 < f$ 时，$A < 1$；$f_0 > f$ 时，$A > 1$。基于式（7-43）和式（7-44），可将系统的方程进一步化简为

$$
\begin{cases}
\dot{U}_\text{S} = \text{j}\omega L_{\text{f1}} (1 - A^2) \dot{I}_\text{S} + \text{j}\omega L_{\text{f1}} A^2 \dot{I}_1 \\[2mm]
0 = \text{j}\omega L_{\text{f1}} A^2 \dot{I}_\text{S} + \text{j}\omega L_1 (1 - A^2) \dot{I}_1 - \text{j}\omega M \dot{I}_2 \\[2mm]
0 = \text{j}\omega L_{\text{f2}} A^2 \dot{I}_\text{L} + \text{j}\omega L_2 (1 - A^2) \dot{I}_2 - \text{j}\omega M \dot{I}_1 \\[2mm]
0 = [\text{j}\omega L_{\text{f2}} (1 - A^2) + R_\text{L}] \dot{I}_\text{L} + \text{j}\omega L_{\text{f2}} A^2 \dot{I}_2
\end{cases}
\tag{7-45}
$$

在前文的分析中由于考虑到线圈内阻对系统的有功损耗很小，因此对不同参数的系统进行横向对比时，为简化计算而忽略线圈内阻损耗。沿用品质因数广义的解释方法，本节提出 "类品质因数" 的概念，定义类品质因数 $Q_{1,2} = \omega_0 L_{1,2}/R_\text{L}$、$Q_{\text{f1,2}} = \omega_0 L_{\text{f1,2}}/R_\text{L}$。以车辆端线圈 L_2 为例进行说明，其类品质因数 $Q_2 = \omega L_2/R_\text{L}$，其中 L_2 为车辆端线圈电感值、R_L 为负载电阻。

此时类品质因数表示的是线圈 L_2 与负载电阻 R 之间的能量分布变化规律。对于高阶补偿而言，上述变化规律存在诸多制约：电路关系复杂、阶数较高，难以通过简单、简洁的公式进行形象化表示，因此引入类品质因数的概念对系统进行表征是合理的。同时类品质因数概念的提出在数学上的作用主要表现为 "去量纲化"，其优点在于可以有效对复杂高阶的系统进行化简，减少参数，便于结果分析；同时还可以改善数值运算过程中的稳定性，防止数据的溢出。因此对式（7-45）的等号两端同时除以 R_L，记

$$
\begin{cases}
Q_{\text{f1,2}} = \dfrac{\omega_0 L_{\text{f1,2}}}{R_\text{L}} \\[3mm]
Q_{1,2} = \dfrac{\omega_0 L_{1,2}}{R_\text{L}} \\[3mm]
\dfrac{\omega_0 M}{R_\text{L}} = k\sqrt{Q_1 Q_2}
\end{cases}
\tag{7-46}
$$

式中，k 为地面端线圈 L_1 与车辆端线圈 L_2 之间的耦合系数。则式（7-45）可化为无量纲的表达式

$$
\begin{cases}
\dfrac{1}{R_L}\dot{U}_S = jQ_{f1}\dfrac{1-A^2}{A}\dot{I}_S + jQ_{f1}A\dot{I}_1 \\[3mm]
0 = jQ_{f1}A\dot{I}_S + jQ_1\dfrac{1-A^2}{A}\dot{I}_1 - jk\sqrt{Q_1 Q_2}\dfrac{1}{A}\dot{I}_2 \\[3mm]
0 = jQ_{f2}A\dot{I}_L + jQ_2\dfrac{1-A^2}{A}\dot{I}_2 - jk\sqrt{Q_1 Q_2}\dfrac{1}{A}\dot{I}_1 \\[3mm]
0 = \left[jQ_{f2}\dfrac{1-A^2}{A}+1\right]\dot{I}_L + jQ_{f2}A\dot{I}_2
\end{cases}
\tag{7-47}
$$

LCC-LCC 型补偿网络属于对称型补偿网络，车辆端与地面端的结构性质近似相同；同时该补偿网络属于高阶补偿网络，具有参数多、阶数高、分析复杂的特点，因此本节决定对系统的互操作性采用定性分析的方法进行研究。此时电动汽车无线充电系统可进一步简化为车辆端与地面端参数完全对称的情况。令 $Q_{1,2}=Q$，$Q_{f1,2}=Q_f$，简化后两端对称的 LCC-LCC 型补偿网络如下：

$$
\begin{cases}
\dfrac{1}{R_L}\dot{U}_S = j\left(\dfrac{1}{A}-A\right)Q_f\dot{I}_S + jAQ_f\dot{I}_1 \\[3mm]
0 = AQ_f\dot{I}_S + \left(\dfrac{1}{A}-A\right)Q\dot{I}_1 - k\dfrac{1}{A}Q\dot{I}_2 \\[3mm]
0 = AQ_f\dot{I}_L + \left(\dfrac{1}{A}-A\right)Q\dot{I}_2 - k\dfrac{1}{A}Q\dot{I}_1 \\[3mm]
0 = \left[1+j\left(\dfrac{1}{A}-A\right)Q_f\right]\dot{I}_L + jAQ_f\dot{I}_2
\end{cases}
\tag{7-48}
$$

基于式（7-48），计算出系统各部分电流 $\dot{I}_S$、$\dot{I}_1$、$\dot{I}_2$、$\dot{I}_L$ 与系统参数之间关系的表达式如下：

$$
\begin{cases}
I_S = \dfrac{jAQ[[(A^2-1)^2-k^2][jAQ+(A^2-1)QQ_f]-A^4(A^2-1)Q_f^2]}{Q_f[(A^2-1)Q[jA[(A^2-1)^2-k^2]]Q+[-jA^5+(A^2-1)[(A^2-1)^2-k^2]Q]Q_f]-A^4Q_f^2[2(A^2-1)^2Q+A^4Q_f]}\dfrac{U_S}{R_L} \\[4mm]
I_1 = \dfrac{jA^3[jA(A^2-1)Q+(A^2-1)^2QQ_f-A^4Q_f^2]}{(A^2-1)Q[jA[(A^2-1)^2-k^2]Q+[-jA^5+(A^2-1)[(A^2-1)^2-k^2]Q]Q_f]-A^4Q_f^2[2(A^2-1)^2Q+A^4Q_f]}\dfrac{U_S}{R_L} \\[4mm]
I_2 = \dfrac{A^3kQ[A-j(A^2-1)Q_f]}{(A^2-1)Q[jA[(A^2-1)^2-k^2]Q+[-jA^5+(A^2-1)[(A^2-1)^2-k^2]Q]Q_f]-A^4Q_f^2[2(A^2-1)^2Q+A^4Q_f]}\dfrac{U_S}{R_L} \\[4mm]
I_L = \dfrac{-jA^5kQQ_f}{(A^2-1)Q[jA[(A^2-1)^2-k^2]Q+[-jA^5+(A^2-1)[(A^2-1)^2-k^2]Q]Q_f]-A^4Q_f^2[2(A^2-1)^2Q+A^4Q_f]}\dfrac{U_S}{R_L}
\end{cases}
\tag{7-49}
$$

根据 GB/T 38775 系列标准和 SAE J2954 规定，电动汽车无线充电传输频段为 79～90kHz，对应 A 的取值范围为 [0.944, 1.076]，因此在此频率范围内进行研究；同时在电动

汽车无线充电的实际工作场景中，耦合系数 k 的取值范围为 [0.1，0.3]。此时，公式中各部分变量数量级关系如图 7-23 所示。并根据该数量级关系得到式（7-49）的简化表达式，即

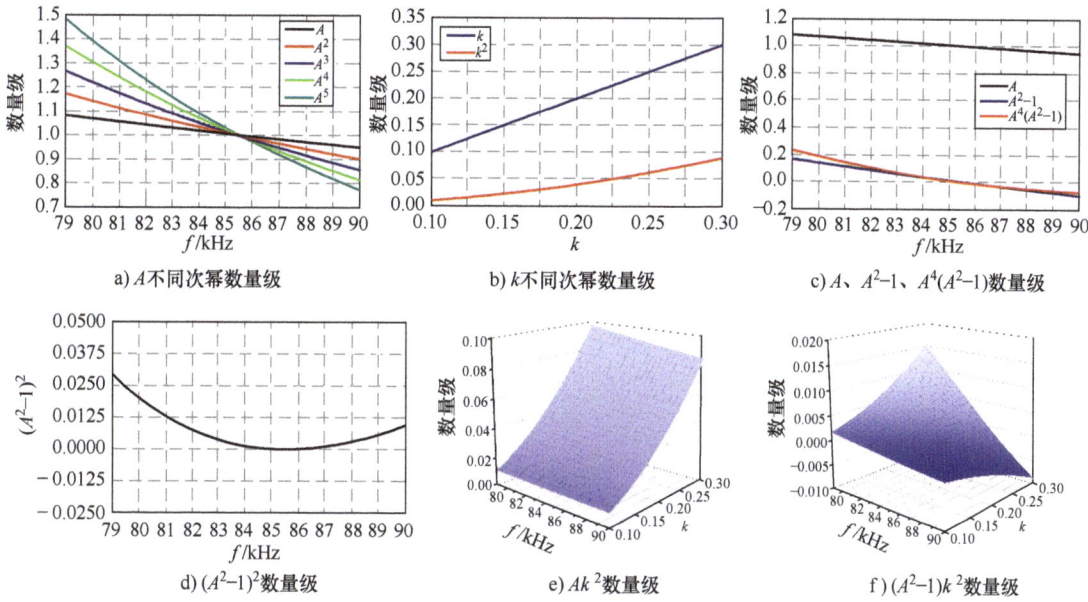

a) A 不同次幂数量级　　b) k 不同次幂数量级　　c) A、A^2-1、$A^4(A^2-1)$ 数量级

d) $(A^2-1)^2$ 数量级　　e) Ak^2 数量级　　f) $(A^2-1)k^2$ 数量级

图 7-23　公式中各部分变量数量级关系

$$
\begin{cases}
\dot{I}_S = \dfrac{k^2 Q - jA^3(A^2-1)Q_f^2}{A^3(A^2-1)QQ_f + jA^6 Q_f^3}\dfrac{jQ}{Q_f}\dfrac{U_S}{R_L} \\[4mm]
\dot{I}_1 = \dfrac{(A^2-1)Q + jA^3 Q_f^2}{A^4 Q_f^3 + jA(A^2-1)QQ_f}\dfrac{U_S}{R_L} \\[4mm]
\dot{I}_2 = \dfrac{kQ[A - j(A^2-1)Q_f]}{A^5 Q_f^3 - jA^2(A^2-1)QQ_f}\dfrac{U_S}{R_L} \\[4mm]
\dot{I}_L = \dfrac{kQ}{(A^2-1)Q + jA^3 Q_f^2}\dfrac{U_S}{R_L}
\end{cases}
\tag{7-50}
$$

式（7-50）中的电流大小、方向关系只能间接地反映系统中的能量流动变化规律，不能准确直观地反映出系统是否具有互操作性。根据前文分析可知，输出功率 P_{out}、系统效率 η 是作为直接评价系统互操作性的重要指标。因此需进一步求出 P_{out}、η 关于 Q、Q_f、A 的表达式

$$
P_{out} = \dfrac{k^2}{Q_f^2\left[2\dfrac{(A^2-1)^2}{A} - A^3\dfrac{Q_f}{Q}\right]^2}\dfrac{U_S^2}{R_L}
\tag{7-51}
$$

$$
\eta = \dfrac{1}{\sqrt{1 + A^6(A^2-1)^2\dfrac{1}{k^4}\dfrac{Q_f^4}{Q^2}}}
\tag{7-52}
$$

通过式（7-51）和式（7-52）可知，当系统电源电压 U_s 及负载 R_L 不变的条件下，系统输出功率及系统效率主要由 A、k、Q、Q_f 决定的，下面依次进行分析。

耦合线圈作为无接触式能量传递的关键组成部分，线圈之间的耦合程度直接决定了能量传输的品质，耦合系数 k 的大小可以直接反映地面端与车辆端线圈耦合程度的强弱，因此 k 与系统的输出功率、系统效率呈正相关。类品质因数 Q、Q_f 变量属于系统的特有性质，不同的 Q、Q_f 对应不同的系统，反映出的系统特性也是不同的，需要结合具体系统具体分析，同时也从侧面体现出式（7-51）和式（7-52）具有多场景适用性；A 即系统频率 f，是唯一贯穿于系统整体的变量，也是分布在公式各个部分的变量（与公式各部分均存在比值关系），可见 A 对于系统输出功率、系统效率具有极其重要的影响。

由式（7-51）可知，P_{out} 受归一化角频率 $1/A$ 即系统频率 f 的影响极大，A-P_{out} 关系示意图如图 7-24 所示。

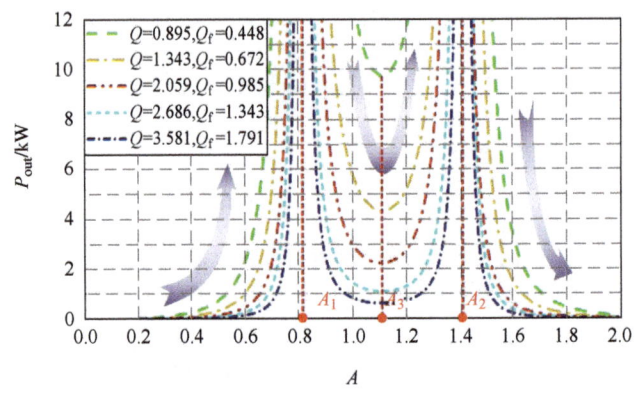

图 7-24　A-P_{out} 关系示意图

图 7-24 中分别选取了多组 Q、Q_f 值，其 P_{out} 曲线的升降变化规律一致。观察图 7-24 可以发现，随着 A 的变化，P_{out} 曲线出现两个无穷大点，对应的横坐标为 A_1、A_2，此时系统处于频率分裂状态。事实上 A_1、A_2 对应的 P_{out} 为输出功率的极大值点，但由于公式中存在部分简化，因此导致图 7-24 中出现了无穷大点，这从侧面反映出本化简过程可以有效突出系统特性。P_{out} 曲线还存在极小值点，对应的横坐标为 A_3。事实上当系统未进行简化分析时，A_1、A_2 为 A 曲线的极大值点的横坐标，其简化后的表达式为

$$A_{1,2} = \sqrt{\frac{2Q \pm \sqrt{2QQ_f}}{2Q - Q_f}} \tag{7-53}$$

同时利用式（7-51）对 A 求偏导，除去首尾两端的无意义点，得到 A_3 的值，其简化后的表达式为

$$A_3 = \sqrt{\frac{1}{\sqrt{4 - \dfrac{3Q_f}{2Q} - 1}}} \tag{7-54}$$

由式（7-53）和式（7-54）可知，LCC-LCC 型补偿网络的系统输出功率的极值点由系统中 Q、Q_f 决定，可见，对于不同的系统而言，其输出功率随系统频率的变化曲线的增减区间是不同的，但变化趋势是相同的。根据上述分析，结合图 7-24 得到系统简化后的 P_{out} 随 A 的变化区间，见表 7-1。

表 7-1　P_{out} 随 A 的变化区间

A 的范围	P_{out} 的变化趋势
$(0, A_1)$	上升
A_1	极大值点
(A_1, A_3)	下降
A_3	极小值点
(A_3, A_2)	上升
A_2	极大值点
$(A_2, 2)$	下降

由上文的分析可知，对于不同系统而言，其 P_{out} 的极值点是不同的，需要根据具体的 Q、Q_f 来确定。由于本节分析中采用定性分析的方法，使得实际的电动汽车无线充电系统的输出功率曲线与表 7-1 中的变化规律存在一定偏差以及小范围波动，但整体趋势不会变化。当电动汽车无线充电系统确定后，各部分元器件参数不变，因此只能通过调节系统频率来改变 P_{out}，使其满足互操作性要求。由式（7-52）可知，归一化角频率 $1/A$ 即系统频率 f 同样对 η 具有较大影响，根据式（7-52）绘制 A-η 的关系示意图如图 7-25 所示。

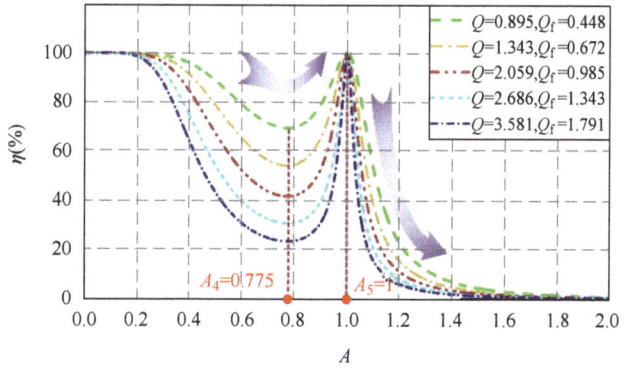

图 7-25　A-η 关系示意图

图 7-25 中同样选取了多组 Q、Q_f 值，其 η 曲线的升降变化规律一致，随着 A 的变化，η 出现一个极大值点和一个极小值点。同时在模型设置条件下，极小值点 $A_4=0.775$，极大值点 $A_5=1$，其中 A_4 会随着系统参数变化而发生偏移。随着 A 的变化 η 的变化趋势及其增减区间见表 7-2。

表 7-2　η 随 A 的变化区间

A 的范围	η 的变化趋势
$(0, A_4)$	下降
A_4	极小值点
(A_4, A_5)	上升
$A_5=1$	极大值点
$(A_5, +\infty)$	下降

当前国内外标准规定，车辆端与地面端设备正对时，系统效率需满足 $\eta \geqslant 85\%$；车辆端与地面端设备偏移时，系统效率需满足 $\eta \geqslant 80\%$。当满足上述条件时，系统满足互操作性的效率要求。值得注意的是，对电动汽车无线充电系统仅做定性分析，本节中参数分析的前提条件是地面端与车辆端参数对称的情况。当地面端与车辆端参数非对称时，除 $A_5=1$ 为效率的极大值点不会发生改变，前文所提的具有特殊性质的点 $A_1 \sim A_4$ 均会发生偏移，同时在数值上也会出现小范围的波动，但整体显著的增减趋势不会发生变化。通过上述对系统频率特性的分析，可以得出频率调节可以有效改变系统的 P_{out}、η，进而影响系统互操作性。在改变系统频率的条件下系统输出功率与系统效率如图 7-26、图 7-27 所示。

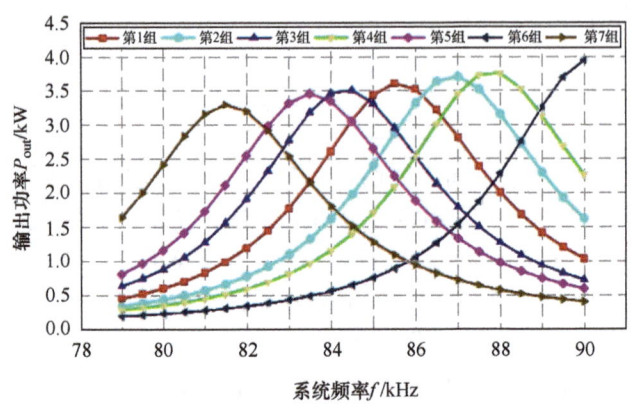

图 7-26 不同系统参数下 P_{out} 与 f 的关系示意图

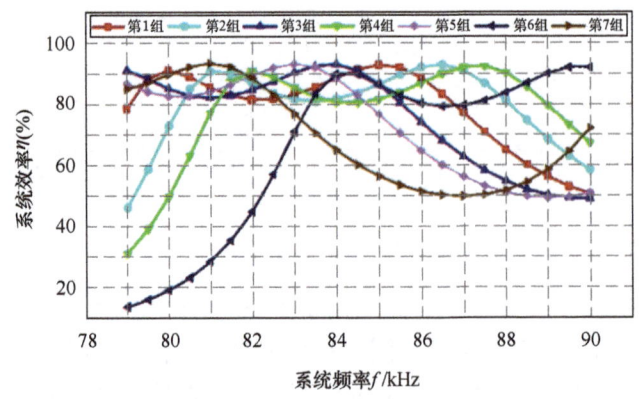

图 7-27 不同系统参数下 η 与 f 的关系示意图

根据仿真结果可以看出，在系统频率发生变化时，P_{out}、η 均会发生改变。对于不同的应用场景而言，系统对于输出功率的要求不同。当输出功率满足车辆端的用电需求时，系统满足互操作性的功率要求，否则就不具有互操作性；同理在前文中提到，国内外电动汽车无线充电标准中规定地面端与车辆端正对时系统效率应满足 $\eta \geqslant 85\%$ 的要求，地面端与车辆端偏移时系统效率应满足 $\eta \geqslant 80\%$ 的要求，当达到上述条件时，则系统满足互操作性的效率要求，否则系统将不具有互操作性。通过上述仿真结果可以看出，对于不同厂家、不同型号的地面端与车辆端而言，在一定范围内通过调节频率的方法可以改变 P_{out}、η，进而实现系统互操作性的提升。

参 考 文 献

[1]　全国汽车标准化技术委员会. 电动汽车无线充电系统　第 1 部分：通用要求：GB/T 38775.1—2020[S]. 北京：中国标准出版社，2020.

[2]　全国汽车标准化技术委员会. 电动汽车无线充电系统　第 2 部分：车载充电机和无线充电设备之间的通信协议：GB/T 38775.2—2020[S]. 北京：中国标准出版社，2020.

[3]　全国汽车标准化技术委员会. 电动汽车无线充电系统　第 3 部分：特殊要求：GB/T 38775.3—2020[S]. 北京：中国标准出版社，2020.

[4]　全国汽车标准化技术委员会. 电动汽车无线充电系统　第 4 部分：电磁环境限值与测试方法：GB/T 38775.4—2020[S]. 北京：中国标准出版社，2020.

[5]　全国汽车标准化技术委员会. 电动汽车无线充电系统　第 5 部分：电磁兼容性要求和试验方法：GB/T 38775.5—2021[S]. 北京：中国标准出版社，2021.

[6]　全国汽车标准化技术委员会. 电动汽车无线充电系统　第 6 部分：互操作性要求及测试　地面端：GB/T 38775.6—2021[S]. 北京：中国标准出版社，2021.

[7]　全国汽车标准化技术委员会. 电动汽车无线充电系统　第 7 部分：互操作性要求及测试　车辆端：GB/T 38775.7—2021[S]. 北京：中国标准出版社，2021.

[8]　全国汽车标准化技术委员会. 电动汽车无线充电系统　第 8 部分：商用车应用特殊要求：GB/T 38775.8—2023[S]. 北京：中国标准出版社，2023.

[9]　International Electrotechnical Commission.International standard, Electric vehicle wireless power transfer(WPT)systems-Part 1:general requirements, IEC 61980-1:2020[S].Geneva, Switzerland, 2020.

[10]　International Electrotechnical Commission.International standard, Electric vehicle wireless power transfer(WPT) systems-Part 2:Specific requirements for MF-WPT system communication and activities, IEC 61980-2:2023[S].Geneva, Switzerland, 2023.

[11]　International Electrotechnical Commission.International standard, Electric vehicle wireless power transfer(WPT) systems-Part 3:Specific requirements for the magnetic field wireless power transfer systems, IEC 61980-3:2022[S].Geneva, Switzerland, 2022.

[12]　SAE International. Wireless Power Transfer for Light-Duty Plug-in/Electric Vehicles and Alignment Methodology: SAE J2954—2022 [S]. Warrendale, USA, 2022.

[13]　吴理豪，张波. 电动汽车静态无线充电技术研究综述（下篇）[J]. 电工技术学报，2020，35(8): 1662-1678.

[14]　任年振. 电动汽车动态无线充电快速响应方法研究 [D]. 天津：天津工业大学，2021.

[15]　吴璪. 电动汽车动态充电模式相邻导轨激磁电流同步策略 [D]. 重庆：重庆大学，2019.

[16]　姚立冬. 电动汽车动态无线供电系统的研究与设计 [D]. 沈阳：沈阳工业大学，2018.

[17]　曾庆奇. 磁耦合谐振式电动汽车动态无线充电系统研究 [D]. 广州：华南理工大学，2019.

[18]　张献，白雪宁，沙琳，等. 电动汽车无线充电系统不同结构线圈间互操作性评价方法研究 [J]. 电工技术学报，2020，35(19): 4150-4160.

[19]　陈志鑫，张献，沙琳，等. 基于频率调节的电动汽车无线充电互操作性提升方法研究 [J]. 电工技术学报，2023，38(5): 1237-1247.

[20]　杨光. 电动汽车无线充电磁耦合机构互操作性评价与提升技术研究 [D]. 哈尔滨：哈尔滨工业大学，2022.

[21]　张献，陈志鑫，沙琳，等. 基于三参数表征电动汽车无线充电系统互操作性评价方法研究 [J]. 中国电机工程学报，2022，42(4): 1569-1581.

第8章 全向无线电能传输技术

现有的无线充电设备虽然避免了使用充电线缆，但用电设备必须放置在规定的位置才能实现无线电能传输。当智能手机、智能手表和蓝牙耳机等便携式电子设备进行无线充电时，用电设备与充电位置相互发生偏移会导致其传输电能效率下降，甚至不能正常工作。这不但限制了设备无线电能传输的空间灵活性，而且对于一些特殊环境中的用电设备来说，例如水下环境或航空航天场景，现有技术的应用无法保证设备的用电安全与实时供电。而全向无线电能传输技术可以较好地满足上述设备的用电需求，它具有全方向、范围广、自由度高的特点。这项技术较好地弥补了现有无线电能传输技术传输角度单一、传输范围较短和抗偏移能力弱等不足之处。同时也是无线电能传输技术未来发展的重要方向之一。

全向无线电能传输系统的磁场控制方法在电能传输过程中起着至关重要的作用。全向无线电能传输系统电磁耦合机构设计从发射线圈和接收线圈出发，发射线圈负责产生全方向且密度均匀的磁场，接收线圈负责接收空间各个方向的磁场能量。

8.1 磁场调控方法

全向无线电能传输系统中，磁场方向控制的关键在于调控全方位磁能发射线圈的激励电流，合理的磁场方向控制方法可进一步提升全向无线电能传输系统的性能。在全向无线电能传输系统磁场控制方法中，主要包括定向控制方法和旋转控制方法两类。

1. 定向控制方法

定向控制方法是通过实时监测负载位置来调控全向发射线圈的激励电流，从而产生特定方向的磁场，实现对特定位置负载的最大效率供电。

参考文献 [1] 提出了一种主动磁场定向方法，通过控制发射电流的幅值和相位，有效减小了发射线圈之间的交叉耦合，同时降低了系统漏磁。该方法实现了三维全范围磁场定向，并且具备对任意点的磁场大小和方向进行调节的能力，使得对目标负载的功率传输和方向定位更加精确可靠。

参考文献 [2] 针对具有平面分布式发射线圈的全向无线功率传输系统，提出了一种改进的三维磁场控制技术。该技术在推导空间磁场模型的基础上，采用混合频率调节控制方法实现对发射电流的控制，从而有效控制特定位置的磁场强度和磁通方向，实现了漏磁抑制和最大功率传输，显著提高了系统的性能。

参考文献 [3] 基于三正交发射线圈、单接收线圈的全向无线电能传输系统，提出一种实现对移动负载快速跟踪的最大功率点跟踪方法。该方法在分析最大负载功率与最大传输功率之间的关系的基础上，通过电流调幅策略改变注入正交发射线圈的电流，从而间接实现对负载的最大功率传输，使跟踪时间缩短到 100ms 以内。

针对在三维空间中同时为多个移动负载供电的场景，参考文献 [4] 提出了一种基于负载功率加权和的优化方法，旨在调整发射线圈电流的幅值和相位差。该方法能够灵活地适应功率需求变化，在不需要检测负载位置和方向的情况下，能够根据功率需求尽可能多地向多个负载供电，从而节省充电时间。参考文献 [5] 提出了一种基于输入功率信息的智能检测算法，用于识别负载的位置和方向。该算法通过功率流控制实现了电流幅值控制和最大效率点跟踪，以实现将功率最大化传输到目标负载。

2. 旋转控制方法

旋转控制方法是通过调控全向发射线圈的激励电流，使其产生均匀旋转磁场，以实现对负载的全方位供电。控制发射线圈的激励电流是实现均匀旋转磁场的主流控制方法。

参考文献 [6] 基于管壁状发射线圈结构的三相全向无线电能传输系统，提出一种激励电流相位差优化方法，用于在发射线圈内部实现均匀旋转磁场。通过分析三相线圈连接方式与各线圈激励电流相位之间的关系，研究了其对空间磁场分布的影响。当三相线圈分别以 120° 和 60° 相位差连接时，线圈激励电流相位差分别为 $2\pi/3$ 和 $\pi/3$，能够在发射线圈内部产生均匀的二维旋转磁场，从而实现了其内部负载接收电压的稳定。

参考文献 [7] 提出了一种圆柱形发射线圈结构，由三个重叠的曲面矩形线圈组成。通过控制三个矩形线圈的激励电流均匀分布，并使它们的相位间隔 60°，该结构能够在其周围形成空间旋转磁场，从而为实现全向无线电能传输提供了保障。

参考文献 [8] 提出一种三相圆台形发射线圈结构，采用相位各相差 120° 的正序电流激励控制方式，该结构能够在其内部形成空间旋转磁场，实现空间内、外的电能传输。

参考文献 [9] 提出一种新颖的电流控制策略，即采用不同的电流控制方法来驱动不同线圈，包括电流幅值控制、频率控制和相位控制。该方法适用于双正交和三正交发射线圈系统，能够生成真正的全向磁场并实现二维和三维全向传输效果。

参考文献 [10] 对比分析了在旋转控制和定向控制两种不同控制方法下的系统传输效率。在单个或多个负载情况下，采用定向控制方法的全向无线电能传输系统比采用旋转控制的系统具有更高的效率，尤其是在接收线圈尺寸较小时。然而，旋转控制方法相对更为简单。因此，可以优先选择使用旋转控制法扫描功率吸收情况实现负载定位，随后采用定向控制方法对负载进行供电，从而提高系统性能。

8.2　输出电压自适应调节的全向无线电能传输系统

全向无线电能传输可以为空间任意位置多负载提供电能，不同负载所需供电电压不可避免地存在差异。为了满足负载多样性电压需求，本节展示了一种由数字式线圈构成的输出电压自适应调节的接收端。通过切换数字式线圈的层（段）数，调节接收线圈与发射线圈的耦合状态，实现接收线圈端电压的调节，保持负载供电的持续稳定性。所设计的基于数字式线圈的电压自适应调节接收端，能够克服负载、传输距离、电源电压等因素变动的影响，在一定程度上能够保持线圈输出电压的稳定性，提升系统接收端电压的鲁棒性，同时满足空间多负载差异化供电的要求，促进无线电能传输技术在物联网设备供电领域的应用。

8.2.1　系统分析

基于图 8-1 所示的全向多接收端无线电能传输系统结构，为了实现各接收端线圈输出电压可调节，设计了图 8-2 所示电压自适应调节接收端，采用数字式线圈作为接收线圈。数字式线圈的各层可以分别控制，各层线圈的电感值分别为 L_1、L_2、$\cdots$、L_n。数字式接收线圈实际投入进行能量接收的线圈层数由切换开关（S_1、S_2、$\cdots$、S_n）依次调节，投入层数从 1 到 n 层（n 为数字式线圈总层数）可变化，其对应的电感值分别为 $L_{1.\text{layer}}$、$L_{2.\text{layer}}$、$\cdots$、$L_{n.\text{layer}}$。不同投入层数时，共振频率 f 保持不变，对应的补偿电容（$C_{1.\text{layer}}$、$C_{2.\text{layer}}$、$\cdots$、$C_{n.\text{layer}}$）满足

$$f = \frac{1}{2\pi\sqrt{L_{1.\text{piece}}C_1}} = \frac{1}{2\pi\sqrt{L_{2.\text{piece}}C_2}} = \cdots = \frac{1}{2\pi\sqrt{L_{n.\text{piece}}C_n}} \tag{8-1}$$

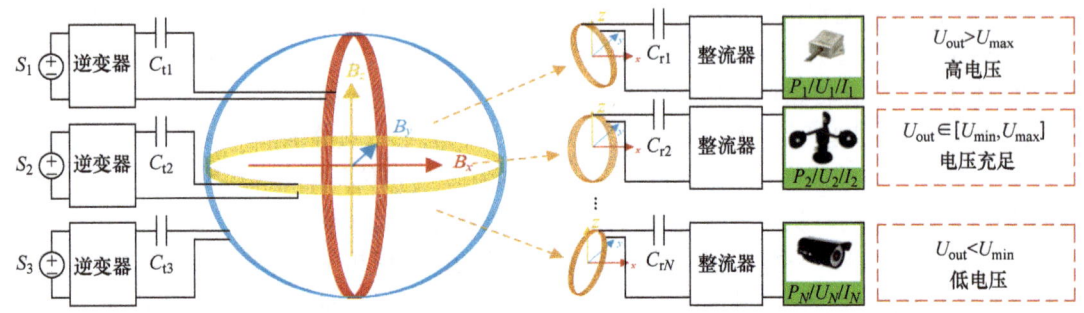

图 8-1 全向多接收端无线电能传输系统结构

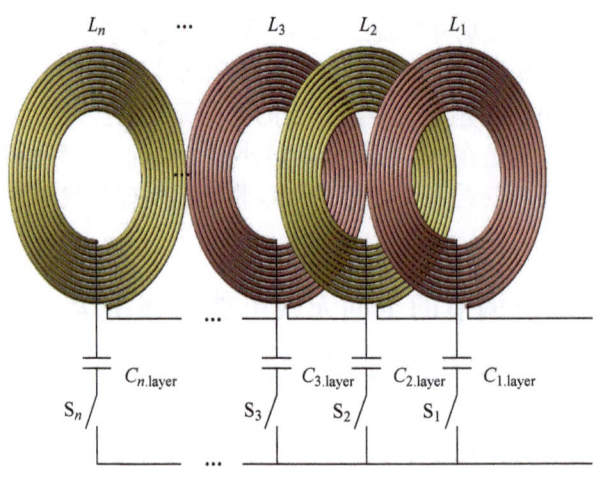

图 8-2 线圈输出电压自适应调节的接收端

接收端中调节线圈层数的切换开关每次只有一个处于闭合状态，其余处于断开状态。不同的切换开关处于闭合状态，数字式接收线圈投入的层数不同。其总线圈匝数、自感、与发射线圈间互感、耦合状态等参数均发生变化。在发射端参数、输出功率等固定的情况下，耦合状态的变化必然导致接收线圈的输出电压也会相应发生变化。合理地调控数字式接收线圈的投入层数，改变耦合状态，在发射端发送功率不变的情况下，调节接收端线圈输出电压，满足不同传感器多样性的电压和功率需求。

图 8-1 所示的为空间多物联网设备提供稳定电能的全向无线电能传输系统，发射线圈为三线圈组合结构，故发射线圈与多接收线圈间存在复杂的多重交叉耦合关系，如图 8-3 所示。组合型全向发射线圈的三个子发射线圈相互垂直，理论上三个子发射线圈间不存在耦合作用，实际线圈间的耦合作用也非常微弱。为了简化分析，不计三个子发射线圈间互耦合影响，也就是忽略图中 M_{t12}、M_{t13} 和 M_{t23}。接收端线圈的物理几何尺寸受限于物联网设备结构，允许体积一般很小。接收端在空间的位置由负载的空间分布决定，故在接收端数量不是非常密集的情况下，接收线圈间的耦合影响很小。相对于发射线圈与接收线圈间的耦合作用，接收线圈间的耦合作用可以忽略，也就是图中 $M_{r12} = M_{r13} = \cdots = M_{r(N-1)N} \approx 0$。基于克罗内克积（Kronecker Product）的概念，图 8-3 所示的多重交叉耦合关系可利用图 8-4 所示的矩阵表示，其中 T_1、T_2、T_3 分别代表全向组合型发射线圈中三个子线圈构成的子发射端，R_1、R_2、$\cdots$、R_N 分别代表各个接收端。在图 8-4b 所示的矩阵中，每一行表示全向组合型发射线圈中各子线圈的耦合关系，每一列为各接收线圈的耦合关系，矩阵中每一个元素 T_iR_j 代表一组子发射线圈与接收线圈间的耦合关系。

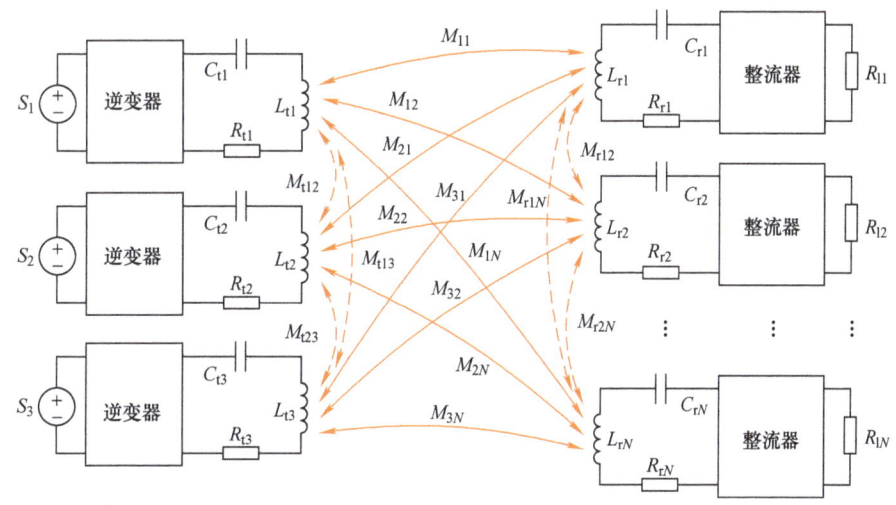

图 8-3　全向多接收端无线电能传输系统多重交叉耦合关系示意图

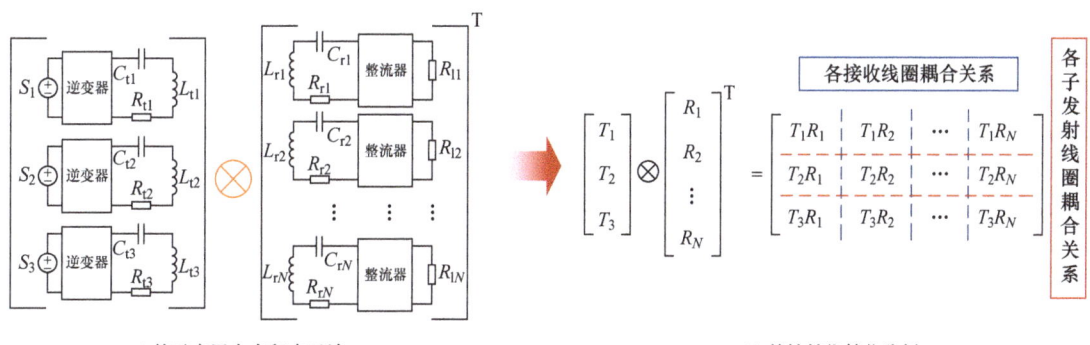

a) 基于克罗内克积表示法　　　　　　　　　　b) 等效替代简化分析

图 8-4　全向多接收端无线电能传输系统多重交叉耦合关系克罗内克积矩阵表示

从图 8-4b 所示的矩阵规律不难发现，在不计子发射线圈间和接收线圈间的互感耦合影响，每个子发射线圈均与 N 个接收线圈存在耦合，也就是每个接收线圈均与三个子发射线圈间有互感耦合。全向发射线圈的三个子发射线圈形状尺寸完全一样，只是空间方位不同，假设接收线圈同样是空间位置不同，线圈物理参数相同，则每一组子发射线圈与接收线圈间的耦合关系可表示为

$$
\begin{bmatrix} T_1R_1 & T_1R_2 & \cdots & T_1R_N \\ T_2R_1 & T_2R_2 & \cdots & T_2R_N \\ T_3R_1 & T_3R_2 & \cdots & T_3R_N \end{bmatrix} = \begin{bmatrix} T_1R_1 & k_{12}T_1R_1 & \cdots & k_{1N}T_1R_1 \\ k_{21}T_1R_1 & k_{22}T_1R_1 & \cdots & k_{2N}T_1R_1 \\ k_{31}T_1R_1 & k_{32}T_1R_1 & \cdots & k_{3N}T_1R_1 \end{bmatrix} = T_1R_1 \begin{bmatrix} 1 & k_{12} & \cdots & k_{1N} \\ k_{21} & k_{22} & \cdots & k_{2N} \\ k_{31} & k_{32} & \cdots & k_{3N} \end{bmatrix} \quad (8\text{-}2)
$$

式中，k_{12}、k_{13}、$\cdots$、k_{1N}、k_{21}、$\cdots$、k_{2N}、k_{31}、$\cdots k_{3N}$ 为耦合关系比例系数，在全向多接收端无线电能传输系统、接收端位置及负载参数确定后，耦合关系比例系数为常数。

由式（8-2）中所展示的各组子发射线圈与接收线圈间关系，在发射端三个子线圈及参数和接收端线圈结构相同情况下，任意一组子发射线圈与接收线圈间相互耦合关系的变化只与耦合关系比例系数相关。因此，可以将全向多接收端无线电能传输系统复杂的多重交叉耦合关系简化。

基于前面的分析和假设条件，选取 T_1R_1 为研究对象，如图 8-5 所示。只与子发射线圈 I_{t1} 和耦合时，接收端线圈 I_{r1} 输出电压为

$$
U_{in} = \frac{\left(j\omega L_{i1} + \dfrac{1}{j\omega C_{i1}} + R_{i1} \right)U_{Sn}}{j\omega M_{i11}} - \frac{\left[\left(j\omega L_{i1} + \dfrac{1}{j\omega C_{i1}} + R_{i1} \right)\left(j\omega L_{i1} + \dfrac{1}{j\omega C_{i1}} + Z_{S1} + R_{i1} \right) + \omega^2 M_{i11}^2 \right]I_{in}}{j\omega M_{i11}}
$$

$$(8\text{-}3)$$

式中，U_{Sn} 和 I_{in} 分别为子发射线圈 L_{t1} 激励源 U_{S1} 和电流 I_{t1} 按式（8-2）中耦合关系比例系数拆分的分量，满足 $\dfrac{U_{S1j}}{U_{S1}} = \dfrac{I_{t1j}}{I_{t1}} = \dfrac{k_{1j}}{\sum\limits_{j=1}^{N} k_{1j}}$，$U_{111}$ 和 I_{r11} 分别为接收线圈 I_{r1} 只与子发射线圈 I_{t1} 相耦合时的线圈输出电压 U_{11} 和电流 I_{r1} 分量。

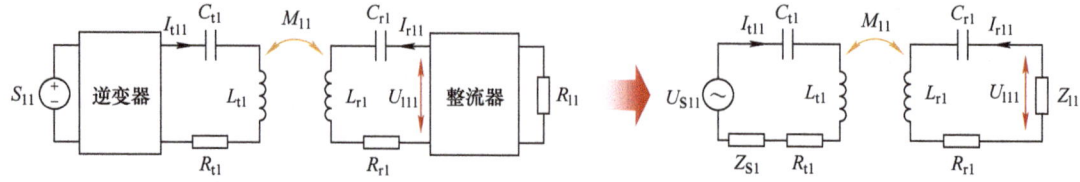

图 8-5 任意组子发射线圈与接收线圈间的耦合关系示意图

当电路工作在谐振状态时，在发射端和接收端均有

$$
\omega_0 = \frac{1}{\sqrt{L_{r1}C_{r1}}} = \frac{1}{\sqrt{L_{t1}C_{t1}}} \quad (8\text{-}4)
$$

故式（8-3）可以简化为

$$U_{l11} = \frac{R_{r1}U_{S11}}{j\omega_0 M_{11}} - \frac{[R_{r1}(Z_{S1}+R_{t1})+\omega_0^2 M_{11}^2]I_{t11}}{j\omega_0 M_{11}} = j\omega_0 M_{11}I_{t11} + \frac{R_{r1}U_{S11}-R_{r1}(Z_{S1}+R_{t1})I_{t11}}{j\omega_0 M_{11}} \quad （8-5）$$

根据式（8-5）绘制的接收端线圈输出电压 U_{l11} 随互感阻抗 $j\omega_0 M_{11}$ 的变化关系，如图 8-6 所示。接收端线圈输出电压随着互感阻抗呈现非线性变化，在 $j\omega_0 M_{11} = \sqrt{\dfrac{R_{r1}[U_{S11}-(Z_{S1}+R_{t1})I_{t11}]}{I_{t11}}} = \sqrt{\dfrac{j\omega_0 M_{11}I_{r11}}{I_{t11}}R_{r1}}$，即 $\omega_0 M_{11} = \left|\dfrac{I_{r1}}{I_{t11}}\right|R_{r1}$ 时，接收端线圈输出电压 U_{l11} 值最小。在无线电能传输系统中，接收线圈的电阻值 R_{r1} 非常小，且绝大多数情况下 $\left|\dfrac{I_{r11}}{I_{t11}}\right|<1$，也就是线圈输出电压 U_{l11} 在互感阻抗非常小时达到最小值，之后随着互感阻抗不断增大，接收端线圈输出电压 U_{l11} 与互感阻抗近似呈线性变化，$U_{l11}\approx j\omega_0 M_{11}I_{t11}$。

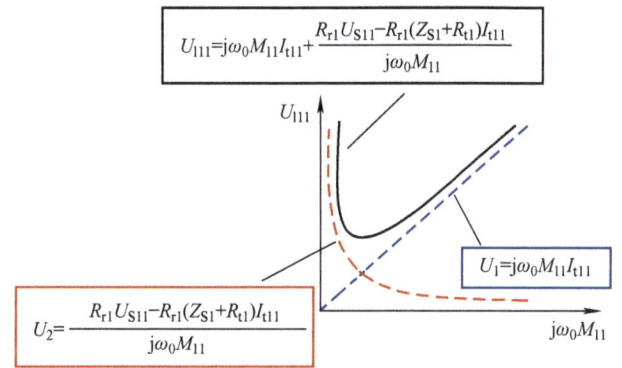

图 8-6　接收端线圈输出电压 U_{l11} 随互感阻抗 $j\omega_0 M_{11}$ 的变化关系

每个接收线圈与全向发射端三个子线圈均存在耦合关系，则第 j 个接收线圈的输出电压

$$U_{1j} = U_{l1j} + U_{l2j} + U_{l3j} = (\zeta_{1j} + \zeta_{2j} + \zeta_{3j})U_{l11} \quad （8-6）$$

式中，$\zeta_{ij} = \tau_i k_{ij}(1\leqslant i\leqslant 3, 1\leqslant j\leqslant N)$ 为接收线圈输出电压比例系数，与耦合关系比例系数 k_{ij} 和发射端三个子发射线圈激励特性系数 τ_i 相关。

对于全向多接收端无线电能传输系统，通过调节发射线圈和接收线圈间互感阻抗，可以独立地调节接收端线圈输出电压。调节互感阻抗实现接收线圈输出电压变化，也就是调节发射线圈与接收线圈间的互感值。全向发射线圈结构固定，改变其线圈参数调节互感值难度很大，因此接收线圈参数的可变性是接收端线圈输出电压调节的前提，最根本的方式就是改变线圈匝数，调节磁耦合机构互感。为了达到接收端线圈输出电压线性变化的目的，互感值要满足梯度调节。

对于紧密绕制的多匝线圈可以等效为半径依次变化的多个单匝线圈组合，如图 8-7a 所示。在实际应用中，两个线圈的位置不可避免存在横向和纵向偏移，也就是图 8-7b 所示的情况。基于纽曼公式，空间任意位置两单匝线圈间互感为

$$M = \frac{\mu_0}{4\pi} \oint \oint \frac{\mathrm{d}\vec{l}_\mathrm{t} \cdot \mathrm{d}\vec{l}_\mathrm{r}}{D} \tag{8-7}$$

式中，$\mathrm{d}\vec{l}_\mathrm{t}$ 和 $\mathrm{d}\vec{l}_\mathrm{r}$ 分别为单匝发射线圈和接收线圈上的微元（无穷小量），D 为两微元间距离，μ_0 为真空磁导率。

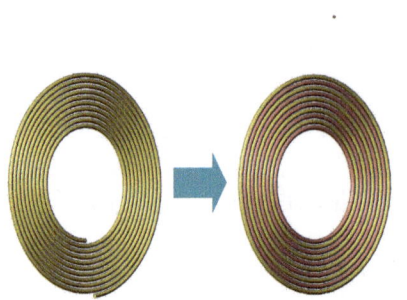

a) 多匝线圈等效为半径依次变化的单匝线圈组合

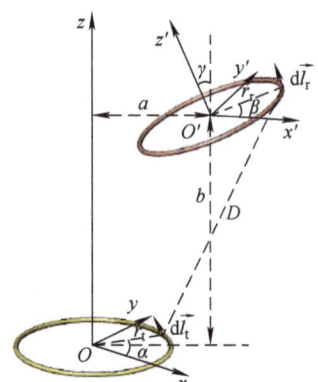

b) 空间两单匝线圈间互感计算

图 8-7　磁耦合机构互感等效计算示意图

将图 8-7b 所示的任意两单匝线圈空间相对位置关系由直角坐标系转换到柱坐标系统，降低求解计算难度，则两单匝线圈的互感值求解式为

$$M = \frac{\mu_0}{4\pi} \int_0^{2\pi} \int_0^{2\pi} \frac{r_\mathrm{t} r_\mathrm{r} (\cos\alpha \cos\beta + \sin\alpha \sin\beta \cos\gamma)}{[(r_\mathrm{t}\sin\alpha - r_\mathrm{r}\sin\beta)^2 + (b - r_\mathrm{r}\cos\beta\sin\gamma)^2 + (a + r_\mathrm{r}\cos\beta\cos\gamma - r_\mathrm{t}\cos\alpha)^2]D} \mathrm{d}\alpha\mathrm{d}\beta \tag{8-8}$$

式中，r_t 和 r_r 分别为发射线圈和接收线圈半径；a 和 b 分别为两线圈横向和纵向偏移距离；γ 为两线圈偏移角度。

则，N_t 匝发射线圈和 N_r 匝接收线圈间互感值为

$$M_{N_\mathrm{t} N_\mathrm{r}} = \sum_{i=1}^{N_\mathrm{t}} \sum_{j=1}^{N_\mathrm{r}} M(r_{\mathrm{t}i}, r_{\mathrm{r}j}, a, b, \gamma) \tag{8-9}$$

对于全向多接收端无线电能传输系统，发射线圈结构和匝数固定。在系统和负载设备安装之后，发射端线圈和接收端线圈的相对位置也被固定，则耦合机构的互感值只与接收线圈的结构参数相关，即 $M_{N_\mathrm{t} N_\mathrm{r}} \propto M(N_{\mathrm{r}j}, r_{\mathrm{r}j})$。

负载为体积较小的物联网设备时，无线电能传输系统接收端的体积也受到一定限制。一般情况下，线圈外径不能超过物联网设备的截面。为了提高传输效率和传输功率，在较小的空间要尽可能增大线圈的半径。因此线圈外径固定，调节线圈匝数改变互感值的方式主要有两种，如图 8-8 所示。平面匝数调整是在原线圈所在平面上按原线圈绕制方式直接增加线圈绕制匝数。线圈匝数依据调节要求分成多段，进行不同段数投入运行调节互感值。多层匝数调整是基于原单层线圈结构，在每层线圈匝数不变的情况下进行层数扩展。不同层数的投入实现匝数调节，调整互感值。

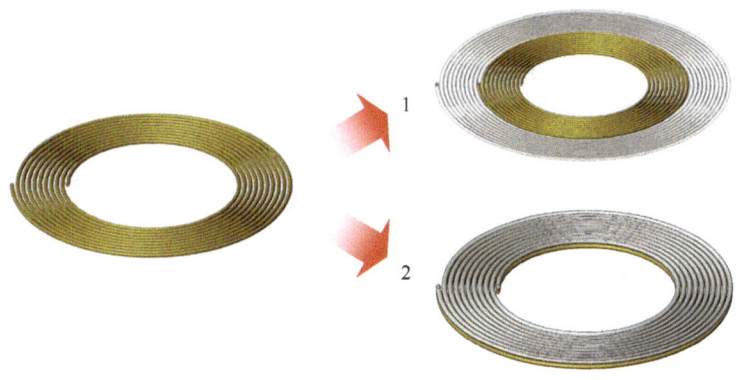

图 8-8　数字式线圈结构

1—单层多段数字式线圈　2—多层不分段数字式线圈

对于平面匝数调整方式，选定距线圈圆心最远的部分为第 1 段，假设每一段线圈的匝数相同，则投入 n 段与投入 1 段的互感比值为

$$\frac{M_{n\cdot\text{piece}}}{M_{1\cdot\text{piece}}} = \frac{\sum_{i=1}^{N_t}\sum_{j=1}^{nN_r} M(r_{ti}, r_{rj}, a, b, \gamma)}{\sum_{i=1}^{N_t}\sum_{j=1}^{N_r} M(r_{ti}, r_{rj}, a, b, \gamma)} \approx \frac{n[2r_{r1} - (nN_r - 1)r_{\text{line}}]}{2r_{r1} - (N_r - 1)r_{\text{line}}} \qquad (8\text{-}10)$$

在式（8-10）中，投入段数 n 和每段线圈匝数 N_r 均为正整数，只有当 r_{line} 导线直径非常小，无限趋近于 0 时，接收线圈投入 n 段与投入 1 段的互感比值才等于 n。在其他情况下，线圈投入段数与互感变换之间是非线性变化关系。如果要实现互感值呈现梯度变化，必然要求各段线圈的匝数不同，甚至非整数匝的出现，在设计和控制上增加难度。

当采用多层匝数调整方式，标定距发射线圈最远的接收线圈层为第 1 层，单层线圈匝数为 N_r，各层线圈的半径 r_{rj} 变化规律相同，投入 n 层数与投入 1 层的互感比值为

$$\frac{M_{n\cdot\text{layer}}}{M_{1\cdot\text{layer}}} = \frac{\sum_{k=1}^{n}\sum_{i=1}^{N_t}\sum_{j=1}^{N_r} M(r_{ti}, r_{rj}, a, b_k, \gamma)}{\sum_{i=1}^{N_t}\sum_{j=1}^{N_r} M(r_{ti}, r_{rj}, a, b, \gamma)} \approx \frac{n\sum_{i=1}^{N_t}\sum_{j=1}^{N_r} M(r_{ti}, r_{rj}, a, b, \gamma)}{\sum_{i=1}^{N_t}\sum_{j=1}^{N_r} M(r_{ti}, r_{rj}, a, b, \gamma)} = \frac{n}{1} \qquad (8\text{-}11)$$

$$b_k - b_{k-1} = r_{\text{line}} \qquad (2 \leqslant k \leqslant n) \qquad (8\text{-}12)$$

式中，r_{line} 为绕制线圈导线的线径，相对于发射线圈与接收线圈间距离 D，r_{line} 可以忽略不计，也就是 $b_k \approx b_{k-1} \approx b$。

下面对比两种线圈匝数调整方式。在线圈外半径相同的情况下，平面匝数调整在横向上增加了线圈内侧的占用空间。多匝线圈占用体积较小，但线圈所能够增加的匝数和总匝数有一定限制。越靠近圆心的线圈，半径越小。在等比例匝数调整过程中，互感值呈非等比梯度变化。互感值与匝数间对应关系复杂。多层匝数调整在纵向上增加线圈体积。所能增加的线圈匝数无限制。随着匝数增多，纵向长度也不断增加，占用空间不断加大。线圈

匝数与互感值呈线性变化。易满足互感梯度变化要求，且设计和控制简单。结合为空间物联网设备供电的全向多接收无线电能传输系统结构特征及互感调节要求，多层匝数调整方式及所构建的多层多匝线圈更加适合。

共振状态是最大化无线电能传输效率和功率的必要保障，在改变接收线圈投入匝数调节接收线圈输出电压的过程中，不仅发射线圈与接收线圈间互感发生变化，接收线圈的自感同样发生变化。在设计的系统中，电源频率和发射端谐振频率保持恒定，因此在线圈匝数改变前后接收线圈的谐振频率不发生变化，才能保证发射端和接收端在相同谐振频率下达到谐振状态。图 8-8 所示的结构中，各层线圈匝数相同，假设线圈单层的匝数为 N_{single}，单层的电感值为 L_{single}，则不同投入层数时的电感比值为

$$\frac{L_{operating.\kappa}}{L_{single}} = \frac{(\kappa N_{single})^2}{N_{single}^2} = \kappa^2 \qquad (8\text{-}13)$$

式中，$L_{operating.\kappa}$ 为接收线圈投入 κ 层时的电感值。

依据式（8-4）谐振状态关系式，谐振角频率 ω_0 保持不变，则接收线圈不同投入层数时，对应的补偿电容 $C_{operating.\kappa}$ 为

$$C_{operating.\kappa} = \frac{L_{single}}{L_{operating.\kappa}} C_{single} = \frac{1}{\kappa^2} C_{single} \qquad (8\text{-}14)$$

按照式（8-14）所计算的补偿电容规律，进行补偿电容设计，对于图 8-3 所示的一组子发射线圈与接收线圈间传输效率为

$$\eta_{11} = \frac{Re[U_{l11}I_{r11}]}{Re[U_{S11}I_{t11}]} \times 100\% \qquad (8\text{-}15)$$

则在发射端和所有接收端都处于谐振状态时，依据叠加定律，整个系统的传输效率为

$$\eta = \frac{\sum_{j=1}^{N} Re[U_{lj}I_{rj}]}{\sum_{i=1}^{3} Re[U_{Si}I_{ti}]} = \frac{\sum_{j=1}^{N} Re\left[\sum_{i=1}^{3} U_{lij} \sum_{i=1}^{3} I_{rij}\right]}{\sum_{i=1}^{3} Re\left[\sum_{j=1}^{N} U_{Sij} \sum_{j=1}^{N} I_{tij}\right]} = \frac{\sum_{j=1}^{N} Re\left[U_{l11}^2 \sum_{i=1}^{3} \zeta_{ij} \sum_{i=1}^{3} -\frac{\zeta_{ij}}{Z_{lj}}\right]}{\sum_{i=1}^{3} Re\left[\left(\sum_{j=1}^{N} k_{ij}\right)^2 U_{S11}I_{t11}\right]} \times 100\% \qquad (8\text{-}16)$$

在发射端三个子线圈结构相同及所有接收端线圈结构相同的情况下，则系统的传输效率主要受子发射线圈与接收线圈耦合状态和负载特性的影响。

8.2.2　仿真分析

在有限元仿真软件中建立全向多接收端模型，发射线圈由三个正交的 helix 线圈构成，两接收线圈外半径相同，分别为单层 3 段 spiral 线圈和 3 层不分段 spiral 线圈，分别位于发射线圈的第 2、4 象限。单层 3 段 spiral 线圈一共有 15 匝，均分为 3 段，每段 5 匝，依据与圆心的距离由远及近分别标记为第 1、2、3 段，每次投入的段数可以变化，也就是调整匝数。3 层不分段 spiral 线圈，每层 5 匝不分段，每次投入不同层数改变接收线圈匝数，各层与发射线圈圆心的距离由近及远分别标记为第 1、2、3 层，全向多接收端无线电能传输

线圈模型分布如图 8-9 所示。

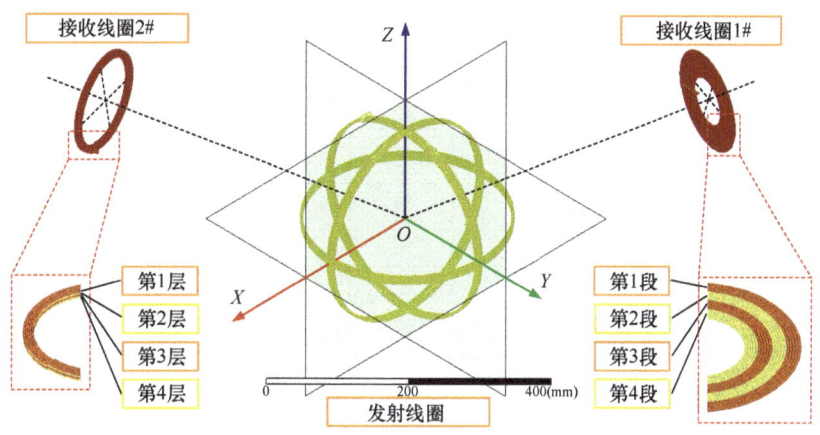

图 8-9　全向多接收端无线电能传输线圈模型

保持两个接收线圈与发射线圈的相对空间方位不变，改变接收线圈距发射线圈的距离和接收线圈的匝数，得到如图 8-10 所示的不同状态下接收线圈与三正交子线圈间的互感随距离的变化关系。随距离增加，所有状态下接收线圈与三正交子线圈间的互感都呈不断减小的趋势，减小的速度先快后慢。采用多层匝数调整方式设计的数字式线圈，不同投入层数时，在距离变化的整个过程中均呈现梯度变化，与式（8-11）所示规律一致。对于基于平面匝数调整方法构建的单层多段线圈，投入段数越多，互感值越大，但不同投入段数时，互感值非均匀梯度变化，随投入层数不断增多的过程中，互感值增加量越来越小。这是因为越往后，增加的线圈段半径越小。在投入层（段）为 1 时，二者互感值相同，当投入层（段）大于 1 时，多层不分段接收线圈与全向发射各子线圈间的互感值更大，并且随着投入层（段）不断增多，互感值的差距也越来越大。若要保持互感值不变（图 8-10 中横向虚线），对于不同的传输距离（图 8-10 中纵向虚线），则可以通过调整数字式线圈投入的层（段）数实现，提高接收端电压的鲁棒性。对比互感值的变化规律、互感值大小以及空间占用等特性，基于多层匝数调整方式更适于接收端电压调节。

保持发射线圈与接收线圈的中心距离不变，以 Z 轴为中心轴旋转接收线圈，同时改变接收线圈的匝数，即多层匝数调整方式投入不同的层数，平面匝数调整方式投入不同的段数，不同状态下接收线圈与三正交子线圈间的互感值随旋转角度的变化关系如图 8-11 所示。与图 8-10 所示的规律相同，采用多层匝数调整方式，互感值与接收线圈层数呈现等比例变化，平面匝数调整方式呈现非等比变化。对于 XOY 平面内的子发射线圈，当接收线圈以 Z 轴为中心轴旋转时，发射线圈与接收线圈间的相对位置关系保持不变，所以在旋转角变换过程中，互感值几乎保持恒定不变。对于 XOZ 平面和 YOZ 平面内的子发射线圈，在接收线圈旋转过程中，接收线圈与发射线圈间圆心距离保持不变，线圈所在两个平面角度发生变化，互感值跟随角度的变化而对应变化，如图 8-11c ~ f 所示。在两个线圈所在平面近似处于平行时，互感值最大，近似垂直时互感值最小。在整个变化过程中同样满足互感值与接收线圈层数呈现等比例变化、平面匝数调整方式呈现非等比变化、平面线圈投入 1 段与数字式线圈投入 1 层时的互感值相等的规律。

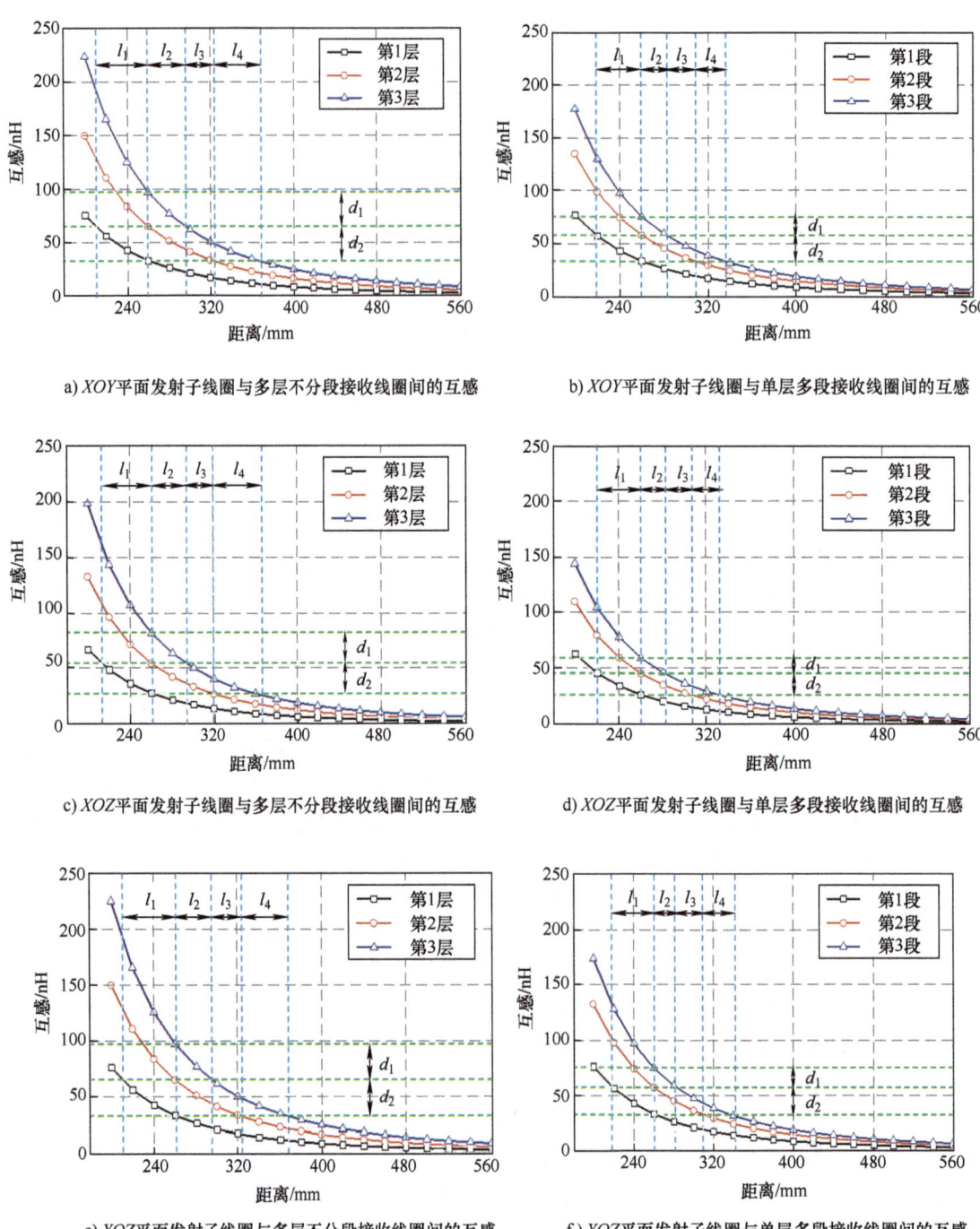

a) XOY平面发射子线圈与多层不分段接收线圈间的互感

b) XOY平面发射子线圈与单层多段接收线圈间的互感

c) XOZ平面发射子线圈与多层不分段接收线圈间的互感

d) XOZ平面发射子线圈与单层多段接收线圈间的互感

e) YOZ平面发射子线圈与多层不分段接收线圈间的互感

f) YOZ平面发射子线圈与单层多段接收线圈间的互感

图 8-10　不同状态下接收线圈与三正交子线圈间的互感随距离的变化关系

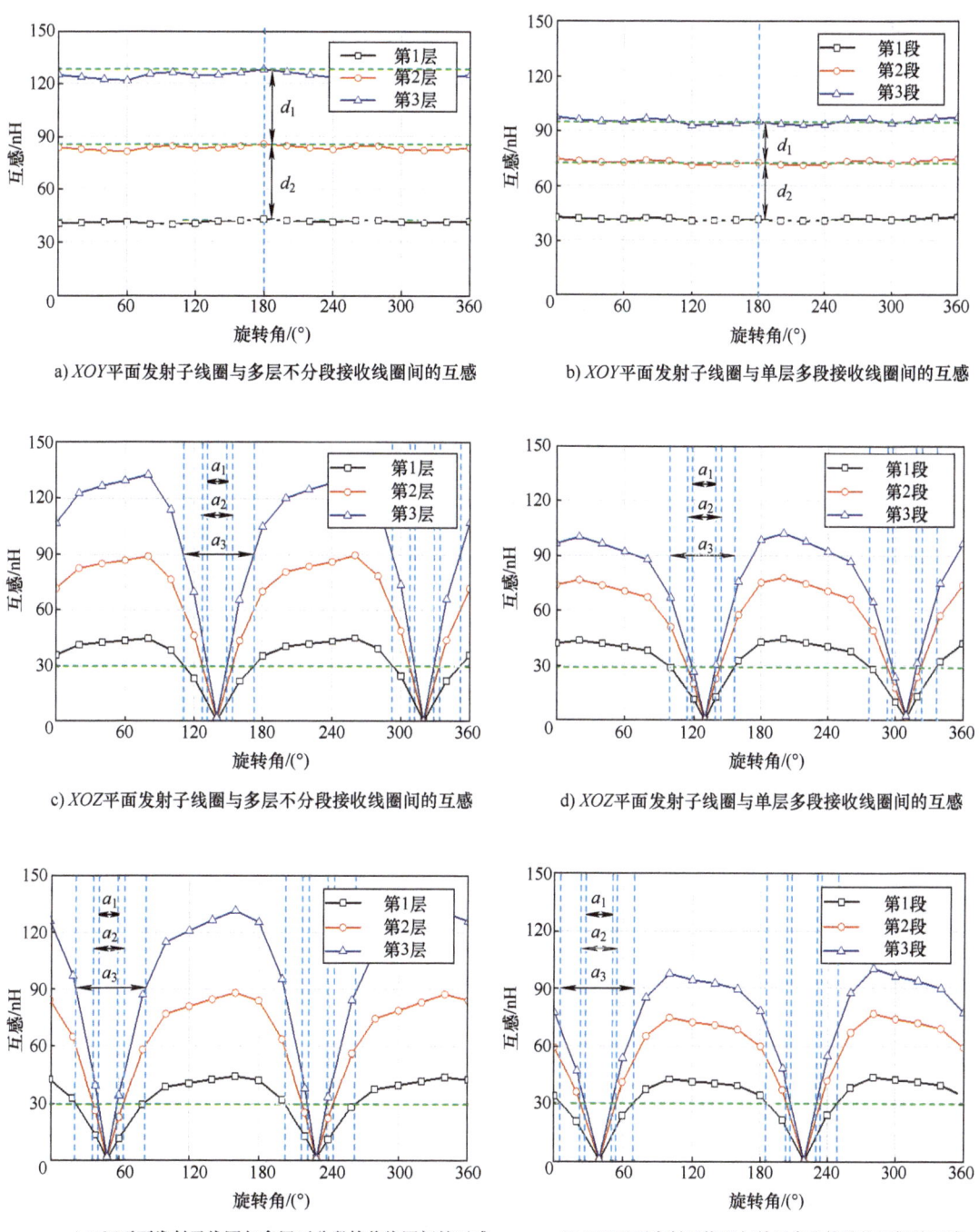

a) XOY平面发射子线圈与多层不分段接收线圈间的互感

b) XOY平面发射子线圈与单层多段接收线圈间的互感

c) XOZ平面发射子线圈与多层不分段接收线圈间的互感

d) XOZ平面发射子线圈与单层多段接收线圈间的互感

e) YOZ平面发射子线圈与多层不分段接收线圈间的互感

f) YOZ平面发射子线圈与单层多段接收线圈间的互感

图8-11　不同状态下接收线圈与三正交子线圈间的互感值随旋转角度的变化关系

　　所展示的仿真测试结果，验证了数字式线圈匝数实现输出电压调整的功能。通过对数字式接收线圈的分层（段）和各层（段）匝数的合理设计，可以在线圈间距、偏移、负载等变化时保持接收线圈输出电压的稳定，降低接收端变换器对电压调节的难度，实现负载稳定能量供应，提升鲁棒性。

8.3 输出电压自适应调节的无线电能传输可重组接收端

面对全向无线电能传输系统中多负载不同阶段对无线供电电压和功率的差异化需求，提出了一种电压自适应变化的接收端。采用多分段可重组接收线圈，依据负载的特性和能量状态，自适应调节接收线圈实际进行能量接收的段数，改变磁耦合机构的互感，保障线圈端电压的稳定或满足负载特定的功率要求。基于线圈结构参数对磁耦合机构互感和系统性能的影响，设计了耦合状态自适应调节的可重组接收端拓扑。通过有限元磁场仿真，验证了接收端对无线电能传输系统输出电压的自适应调节作用。所设计的可重组接收端为无线电能传输系统输出调节提供了一种新思路，对扩充其输出调节方法有一定的启发性作用。

8.3.1 系统分析

定向和全向一对多无线电能传输都能够为多负载同时提供电能，但定向一对多无线电能传输系统的多个接收端需聚集在一起且限定在一定范围内，超出这个限定区域将难以获取能量或效率极低，而全向一对多无线电能传输系统对接收端的位置几乎无任何限制，接收端可以在空间任意位置灵活地安装放置。全向一对多无线电能传输系统更加适应用电设备数量不断增多和安装位置更加广泛的发展趋势。基于叠加理论和克罗内克积（Kronecker Product）的概念可以对全向多接收无线电能传输的分析进行简化，全向发射线圈与接收线圈的耦合作用可以分解为三组子发射线圈与接收线圈的耦合作用之和，如图 8-12 所示，也就是三组典型的两线圈磁耦合机构。

选取图 8-12 中任意一组典型的两线圈磁耦合机构进行无线电能传输系统性能分析，其等效电路如图 8-13 所示。

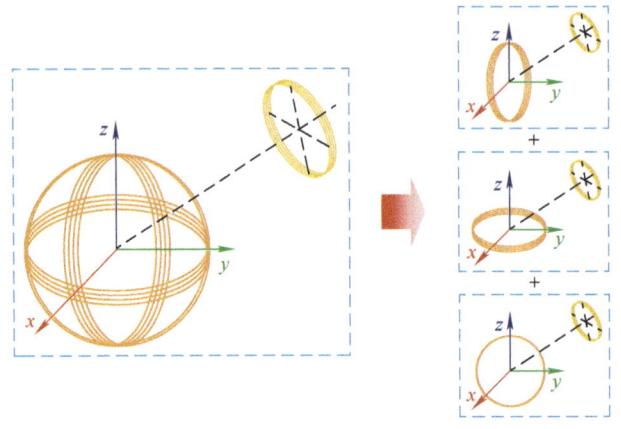

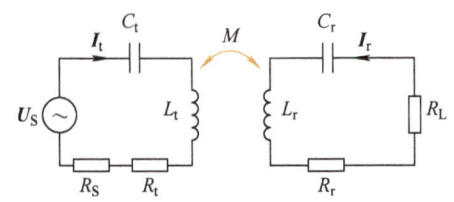

图 8-12 全向一对多无线电能传输系统耦合机构等效分解 　图 8-13 典型无线电能传输等效电路

根据基尔霍夫电压定律有

$$\begin{bmatrix} U_S \\ o \end{bmatrix} = \begin{bmatrix} Z_t & j\omega M \\ j\omega M & Z_r \end{bmatrix} \begin{bmatrix} I_t \\ I_r \end{bmatrix} \tag{8-17}$$

式中，原边阻抗 $Z_t = R_S + R_t + j\omega L_t + 1/j\omega C_t$，副边阻抗 $Z_r = R_L + R_r + j\omega L_r + 1/j\omega C_r$，则原副边的电流 I_t 和 I_r 为

$$\begin{cases} \boldsymbol{I}_{\mathrm{t}} = \dfrac{\boldsymbol{U}_{\mathrm{S}}}{Z_{\mathrm{t}} + (\omega M)^2 / Z_{\mathrm{r}}} \\[3mm] \boldsymbol{I}_{\mathrm{r}} = \dfrac{\boldsymbol{U}_{\mathrm{S}}}{\mathrm{j}\omega M - Z_{\mathrm{t}} Z_{\mathrm{r}} / \mathrm{j}\omega M} \end{cases} \tag{8-18}$$

当系统原边和副边均处于谐振状态时，有

$$f_{\mathrm{o}} = \frac{1}{2\pi\sqrt{L_{\mathrm{t}} C_{\mathrm{t}}}} = \frac{1}{2\pi\sqrt{L_{\mathrm{r}} C_{\mathrm{r}}}} \tag{8-19}$$

在无线电能传输系统中，线圈常用铜芯多股利兹线绕制，线圈的电阻远小于电源和负载的电阻，假设 $R_{\mathrm{t}} = R_{\mathrm{r}} = 0$，则系统的输出功率和负载端电压为

$$P_{\mathrm{o}}' = I_{\mathrm{r}}^2 R_{\mathrm{L}} = \frac{(\omega M)^2 U_{\mathrm{S}}^2 R_{\mathrm{L}}}{[R_{\mathrm{S}} R_{\mathrm{L}} + (\omega M)^2]^2} \tag{8-20}$$

$$U_{\mathrm{RL}} = \frac{\omega M U_{\mathrm{S}} R_{\mathrm{L}}}{(\omega M)^2 + R_{\mathrm{S}} R_{\mathrm{L}}} \tag{8-21}$$

式中，I_{r} 和 U_{S} 为 $\boldsymbol{I}_{\mathrm{r}}$ 和 $\boldsymbol{U}_{\mathrm{S}}$ 的模值。

依据简化后系统输出功率和负载端电压理论公式，得到图 8-14 所示的互感对系统性能影响的变化关系图，其中 $U_{\mathrm{S}} = 36\mathrm{V}$，$f_{\mathrm{o}} = 500\mathrm{kHz}$，$R_{\mathrm{S}} = 1\Omega$。不难发现，系统输出功率 P_{o}' 和负载端电压 U_{RL} 都是随互感 M 先增大后减小，增大的速率比减小的速率快。负载 R_{L} 越大，系统输出功率 P_{o}' 和负载端电压 U_{RL} 增大和减小的速率越慢。对于不同的负载 R_{L}，当输出功率 P_{o}' 和负载端电压 U_{RL} 最大时，互感 M 均满足

$$M_{P_{\mathrm{o}}' \cdot \max} = \frac{\sqrt{R_{\mathrm{S}} R_{\mathrm{L}}}}{\omega} \tag{8-22}$$

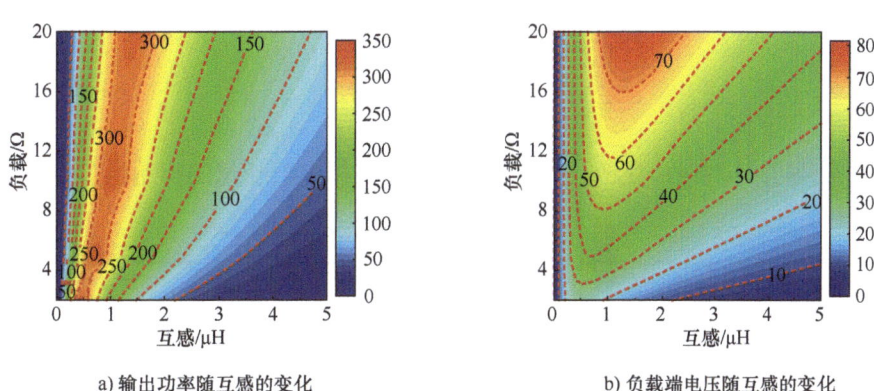

a) 输出功率随互感的变化　　　　　　　　b) 负载端电压随互感的变化

图 8-14　互感对系统性能的影响

由图 8-14 所示规律，对于不同的负载，只需调节磁耦合机构的互感即可实现输出功率和负载电压的稳定。在无线电能传输系统实际使用中，磁耦合机构由于一些不可避免的因

素（如偏移、异物侵入等）也会导致互感发生变化。如果磁耦合机构的互感能够自主地调节，不仅可以克服外界因素的影响，还可以主动调节接收端输出功率和电压，克服负载的变换，保持输出功率和电压的稳定性，满足不同负载、不同阶段以及不同状况下的功率和电压需求。

基于纽曼公式，空间任意位置两单匝线圈间互感为

$$M = \frac{\mu_0}{4\pi} \oint \oint \frac{\mathrm{d}\vec{l}_t \cdot \mathrm{d}\vec{l}_r}{D} \tag{8-23}$$

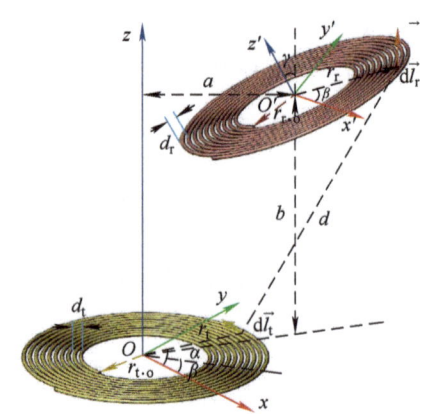

图 8-15　典型双线圈磁耦合机构

式中，$\mathrm{d}\vec{l}_t$ 和 $\mathrm{d}\vec{l}_r$ 分别为单匝发射线圈和接收线圈上的微元（无穷小量），D 为两微元间的距离，μ_0 为真空磁导率。

对于磁耦合机构中的环形线圈结构，将笛卡儿坐标系转换为柱坐标系可以降低求解难度，则图 8-15 所示的典型双线圈磁耦合机构中，发射线圈和接收线圈的匝数分别为 N_t 和 N_r，互感为

$$M = \frac{\mu_0}{4\pi} \int_0^{2\pi N_r} \int_0^{2\pi N_t} \frac{\kappa \xi (\cos\alpha\cos\beta + \sin\alpha\sin\beta\cos\gamma)}{(\kappa\sin\alpha - \xi\sin\beta)^2 + (b - \xi\cos\beta\sin\gamma)^2 + (a + \xi\cos\beta\cos\gamma - \kappa\cos\alpha)^2} \mathrm{d}\alpha\mathrm{d}\beta \tag{8-24}$$

式中，$\kappa = r_{t \cdot o} + \alpha d_t / 2\pi$，$\xi = r_{r \cdot o} + \beta d_r / 2\pi$，$r_{t \cdot o}$ 和 $r_{r \cdot o}$ 为发射线圈和接收线圈的内径，d_t 和 d_r 为发射线圈和接收线圈的节距，a 和 b 分别为两线圈横向和纵向偏移，γ 为线圈偏移角度。

磁耦合机构线圈参数与互感之间的关系相对复杂，为了简化分析，发射线圈参数固定不变，只改变接收线圈参数，包括匝数 N_r、线径 r、节距 d_r。在有限元电磁仿真软件中，建立发射线圈结构固定、接收线圈结构参数变化的仿真模型，模型参数见表 8-1，仿真结果如图 8-16 所示。为了方便比较线圈不同结构参数对互感的影响程度，对线圈结构参数和互感的变化进行同步归一化处理，变化率为

$$\chi = \left| \frac{\varsigma - \varsigma_{\min}}{\varsigma_{\min}} \right| \tag{8-25}$$

式中，ς 为线圈的结构参数（或互感），$\varsigma_{\min}$ 为线圈结构参数变化的初始值。

表 8-1　仿真模型参数

名称	发射线圈参数	接收线圈参数
外径	100mm	100mm
线间距	4mm	2.2 ~ 6.2mm
线径	1mm	0.1 ~ 1.9mm
匝数	10	5 ~ 20mm

由图 8-16 所示结果可以发现，归一化后的结构参数变化率对互感变化率的作用几乎不受传输距离的影响，其中互感变化率相对于匝数变化率的比值最大，也就是匝数对互感的

影响最为明显。结合磁耦合机构线圈的特性，若改变线圈的节距和线径，则需重新绕制线圈，而匝数则可以在同一个线圈上实现调节。因此在空间相对位置和发射线圈确定的情况下，接收线圈匝数的改变是调节互感变化的最佳手段。

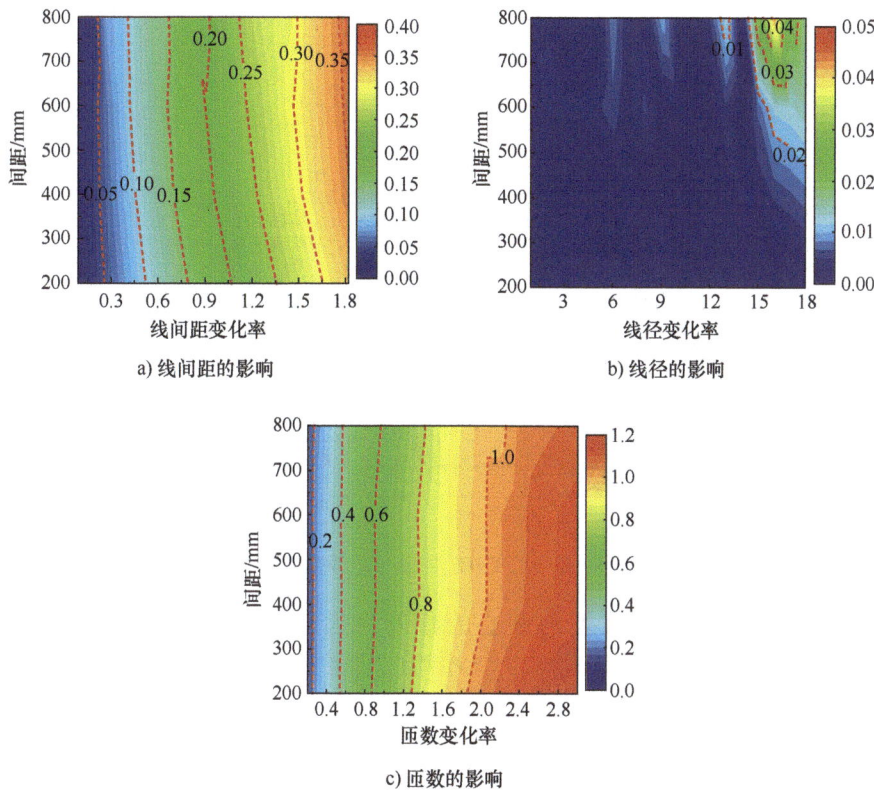

a) 线间距的影响

b) 线径的影响

c) 匝数的影响

图 8-16　接收线圈结构参数对磁耦合机构互感的影响

基于前面线圈物理结构参数对互感的影响规律，构建可重组线圈，如图 8-17 所示。重组线圈由 n 个同平面同圆心子线圈构成，也可以视为一个线圈被分为多段。各子线圈可单独控制被投入磁耦合机构中进行能量接收，改变线圈的匝数，调节磁耦合机构的耦合互感 M。

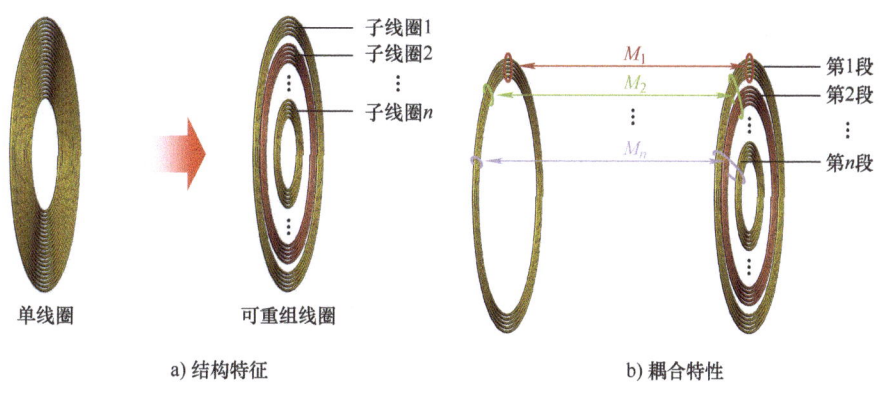

a) 结构特征

b) 耦合特性

图 8-17　可重组线圈特征

　　全向一对多无线电能传输系统中，发射线圈结构固定，改变其线圈参数调节互感难度很大，因此接收线圈参数的可变性是接收端线圈输出电压和功率调节的前提，也就是改变接收线圈的匝数，调节磁耦合机构互感，实现不同负载状态下接收端输出功率和电压的稳定。所设计的可重组接收端如图 8-18 所示，包括数字式接收线圈、级联梯度调节开关、储能状态监测单元、整流调压电路及负载等部分。

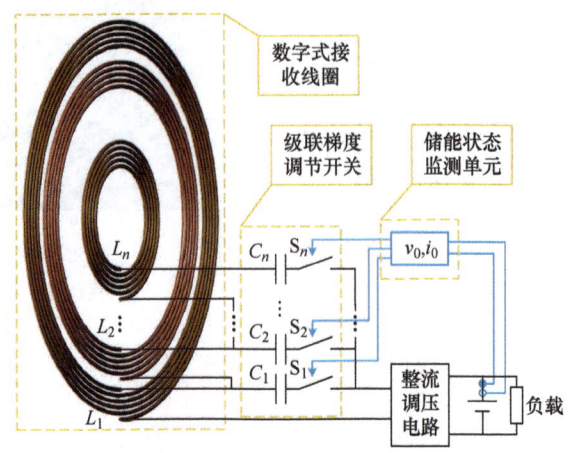

图 8-18　无线电能传输可重组接收端

　　可重组线圈中各子线圈依据与圆心的距离由远及近，每一段线圈的电感依次标记为 $L_1, L_2, \cdots, L_n$，每一个螺旋线圈与一个补偿电容 C 和一个切换开关 S 串联，依次为 $L_1, L_2, \cdots, L_n$ 和 $S_1, S_2, \cdots, S_n$。在任意时刻只有一个开关 S 处于闭合状态，其他开关 S 均处于断开状态，调节不同的开关处于闭合状态，就可以调节实际进行能量传输的线圈段数，不同段数的线圈电感值分别为 $L_{1.\text{piece}}, L_{2.\text{piece}}, \cdots, L_{n.\text{piece}}$，见表 8-2。为了降低控制和调谐难度，无线电能传输系统在开关状态切换前后共振频率保持不变，即

$$f = \frac{1}{2\pi\sqrt{L_{1.\text{piece}}C_1}} = \frac{1}{2\pi\sqrt{L_{2.\text{piece}}C_2}} = \cdots = \frac{1}{2\pi\sqrt{L_{n.\text{piece}}C_n}} \quad (8\text{-}26)$$

表 8-2　开关状态与耦合特性的对应规律

级联梯度调节开关状态		有效线圈段数	互感
闭合	断开		
S_1	$S_2, S_3, \cdots, S_n$	1	M_1
S_2	$S_1, S_3, \cdots, S_n$	2	M_2
⋮	⋮	⋮	⋮
S_n	$S_1, S_2, \cdots, S_{n-1}$	n	M_n

　　在调节接收端中可重组接收线圈的段数，也就是调整接收线圈的匝数，进而改变磁耦合机构的耦合特性。结合前面线圈结构参数对接收端输出功率的影响分析，在可重组接收端中采用储能状态监测单元实时监测负载在能量补充过程中电流、电压的变化，分析负载的功率需求，通过级联梯度调节开关自主调节可重组线圈进行能量接收的段数，调节接收到的能量，从而实现接收端自主调节满足不同负载在不同阶段的能量需求。

8.3.2　仿真分析

全向发射线圈为三个子线圈正交结构，可重组接收线圈为三段式 spiral 线圈，每一段的线圈匝数相同，但线圈的半径是依次递减，通过调节可重组接收线圈实际进行能量接收的段数，仿真分析可重组线圈段数和相对空间位置对磁耦合机构互感的影响。

在有限元仿真软件中建立对应的仿真模型，仿真模型参数见表 8-3。

表 8-3　全向发射线圈和可重组接收线圈参数

名称	接收线圈参数	可重组线圈参数
线圈类型	helix	spiral
导线直径	2.3mm	1.4mm
线间距	2.5mm	4mm
线圈内直径	200mm	20mm
线圈外直径	400mm	180mm
匝数	10 匝	20 匝

图 8-19 所示为传输距离对磁耦合机构互感的影响，可重组接收线圈轴线与三个坐标系平面的夹角相等，在传输距离变化过程中，可重组接收线圈相对于全向发射线圈的方位保持不变。仿真结果表明，可重组接收线圈的段数（也就是匝数）越多，磁耦合机构的互感越大，随着传输距离不断增大，互感的差异也逐渐减小。随着段数的不断增加，相邻段数所对应的磁耦合机构互感差值不断减小。传输距离在一定范围内变动时，通过可重组接收线圈段数的切换，可以将磁耦合机构的互感限制在一定范围内。

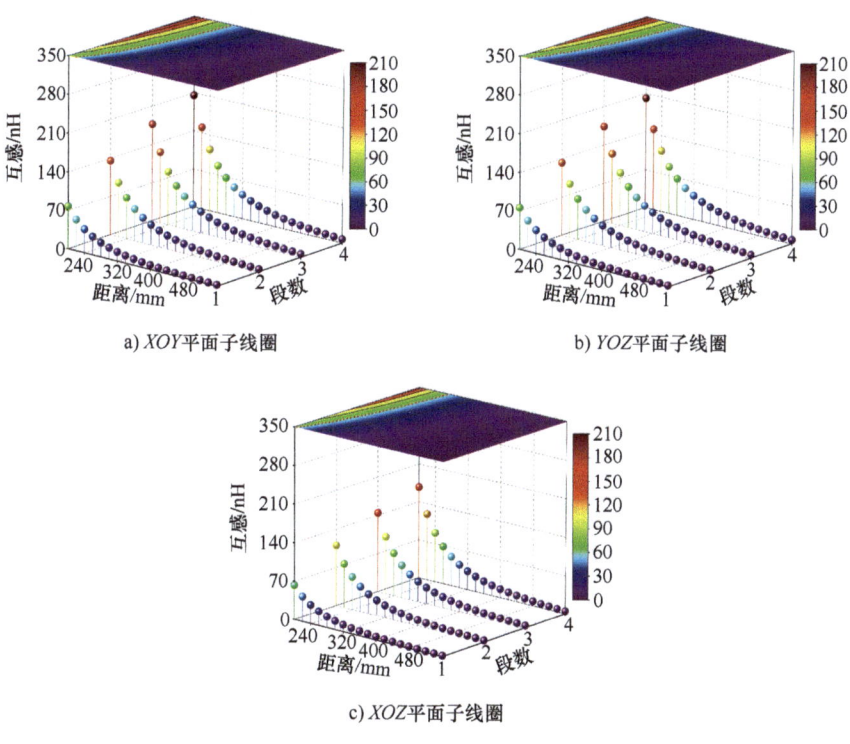

a) XOY平面子线圈　　　　　　　　b) YOZ平面子线圈

c) XOZ平面子线圈

图 8-19　传输距离对全向发射子线圈与可重组接收线圈间互感的影响

图 8-20 所示为可重组接收线圈以 Z 轴为中心轴进行旋转时，全向发射子线圈与接收线圈间互感的变化关系，与图 8-19 所示的规律相同，可重组接收线圈实际进行能量接收的段数越多，相邻段数对应的互感差也越小。由于旋转轴与位于 XOY 平面的子线圈垂直，故位于 XOY 平面的子线圈与可重组接收线圈的相对空间位置在旋转过程中不变，互感也保持恒定。位于 XOZ 和 YOZ 平面的子线圈，可重组接收线圈与其之间的互感随旋转角呈现正弦变化。为了保障接收端接收到足够功率满足负载需求，在互感正弦变化过程中，可重组接收端只能安装在一定的区域内，其中可重组接收线圈的段数越多，所需规避的角度就越小。

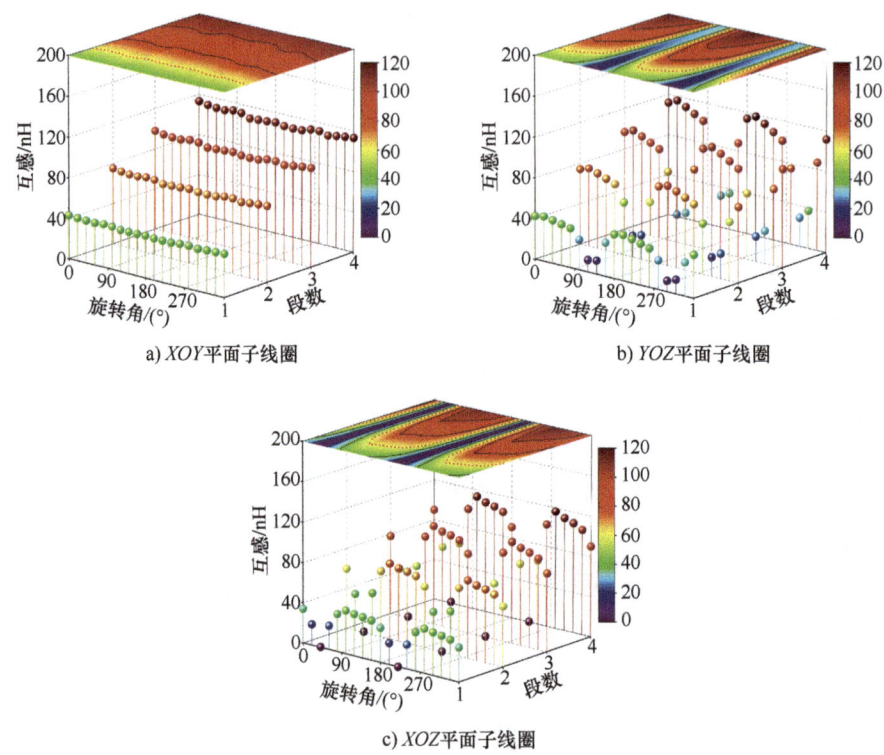

a) XOY 平面子线圈   b) YOZ 平面子线圈

c) XOZ 平面子线圈

图 8-20 旋转角度对全向发射子线圈与可重组接收线圈间互感的影响

从上述仿真测试结果可以得出，传输距离、旋转角度、负载电阻和发射端电压等因素均会对接收端的输出电压和功率造成影响，可重组线圈构成的接收端，依据负载供电需求，调节线圈匝数，能够保证接收线圈端电压和接收功率稳定在一定范围内，或是根据负载需求进行调节，满足不同负载、不同阶段的供电要求。

8.4 集成型二维空间全向无线电能传输方法研究

本节针对二维全向无线电能传输技术中空间磁场完整度与电流控制策略复杂度的竞争问题，提出了一种基于 LCC-S 拓扑的集成型二维全向无线电能传输系统无盲区能量捕获方法，将二维正交线圈集成于 LCC-S 补偿拓扑中，同时提出一种自调整参数设计方法，在单一供电电源的条件下，实现了空间电磁场矢量调整，从而在二维平面内实现了无盲区能量捕获。

8.4.1　系统分析

为实现二维全向无线电能传输系统的无盲区能量捕获并简化电流控制策略的复杂度，基于 LCC-S 拓扑提出一种集成型二维全向无线电能传输系统，如图 8-21 所示。以 TX_{p1}、TX_{p2} 标示正交发射线圈，其中线圈 TX_{p1} 具有功能复用作用，一方面作为能量的发射线圈，另一方面与补偿电容 C_{p1} 和 C_{p2} 构成 LCC 型高阶拓扑网络。

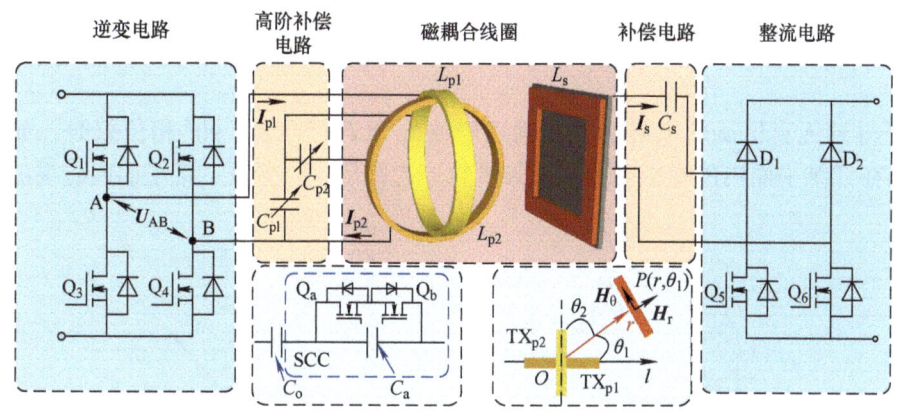

图 8-21　基于 LCC-S 拓扑的集成型二维全向无线电能传输系统

为实现系统的最大化能量捕获，需保证接收线圈 RX 在二维平面内任意处，系统均工作于最佳谐振点。开关可控补偿电容（Switched-controlled Compensation Capacitor，SCC）可主动调节容值，其由固定值 C_a 与两个反并联 MOSFET 开关 Q_a 和 Q_b 组成，通过调节 Q_a 和 Q_b 占空比实现容值调整。

本节所提出的集成型二维全向无线电能传输系统采用 SCC 方案，保证在二维平面内系统的无盲区能量捕获。副边整流电路为半有源整流器（Semiactive Rectifier，SAR），其映射电阻可通过调节 Q_5 和 Q_6 占空比调整。

本节提出的集成型二维全向无线电能传输系统的工作原理可概述为，系统经逆变电路在空间内激发交变电磁场，并由接收线圈 RX 捕获，其中双 SCC 保证流经二维正交发射线圈的电流幅值相同，且两者相位相差 90°，保证空间磁场完整度，SAR 保证系统 ZPA 输入，降低逆变电路的功率容量和系统损耗，实现接收线圈 RX 在二维平面内的无盲区能量捕获。

为得到二维全向无线电能传输系统生成无盲区旋转电磁场的必要条件，假定二维正交线圈 TX_{p1} 和 TX_{p2} 分别以交流电流源 I_1 和 I_2 驱动时，其中 $I_1 = I_0\sin(\omega t)$，$I_2 = I_0\sin(\omega t + \delta)$。可以根据图 8-22a 求出接收线圈的中心点（$r$，$\theta_1$）处磁场强度的解析解。

对于（r，θ_1）处磁场分布的径向分量有

$$H_{r,1} = \frac{I_1 S}{2\pi}\left(\frac{1}{r^4} + \frac{jk}{r^3}\right)\cos\theta_1 \cdot e^{-ikr} r$$

$$H_{r,2} = \frac{I_2 S}{2\pi}\left(\frac{1}{r^4} + \frac{jk}{r^3}\right)\cos\theta_2 \cdot e^{-ikr} r$$

（8-27）

式中，$H_{r,1}$ 和 $H_{r,2}$ 分别为组成发射线圈 1 和线圈 2 产生的磁场的径向分量；S 为单个发射线

圈的面积；k 为波数；r 为接收线圈中心到发射线圈中心的距离；θ_1 和 θ_2 分别为组成发射线圈的 TX_{p1} 和 TX_{p2} 的法线与接收线圈法线所形成的夹角，且 θ_1 和 θ_2 满足 $\theta_2 = (\pi/2 - \theta_1)$。

代入输入电流 I_1 和 I_2 可得

$$H_{r,total} = H_{r,1} + H_{r,2}$$

$$= \frac{SI_0\cos(\omega t)}{2\pi}\left(\frac{1}{r^4} + \frac{jk}{r^3}\right)\cos\theta_1 \cdot e^{-ikr}r + \frac{SI_0\cos\left(\omega t - \frac{\pi}{2}\right)}{2\pi}\left(\frac{1}{r^4} + \frac{jk}{r^3}\right)\cos\left(\frac{\pi}{2} - \theta_1\right) \cdot e^{-ikr}r$$

（8-28）

为了得到无盲区旋转电磁场，当输入电流 I_1 和 I_2 存在 $\delta = 90°$ 相位差时，如图 8-22b 所示，其在二维平面内的峰值磁场强度矢量轨迹为圆形，可保证二维平面内磁场的完整度。

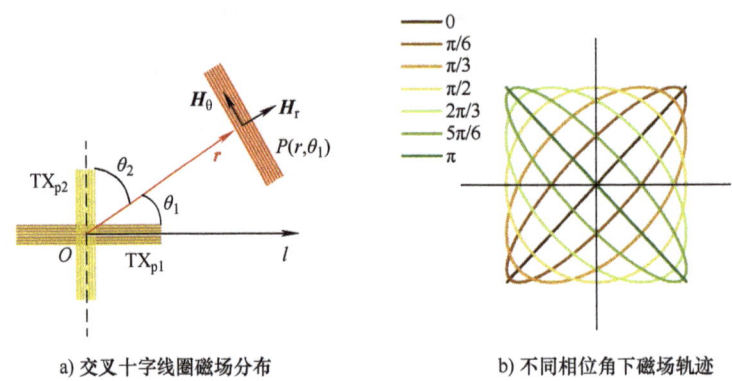

a) 交叉十字线圈磁场分布   b) 不同相位角下磁场轨迹

图 8-22　磁场分布示意图

此时发射线圈 1 和线圈 2 产生的磁场的径向分量为

$$H_{r,total} = \frac{SI_0\cos(\omega t - \theta_1)}{2\pi}\left(\frac{1}{r^4} + \frac{jk}{r^3}\right) \cdot e^{-ikr}r$$

（8-29）

由式（8-29）可知，发射单元在二维平面内产生的径向磁场强度方向随时间周期性地绕发射单元中心点旋转，且幅值保持恒定。

同理，发射线圈所产生磁场的横向分量为

$$H_{\theta,total} = \frac{SI_0\sin(\omega t - \theta_1)}{4\pi}\left(\frac{1}{r^4} + \frac{jk}{r^3}\right) \cdot e^{-ikr}r$$

（8-30）

故空间内任意点（r，θ_1）处的磁场强度可表示为

$$H_{total} = \frac{SI_0\cos(\omega t - \theta_1)}{2\pi}\left(\frac{1}{r^4} + \frac{jk}{r^3}\right) \cdot e^{-ikr}r + \frac{SI_0\sin(\omega t - \theta_1)}{4\pi}\left(\frac{1}{r^4} + \frac{jk}{r^3}\right) \cdot e^{-ikr}r$$

（8-31）

由式（8-31）可知，发射单元在二维平面内产生的磁场强度方向随时间周期性地绕发射单元中心点旋转，且幅值保持恒定，即若二维正交线圈的电流相位差为 90°，其在二维平面内的峰值磁场强度矢量轨迹为圆形，可保证二维平面内磁场的完整度。

　　根据集成型二维全向无线电能传输系统的电磁耦合关系，对本章提出的集成型系统进行解耦分析，其解耦后的电路模型如图 8-23 所示。

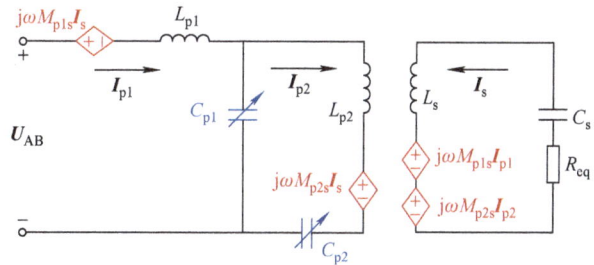

　　图 8-23 中，U_{AB} 为原边逆变电路输出电压，L_{p1}、L_{p2} 和 L_s 分别为发射线圈 TX_{p1}、TX_{p2} 和接收线圈 RX 的自感，M_{p1s}、M_{p2s} 分别为两发射线圈与接收线圈之间的互感，C_{p1}、C_{p2} 和 C_s 分别是发射和接收线圈的补偿电容。I_{p1}、I_{p2} 和 I_s 分别是流过发射线圈 TX_{p1}、TX_{p2} 和接收线

图 8-23　集成型二维全向无线电能传输系统解耦模型

圈的电流，R_{eq} 为半桥有源整流电路等效到交流侧的映射电阻。图 8-23 所示基尔霍夫电压回路方程可表示为

$$\begin{bmatrix} \dfrac{1}{j\omega C_{p1}} + j\omega L_{p1} & -\dfrac{1}{j\omega C_{p1}} & j\omega M_{p1s} \\[2mm] \dfrac{1}{j\omega C_{p1}} & -\dfrac{1}{j\omega C_{p1}} - Z_p & -j\omega M_{p2s} \\[2mm] j\omega M_{p1s} & j\omega M_{p2s} & Z_s \end{bmatrix} \begin{bmatrix} I_{p1} \\ I_{p2} \\ I_s \end{bmatrix} = \begin{bmatrix} U_{AB} \\ 0 \\ 0 \end{bmatrix} \tag{8-32}$$

$$\begin{cases} Z_p = \dfrac{1}{j\omega C_{p2}} + j\omega L_{p2} \\[3mm] Z_s = \dfrac{1}{j\omega C_s} + j\omega L_s + R_{eq} \end{cases} \tag{8-33}$$

式中，Z_p 为发射侧等效阻抗，Z_s 为接收侧等效阻抗。

　　为保证接收单元处于谐振状态，需满足

$$C_s = \dfrac{1}{\omega^2 L_s} \tag{8-34}$$

将式（8-33）代入式（8-32）并化简，可求得各支路电流为

$$\begin{cases} I_{p1} = \dfrac{U_{AB}(jC_{p1}M_{p2s}^2\omega^3 + Z_s + jC_{p1}\omega Z_p Z_s)}{\omega^2 \tau_1 + Z_s \tau_2} \\[4mm] I_{p2} = \dfrac{U_{AB}(-jC_{p1}M_{p1s}M_{p2s}\omega^3 + Z_s)}{\omega^2 \tau_1 + Z_s \tau_2} \\[4mm] I_s = \dfrac{U_{AB}(-jM_{p1s}\omega - jM_{p2s}\omega + C_{p1}M_{p1s}\omega^2 Z_p)}{\omega^2 \tau_1 + Z_s \tau_2} \end{cases} \tag{8-35}$$

式中，

$$\begin{cases} \tau_1 = -(C_{p1}M_{p1s}^2 + C_{p2}(M_{p1s} + M_{p2s})^2)\omega^3 + C_{p1}C_{p2}(L_{p2}M_{p1s}^2 + L_{p1}M_{p2s}^2)\omega^5 \\ \tau_2 = R_{eq}(1 - (C_{p1}L_{p1} + C_{p2}(L_{p1} + L_{p2}))\omega^2 + C_{p1}C_{p2}L_{p1}L_{p2}\omega^4) \end{cases} \quad (8\text{-}36)$$

综合上述分析，为保证集成系统在二维平面内无盲区能量捕获，系统拓扑集成化设计的目标为

1）流经二维正交发射线圈的电流幅值相同，且两者相位相差 90°，从而实现随时间变化的密度均匀的圆形旋转磁场，保证二维平面内无电磁能量捕获盲区。

2）通过补偿参数设计使逆变电路后级拓扑的等效阻抗为纯阻性，实现集成型系统的 ZPA 输入，降低逆变电路的功率容量和系统损耗。

基于上述的参数设计目标，定义流经发射线圈 TX_{p1} 和 TX_{p2} 的电流比值为 $\delta = a_\delta + jb_\delta$，其中 a_δ 和 b_δ 分别为电流比值的实部和虚部。由式（8-35）可得

$$\begin{cases} a_\delta = \dfrac{(C_{p1} + C_{p2})R_{eq}^2 - C_{p1}C_{p2}L_{p2}R_{eq}^2\omega^2 - C_{p1}^2C_{p2}M_{p1s}^3M_{p2s}^3\omega^6}{C_{p2}(R_{eq}^2 + C_{p1}^2M_{p1s}^2M_{p2s}^2\omega^6)} \\ b_\delta = \dfrac{C_{p1}M_{p2s}R_{eq}\omega^3(C_{p2}(M_{p1s} + M_{p2s}) + C_{p1}(M_{p1s} - C_{p2}L_{p2}M_{p1s}\omega^2))}{C_{p2}(R_{eq}^2 + C_{p1}^2M_{p1s}^2M_{p2s}^2\omega^6)} \end{cases} \quad (8\text{-}37)$$

为保证发射单元在二维平面内产生随时间变化的密度均匀的圆形旋转磁场，设计目标可等效为 $a_\delta = 0$ 且 $b_\delta = 1$。

求解可得电容 C_{p1} 和电容 C_{p2} 需满足

$$\begin{cases} C_{p1} = \dfrac{R_{eq}}{\omega^3 M_{p2s}^2} \\ C_{p2} = \dfrac{R_{eq}^2}{\omega^4 L_s^2 \left(\dfrac{M_{p1s}M_{p2s}R_{eq}}{\omega L_s^2} - \dfrac{M_{p2s}^2 R_{eq}}{\omega L_s^2} + \dfrac{L_{p1}R_{eq}^2}{\omega^2 L_s^2} \right)} \end{cases} \quad (8\text{-}38)$$

为实现系统 ZPA 输入，需满足虚部为 0。由式（8-37）可得

$$R_{eq} = \frac{M_{p1s}M_{p2s}\omega + \omega M_{p2s}^2}{L_{p1}} \quad (8\text{-}39)$$

进一步将式（8-39）代入式（8-38），可得同时满足参数设计条件 1 和条件 2 下补偿电容 C_{p1} 和 C_{p2} 为

$$\begin{cases} C_{p1} = \dfrac{M_{p1s} + M_{p2s}}{L_{p1}M_{p2s}\omega^2} \\ C_{p2} = \dfrac{M_{p1s} + M_{p2s}}{(L_{p1}(M_{p1s} - M_{p2s}) + L_{p2}(M_{p1s} + M_{p2s}))\omega^2} \end{cases} \quad (8\text{-}40)$$

综上所述，当系统补偿参数满足式（8-39）和式（8-40）时，系统在二维平面内产

生时变旋转圆形电磁场以及实现系统 ZPA 输入。由式（8-39）和式（8-40）可知，C_{p1}、C_{p2}、R_{eq} 均与 M_{p1s} 和 M_{p2s} 有关，当接收线圈 RX 与发射单元之间的相对位置改变时，将引起 M_{p1s}、M_{p2s} 变化，此时为保证参数满足设计条件需调整补偿电容 C_{p1} 和 C_{p2} 以及映射电阻 R_{eq}。其中映射电阻 R_{eq} 可通过半有源整流器（SAR）调整，补偿电容 C_{p1}、C_{p2} 由 SCC 调节。

　　补偿电容的调节依赖于 TX 线圈与 RX 线圈之间的耦合关系，因此，必须优先实现对 TX 线圈与 RX 线圈之间的互感的检测。为保证二维正交线圈的电流相位差为 90°，本节提出一种基于分时检测的互感检测方法。

　　互感检测电路如图 8-24a 所示，通过控制 MOSFET 开关 Q_1 和 Q_2 的通断，实现两个发射侧线圈 TX_{p1} 和 TX_{p2} 的分时接入，并结合负载电势检测装置，实现对系统互感大小的检测和方向的判断。当 Q_1 导通、Q_2 关断时，图 8-24a 所示的互感解耦电路如图 8-24b 所示，此时发射线圈 L_{p1} 与 C_{p1} 组成 S 型补偿发射结构，同时发射单元处于谐振状态，从而实现对互感 M_{p1s} 的检测。当 Q_2 导通、Q_1 关断时，互感解耦电路如图 8-24c 所示，此时两发射线圈串联，并与 C_{p2} 发生谐振，实现对互感 M_{p2s} 的检测。

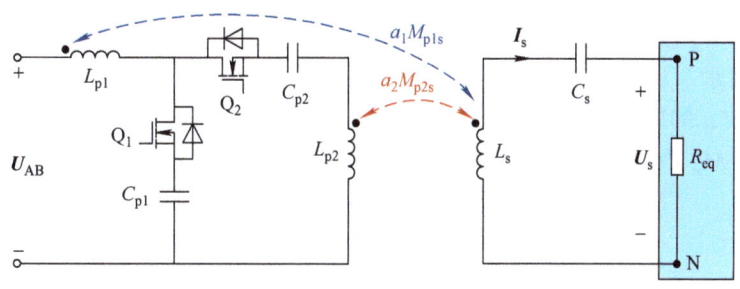

a) 互感检测电路

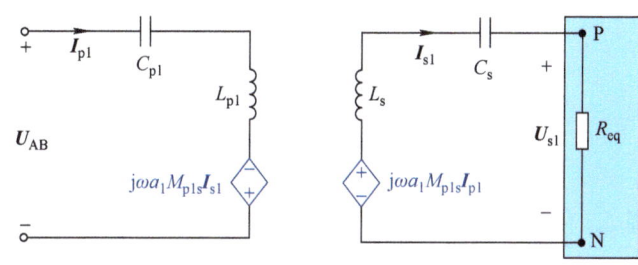

b) Q_1 导通、Q_2 关断时解耦电路

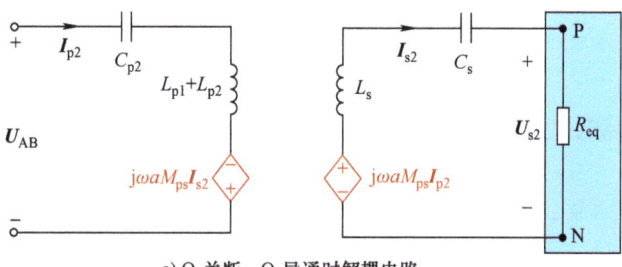

c) Q_1 关断、Q_2 导通时解耦电路

图 8-24　互感感知电路

所提出的互感分时检测方法具体流程如下：

1）初始化正方向。根据电磁感应原理，负载电阻两端产生电势差，规定 P 点为高电平，电势为 V_P，N 点为低电平，电势为 V_N。此时 Q_1 导通、Q_2 关断。

2）互感 M_{p1s} 极性判断。在 Q_1 导通、Q_2 关断的情况下，检测 P 点与 N 点电势关系，当 $V_P > V_N$ 时，负载处于发射线圈 L_{p1} 与接收线圈 L_s 反向耦合区域，此时 $a_1 = -1$；反之，负载处于发射线圈 L_{p1} 与接收线圈 L_s 正向耦合区域，且 $a_1 = 1$。

3）互感 M_{p1s} 值检测。在 Q_1 导通、Q_2 关断的情况下，互感检测电路的等效解耦电路如图 8-24b 所示。此时，互感 M_{p1s} 的大小为

$$M_{p1s} = \frac{4V_{in}}{\omega |i_{s1\text{-peak}}|} \tag{8-41}$$

式中，V_{in} 为直流电源电压，$i_{s1\text{-peak}}$ 为接收线圈电流峰值，ω 为角频率。

当互感 M_{p1s} 检测完成，开关 Q_1 关断、Q_2 导通，线圈 L_{p1} 和 L_{p2} 实现串联，并进入下一个检测阶段。

4）总互感 M_{ps} 极性判断。在 Q_1 关断、Q_2 导通的情况下，互感检测电路的等效解耦电路如图 8-24c 所示。通过检测 P 点与 N 点电势关系，判断 M_{ps} 极性，从而确定负载所在的耦合区域。参数 a 的取值原则与步骤 2）中 a_1 的取值原则相同。

5）总互感 M_{ps} 值检测。根据图 8-24c 所示电路，总互感 M_{ps} 大小为

$$M_{总} = \frac{4V_{in}}{\omega |i_{s2\text{-peak}}|} \tag{8-42}$$

6）互感 M_{p2s} 求解。考虑到耦合极性，互感 M_{p2s} 可表示为

$$M_{p2s} = aM_{ps} - a_1 M_{p1s} = \frac{4V_{dc}}{\omega} \left(\frac{a}{I_{s2}} - \frac{a_1}{I_{s1}} \right)$$

$$= \frac{4V_{in} a_2}{\omega} \left| \frac{a}{I_{s2}} - \frac{a_1}{I_{s1}} \right| \tag{8-43}$$

式中，a_2 为发射线圈 L_{p2} 和接收线圈 L_s 之间的耦合方向，为

$$a_2 = \begin{cases} 1, & \dfrac{a}{|i_{s2\text{-peak}}|} > \dfrac{a_1}{|i_{s1\text{-peak}}|} \\ -1, & \dfrac{a}{|i_{s2\text{-peak}}|} < \dfrac{a_1}{|i_{s1\text{-peak}}|} \end{cases} \tag{8-44}$$

7）完成互感检测，Q_1 和 Q_2 均导通。当 RX 线圈位置变化，系统重新进行互感检测，重复步骤 2）~ 6）。

根据互感检测结果，对 C_{p1}、C_{p2} 和 R_{eq} 的进行适当调整，以确保 RX 线圈在二维环形曲面内任意位置时，系统均能保持均匀的时变旋转磁场和 ZPA 输入特性，从而实现负载高效、稳定的能量接收。为此，本节提出一种参数自适应调节策略，其中补偿电容 C_{p1}、C_{p2} 通过 SCC 调节，如图 8-21 所示。SCC 的等效容值通过控制 Q_a 和 Q_b 的导通角

$\alpha\,(\pi/2\leqslant\alpha\leqslant\pi)$ 进行调节。在不同导通角下，SCC 的等效容值为

$$C_{\mathrm{eq}}=\frac{C_{\mathrm{a}}}{2-(2\alpha-\sin2\alpha)/\pi}\qquad(8\text{-}45)$$

等效电阻 R_{eq} 由半桥有源整流电路进行调节，其阻值通过控制 Q_5 和 Q_6 的占空比 θ 进行调节。等效电阻 R_{eq} 与占空比 θ 的关系为

$$R_{\mathrm{eq}}=\frac{8}{\pi^2}R_{\mathrm{L}}\sin^4\!\left(\frac{\theta}{2}\right)\qquad(8\text{-}46)$$

图 8-25 所示为所提出的参数自适应调节策略的流程图，其过程可概述为

1）初始化系统参数。确定系统工作频率以及补偿电容 C_{p1}、C_{p2}、C_{s} 以及等效电阻 R_{eq} 的初始值，并确保初始参数满足参数设计条件，以使得集成型二维全向无线电能传输系统能够在空间内激发二维全向时变旋转电磁场，并具有 ZPA 输入特性。

2）检测互感 M_{p1s} 和 M_{p2s} 的变化。根据式（8-41）和式（8-43）判断系统耦合方向，进而确定 M_{p1s} 和 M_{p2s} 的值。然后，根据式（8-39）和式（8-40）计算出相应的补偿电容 C_{p1}、C_{p2} 以及等效电阻 R_{eq} 的值。

3）基于式（8-45）和式（8-46），通过 SCC 和 SAR 的共同调节，实时匹配最优的补偿电容 C_{p1}、C_{p2} 以及等效电阻 R_{eq} 的值，以保持系统参数关系的稳定性，从而维持系统 ZPA 输入特性，并且确保在二维平面内激发二维全向时变旋转磁场。

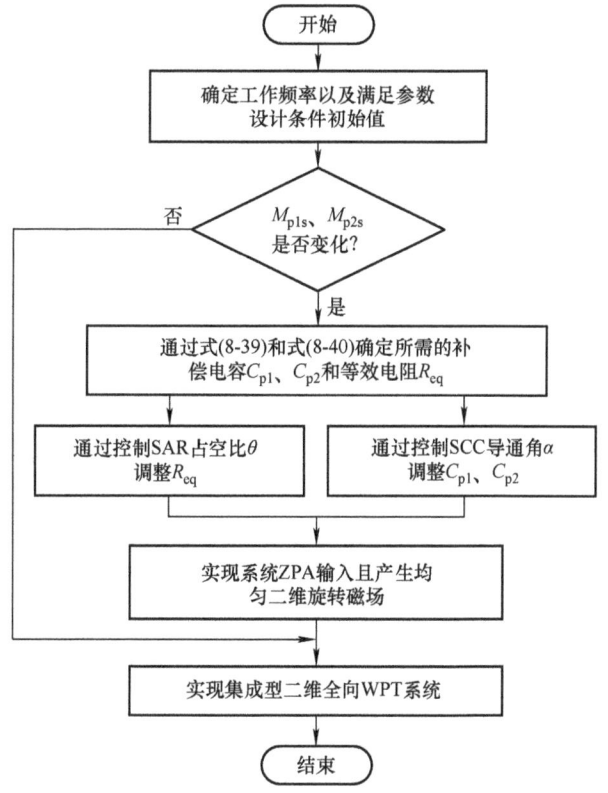

图 8-25　参数自适应调节策略的流程图

8.4.2 仿真与实验

当 RX 线圈与 TX 线圈之间的相对位置改变，将引起 M_{p1s} 和 M_{p2s} 变化。根据 8.4.1 节对集成型二维全向无线电能传输系统参数设计的结果，RX 线圈位置不同，对应的补偿电容 C_{p1}、C_{p2} 以及等效电阻 R_{eq} 的值不同，为实现拓扑集成化设计目的，需实时调节系统参数。图 8-26 所示为接收线圈相对于发射单元位置的示意图。

仿真模型参数见表 8-4。当传输距离变化范围为 100～160mm 时，由图 8-27a 所示结果可知，随着旋转角度变化，补偿电容 C_{p1} 变化范围为 17.2～68.5nF，补偿电容 C_{p2} 变化范围为 10.9～25.7nF。将上述结果代入式（8-39）和式（8-40），可求得

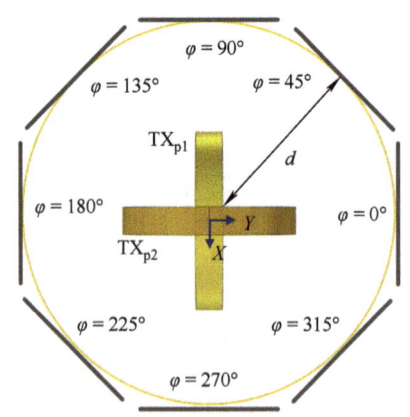

图 8-26　接收线圈相对于发射单元的位置

半桥有源整流电路映射电阻的变化情况如图 8-27b 所示。因此，R_{eq} 的变化范围为 0.15～2.78Ω。为保证参数设计方法的可行性，满足绝大部分应用场景需要，实际负载阻值需大于 2.78Ω。若实际负载电阻小于满足参数设计要求的 R_{eq} 的最大调节值，则需重新调整耦合线圈结构参数，以保证 R_{eq} 的最大调节值小于实际负载电阻。

表 8-4　仿真模型参数

参数	描述	数值
U_{in}	输入电压	50V
f	开关频率	200kHz
L_{p1},L_{p2}	发射线圈自感	40.52μH
L_s	接收线圈自感	48μH
C_s	副边谐振电容	13.19nF
C_a	可变 SCC	10nF
C_o	SCC 结构串联电容	80nF
N	原副边线圈匝数	10
D_1	发射线圈直径	200mm
D_2	接收线圈外径	200mm

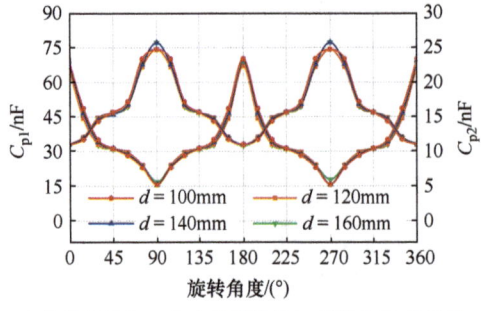

a) 补偿电容 C_{p1}、C_{p2} 与传输距离 d、旋转角度 φ 的关系

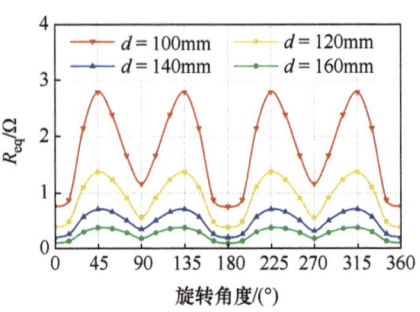

b) 等效电阻 R_{eq} 与传输距离 d、旋转角度 φ 的关系

图 8-27　系统参数与传输距离 d、旋转角度 φ 的关系

系统输入、输出功率和传输效率随 RX 线圈位置的变化情况如图 8-28 所示。在相同传输距离 d 下，RX 线圈发生任意角度 φ 旋转时，系统输入、输出功率和传输效率都基本稳定。当 $\varphi = 45°$ 时，系统传输效率最大。随着 d 的增大，系统输入、输出功率和传输效率均呈下降趋势。由 8.4.1 节关于二维全向时变旋转磁场理论分析的结果可知，当发射线圈 TX_{p1} 和 TX_{p2} 采用传统单一电源激励时，无法保证空间电磁场分布的均匀性，存在电磁能量的捕获盲区，即 A1 和 A2 区域，导致系统输出功率和传输功率都接近于 0。然而，采用提出的拓扑集成设计方法和参数自适应调节策略，即使在 A1 和 A2 区域，系统仍能够保持稳定的输出功率和传输效率。

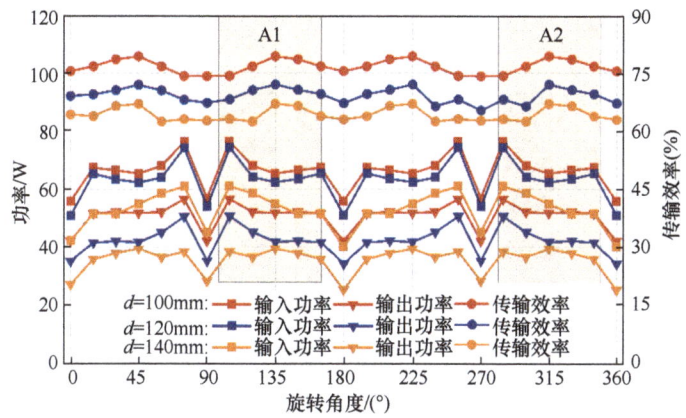

图 8-28　系统输入、输出功率和传输效率随 RX 线圈位置变化的曲线

图 8-29 所示为 RX 线圈发生角度偏移时的逆变器输出电压 U_{AB}、输出电流 I_{p1} 和 I_{p2} 的仿真波形。当 RX 线圈位置由（$d = 140mm$，$\varphi = 45°$）变化为（$d = 140mm$，$\varphi = 60°$）时，流经二维正交发射线圈 TX_{p1} 和 TX_{p2} 的电流 I_{p1}、I_{p2} 之间的相位差仍保持 90°，幅值基本保持恒定，同时系统能够维持 ZPA 输入状态。

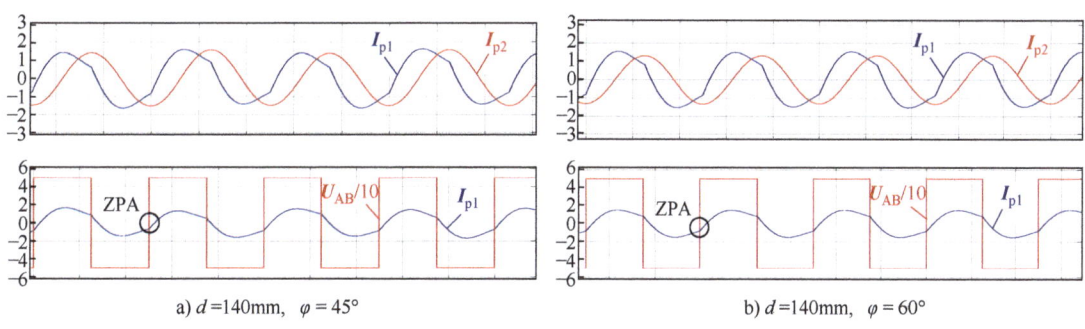

a) $d = 140mm$，$\varphi = 45°$　　　　　　　　b) $d = 140mm$，$\varphi = 60°$

图 8-29　RX 线圈不同位置时系统电压、电流波形

通过上述分析可知，当系统匹配到最优设计参数，接收线圈处于不同位置时，系统均可保证 ZPA 输入。特别地，接收线圈在 $\varphi = 135°$ 和 $\varphi = 315°$ 两个位置仍可以保持稳定的传输效率以及功率，改善了单一电源激励时电磁能量的捕获盲区问题。

由 8.4.1 节的理论分析可知，若采用相位差为 90° 的电流驱动二维正交线圈，其可以产生随时间变化的密度均匀的圆形旋转磁场，可保证二维平面内磁场的完整度。为验证该理论的准确性，通过有限元场 – 路耦合模型分析空间内电磁场分布情况如图 8-30 所示，此时 I_{p1}、I_{p2} 幅值均为 1.6A，且相位差为 90°。发射单元产生随时间变化的密度均匀的圆形旋转磁场。其峰值磁场强度矢量方向随时间周期性旋转，幅值保持恒定。

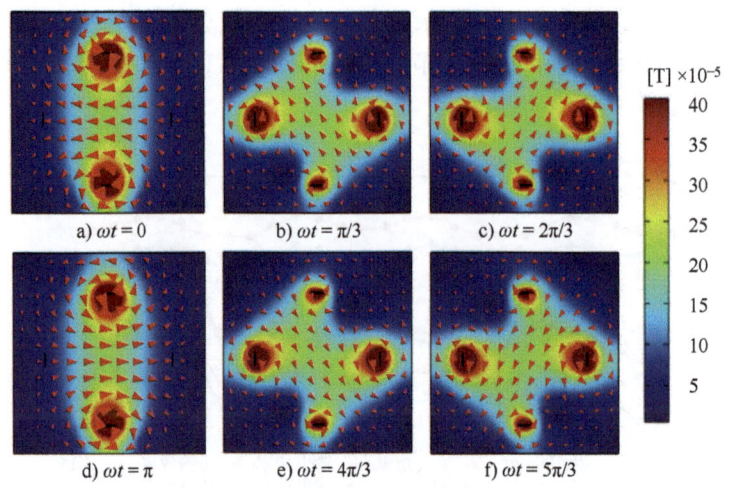

图 8-30 二维正交线圈周期磁场分布

满足集成型系统生成无盲区旋转电磁场的条件时，空间内任意点处的磁感应强度如图 8-31 所示。相同传输距离 d 下，任意旋转角度 φ 处磁感应强度保持恒定，可实现无盲区能量捕获。假定旋转角度 $\varphi = 45°$，当传输距离 d 从 100mm 增加到 160mm，磁感应强度变化范围为 126.6 ~ 22.73μT。随着传输距离 d 继续增大，磁感应强度随之下降。通过对集成型全向无线电能传输系统二维平面内磁场分布的分析，发射单元可以产生随时间变化的密度均匀的圆形旋转磁场。相同传输距离 d 下，任意旋转角度 φ 处，发射单元在空间内激发的磁感应强度保持恒定，验证了集成系统在二维平面内可实现无盲区能量捕获。

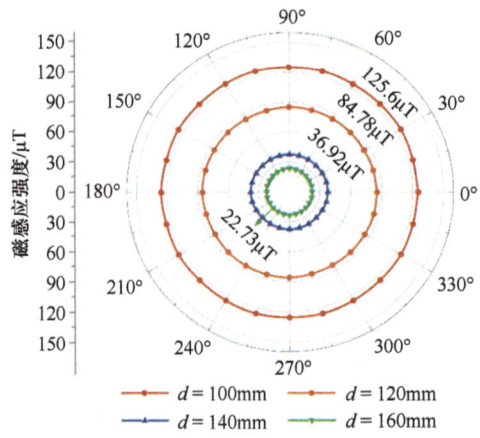

图 8-31 不同（d，φ）下的磁感应强度分布情况

为验证所提集成型二维全向无盲区能量捕获方法的正确性和有效性，采用该方法设计了 40W 的集成型全向无线电能传输系统验证平台，进行了相关实验验证，如图 8-32 所示。原边由直流电源，全桥逆变电路，开关电容和二维正交线圈构成的发射单元组成。副边由接收线圈、补偿电容、可调负载组成。其中发射单元由一对无磁芯紧密绕制的圆环线圈正交构成，接收线圈采用平面方形紧密方式绕制，发射线圈直径和接收线圈外径均为200mm，均绕制 10 匝。实验时选取发射线圈和接收线圈传输距离为 140mm，分析接收线圈在不同旋转角度下系统传输效率和功率情况。具体的实验参数见表 8-5。

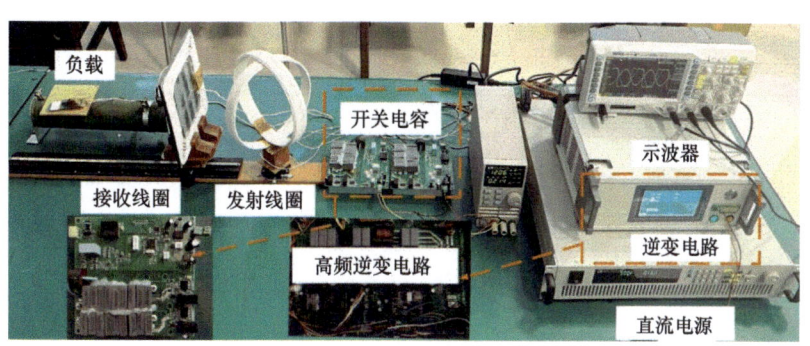

图 8-32　实验样机

表 8-5　实验样机参数

参数	描述	实验值	仿真值
f/kHz	开关频率	196.5	200
L_{p1}/μH	TX$_{p2}$ 自感	42	40.52
L_{p2}/μH	TX$_{p1}$ 自感	40.5	40.52
L_s/μH	接收线圈自感	49.1	48
C_s/nF	副边谐振电容	13	13.19
C_a/nF	可变开关电容	10	10.2
C_o/nF	SCC 结构串联电容	80	79.8
R_{TX}/Ω	发射线圈内阻	0.24	0.23
R_{RX}/Ω	接收线圈内阻	0.25	0.24

（1）接收线圈与发射单元之间的相对位置对互感影响分析

为分析接收线圈与发射单元之间的相对位置对互感影响，图 8-33 所示为接收线圈随传输距离 d 和旋转角度 φ 变化时，互感的仿真和实测结果对比，其中图 8-33a 所示为互感随接收线圈与发射单元 d 的变化曲线，当接收线圈保持旋转角度 $\varphi = 30°$ 时，随着 d 继续增大，接收线圈与发射单元间的耦合逐渐减弱，互感值逐渐下降。当 $d = 140mm$，接收线圈处于任意旋转角度时，接收线圈与发射单元间的互感变化曲线如图 8-33b 所示，互感变化成对称分布。

考虑系统互感变化的对称性，实验测量了 RX 线圈位于（$d = 140mm$，$\varphi = 45°$）和（$d = 140mm$，$\varphi = 60°$）两个位置时，逆变器输出电压 U_{AB} 和输出电流 I_{p1} 以及整流器输入电流 I_s 的实验稳态波形，如图 8-34 所示。实验结果表明，U_{AB} 和 I_{p1} 之间的相位差基本不变，约为 17°，忽略元件参数偏差和测量误差，RX 线圈位置变化不影响系统的 ZPA 输入状态。

同时，通过对比不同位置下 I_s 的幅值变化情况，其幅值近似保持恒定，系统能够保持恒流输出特性。实验结果验证了所提出互感检测方法的正确性和有效性。

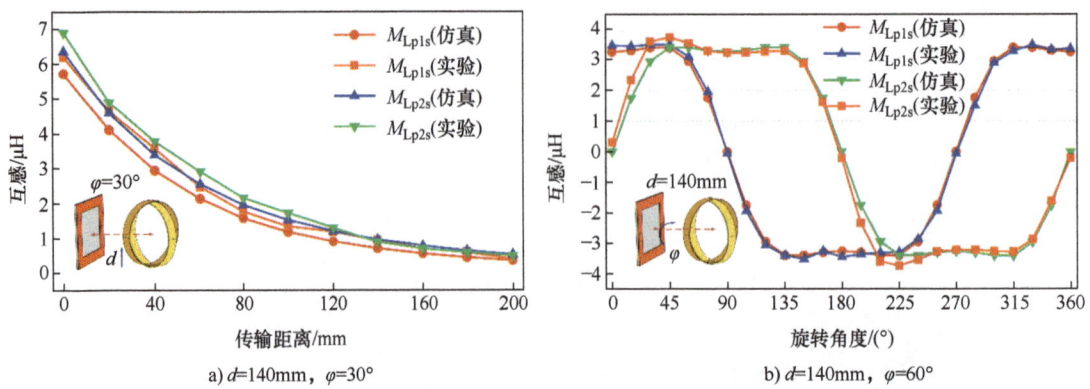

a) $d=140\text{mm}$, $\varphi=30°$ b) $d=140\text{mm}$, $\varphi=60°$

图 8-33　接收线圈和发射单元互感随 d 和 φ 变化曲线

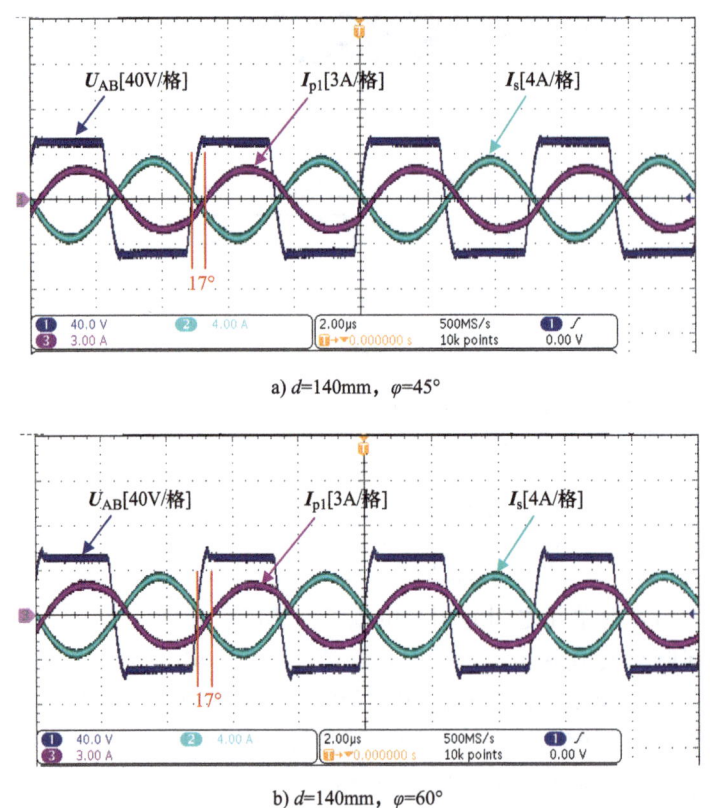

a) $d=140\text{mm}$, $\varphi=45°$

b) $d=140\text{mm}$, $\varphi=60°$

图 8-34　逆变电路输出电压 U_{AB}、发射线圈 TX_{p1} 电流 I_{p1} 和输出电流 I_s 稳态波形

（2）系统输出功率与效率

当传输距离 $d=140\text{mm}$ 时，RX 线圈发生不同旋转角度偏移时，系统传输效率与单一电源激励下的系统传输效率对比结果如图 8-35 所示。在盲区位置 $\varphi=135°$、$\varphi=315°$ 仍能够正常工作。当 $\varphi=45°$ 时，系统获得最大传输效率，最大值为 66.04%；当 $\varphi=120°$ 时，

系统具有最小传输效率，最小值为 61.4%，效率可以保持在 60% 以上且波动仅为 4.64%，实现二维平面内无盲区能量捕获。

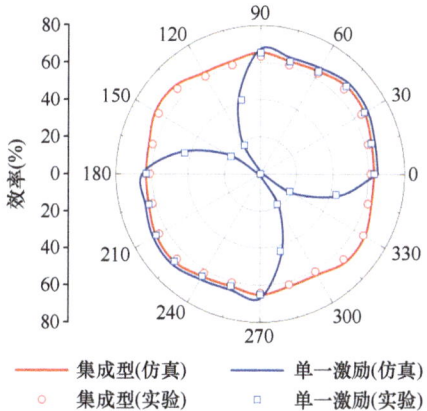

图 8-35 集成型系统与单一电源激励系统的效率对比图

参 考 文 献

[1] Zhu Q, Su M, Sun Y, et al. Field orientation based on current amplitude and phase angle control for wireless power transfer [J]. IEEE Transactions on Industrial Electronics, 2017, 65(6): 4758-4770.

[2] Tang W, Zhu Q, Yang J, et al. Simultaneous 3-D wireless power transfer to multiple moving devices with different power demands [J]. IEEE Transactions on Power Electronics, 2019, 35(5): 4533-4546.

[3] Feng J, Li Q, Lee F C. Load detection and power flow control algorithm for an omnidirectional wireless power transfer system [J]. IEEE Transactions on Industrial Electronics, 2021, 69(2): 1422-1431.

[4] Tian X, Chau K T, Liu W, et al. Maximum power tracking for magnetic field editing-based omnidirectional wireless power transfer [J]. IEEE Transactions on Power Electronics, 2022, 37(10): 12901-12912.

[5] Chen Z, Sun X, Liu J, et al. Research on maximum power point tracking control in omnidirectional wireless power transfer system [J]. IEEE Transactions on Industrial Electronics, 2023, 71(7): 6612-6621.

[6] Ng W M, Zhang C, Lin D, et al. Two- and three-dimensional omnidirectional wireless power transfer [J]. IEEE Transactions on Power Electronics, 2014, 29(9): 4470-4474.

[7] Wang H, Zhang C, Yang Y, et al. A comparative study on overall efficiency of two-dimensional wireless power transfer systems using rotational and directional methods [J]. IEEE Transactions on Industrial Electronics, 2022, 69(1): 260-269.

[8] Zhang C, Lin D, Hui S Y. Basic control principles of omni-directional wireless power transfer [J]. IEEE Transactions on Power Electronics, 2015, 31(7): 5215-5227.

[9] Feng T, Sun Y, Zuo Z, et al. Magnetic field analysis and excitation currents optimization for an omnidirectional WPT system based on three-phase tubular coils [J]. IEEE Transactions on Industry Applications, 2021, 58(1): 1268-1278.

[10] Liu F, Ding Z, Fu X, et al. Parametric optimization of a three-phase MCR WPT system with cylinder-shaped coils oriented by soft-switching range and stable output power [J]. IEEE Transactions on Power Electronics, 2019, 35(1): 1036-1044.

第9章 无线电能传输技术电磁安全

电能传输作为新能源产业的重要基础，是国家新能源战略关键技术之一。传统电能传输依托于接触式导线，其在恶劣环境下易发生导线损坏、电火花等严重问题；在水下、地下矿井等特殊应用场面临着漏电、爆炸等风险；同时供电接口的频繁插拔会导致设备接口出现破损、导线裸露、电弧等安全风险，影响输电的综合性能。无线电能传输技术，作为新能源产业的另一关键输电技术，它采用非接触方式，利用电磁波在空间中的传播特性，实现电能的无线传输，减少触电危险，提高充电系统的安全性，而对于无线电能传输技术及其应用的发展来说，磁场、电场相互转化产生的高频电磁场是否会影响生物安全，是决定其能否被商业化、日常化推广的关键问题。

无线电能传输技术的电磁安全主要涉及以下两个方面：

1) 生物电磁安全：无线电能传输系统的工作原理是通过空间电磁场传递能量，在谐振线圈进行功率传输的同时，一定伴随对周围空间辐射电磁波。当生物体所处电磁环境的电磁辐射超过规定的安全限值时，人体组织在电磁环境中就可能产生相应的生理反应和组织损伤，将对公众的人身安全带来威胁，如引起头痛、失眠、记忆力减退等症状，甚至可能诱发癌症等疾病。

2) 电磁干扰问题：无线电能传输系统在工作时伴随着对周围空间辐射一定的电磁波，可能会对其他电磁设备的正常运行产生干扰，特别是对于通信设备，存在损坏风险。甚至可能引发安全事故，例如，在航空领域，无线电能传输系统产生的电磁干扰可能会影响飞机的导航和通信系统，从而对飞行安全造成威胁。

为预防无线电能传输系统电磁辐射和电磁干扰带来的危害，提升系统的安全性，需要采取一系列有效的措施。首先，需要采用合理的电磁屏蔽措施，如使用有源线圈屏蔽或磁芯屏蔽等屏蔽方法，来降低无线电能传输系统产生的电磁辐射和电磁干扰。其次，需要对无线电能传输系统的运行进行监测和检测，及时发现并解决电磁安全问题。此外，还需要制定相关的电磁安全标准和规范，对无线电能传输系统的设计和运行进行规范化和标准化管理。

9.1 电磁环境安全分析

当生物体暴露在时变电磁场时，交变电磁场会对生物体产生较大影响。

国际上已广泛认可电磁暴露存在生物效应，因此该方面的研究不可忽视。国内外关于电磁场对生物体安全性影响的研究有很多，大多数集中于低频（50～60Hz）电磁场的环境暴露问题。主要通过研究不同暴露条件，判断生物体受电磁暴露后是否致癌或分析对神经认知反应、免疫、生殖、内分泌等系统造成的影响。

9.1.1　电磁场与电磁暴露

在时变电磁场中，电磁场是相互依存的电场和磁场的统一体的总称，时变的电场会激发出感应磁场，时变的磁场也会激发出感应电场。电场与磁场的运动方向相互垂直。这种时变的电场和磁场相互关联，形成电磁场。麦克斯韦方程组是揭示时变电磁场基本性质的方程组，见表 9-1。

表 9-1　麦克斯韦方程组

名称	微分形式	积分形式
高斯电场定律	$\nabla \cdot E = \dfrac{\rho}{\varepsilon_0}$	$\oiint_S E \cdot \mathrm{d}S = \dfrac{Q}{\varepsilon_0}$
高斯磁场定律	$\nabla \cdot B = 0$	$\oiint_S B \cdot \mathrm{d}S = 0$
法拉第电磁感应定律	$\nabla \cdot B = -\dfrac{\partial B}{\partial t}$	$\oint_L E \cdot \mathrm{d}l = -\dfrac{\mathrm{d}\phi_B}{\mathrm{d}t}$
安培环路定理	$\nabla \cdot B = \mu_0 J + \mu_0 \varepsilon_0 \dfrac{\partial E}{\partial t}$	$\oint_L B \cdot \mathrm{d}l = \mu_0 J + \mu_0 \varepsilon_0 \dfrac{\mathrm{d}\phi_E}{\mathrm{d}t}$

变化的电场和磁场交替产生，二者运动方向垂直，传播由近及远并以一定的速度向周围空间暴露电磁能量，这种能量被称为电磁暴露，也叫电磁辐射。按照辐射粒子能否引起传播介质的电离，可分为电离辐射和非电离辐射。电离辐射是高能量的辐射，可以引起一切物质电离，对人体产生巨大的伤害，如 X 射线、核暴露等。非电离辐射是光子的能量不足以令中性分子和原子电离的辐射，如微波炉、冰箱、计算机、手机等常用电器发出的电磁波。我们生活的大环境中所接触的工频电磁场和射频电磁场都属于非电离辐射的范畴，电动汽车无线充电空间电磁场的暴露也为非电离辐射。

9.1.2　电磁暴露与人体健康

电磁暴露引起的生物效应主要包括热效应和非热效应。热效应是指生物体内的电磁能量转化为引起生物体内热能的效应，主要来自生物组织中极性分子摩擦生热、传导电流生热和介质损耗生热。人体内水、分子和离子化合物吸收电磁能量后，将磁能转换为热能，使得机体的温度上升，扰乱机体内器官的正常工作。外在电磁场的作用下，人体会产生感生电流，会导致人体吸收和耗散电磁能量，使人体局部组织温度升高。非热效应是指除热效应以外的其他生理变化效应，通常指电磁场在分子生物学水平影响细胞内部微结构的形态及功能。人体的器官和组织都处在稳定有序的状态中，一旦受到外界电磁场的干扰，人体的平衡状态就容易被打破，人体会容易受到损伤。

家用电器、电子产品的日益增加，加重了我们周围环境的电磁污染，长期生活在这样的环境中会对人体的健康造成一定的影响和伤害。电磁暴露的影响主要集中在以下四个方面：

1）对视觉系统的影响：眼睛是电磁暴露的敏感器官，经电磁暴露的热效应和非热效应的影响，会使人眼出现视力下降、视觉疲劳、眼睛不适、眼干等现象。高剂量的电磁暴露会引起眼球温度升高，从而引起晶状体蛋白质凝固，长期电磁暴露下，严重者可能造成白内障，导致视力减退乃至完全丧失。

2）对免疫功能的影响：长期生活在电磁环境中的人，受到电磁暴露的影响，体内产生抗体的能力受到抑制，抵抗力会逐渐下降。

3）对生殖系统以及遗传的影响：高强度的电磁场会诱发染色体变异以及影响生殖细胞有丝分裂的过程，结果造成后代出现先天缺陷。长期接触短波透热设备的男性会出现性机能下降，精子质量降低，可能引起暂时性或永久性不育；对于女性则会引起内分泌紊乱、月经失调，有报道显示孕妇长期受到电磁暴露可引起胎儿畸形、自然流产、加大不孕的危险等。

4）致癌作用：有研究表明，电磁暴露会促使人体内遗传物质染色体、DNA 发生突变，促使某些细胞和组织出现病理性增生，从而造成癌症。国际癌症研究机构（IARC）于 2002 年将电力线工频电磁场划为可能致癌因子，等级为 2B。

9.1.3 电磁防护安全标准

电磁暴露关系到人体正常的健康发展，因此制定满足安全的电磁暴露标准尤其重要。目前，在国内外制定的电磁标准中，具有代表性的是 2010 年国际非电离辐射防护委员会（ICNIRP）制定的 Guidelines for limiting exposure to time-varying electric and magnetic fields（1Hz to 100kHz）以及 2010 年美国电气电子工程师学会（IEEE）制定的 IEEE C95.1a-2010。

我国在 2014 年对《电磁辐射防护规定》进行了内容的修订，并制定了《电磁环境控制限值》（GB 8702—2014），增加了 1Hz ~ 0.1MHz 频段电场和磁场的公众暴露控制限值，并规范了电磁环境的监测要求。

电磁暴露的环境范围可分为公众暴露和职业暴露。公众暴露是指生活在公共背景下的人受到的电磁照射，一般情况下是很难发现或不知道自己已经受到暴露，并且没有一定的保护措施。职业暴露是针对工作在有特殊电磁环境中的职业人群，一般情况下会有保护措施和会经过一定的安全训练。根据这两种不同环境中的电磁暴露情况分别制定有公众电磁暴露安全限值和职业暴露安全限值。在不同环境、不同频率的电磁环境中，公众暴露和职业暴露的安全限值也不同。

1. 工频电磁场限制标准

电力或动力领域中，电场和磁场无处不在，各种电压输电线、家用电器或电力设备产生的低频电磁场称为工频电磁场，通常将 50Hz（中国、欧洲）或 60Hz（美国、加拿大）频率称为工频（工业频率）。工频电磁场是否会对人体产生危害目前还没有具体的科学定论，还需要进行长期大量的研究。目前，我国及其他国家、国际组织分别制定了工频电磁场的限值标准，见表 9-2。

表 9-2　工频电磁场限值标准

组织或国家名称	发布时间 / 年	频率 /Hz	职业暴露		公众暴露	
			$E/$（kV/m）	$B/\mu T$	$E/$（kV/m）	$B/\mu T$
ICNIRP	1998	50	10	500	5	100
ACGIH[①]	2005	50/60	25	1000	—	—
IEEE	2002	50	20	2170	20	2170
欧盟	2004	50	10	500	10	500

（续）

组织或 国家名称	发布时间 / 年	频率 /Hz	职业暴露		公众暴露	
			$E/$（ kV/m ）	$B/\mu T$	$E/$（ kV/m ）	$B/\mu T$
NRPB[②]	2004/1993	50	10	500	10	500
METI[③]	1976	50	3	—	3	—
BMU[④]	1996	50	—	—	—	—
中国	2008	50	6	78	4	22

① 美国政府工业卫生专家会议。
② 英国国家辐射防护委员会。
③ 日本经济产业省。
④ 德国环境部。

2. 射频电磁场限值标准

许多国际组织、国家文件规定电磁暴露的人体安全限值，采用基本限值和导出限值来规定。射频电磁暴露标准的基本限值是判定人体对电磁场产生生理反应的基本量，主要由 SAR（Specific Absorption Rate，比吸收率）来衡量。SAR 表示单位质量的人体组织吸收或消耗的电磁功率，定义见式（9-1）。SAR 是目前学术界公认的量化生物组织对电磁能量吸收的指标，与生物组织的电导率、外场强度和生物组织的介电特性等因素有关，也可以表示为式（9-2）。

$$\mathrm{SAR} = \frac{\mathrm{d}}{\mathrm{d}t}\left(\frac{\mathrm{d}W}{\mathrm{d}m}\right) = \frac{\mathrm{d}}{\mathrm{d}t}\left(\frac{\mathrm{d}W}{\rho\mathrm{d}V}\right) \tag{9-1}$$

$$\mathrm{SAR} = \frac{\sigma\,|E|^2}{\rho} = C\frac{\mathrm{d}T}{\mathrm{d}t} \tag{9-2}$$

式中，C 为比热容 [J/（kg·K）]；$\mathrm{d}T/\mathrm{d}t$ 为人体组织变化率（K/s）；E 为空间电场有效值；σ 为人体组织电导率（S/m）；ρ 为人体组织密度（kg/m³）。

SAR 与人体介质电导率 σ 和传输介质的密度 ρ 有关。电导率越小，电磁波的吸收就越少，SAR 就越小。在 900 ~ 2400MHz 的范围内，σ 随频率的增加而增加。ρ 越大，高频电磁波衰减越快，电磁波的吸收就越少，SAR 就越小。照射越强，E 越大，电磁波的吸收就越多，SAR 就越大。

表 9-3 ~ 表 9-5 分别为我国 GB 8702—2014 和国际两大主流标准 ICNIRP—2010 及 IEEE C95.1a—2010 的限值标准 [1-3]。

表 9-3　GB 8702—2014 公众暴露控制限值

频率（f）范围	电场强度 $E/$（V/m）	磁场强度 $H/$（A/m）	磁感应强度 $B/\mu T$
1 ~ 8Hz	8000	$32000/f^2$	$40000/f^2$
8 ~ 25Hz	8000	$4000/f$	$5000/f$
0.025 ~ 1.2kHz	$200/f$	$4/f$	$5/f$
1.2 ~ 2.9kHz	$200/f$	3.3	4.1
2.9 ~ 57kHz	70	$10/f$	$12/f$
57 ~ 100kHz	$4000/f$	$10/f$	$12/f$
0.1 ~ 3MHz	40	0.1	0.12

（续）

频率（f）范围	电场强度 E/（V/m）	磁场强度 H/（A/m）	磁感应强度 B/μT
$3 \sim 30\text{MHz}$	$67/f^{1/2}$	$0.17/f^{1/2}$	$0.21/f^{1/2}$
$30 \sim 3000\text{MHz}$	12	0.032	0.04
$3000 \sim 15000\text{MHz}$	$0.22/f^{1/2}$	$0.00059/f^{1/2}$	$0.00074/f^{1/2}$
$1.5 \sim 300\text{GHz}$	27	0.073	0.092

表 9-4　ICNIRP—2010 时变电场和磁场暴露的参照水平（未畸变有效值）

频率（f）范围	电场强度 E/（kV/m）		磁场强度 H/（A/m）		磁感应强度 B/T	
	职业暴露	公众暴露	职业暴露	公众暴露	职业暴露	公众暴露
$1 \sim 8\text{Hz}$	20	5	$163000/f^2$	$32000/f^2$	$0.2/f^2$	$0.04/f^2$
$8 \sim 25\text{Hz}$	20	5	$2000/f$	$4000/f$	$0.025/f$	$0.005/f$
$25 \sim 50\text{Hz}$	$500/f$	5	800	160	0.001	0.0002
$50 \sim 300\text{Hz}$	$500/f$	$250/f$	800	160	0.001	0.0002
$300 \sim 400\text{Hz}$	$500/f$	$250/f$	$240000/f$	160	$0.3/f$	0.0002
$400\text{Hz} \sim 3\text{kHz}$	$500/f$	$250/f$	$240000/f$	$64000/f$	$0.3/f$	$0.08/f$
$3\text{kHz} \sim 10\text{MHz}$	0.17	0.083	80	21	0.0001	0.000027

表 9-5　IEEE C95.1a—2010 公众暴露和职业暴露的导出限值

频率（f）范围 /MHz	电场强度 /（V/m）		磁场强度 /（A/m）		功率密度 /（W/m^2）	
	公众暴露	职业暴露	公众暴露	职业暴露	公众暴露	职业暴露
$0.1 \sim 1$	614	1842	$16.3/f$	$16.3/f$	1000	9000
$1 \sim 1.34$	614	$1842/f$	$16.3/f$	$16.3/f$	1000	$9000/f^2$
$1.34 \sim 3$	$832.8/f$	$1842/f$	$16.3/f$	$16.3/f$	$1800/f^2$	$9000/f^2$
$3 \sim 30$	$832.8/f$	$1842/f$	$16.3/f$	$16.3/f$	$1800/f^2$	$9000/f^2$

由于射频电磁暴露的 SAR 基本限值难以在实际情况下精确测定，因此在实际暴露条件下常用导出限值来判定基本限值是否被超出。导出限值一般有电场强度、磁场强度、磁感应强度、电流密度等。当测试值满足导出限值时，基本限值保证不会被超出，当测试值不满足导出限值时，基本限值则不一定被超出。国内外电磁暴露限值标准中，大部分都会分别给出基本限值和导出限值的标准。

在 100kHz 频率以下需要同时满足电场强度和磁感应强度值。超过 100kHz，在近场区需要满足电场强度或磁场强度，在远场区需要同时满足电场强度和磁场强度。电动汽车无线充电的频带范围低于 100kHz，因此需要同时满足电场强度和磁感应强度值[1, 2]。

9.2　电动汽车无线电能充电空间电磁场对血液细胞生物活性的影响

9.2.1　电动汽车无线充电频率段电磁场限值标准

2015 年 5 月 31 日，SAE 发布无线充电指南 SAE TIR J2954。SAE TIR J2954 中将轻型电动汽车的无线充电频带确立在 85kHz，频带范围为 81.38 ～ 90.00kHz。随着无线充电频率、频带的确立，汽车制造商生产的无线充电装置就可以适应不同厂家生产的无线充电设备，有利于提高充电设备的兼容性，推动电动汽车无线充电的发展。

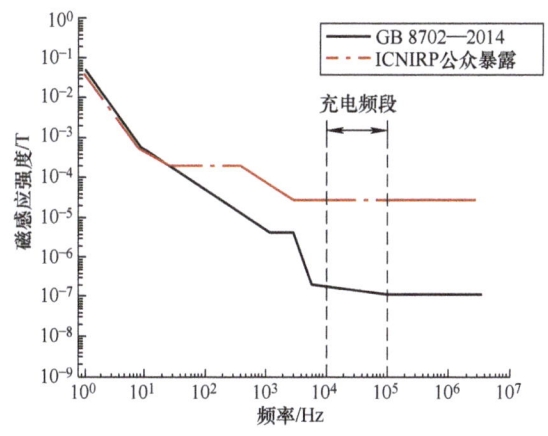

图 9-1 磁感应强度对比

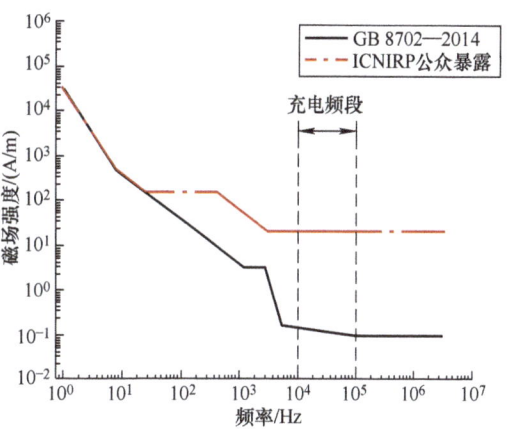

图 9-2 磁场强度对比

IEEE C95.1a—2010 的频率较高，远超过电动汽车无线充电的频段，因此在电动汽车无线充电的频率范围内，只对 GB 8702—2014 与 ICNIRP 的磁感应强度、磁场强度和电场强度进行比较，如图 9-1 ~ 图 9-3 所示。

通过比较 GB 8702—2014 与 ICNIRP 限值标准可知，在电动汽车无线充电频段内 ICNIRP 的公众暴露限值的磁感应强度、磁场强度和电场强度的限值分别约是 GB 8702—2014 的 225 倍、193 倍、1.8 倍。在充电频段下，ICNIRP 规定电场强度不高于 83V/m，磁感应强度不高于 27μT 是

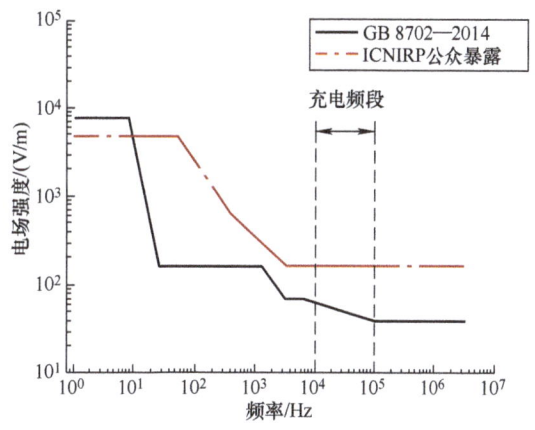

图 9-3 电场强度对比

对人体没有危害的。GB 8702—2014 规定电场强度不高于 47V/m，磁感应强度不高于 0.14μT 是对人体没有危害的。GB 8702—2014 的要求更为严格且更难满足，原因在于 GB 8702—2014 发布于 2014 年，尚未考虑无线充电的实际充电状况。因此，在电动汽车无线充电标准正式发布以前，电动汽车无线充电电磁安全测试值可以以 ICNIRP 标准为参考。

9.2.2 电动汽车无线充电空间电磁场的分布

1. 无线电能传输系统磁场仿真

采用电磁场的数值分析软件 COMSOL Multiphysics 可以实现对模型的精确构建以及参数计算。此软件是以有限元法为基础，通过求解微分方程实现多物理场的耦合分析。有限元法主要由以下步骤构成：根据实际问题确定求解区域的物理和几何性质；将求解域离散化，即有限元网格划分，网格越细，计算结果也越精确；对单元构造一个合适的近似解，形成单元矩阵；组装单元，构造总刚度矩阵；联立方程组的求解采用随机法、直接法和迭代法。本节采用有限元的方法进行模型的数值耦合分析。

2. 谐振线圈耦合仿真模型的搭建

在电动汽车无线充电系统中，为了准确分析谐振线圈之间的电磁场强度与分布，根据实际的结构装置，利用 COMSOL Multiphysics 有限元仿真软件搭建出电动汽车无线充电系统中的收发装置模型，发射、接收两线圈的参数一致，见表 9-6。根据给出的线圈参数，图 9-4 所示为 COMSOL Multiphysics 搭建出的两种结构仿真模型。

表 9-6   谐振耦合结构电路参数

参数变量	仿真设定值	描述
F	85kHz	充电频率
R_1	0.5cm	导线半径
N	10	绕制匝数
C_1	150.7nF	补偿电容
L_1	100μH	线圈电感
D	20cm	线圈距离
P	15.2kW	接收功率

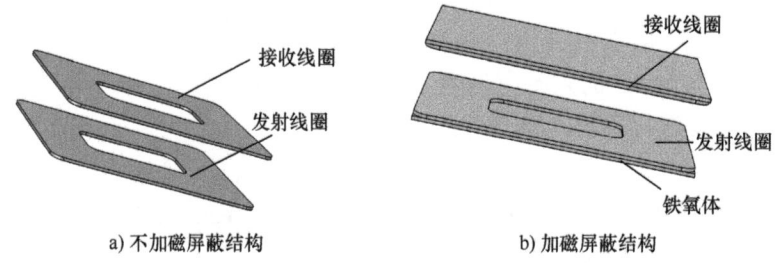

a) 不加磁屏蔽结构   b) 加磁屏蔽结构

图 9-4   两种结构的仿真几何模型图

为了将电能的交换约束在有限区域内、提高发射端和接收端的耦合效率以及降低电动汽车无线电过程中电磁暴露引起的环境问题。因此在发射端与接收端分别加入高导磁屏蔽材料——铁氧体磁屏蔽板，减少电动汽车对外界的电磁暴露[4]。接下来将对两种结构下的磁场大小分布进行分析。

3. 两种谐振线圈耦合模型的有限元仿真分析

通过 COMSOL Multiphysics 有限元仿真软件对两种结构进行仿真分析，可以得到不加磁屏蔽结构的谐振耦合模型和加磁屏蔽结构的谐振耦合模型的空间磁感应强度分布图，如图 9-5 所示。

发射线圈和接收线圈平行正对放置，分别位于 $Z = 0$ 的 XOY 面和 $Z = 20cm$ 的 XOY 面。在 COMSOL Multiphysics 中分别取（0,0,–20）和（0,0,40）两点在 Z 轴方向上作轴向三维截线图，取（0,–80,10）和（0,80,10）两点在 Y 轴方向上作径向三维截线图，两种结构下轴向和径向的空间磁感应强度分布如图 9-6 所示。

从轴向和径向两方向比较两种不同结构下的空间磁感应强度可知，加入磁屏蔽后，两线圈之间耦合区域的磁感应强度明显增大，这是由于带有屏蔽板的发射线圈产生的磁通线经过接收线圈再返回发射线圈的数量增多，形成耦合回路，负责传递能量。电磁场主要集中在发射线圈、接收线圈之间的空间，发射端、接收端在加入磁屏蔽后，会使得磁屏蔽上方以及周边区域的磁场衰减加快。磁屏蔽的加入有助于提高两线圈间的耦合系数，并且可以减少磁场向外的暴露。因此，电动汽车无线充电系统的发射、接收装置均带有一层铁氧体磁屏蔽结构。

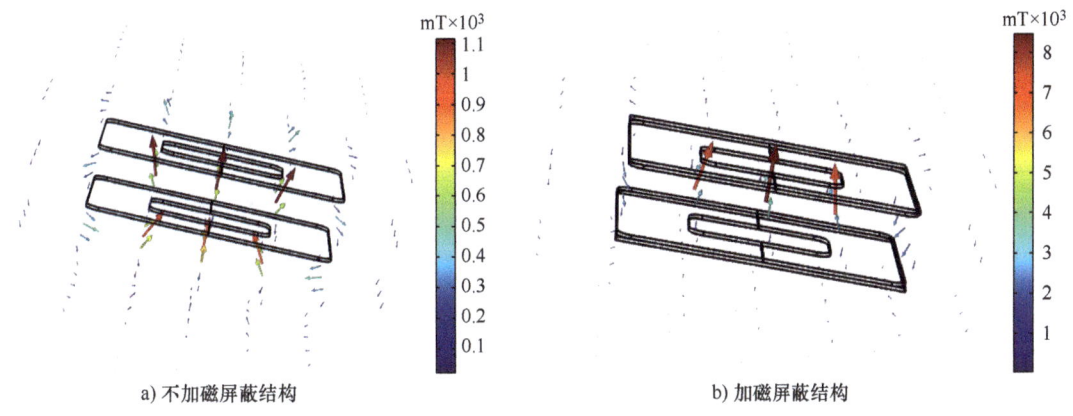

a) 不加磁屏蔽结构　　　　　　　　　　　　　　　　b) 加磁屏蔽结构

图 9-5　两种结构的磁感应强度空间分布图

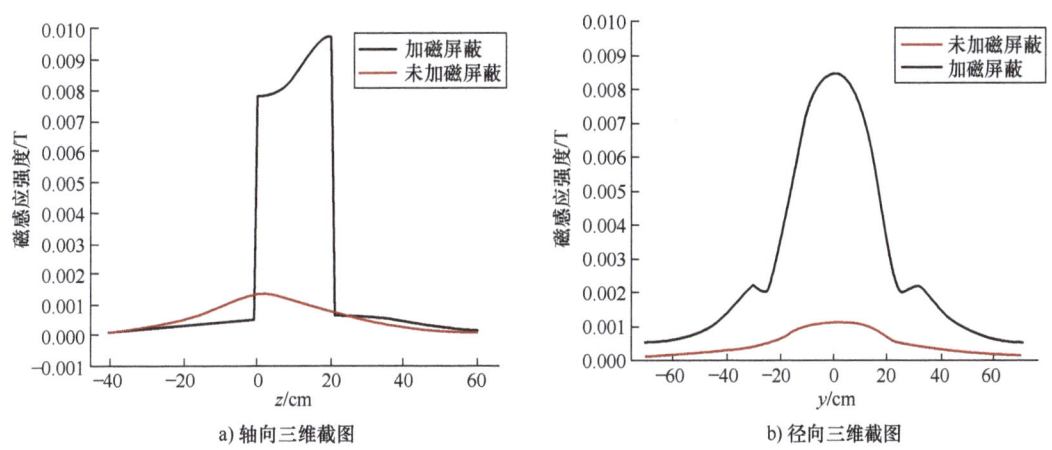

a) 轴向三维截图　　　　　　　　　　　　　　　　b) 径向三维截图

图 9-6　两种结构下轴向、径向的空间磁感应强度分布图

4. 磁屏蔽谐振线圈耦合模型的空间磁场分布

为了更加直观地看到谐振线圈周围空间的磁场分布层次，可绘制模型不同截面的流线图。图 9-7 所示为系统频率和输出功率分别为 85kHz 和 15.2kW 的电动汽车无线充电系统 YOZ、XOZ 的截面磁场分布流线图。

根据电动汽车无线充电的电磁安全环境分析可知，国际电磁安全限值标准 ICNIRP 在充电频率 85kHz 下的公众暴露限值的磁感应强度应当不超过 27μT。由图 9-7 可以看出，电动汽车无线充电电磁场主要集中在发射、接收装置之间的空间。由于发射、接收装置分别带有磁屏蔽，充电装置内部磁场衰减较快，外部磁场衰减较慢，且距离场源越远，磁场衰减越慢。由图 9-7a 可知，原点位置为（0,0,0）。在 YOZ 面上，在 Y 方向上距离发射线圈中心位置 70cm、在 Z 方向上距离发射线圈中心位置 48cm 的最外等值线以外区域，才能满足 ICNIRP 的安全限值要求。由图 9-7b 可知，原点位置为（0,0,0）。在 XOZ 面上，在 X 方向上距离发射线圈中心位置 77cm、在 Z 方向上距离发射线圈中心位置 48cm 的最外等值线以外区域，才能满足 ICNIRP 的安全限值要求。

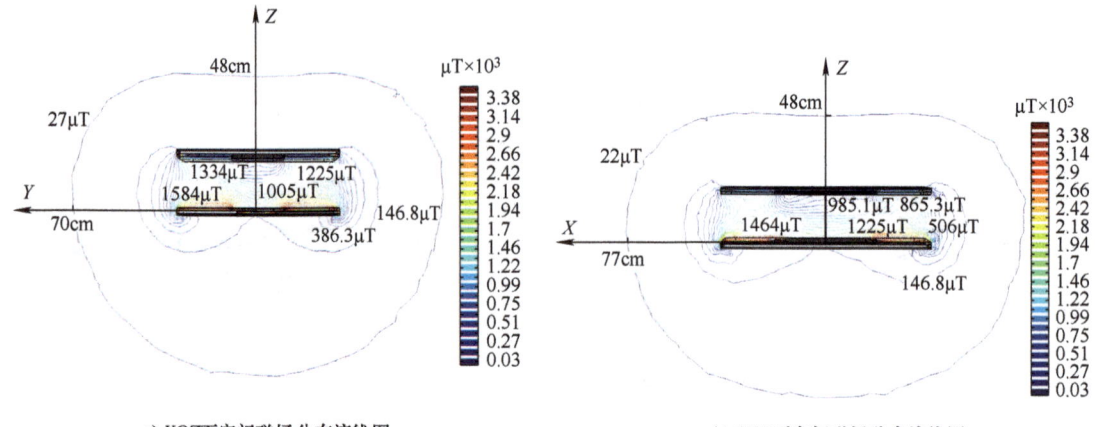

a) YOZ面空间磁场分布流线图　　　　　　b) XOZ面空间磁场分布流线图

图 9-7　电动汽车充电空间磁场分布切面图

按照同样方法在充电装置的两对角空间做截面，可以得到满足国际电磁安全限值的最外等值线，如图 9-8 所示。由图所知，图中灰色的等值线代表临界安全的磁感应强度值 27μT。在等值线所组成的区域内，空间的磁感应强度超过 27μT，超出了 ICNIRP 电磁安全限值。在等值线所组成的区域外，空间的磁感应强度则低于 27μT，符合 ICNIRP 电磁安全限值。

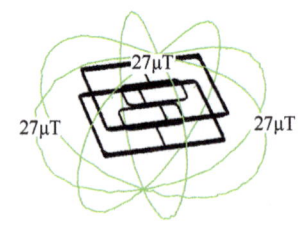

由此可知电动车汽车无线充电的空间安全范围，结合实际电动汽车的尺寸，可得到电动汽车驾驶室及驾驶室外部空间的电磁强度值。因此，后文将选取驾驶室内外不同位置点进行仿真测试。

图 9-8　磁感应强度为 27μT 的空间等值线分布图

5. 不同输出功率等级的谐振线圈耦合模型的空间磁场分布

根据《电动汽车无线充电系统　第 1 部分：通用要求》（GB/T 38775.1—2020），将电动汽车无线充电的功率等级按表 9-7 进行划分。

表 9-7　电动汽车无线充电功率等级划分

功率等级	输出功率	适用范围
MF-WPT1	$P \leqslant 3.7\text{kW}$	电动乘用车无线充电
MF-WPT2	$3.7\text{kW}<P \leqslant 7.7\text{kW}$	
MF-WPT3	$7.7\text{kW}<P \leqslant 22\text{kW}$	
MF-WPT4	$22\text{kW}<P \leqslant 33\text{kW}$	中巴车、大巴车无线充电
MF-WPT5	$33\text{kW}<P \leqslant 66\text{kW}$	
MF-WPT6	$P>66\text{kW}$	

在有限元仿真软件 COMSOL Multiphysics 中设置发射线圈的频率为 85kHz，输出功率分别为 3.7kW、7.7kW、22kW、33kW、66kW。

在输出功率为 3.7kW、7.7kW、22kW、33kW、66kW 的条件下，分别分析电动汽车无线充电磁屏蔽谐振线圈的空间磁感应强度分布切面，总结不同输出功率下 X、Y、Z 三个方向距离发射装置中心的安全距离，见表 9-8。

表 9-8　不同输出功率下三个方向距离发射线圈中心的安全距离

输出功率 /kW	X/cm	Y/cm	Z/cm
3.7	44	40	38
7.7	53	50	45
22	135	130	115
33	147	140	122
66	180	172	134

在不同输出功率下，在 XOY 面发射装置 OX 正半轴方向上做三维截线，X 方向上的磁感应强度分布曲线如图 9-9 所示。

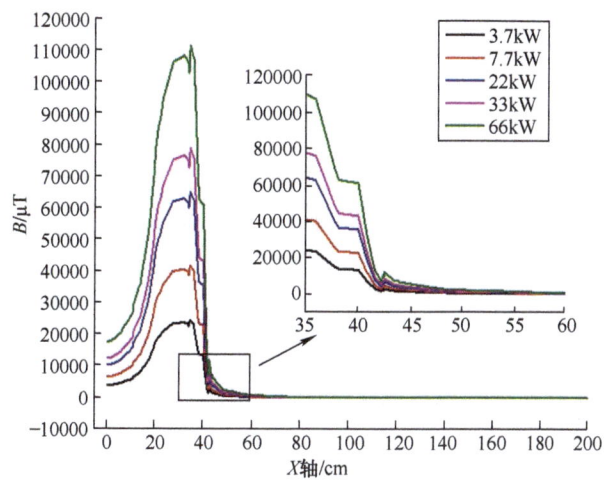

图 9-9　不同输出功率下 X 方向上的磁感应强度曲线

由不同输出功率等级下的磁感应分布强度可以总结得出：

1）电磁场主要集中在发射线圈、接收线圈之间的空间区域。在 $Z=0$ 的 XOY 面，发射线圈中间区域的磁感应强度低于线圈边缘的磁感应强度。当 X 大于 35cm 且随着距离线圈位置的增大，磁感应强度逐渐减小，且减少速率由快变慢。不同输出功率下，相同位置处，输出功率越大，磁感应强度越大。

2）ICNIRP—2010 限值标准规定，磁感应强度不超过 27μT 是对人体没有危害的。不同输出功率下的无线充电设备周围 27μT 磁感应强度分布等值线所组成的空间形状为椭圆体。

3）输出功率越大，则距离无线充电设备的安全磁感应强度区域越小，即输出功率的大小与周围安全空间区域的范围成反比。

9.2.3 电动汽车无线充电空间电磁场对人体的影响

仿真采用的电动汽车模型如图 9-10 所示，基本参数结构是，长 × 宽 × 高为 1.6m × 3.2m × 1.5m，汽车底盘距离地面为 20cm。

根据 GB/T 10000—2023《中国成年人人体尺寸》中的成年男性站姿、坐姿尺寸[5]，在有限元仿真模型中建立简化的成人站姿、坐姿模型。建立身高为 1.7m 的成年男性站立模型和 1m 坐姿下的男子模型，如图 9-11 所示。

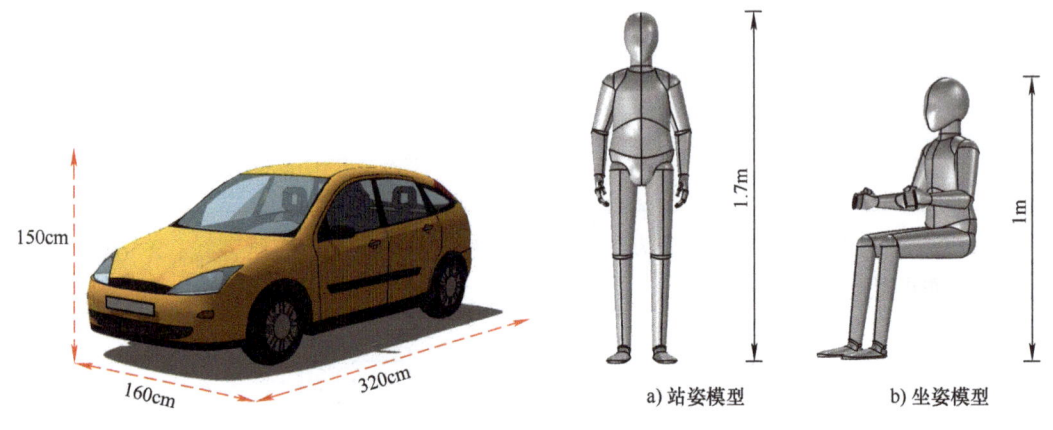

图 9-10 电动汽车模型图   图 9-11 人体模型图

在驾驶室内选取充电装置中心正上方、三个不同高度的位置点进行仿真。分别为坐姿状态下的头部高度、胸腹高度以及腿部高度[5]，距接收装置的高度分别为 85cm、55cm、15cm。设置人体的相对介电常数为 3100，电导率为 0.129S/m，密度为 1033kg/m³。描述发射、接收装置的三维坐标系如图 9-12 所示，X 轴为车头方向（行驶方向），Y 轴向垂直于行驶方向，Z 轴向上，发射线圈中心为参考原点（0,0,0）。

人体位于充电装置正上方的仿真模型如图 9-13 所示。坐姿状态下驾驶室内部的磁感应强度值、电场强度值见表 9-9。

将表 9-9 不同测试点的磁感应强度、电场强度大小制成分布曲线，如图 9-14 所示。

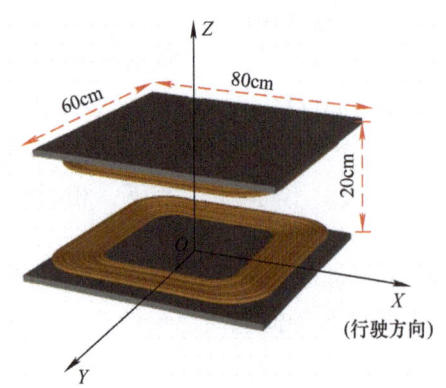

图 9-12 坐标系方向定义图

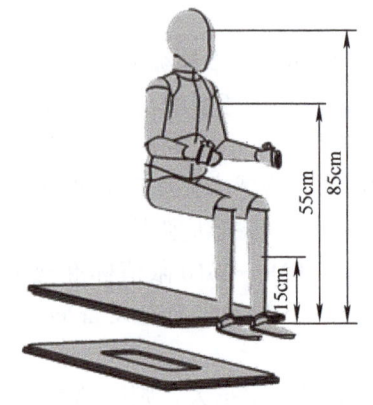

图 9-13 人体位于充电装置上方的仿真模型

表 9-9　驾驶室内不同测试点磁感应强度、电场强度

距离线圈中心位置 X/cm	高度 h/cm					
	15（腿）		55（胸）		85（头）	
	B/μT	E/（V/m）	B/μT	E/（V/m）	B/μT	E/（V/m）
40	48	2.9	12.5	1.1	5.2	0.51
80	12.5	3.6	6.5	1.38	3.6	0.68
120	5.2	1.61	3.4	0.89	2.2	0.48
160	3.1	0.59	2.4	0.33	1.7	0.13

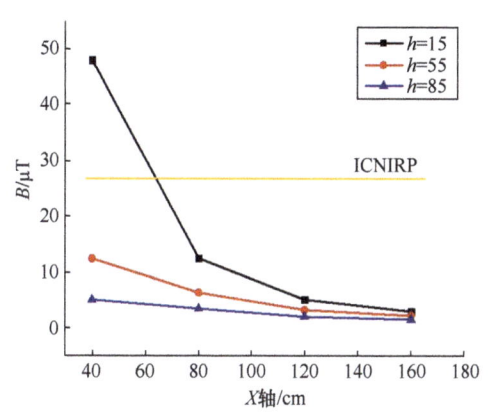 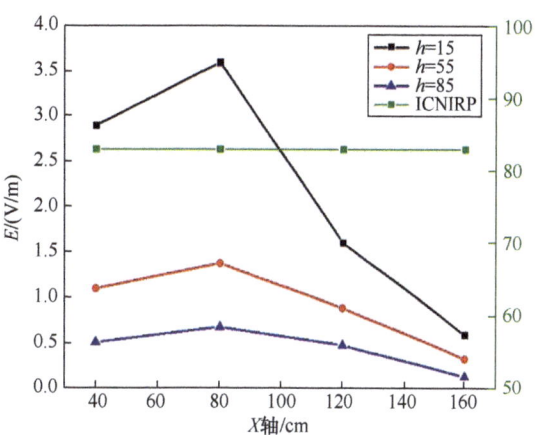

图 9-14　驾驶室内不同测试点磁感应强度、电场强度分布曲线

从图 9-14 可知，磁感应强度随着距离和高度的增大而减小。在 $h = 15$cm 的高度下随着距离的增大，磁场衰减速度大于 $h = 55$cm、$h = 85$cm 的磁场衰减速度。并且根据 ICNIRP 公众暴露安全限值标准，磁感应强度不高于 27μT 是对人体没有危害的，因此有一部分空间处于危险值中。电场强度不高于 83V/m 是对人体没有危害的，仿真结果显示测试位置的电场强度均远远小于 83V/m，因此从人体的感应电场来看，都处于安全状态。

在驾驶室外部选取充电装置前、后、左、右四个区域进行仿真，其中位于充电装置右侧的仿真图如图 9-15 所示，其余三侧类似于右侧区域仿真图。把汽车看成一个对称体，因此简化后只需要对前方区域和右侧区域进行仿真计算即可。

确保每个区域的水平测试点不少于 3 个，垂直测试点不少于 3 个。根据设定的电动汽车的大小参数值，驾驶室外部测试点水平距离车体表面 0.2m。设发射线圈中心位置为原点位置，则在前方、右方区域不同位置下的磁感应强度值见表 9-10。

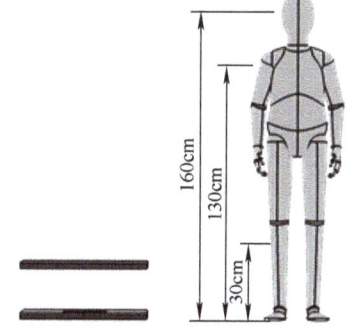

图 9-15　人体位于充电装置右侧的仿真模型

表 9-10　驾驶室外部不同测试点的磁感应强度、电场强度

dX/cm	dY/cm	高度 h/cm					
		30（腿）		130（胸）		160（头）	
		$B/\mu T$	$E/(V/m)$	$B/\mu T$	$E/(V/m)$	$B/\mu T$	$E/(V/m)$
180	0	2.6	0.26	1.2	0.043	0.8	0.017
180	30	2.5	0.225	0.9	0.036	0.65	0.012
0	100	8	2.6	1.7	0.34	1.17	0.115
40	100	6.9	2.25	1.6	0.4	1.15	0.089

由表 9-10 可知，在电动汽车前、右两个空间区域，对水平距离车体表面 20cm 处人体的腿、胸腹、头的位置进行了磁感应强度、电场强度的仿真。仿真显示，在电动汽车前、右两个空间区域，磁感应强度、电场强度均低于 ICNIRP 的安全值，人体所处的充电空间在仿真的安全区域内。

9.3　电动汽车无线充电空间电磁场的安全分析及生物效应影响

9.3.1　电动汽车无线充电系统中人体电磁安全性的仿真分析

1. 电磁热多物理场耦合的有限元计算

生物体暴露于电动汽车无线充电系统的电磁环境中，探究生物体内对电磁能量的吸收。该能量除表现于 SAR 外，电磁暴露主要导致生物体内能的变化，即电磁热效应。在有限元计算中将电磁场功率模块与生物传热模块相耦合，通过计算人体器官的温升，分析充电环境对生物体的热效应作用。外界空间传递的电磁场能量转换为人体热量的吸收。在电磁场和温度场的多物理场耦合条件下，推导有限元方程及边界条件公式。

根据热力学第一定律和能量守恒定律，物体与外界交换热量的公式为

$$dU = \sigma Q - (-\sigma W) + \sigma Z \tag{9-3}$$

式中，Q 为外界对系统传递的热量，系统对外做功为 –W。Z 为系统本身自带热量（J）。达到稳态后，使系统内能的增量为 ΔU。

以血液温度 T = 310.15K 为恒定内热源，实现血液循环对体温的调节。对于导热介质的表面连续光滑，各向同性，且不考虑系统对外做功的情况，利用固体传热、Pennes 生物传热方程，结合傅里叶传热定律，计算暴露后的人体温升。以电磁场的总功率损耗作为电磁热源 Q_r，实现生物传热模块与该电磁环境的耦合。

导热基本微分方程

$$dU = \rho c \frac{\partial T}{\partial \tau} = \nabla \cdot (k \nabla T) + \Phi \tag{9-4}$$

式中，ρ 为物质密度（kg/m³）；c 为物质比热容，[J/（kg·K）]。

Pennes 生物传热方程见式（9-5），计算温度。

$$\rho c \frac{\partial T}{\partial \tau} = k \cdot \nabla^2 T + W_b C_b (T_b - T) + Q_m + Q_r \tag{9-5}$$

式中，W_b 为血液灌注率（kg/m²）；C_b 为血液比热容 [J/（kg·K）]；T_b 为动脉血液温度（℃）；

T 为组织温度（℃）；Q_m 为组织的代谢产热 [J/（$m^3 \cdot s$）]；Q_r 为外部热源提供的热量 [J/（$m^3 \cdot s$）]。

$$Q_{em} = \int_{t_1}^{t_2} \iiint_V \delta E^2 \mathrm{d}V \mathrm{d}t \qquad (9\text{-}6)$$

单位体积内损耗的计算见式（9-6），对生物体组织产生的温升影响。忽略体表的汗液蒸发对体温的调节作用。

$$\Omega: c_o \rho_o u_o \cdot \nabla T_o - \nabla \cdot q_o = Q_r \qquad (9\text{-}7)$$

$$q_o = -k_o \nabla T_o \qquad (9\text{-}8)$$

$$Z_{GA} = j\omega L_G + \cfrac{(\omega M)^2}{j\omega L_V + R_V + R_L + \cfrac{1}{j\omega C_V}} Q_r = c_b \rho_b \omega_b (T_b - T_p) + \sigma_o E_o^2 \qquad (9\text{-}9)$$

$$Q_r = c_b \rho_b \omega_b (T_b - T_p) + \sigma_o E_o^2 \qquad (9\text{-}10)$$

式中，下标 o 表示生物体有限元求解区域，求解满足式（9-7）~式（9-10）。

将人体外部边界条件设定为绝热边界，见式（9-11），即

$$\Gamma_o: -n_o q_o = 0 \qquad (9\text{-}11)$$

2. 人体器官建模和网格优化处理

为了研究在电动汽车无线充电环境下体内外的电磁场分布，参考玛雅人体模型形状和真实成人器官尺寸标准[6-8]，模拟逼真的人体结构，构建人体器官仿真模型。

利用 3ds Max 建模软件通过构出三维曲线的形状，生成立体曲面，将曲面全部闭合处理，然后经布尔运算得到最终的理想形状。然后从建模软件导出人体模型到仿真软件中，对于仿真处理非常复杂的模型，运算速度十分低下。在计算之前，必须先进行模型网格的优化处理。利用有限元网格将模型区域划分为不同子区域，根据需要保持不同细化程度。通过以上方法，最终将总数 7000 万的网格化简降低至 400 万，因此仿真计算速度实现了很大提升。

在模型网格优化处理后，为了计算体内和体外的电磁暴露指标，需要在仿真软件中对人体器官模型进行电磁场与生物传热参数的设置。参考生物体随电磁场频率变化的电磁参数标准，由于生物体组织相对磁导率 μ 为 1，所以电磁场安全研究只需考虑生物体具有的电特性[9, 10]。人体器官精细化仿真模型如图 9-16 所示。根据人体在电动汽车无线充电特定频段磁场的电特性和密度对模型进行设置。表 9-11 中列写了两种最常用工作频率（40kHz、85kHz）下的人体器官和生物热参数，人体器官的参数反映了人体对不同频率电磁场的暴露吸收特性。

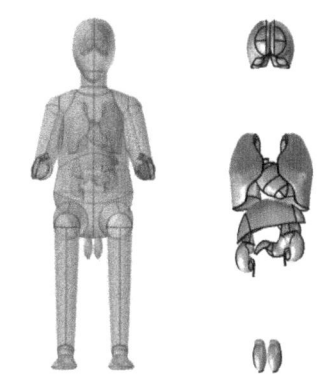

图 9-16　人体器官精细化仿真模型

表 9-11　不同工作频率下人体器官的电磁和生物热参数

重要器官	频率 f/kHz	密度 ρ/(kg/m³)	相对介电常数 ε	电导率 δ/(S/m)	比热容 C/[J/(kg·K)]	导热系数 K
肺	85 40	450	3010.6 3890	0.158 0.126	3540	0.52
肾脏	85 40	1147	8525.6 10510	0.199 0.156	3100	0.52
肝脏	85 40	1151	9130 12050	0.095 0.064	3540	0.52
心脏	85 40	1069	10530 14500	0.328 0.276	3620	0.52
大脑	85 40	1040	3804 4990	0.160 0.138	3700	0.5
胃	85 40	1088	2985 3490	0.535 0.517	3430	0.47
睾丸	85 40	1092	5870 6390	0.442 0.490	3640	0.55
躯干 （身体平均值）	85 40	1075	7000 5400	0.320 0.270	3700	0.52

3. 人体电磁暴露指标分布

（1）体内外电场分布对比

关于人体电场的暴露分布规律，分析同一身体层面的体内感应电场和体外电场的大小关系。以 11kW 为例，图 9-17 所示为车尾站姿的人体内部和外部电场分布图的对比。

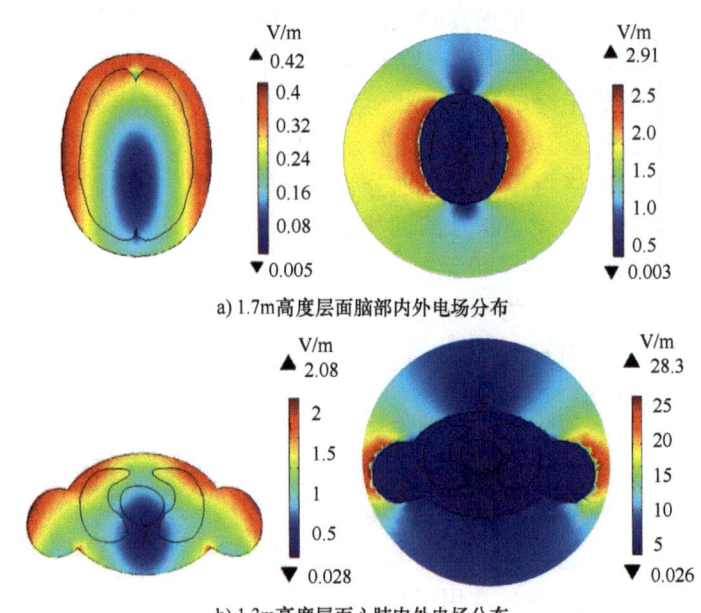

a) 1.7m高度层面脑部内外电场分布

b) 1.3m高度层面心肺内外电场分布

图 9-17　11kW 车尾站姿体内外电场对比

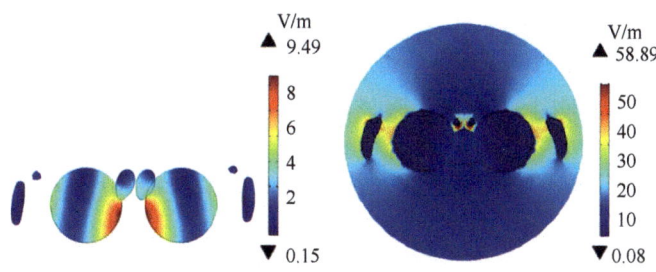

c) 0.86m高度层面睾丸内外电场分布

图 9-17　11kW 车尾站姿体内外电场对比（续）

结果显示，体外近场空间电场远大于体内感应电场。体表电场在距体表 0 ~ 10cm 范围内出现最大值，之后随着到体表距离的增加，空间电场会减小。空间电场最大值在接近人的体表出现，并且体外和体内电场最大值出现的区域是一致的。由不同功率下线圈空间电场的分布，得到距离人体近体表 15 ~ 20cm 的空间电场值，为体表最大值的 1/3 ~ 1/2 倍。体外暴露值为体内的 8 ~ 20 倍，相差倍数与器官特性以及暴露高度相关。体表电场的仿真结果图显示电场最大值常出现在四肢两侧位置。车尾空间电场距线圈 0.4 ~ 0.6m 范围内也出现最大值。

影响体内感应电场暴露的因素除了体外近场空间电场强度，还涉及某层面组成器官的电导率、密度分布问题。从头到脚层面，不同于体外电场一直随高度下降而逐渐增加，体内电场出现暴露严重器官层面激增的现象。体内和体外电场从头到脚的总体趋势都是逐渐增加，但体内电场较体外变化缓慢，由 0.1 ~ 0.3V/m 增加至 2 ~ 4V/m。

随到线圈平面的高度距离减小，体内电场与体表最大值的比值呈多次函数递增。而当距离线圈较远，即体外空间电场很小时，体内吸收电磁暴露的倍数也较小。体内电场峰值对应车内坐姿的躯干为 7 ~ 12 倍增长，腿部以下为 19 ~ 42 倍，车外站姿躯干为 3 ~ 5 倍，腿部以下为 15 ~ 34 倍。人体内外电流密度分析方法与本节一致，不再赘述。

（2）体内电磁暴露指标的安全距离

根据交变电磁场与人体的耦合原理，选取人体电磁安全指标。在时变电场作用下，由于人体为良好导体会显著扰乱体外空间的电场分布，电场线方向与身体表面保持垂直。电场暴露导致人体表面感应出交变电荷，在体内产生电流，可能使人产生感觉或烦恼效应。在时变磁场作用下，由于人体组织的磁导率与空气相同，组织内的磁场大小等同外部空间，所以生物体对磁场不会明显产生扰乱，但可能使人产生神经系统刺激或发热效应。由法拉第感应定律，时变磁场在人体内部产生感应电场和电流，在不同电导率的组织产生不同大小的电流密度。因此计算时变电磁场中人体内的感应电场与传导电流密度作为电磁安全评价指标。

根据人体内部的感应电场和电流密度指标，以基本限值为标准确定较严格的安全距离，图 9-18 和图 9-19 反映了不同充电位置和功率情况下的体内感应电场峰值和电流密度随身体器官层面的变化。

对于人体内的电磁暴露安全评价，同时考虑感应电场和电流密度指标。体内感应电场参考了 ICNIRP—2010 导则的基本限值指标，相比感应电场安全限值 11.475V/m，车内坐姿的感应电场全部符合安全指标，只在 22kW、33kW 功率下车尾站姿的小部分身体范围超标。

当车尾站姿位于最大暴露位置处，体内感应电场峰值在功率 22kW 睾丸处为 14.2V/m，超标；在功率 33kW 肝胃部位为 11.58V/m，略超限值，睾丸处为 19.2V/m，超标。而电流密度是根据 ICNIRP—1998 导则中人体基本限值的另一参考指标，其公众限值规定为 $f/500$，与频率相关。结果显示，计算值在坐姿的 4 个功率条件下全部满足安全限值 170mA/m^2，而在站姿的 22kW 下睾丸处超标，为 230mA/m^2，在 33kW 下肝胃和睾丸处超标，为 195mA/m^2 和 290mA/m^2。

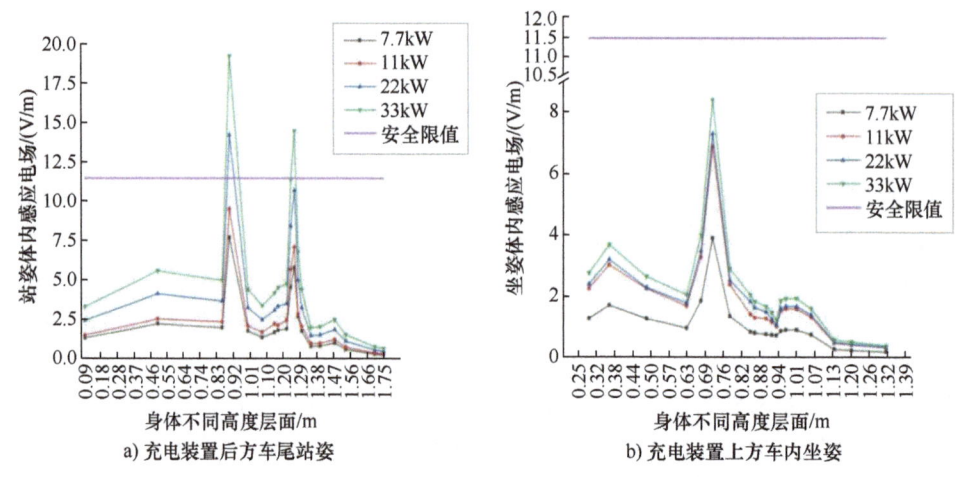

a) 充电装置后方车尾站姿　　　　　b) 充电装置上方车内坐姿

图 9-18　不同充电位置和功率下体内感应电场峰值随身体器官层面的变化

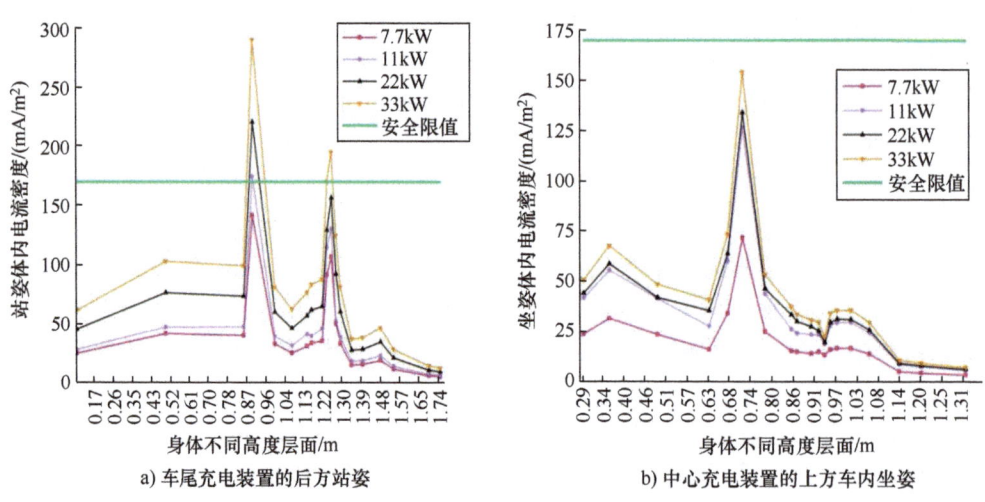

a) 车尾充电装置的后方站姿　　　　　b) 中心充电装置的上方车内坐姿

图 9-19　不同充电位置和功率下体内电流密度随身体器官层面的变化

对比不同研究层面的体内电场分布规律，并分析人体暴露最严重部位。由于未经铝板的电屏蔽作用，车尾空间存在部分电磁场泄漏，站姿感应电场暴露值较大，约为坐姿感应电场暴露值的 1.5～2.3 倍。由于组织电特性明显增大而受暴露影响较严重，远大于距离线圈较近的下方腿和脚部。站姿体内电场暴露较严重部位为睾丸（约为脚部的 7 倍）、肝胃、心肺、脚部。坐姿体内电场暴露较严重部位为臀部（约为脚部的 3 倍）、睾丸、脚部、肾胃。坐姿时身体层面沿高度之间的电场变化远小于站姿，相同器官的电场峰值在不同高度截面的变化量低于站姿的 1/30 ～ 1/20。在臀部以下的部位由于接近线圈高度，电场衰减加快，接近站姿。

（3）人体内 SAR 及温度分布

在人体电磁场暴露的计算结果中，由于体内感应电场指标的安全距离要求严格于近体表空间电磁场指标。本节在电动汽车无线充电系统中，在满足体内电场安全距离的最大暴露位置处，研究 SAR 和温升指标的身体暴露分布，分析热效应安全影响。

利用生物传热模块和多物理场设置，实现了充电系统空间的电磁功率与人体吸收电磁能量的转换。热传递是物体内能变化的原理，模拟空间与人体内的热传递这一重要过程，设置外部环境温度和人体内热源血液的初始温度，研究人体内 SAR 及人体温度暴露于电磁环境中的变化。通过器官表面和体表的向外散热面进行热通量计算，最终得到了温升结果。

当人正对无线充电装置时，根据 ICNIRP—1998 标准的人体局部暴露 SAR 安全限值 2W/kg，研究 SAR 指标在 7.7kW、11kW、22kW 和 33kW 功率条件下的分布，如图 9-20 所示。计算结果显示，整体上器官后侧的暴露值比前侧暴露值是偏小的，但暴露严重的器官位置一致。SAR 在大腿内侧的睾丸处暴露最高，其次是在肺部的最外边缘以及胃部暴露值较大，但在脑部以及肾脏较小。所有器官的局部 SAR 计算值，满足安全限值 2W/kg。在该充电环境下满足体内电场安全距离时，人体内吸收的电磁能量不会对健康产生危害。

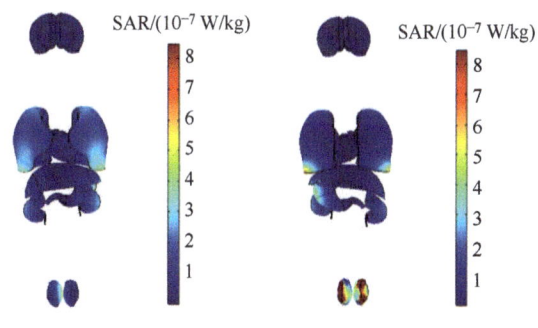

a) 7.7kW器官前侧和后侧SAR

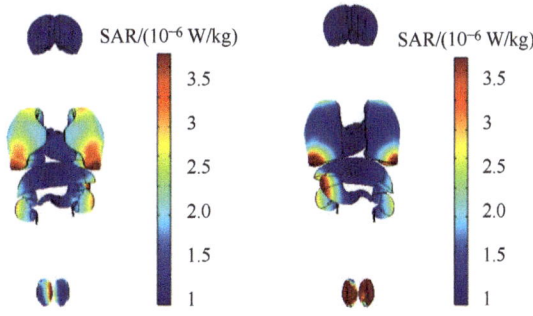

b) 33kW器官前侧和后侧SAR

图 9-20　电动汽车不同充电功率下人体的 SAR 分布

通过生物传热模块，计算暴露后人体表面和内部器官的温升，如图 9-21 所示。由于健康人体温度为 36℃ 即 309.15K，暴露后达到的稳态体温为 T，因此温升表达式为 T–309.15K。从生物热效应角度分析暴露影响。计算结果显示，伴随功率的增加，人体暴露后的温度不断升高。人体的温度分布相对较均匀。人体表的温升，在胸前、头顶以及腹部暴露较明显。在体内某些器官形成较大温升，如肝脏、肾脏、心脏、生殖器官，而在肺部相对较小。体表温度略高于体内器官，这是因为人体外部电磁环境向体内传递暴露影响，并且体表吸收了一部分电磁能量。源于体外的电磁场功率损耗以能量转换的方式导致人体内能的增加，表现为温度上升。根据 ICNIRP—2010 标准的生物组织温升阈值规定，温升在 0.01℃ 以下不会对健康造成影响。所有器官的温升计算值小于 0.01℃，满足 ICNIRP—2010 安全要求。在满足体内电场安全距离时，该充电环境对人体没有明显热效应安全性影响。

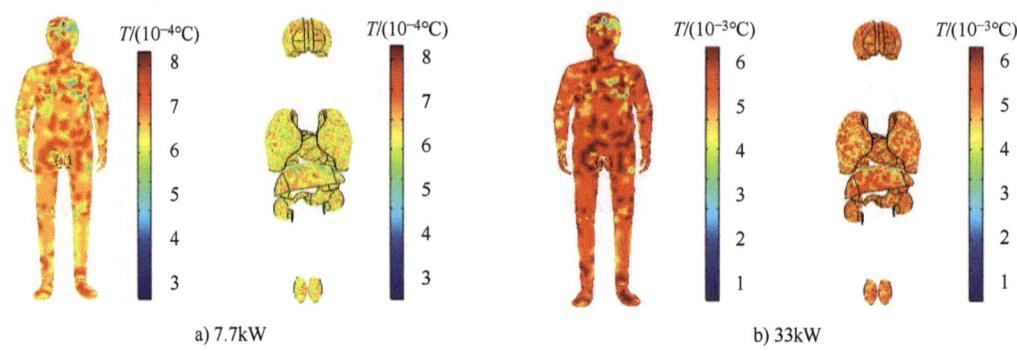

a) 7.7kW　　　　　　　　　　　　　　　b) 33kW

图 9-21　电动汽车不同充电功率下人体的温升分布

9.3.2　电动汽车无线充电空间电磁场的测量

1. 人体暴露测量方案的制定

在底盘车尾、底盘中心两种充电位置，对应人体重要器官层面选定空间暴露测试点。由于人的体表吸收暴露最强，并且空间电磁场强度从体表到体外逐渐减小，方案选择人的近体表空间区域进行测试。研究当人相对线圈的位置移动时，空间电磁场对各器官的电磁暴露情况与安全距离的变化。暴露实验与仿真的空间电磁场指标与安全距离对应，最后将近体表周围空间的电磁场强度与导出限值对比。根据人体在驾驶室内外的典型站位，并结合不同器官的高度进行选取，以确保仿真结果与实际情况相对应。

对应仿真系统设置条件，将人体短暂地暴露于 7.7kW、11kW、22kW 和 33kW 的电动汽车无线充电实验平台中，暴露测试方案如图 9-22 所示。对应仿真的身体器官层面进行近体表空间电磁场测量。由于人体结构特征及其相对于无线充电线圈的角度和位置不同，电磁场强度会有所变化。因此，参考仿真结果分析体内外电磁场的分布特性，并基于不同区域的暴露强度，设计实验平台的暴露方案，划分近体表测试区域。

有规律地选取模型的不同测试点研究暴露值。在躯干表面的中间前侧、左前侧和中间后侧、左后侧，以及四肢内侧、外侧的不同划分区域测量。人体表暴露点位置如图 9-23a 所示。平行于体表方向选取测量区域，利用探头测量距人体表 5～8cm 处的电磁场强度。图 9-23b 所示为体表测量各区域中心点 P 相对于一些身体器官层面的位置。

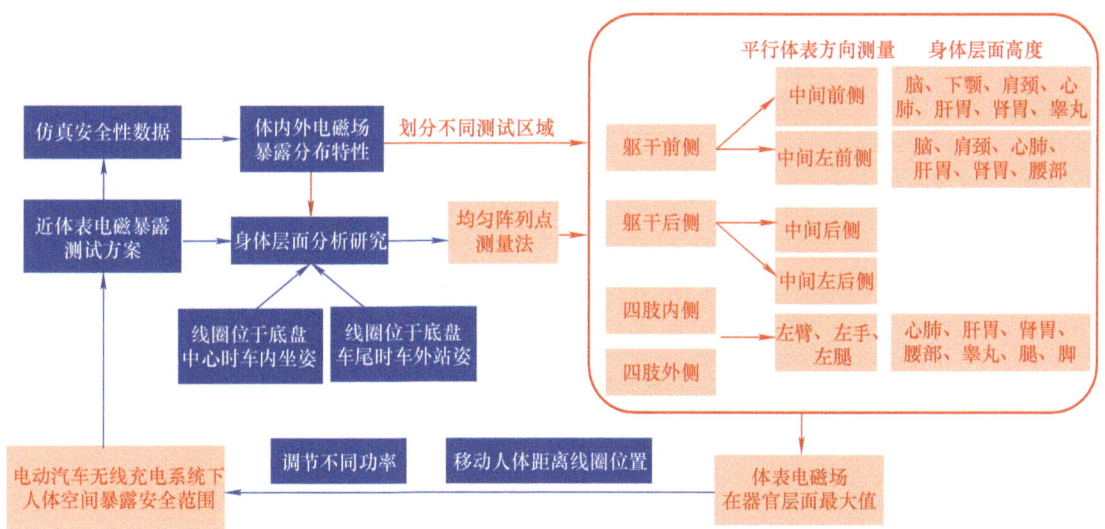

图 9-22　人体电磁暴露测试方案流程图

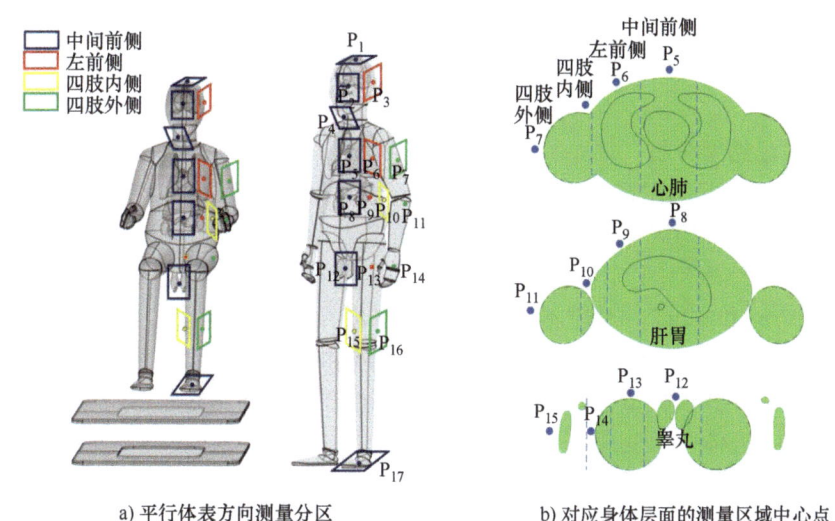

a) 平行体表方向测量分区　　　　b) 对应身体层面的测量区域中心点

图 9-23　近体表空间的电磁暴露测试区域

P_1 表示脑部顶端，P_2 表示脑部前侧，P_3 表示脑部左侧，P_4 表示下颚颈部，P_5、P_6 表示心肺的中间和左侧区域，P_7 表示心肺旁边的手臂外侧区域，P_8、P_9 表示肝胃肾整体区域的中间和左侧区域，P_{10}、P_{11} 表示肾胃旁边的手臂内侧和外侧区域，P_{12}、P_{13}、P_{14} 表示睾丸区域及其旁边的左腿和左手外侧区域，最后在左腿的内侧和外侧 P_{15}、P_{16} 与脚面 P_{17} 周围测量。采用均匀阵列点测量法，每一区域测量点以 3×4 阵列排布，均匀移动步长 50mm。为排除实验偶然因素，在同一点上测量 3 次数据取平均值，最终选取身体器官层面高度的最大体表空间暴露的电磁场值进行记录。电磁暴露方案在人体移动到线圈的不同距离和功率条件下，分别测量体表电磁场，分析人体导出限值的安全距离，并总结不同身体区域的暴露分布特点，验证与仿真结论是否一致。

如图 9-24 所示，采用三维电磁场测量平台测量人近体表暴露的空间电磁场强度，通过上位机软件控制机械臂移动探头到粗略位置，结合手持移动探头方式测量详细位置，可得到精确的测试结果。电磁暴露场强的测试设备为电磁暴露分析仪，在三维空间中，采用三轴各向同性的高频探头。其可测量 5Hz ~ 400kHz 广泛的频段，要求探头的直径小于 13cm。该设备可测量频段包含了电力行业主要产生电磁场干扰的范围，且利用三维电磁场探头同时测试。此仪器操作简单直观，低于 ±5% 的误差范围，可以进行长时间的暴露测试。

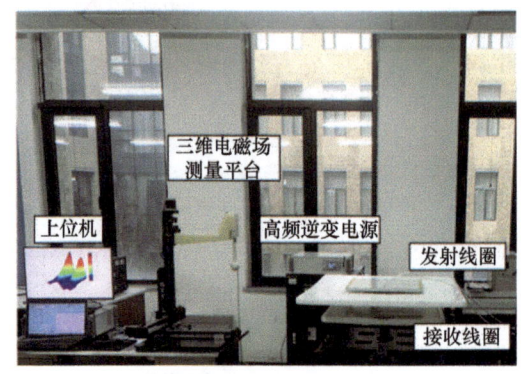

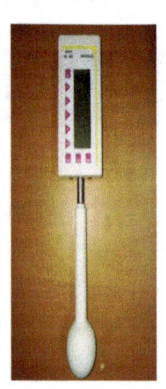

a) 三维电磁场测量平台   b) 电磁暴露测量仪器

图 9-24 三维空间电磁场测量平台

2. 空间电磁场结果分析

在铝板屏蔽条件下，在充电线圈位于车底盘尾部和中心两种研究情况下选取暴露较大的区域，即对应车尾后方站姿和线圈上方的车内坐姿，实验测量人近体表空间的电磁场暴露。本节将测量近体表空间的电场强度、磁感应强度指标，根据 ICNIRP—2010 标准的导出安全限值 83V/m 和 27μT，对应不同充电位置和功率条件确定了安全距离。车后方的人体站姿从距线圈中心 0.4m 处开始测量空间电场强度和磁感应强度。线圈上方的人体坐姿，从距线圈中心 0.11m 开始测量体表电磁暴露情况。由于线圈平面中心线上的场强暴露较大，在此暴露位置测试人体并改变距离。

按照人近体表空间暴露测量方案对应身体器官层面进行测试，并与电磁场安全限值对比。由于研究情况较多，从所有测量表格中只选取表 9-12 列写于书中，其对应 33kW 车尾站姿的人体暴露较高条件。对所有充电情况的数据进行处理得到曲线图，表明 7.7kW 和 33kW 功率下电磁场随人体暴露位置及身体器官层面变化，如图 9-25 所示。由不同功率的曲线结果图总结出人近体表空间的电磁场暴露分布特性与安全距离。

表 9-12 33kW 功率下车尾近体表空间的电磁暴露

车尾空间电磁暴露指标	到线圈中心距离 /m	脑	心肺	肝胃	肾胃	臀部	睾丸	腿膝	脚
$E/$（V/m）	0.4	10.43	23.09	24.13	26.45	31.1	29.72	108.8	145.3
	0.7	11.05	21.98	22.83	24.02	24.89	36.79	84.05	107.9
	0.8	15.29	28.23	29.29	31.6	37.07	43.84	68.43	85.16
	1	18.76	32.33	33.93	36.46	40.13	46.09	56.74	64.24
	1.2	10.77	21.83	26.84	34.78	37.69	40.77	48.03	52.35

（续）

车尾空间电磁暴露指标	到线圈中心距离/m	脑	心肺	肝胃	肾胃	臀部	睾丸	腿膝	脚
$B/\mu T$	0.4	4.01	8.14	8.44	10.4	13.9	17	33.4	45.1
	0.7	3.18	5.68	5.83	6.87	8.45	10.2	15.2	17.1
	0.8	2.88	4.85	5.01	5.77	7.1	8.15	11.3	12.1
	1	2.33	3.64	3.65	4.11	4.76	5.28	6.47	6.66
	1.2	1.87	2.67	2.72	2.93	3.26	3.52	3.96	4.21

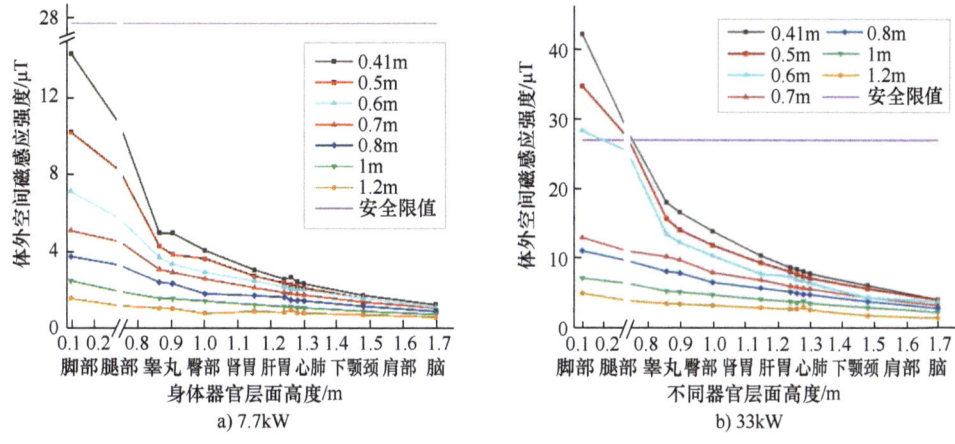

图 9-25　电屏蔽板左侧的空间磁感应强度随器官层面高度、距离的变化

关于车外站姿和车内坐姿的体外电磁场分布特性：当充电线圈在车尾时，从车体屏蔽板下方会泄漏一大部分电磁场到空间中，所以导致车尾空间的电磁场强度远大于车内。关于近体表空间磁场的分布特性：对于车内坐姿，磁感应强度由线圈中心向边缘，先增加；最大值出现在线圈边缘；在外侧之后剧烈减小，然后随距离的增加，磁场逐渐减小。对比车尾站姿即在线圈边缘外侧，磁场最大值出现在距离线圈最近的位置；然后随距离的增加，磁场单调减小，而且磁场随人体高度的增加而减小。

关于近体表空间电场的分布特性：随纵向器官所在的高度层面降低，电场强度迅速增大，并且越靠近线圈下方，电场强度增大速度越快。人体从头到脚层面的体外电场一直随高度下降而逐渐增加，此过程不同于体内电场在暴露严重的器官层面激增的现象。关于坐姿的体外空间电场，从脑部的 0.5 ~ 7V/m 一直增加到脚部的 11 ~ 38V/m。暴露最严重部位只由高度决定：第一是 0.32m 处脚部，第二是 0.49m 处腿部，第三是 0.62m 处睾丸。而对于站姿的体外空间电场，从脑部的 1.2 ~ 9V/m 一直增加到脚部的 63 ~ 152V/m。暴露的严重程度只由高度决定：第一是 0.1m 处脚部，第二是 0.5m 处腿部，第三是 0.86m 处睾丸。对于磁感应强度，暴露较大的器官位置与电场相同，如图 9-26 和图 9-27 所示。

对比 ICNIRP—2010 标准的导出限值，以外部的电磁暴露环境条件确定了关于系统中人体位置的安全距离。结果表明，近体表空间磁场在车尾站姿的 33kW 功率下，人体安全距离为 0.72m；在车内坐姿 33kW 功率下，磁场只在线圈边缘处的脚部位置超标，人体安全距离为 0.5m。近体表空间电场在车尾站姿的 33kW 功率下，人体安全距离为 0.58m；在车内坐姿 33kW 功率下，电场只在线圈边缘处的脚部位置超标，人体安全距离为 0.34m。

磁场的安全距离高于电场，一定程度上说明了磁场的安全性要求更加严格。而其他功率条件下所有区域测试点均满足 ICNIRP—2010 的电磁场安全限值。且在本实验系统的短暂暴露中，测试者未出现可感知的神经系统功能异常或热效应。

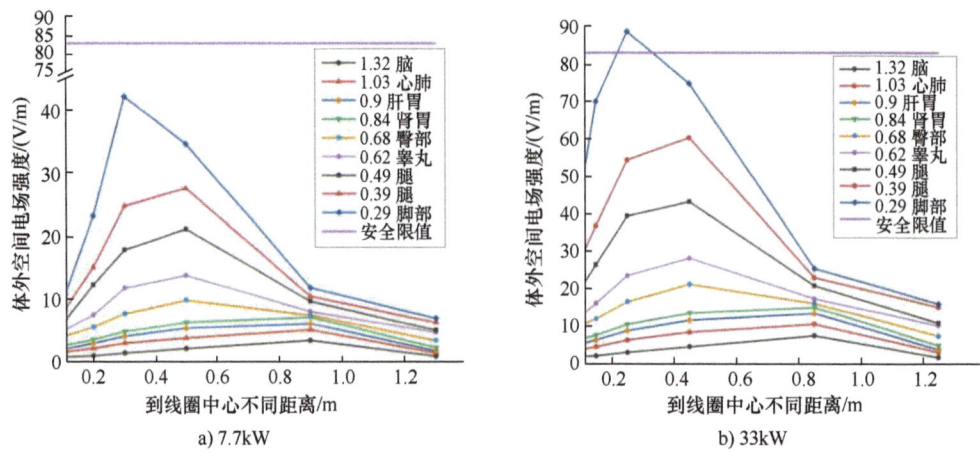

图 9-26   在电屏蔽板上方的空间电场随不同层面高度和距离的变化

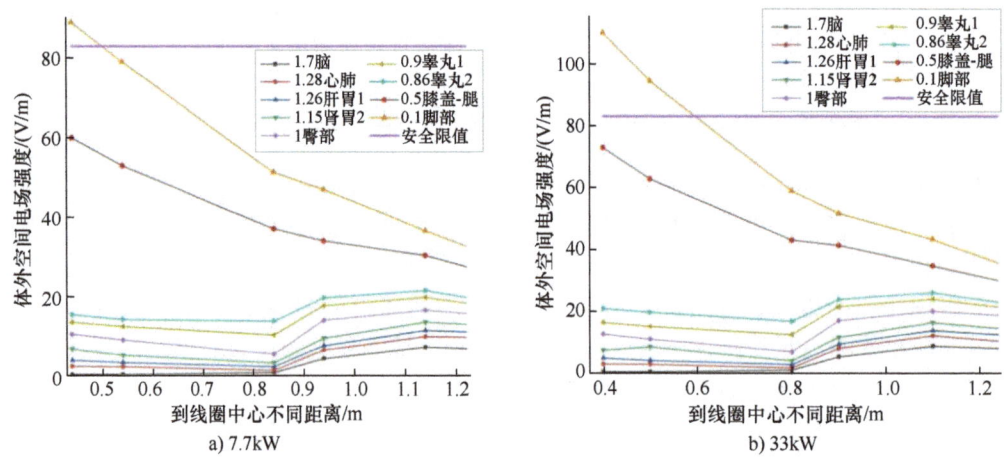

图 9-27   在电屏蔽板左侧的空间电场随器官层面高度和距离的变化

依据近体表暴露方案测量得到的关于身体器官层面的空间电磁场分布特性与安全距离的实验结果在一定范围内很好地验证了仿真中身体器官层面的导出限值安全距离的正确性。

9.3.3   生物效应影响在电磁暴露实验中的探究

1. 电动汽车无线充电系统的生物暴露实验

本节通过电动汽车无线充电系统的活体暴露实验研究生物效应。通过研究机体内部的器官生理指标影响，判断电磁暴露是否危害生物体健康，是评价系统电磁场安全性的最直接方式。从宏观角度设置了免疫 T 细胞指标实验和性激素指标实验，从微观角度设置了组织切片实验，从多角度研究了电动汽车无线充电环境对器官的生物效应是否有安全性影响。

由于本节暴露实验的研究对象不同于前文的人体，生物实验条件为将小鼠暴露于 40 ～

60kHz 频率的充电系统，调节充电功率为 33kW，使最大磁感应强度达到 5mT 的高暴露水平。因此本节生物实验保证了暴露强度高于人体测试条件，在满足人体安全性研究的基础上，进一步研究生物效应影响。实验暴露 A、B、C 组分别放置在线圈中间、上端和右端以探究充电线圈不同暴露方向的影响，如图 9-28 所示。暴露方式选取不同方向，通过探头测量暴露位置的磁感应强，如图 9-29 所示。测试点在 $Z = 10cm$ 平面，测线圈中心位置、线圈上端位置、线圈右端位置 20cm 处。线圈中心位置 a 的平均磁感应强度为 5mT；线圈 Y 方向 20cm 处位置 b 的平均磁感应强度为 800μT；线圈 Z 方向 20cm 处位置 c 的平均磁感应强度为 600μT。本实验在不同方向选取测试位置，均实现了小鼠在线圈周围暴露的较大强度。通过测定每次暴露前后的场强结果，保证连续实验的暴露强度稳定。

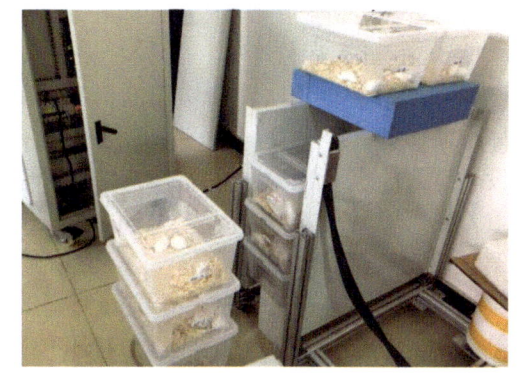

图 9-28　小鼠位于系统电磁场的不同暴露方向位置

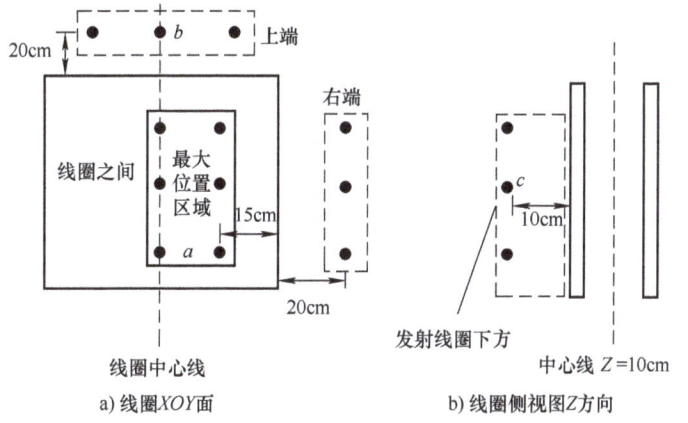

图 9-29　生物实验的不同暴露方位测试点方案

利用三维电磁暴露分析仪，在已搭建好的电动汽车无线充电系统中进行暴露点的测量。选取 82 只肝、肾等生理功能正常的健康小鼠。形成三组实验组和一组对照组（18 只）。4 周暴露组进行的暴露持续时间为最长 29 天，每天暴露 2h，每天实验后测量各组小鼠所在空间位置的磁感应强度，并测量小鼠体重。暴露点选取仿真研究的线圈空间场强的最大位置，用暴露实验验证生物效应影响。期间每天喂养小鼠饲料，并换水，保持笼盒内小鼠生活的环境干净、温度适宜。暴露实验全部完成后，对小鼠进行眼眶静脉丛采血和解剖。因为电磁暴露有累积效应，本节生物实验将各组小鼠在电动汽车无线充电系统中按不同暴露时间分组。免疫器官的实验条件按照 1、2、4 周结束暴露，分别进行解剖处理并研究数据。对应组织器官切片和性激素实验，设置在系统长时间的暴露条件：连续 3 个月且每天 2h。

2. 关于免疫器官的抗体影响

（1）对小鼠体重的影响

观察电磁暴露对小鼠整体器官的增生增殖的影响。利用双因素方差分析（Two-way

ANOVA）处理生物实验数据，研究暴露时间为1、2、4周时磁场对小鼠体重变化的影响如图 9-30 所示，结果发现，各暴露组、对照组之间无显著性差异。

生物学研究中显著性检验被广泛应用于判断不同组样本之间是否存在显著差异。用 SPSS（Statistical Package for the Social Sciences，社会科学统计软件包）统计软件对以上数据进行显著性分析。用平均值 ± 标准差形式（$X \pm S$）表示数据，P 值代表方差的显著性。

Bonferroni 事后检验是一种较严格的多重检验校正方法，通过在多重检验中提高判断标准即 P 值，使得单次判断错误的概率下降。其 p.adjust 函数对 P 值变化最为灵敏。如果总体上需检验 n 个独立的假设，那么检验单个假设时，规定显著性水平为仅单独检验这个假设时显著性水平的 $1/n$。双因素方差分析法对应两个自变量：不同暴露时间和不同组别的体重差异。单因素方差分析法（One-way ANOVA）对应单自变量：不同组别的 T 细胞数量比例差异。

采用双因素方差分析法，研究暴露总时长为 1、2、4 周的小鼠体重与暴露天数和组别的差异性。1 周内磁性对小鼠体重的影响如图 9-30a 所示，各组间无显著性差异。2 周内磁性对小鼠体重的影响如图 9-30b 所示，各组之间无显著性差异。4 周内磁性对小鼠体重的影响如图 9-30c 所示，各组之间无显著性差异。各组分析结果的显著性水平 $P>0.05$，表明两方差无显著差别，即在无线充电空间经电磁暴露的小鼠（实验组 a、b、c）与未经电磁辐射的小鼠（对照组）在生化指标上没有显著性差异。

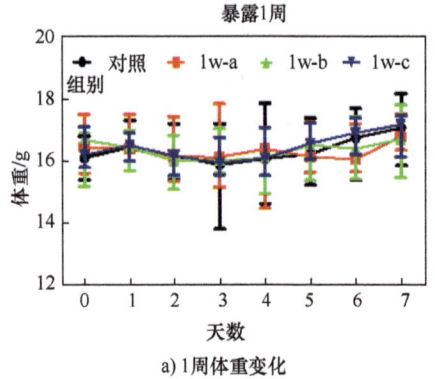

a）1 周体重变化

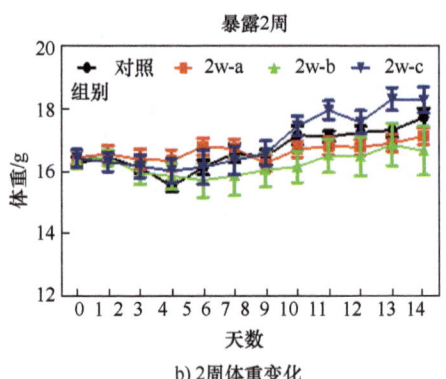

b）2 周体重变化

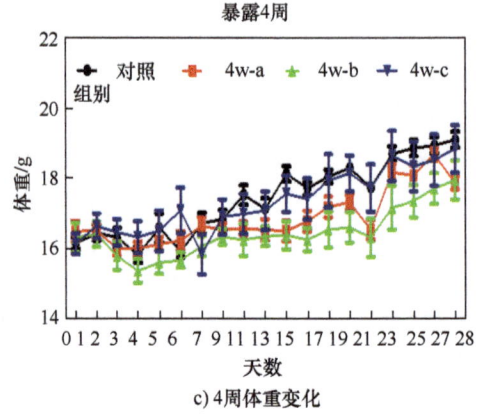

c）4 周体重变化

图 9-30　对不同暴露时间小鼠体重的影响

（2）脏器指数与免疫特性指标原理

淋巴和脾脏是重要的免疫器官，它们具有丰富的 T 淋巴细胞。脏器指数是单位体重下的脏器质量，其高低取决于其中淋巴细胞增殖的程度，可粗略估计免疫功能的强弱。用淋巴和脾脏的脏器指数指标观察电磁暴露是否对淋巴细胞增值产生影响，当脏器指数降低时，说明免疫功能受到了抑制影响。

CD3、CD4、CD8 属于 T 细胞产生的三种不同分化抗原，它们又称 T 细胞亚群。CD3、CD4、CD8 主要负责细胞免疫功能，具有调节生物体免疫系统使机体抗病毒的作用。当被激活时可以分泌细胞因子，协助调节免疫反应。CD3 是成熟的 T 淋巴细胞，是所有 T 细胞都具有的分化抗原，表示生物体细胞免疫功能状态。CD4 包括诱导性 T 细胞和辅助性 T 细胞，这是调控免疫反应的最重要枢纽。CD8 和 CD4 亚群是一对互相排斥的分化抗原。CD8 是抑制性或细胞毒性 T 细胞，具有在免疫反应中直接杀伤细胞的作用。CD4 与 CD8 的比值是判断生物体免疫功能是否紊乱的最敏感指标，免疫实验以该比值为重点，研究电磁暴露对免疫功能产生的生物效应影响。

由于生物组织中的相容性复合体（MHC Ⅱ）相关的多肽抗原反应，一种 $CD3^+$ 和 $CD4^+$ 同时存在的细胞可以被激活并分泌细胞因子，帮助调节生物体的免疫功能。而另一种同时存在 $CD3^+$ 和 $CD8^+$ 的细胞，也可以被多肽抗原反应激活，但其主要作用为定向破坏靶细胞。

正常情况下，抗原之间互相拮抗达到数量平衡的稳态。但是当免疫平衡被破坏时，细胞数量及比值变为紊乱，会引发疾病。为了判断电动汽车无线充电的电磁场暴露是否会导致研究指标免疫细胞亚群的异常变化，参考了目前具有临床意义的 T 淋巴细胞水平在患者体内发生异常时的以下特征。

当 CD3 下降时，导致机体的免疫功能减弱，易引发恶性肿瘤、慢性肝炎、肺结核感染、心脑血管疾病等多种性疾病。CD3 增高会引起超敏反应，常见于再生障碍性贫血、过敏性鼻炎以及恶性胸腔积液。

当 CD4 降低时，伴随 CD8 上升，会导致机体的免疫功能低下，引发严重的免疫缺陷病、艾滋病、恶性肿瘤、病毒性感染等。CD4 下降可能反映了心脏的左心室负荷增加或心肌功能恶化，并且 CD8 参与细胞毒性作用，会导致心衰进程更严重，引发心脏病。

当 CD8 显著降低时，导致与之拮抗的 CD4 相对升高，可发生过强免疫反应（超敏），常见的病症为重症肌无力、过敏性鼻炎、干燥症等。其可能导致高血压的原因是 B 细胞增加了在动脉壁分泌自身免疫致病物。

CD4/CD8 比值下降的原因是细胞抑制了免疫反应，引发免疫缺陷病，如白血病、红斑狼疮、呼吸道感染（比值低于 0.5 甚至患艾滋病）。如果 CD4/CD8 比值过量，标志着此时免疫功能是过度活跃采取反应的，常见于移植器官的排斥反应、糖尿病、高血压、类风湿性关节炎等。

（3）小鼠免疫特性的研究结果

采用流式细胞分析仪对免疫器官中不同 T 细胞和脏器指数指标进行上机检测，经处理细胞分群，通过比较 CD4、CD8 与 CD3 的相对荧光强度，筛选出位于两个细胞通道的特定 T 细胞，并计算 $CD3^+ CD4^+$ T 细胞和 $CD3^+ CD8^+$ T 细胞的数量比例。进一步计算阳性 $CD4^+$ T、$CD8^+$ T 细胞在脾脏和淋巴中的数值比例，以及相应器官的脏器指数，并对暴露组与对照组进行显著性比较。利用 SPSS 软件，通过多重校验的单因素方差分析法，研究 a 组、b 组、c 组和对照组各组的免疫 T 细胞指标差异，并计算显著性指标 P。显著性分析结果如图 9-31 所示，表示了暴露 4 周后小鼠脾脏和淋巴器官中的 T 细胞数值比例及脏器指数。

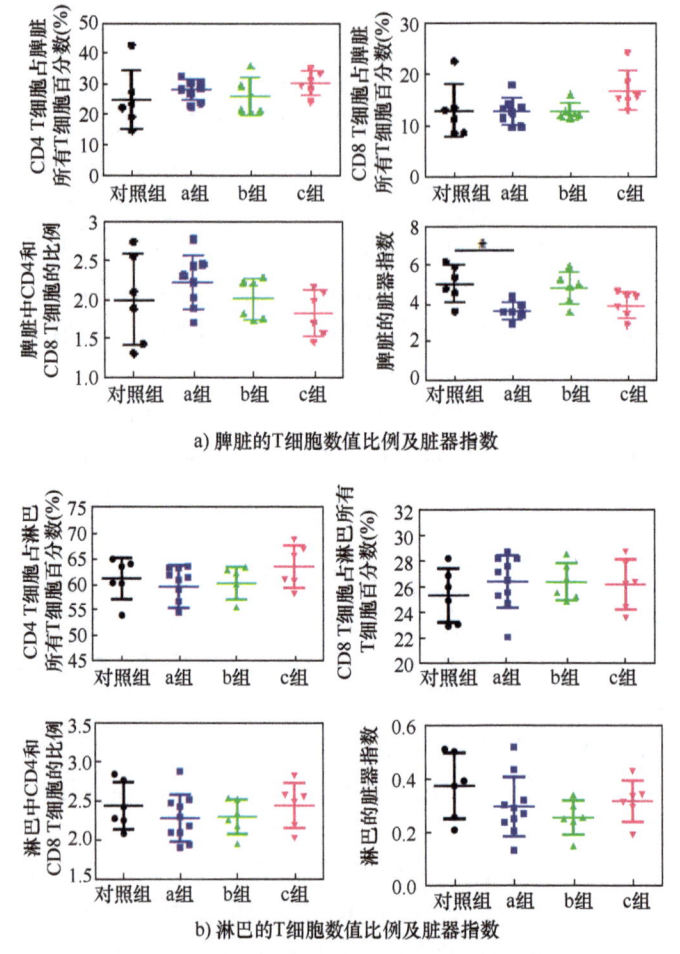

a) 脾脏的T细胞数值比例及脏器指数

b) 淋巴的T细胞数值比例及脏器指数

图 9-31 4 周暴露时间的显著性数据分析

结果显示，实验组小鼠免疫器官的脏器指数和脾脏、淋巴中的 T 细胞数量比例基本在正常参考值范围内。淋巴结中 CD3 与 CD4 的双阳性 T 细胞、CD3 与 CD8 的双阳性 T 细胞的数量以及两种 T 细胞的比例 "$P>0.05$"，在所有暴露组及对照组之间均无显著性差异；脾脏中 $CD3^+$、$CD4^+$ 的 T 细胞和 $CD3^+$、$CD8^+$ 的 T 细胞的数量，还有 CD4/CD8 的数量比例 "$P>0.05$"，在各组之间均无显著性差异。在搭建的 60kHz 33kW 电动汽车无线充电系统环境连续 4 周且每天 2h 的暴露条件下，利用流式细胞分群法和显著性差异分析法得到小鼠淋巴和脾脏的免疫 T 细胞指标在暴露前后无显著性差异。

3. 组织器官的切片与激素水平

在小鼠组织切片实验中，本节的研究对象与人体不同高度层面的器官仿真形成了统一，进行了生物实验的验证。为了便于控制变量，生物实验通过解剖小鼠，制作单独器官的 HE 染色切片。利用显微镜观察组织器官切片形态，分析在电磁暴露前后是否有明显的变化，并进一步对性器官卵巢和睾丸分泌的激素水平进行分析，研究电磁暴露的生物效应影响。

（1）HE 染色实验观察电磁干预对组织器官的影响

本实验基于前期研究成果，在 33kW 的实验平台上进行，选择电磁暴露强度较大的区域（充电线圈中心及其上方位置）进行 HE 染色实验，以观察电磁暴露对生物组织切片的影响。样本获取方法为，首先是脱水，经过乙醇浓度为 70%、80% 各 2h，95% 的乙醇过夜处理。第二天用无水乙醇和二甲苯分别浸泡 1h 和 20min，直到观察到组织变透明。然后是浸蜡 3h。接着是包埋与切片，制成厚度为 5μm 的组织切片，经 70℃ 烤片处理 3h。最后对切片处理 HE 染色，通过浸泡二甲苯 20min，无水乙醇、95% 乙醇、80% 乙醇、70% 乙醇各处理 10min，最后完成脱蜡，用苏木素、自来水、0.5% 盐酸、0.5% 伊红、95% 乙醇、无水乙醇各按需要冲洗 3～10min，最终形成中性树胶封片制成切片。

脾脏组织器官切片如图 9-32 所示。可以看出，经过电磁暴露的脾脏切片雌性干预组与空白组比较，其细胞间质增加，排列变得疏松；而雄性干预组在电磁暴露下无明显的细胞损伤作用。其他器官也会出现类似生物效应。

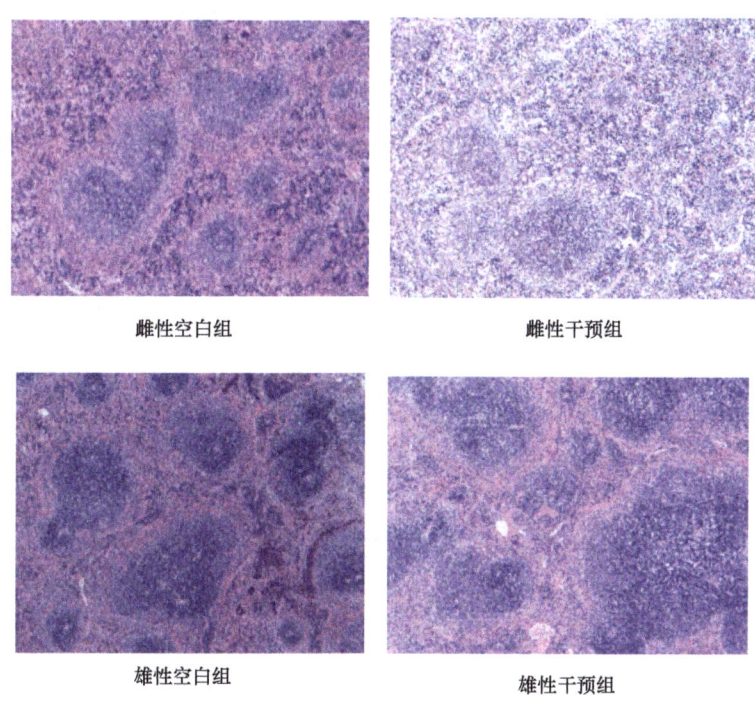

雌性空白组　　　　　　　　　　雌性干预组

雄性空白组　　　　　　　　　　雄性干预组

图 9-32　对小鼠脾脏组织器官切片的影响

（2）电磁暴露对生殖器官激素的影响

利用生物的酶联免疫吸附测定（Enzyme Linked Immunosorbent Assay，ELISA）方法，基于的原理是抗原和抗体特异性结合和酶催化反应条件。首先使固相载体上载合可溶性抗体而且维持抗体的免疫活性；然后将特定酶与用来检测抗体的抗原形成酶标抗原并保留免疫活性。最后在固相载体上按顺序加入检测液体和酶标抗原进行反应，经洗涤后分离出抗原抗体复合物及酶量，实现液体中目标物质的定性和定量检测。

检测电磁暴露对雌鼠和雄鼠的性器官分泌的睾酮和孕酮水平变化。具体实验过程严格按照 ELISA 试剂盒操作方案。将小鼠解剖后取血，放于抗凝管。通过离心机离心处理后得到血清，分装样本后于 –20℃冰柜冷存。试剂盒中含有能够捕获小鼠睾酮和孕酮的抗体。首先根据预实验对血清样本进行不同倍数的稀释，并将暴露组的样品和对照组的标准品分别加入到试剂盒进行对比实验，并加入辣根过氧化物酶标记的检测抗体，最终经温育并彻底洗涤后测定抗原抗体结合物和酶量。对性器官分泌到血清的激素水平进行检测，结果如图 9-33 所示。

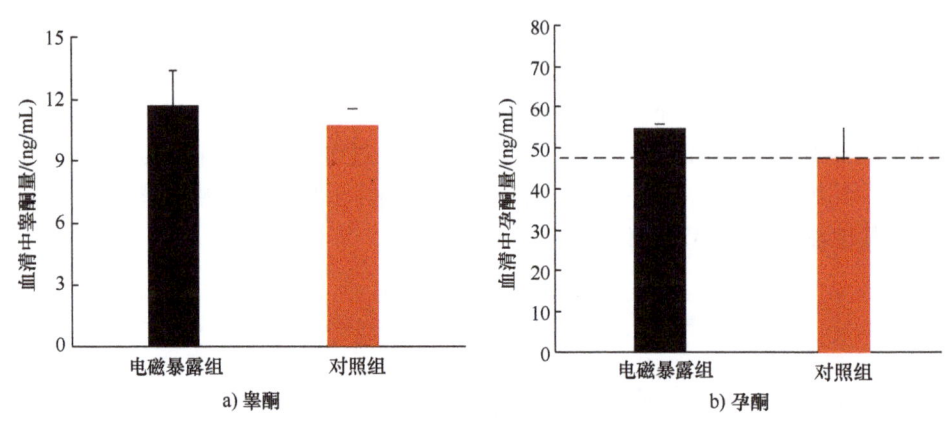

a) 睾酮　　　　　　　　　　b) 孕酮

图 9-33　ELISA 法测得的性激素分泌水平

在心脏、脾脏、肝脏、胸腺器官的部分切片中，出现电磁暴露组的组织水肿或细胞间质增加等微小变化。但是发现电磁暴露对生殖器官切片的细胞有较为显著的影响：引起卵巢显著缩小的多囊性变化，而睾丸的腺体缩小。所以进一步对应性器官分泌到血清的激素睾酮和孕酮检测。测得暴露组的睾酮和孕酮水平，相比对照组出现一定程度的下降，但符合正常参考值范围。而且针对暴露前后的样本组别，经统计学差异判断无显著性影响，证明本电磁暴露实验对生殖器官的性激素水平无明显影响。

9.4　电动汽车无线充电电磁屏蔽技术

漏磁对外界环境电磁设备与生物体均会产生不同程度的危害。泄放到外界的漏磁会对其他电磁设备产生影响，导致其他电磁设备受到电磁干扰。特别是对于通信设备，存在损坏风险。超过安全限值的磁场对生物体会产生生理影响，使其产生头晕、恶心等症状，形成不可逆的伤害。为预防无线电能传输系统电磁泄漏危害，提升系统的安全性，需采取必要的屏蔽措施。常见屏蔽方法类型如图 9-34 所示。

单一屏蔽方法可分为主动屏蔽[11]、被动屏蔽[12] 两大类。其中主动屏蔽包括有源线圈屏蔽和无源线圈屏蔽。有源线圈屏蔽是指利用独立源或者共用电源形成屏蔽回路进行屏蔽，理论上可以实现系统漏磁屏蔽最大化。然而，由于引入了新的电源，该方法会降低系统的效率与可靠性。无源线圈屏蔽的优势在于不需要设置独立源，仅需使用额外的线圈与电容回路即可实现漏磁屏蔽。但由于其产生的反向磁场源自发射线圈，并且本身存在能量损耗，因此其总屏蔽效果有限。

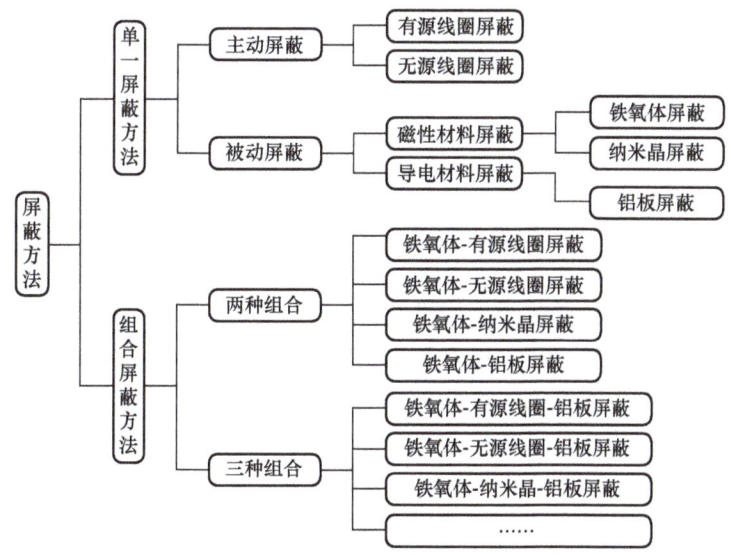

图 9-34　单一屏蔽方法与组合屏蔽方法类型

被动屏蔽是常规的屏蔽方法，也称为磁芯屏蔽。该屏蔽方法以铁氧体[13]、纳米晶[14]等磁性材料作为磁芯，既有助于提高能量密度和系统效率，又能够聚集磁场以防止漏磁水平过高，其具体形式包括纳米晶叠层与铁氧体组合，纳米晶细碎化处理作为柔性屏蔽材料等。磁芯屏蔽结构包括板型、棒型、片型等，通过在特定路径上引导磁通，减少系统周围的泄漏电磁场，从而实现良好的电磁屏蔽效果。除此之外，磁芯还可以增强线圈的品质因数，提高系统传输性能。然而，磁性材料的导磁能力有限，在大功率应用场景，其屏蔽能力无法满足系统要求，导致目标区域的电磁安全难以得到保证。

利用金属材料或合金材料的高电导率特性产生反向涡流，进而产生反向磁场以抵消漏磁。然而，电屏蔽材料的涡流效应将导致耦合机构的温升[15]，严重时可能存在过热损毁风险。此外，涡流效应还会降低耦合线圈的自感与互感，导致系统传输性能下降。

为解决上述问题，将多种单一屏蔽方法进行组合，从而形成组合屏蔽方法，如图 9-34 所示。这些方法结合了单一屏蔽方法各自的优势，利用各种屏蔽方法之间的互补性，实现了更高效的电磁屏蔽效果。然而，不同屏蔽方法和屏蔽材料之间的盲目组合并不能达到理想的屏蔽效果，反而可能会增加耦合机构的尺寸、体积与系统成本，甚至可能会影响系统的传输性能。因此，实现多种屏蔽方法的有效组合，以提升屏蔽效果，同时最小化屏蔽材料对系统传输性能的负面影响，是一个关键问题。

上述关键问题的解决方法是对组合屏蔽方法的实现原理和工作特性展开深入的研究，提出有效的组合屏蔽方法，实现漏磁场的稳定抑制，并保证无线电能的高效传输，最终实现低磁通泄漏、高效传输的无线电能传输系统。

无线电能传输系统的电磁屏蔽的本质是对无线电能传输系统耦合空间内电磁场的调控。国内外学者探索出多种电磁场调控方法。传统无线电能传输系统电磁场调控，为单一形式的电磁场调控方法。其主要通过磁性材料[16]、金属材料[17]或抑制线圈[18]调控电磁场。其中磁性材料主要通过引导磁力线的轨迹来实现电磁场的调控，其本身并不激发电磁场。磁性材料的电磁场调控能力受到其磁导率、磁饱和密度以及矫顽力等因素的影响，受限于磁性材料的生产工艺，其电磁场调控能力有限。同时磁性材料可有效改善线圈的品质因数以提升系统效率。由于电磁感应原理，受漏磁场影响金属材料会感应出反向涡流，该反向涡流将激发与漏磁通方向相反的附加电磁场，从而有效抑制泄漏的电磁场。其调控电磁场的水平受到材料电导率、厚度等因素的影响。同时金属材料对电磁场的调控以损失系统功率传输能力为代价。抑制线圈主要依靠独立源或共用电源激发反向抑制磁场。同时该线圈配合电感器、电容器等构成电磁场抑制回路以自由调节反向抑制电磁场，进而实现对漏磁场的总体抑制。但由于抑制线圈的结构特点，其屏蔽能力较差。

随着无线电能传输技术向高功率密度方向发展的趋势，其对漏磁泄漏水平的需求日益严苛。单一形式的屏蔽方法无法满足安全限值要求和高能效需求。故可将多种形式的屏蔽方法进行结合，以进一步降低无线电能传输系统运行时产生的漏磁。组合屏蔽在保障系统高效传输的同时，最大化地抑制系统的漏磁。组合屏蔽方法结合各类屏蔽方法的优点，弥补单一屏蔽方法的不足，是实现高性能无线电能传输的重要手段。

针对单一铁氧体屏蔽系统因屏蔽性能不足导致的电磁泄漏问题，可利用不同类型的电磁屏蔽材料形成被动式组合屏蔽以约束漏磁场。但盲目组合不同属性的电磁屏蔽材料，会增加耦合机构的几何尺寸与系统成本。因此，需要合理地组合不同类型的电磁屏蔽材料，以有效提升被动式组合屏蔽的电磁屏蔽性能，同时避免对系统传输性能产生影响，实现对漏磁的稳定抑制和高效无线电能传输。

设计的关键在于，对比铁氧体、纳米晶与铝材料在不同组合形式下的电磁屏蔽性能，提出有效改善无线电能传输系统磁场泄漏问题的多层级被动式组合屏蔽方法。通过等效电路理论与磁场理论分析，获得组合屏蔽结构参数与屏蔽效能及拓扑参数之间的关系，进而优化多层级被动式组合屏蔽机构，增强系统的屏蔽效能，降低金属屏蔽材料对系统传输性能的影响，保证系统的传输功率与效率。

本节以无线电能传输多层级被动式组合屏蔽方法研究为例进行研究。

9.4.1　无线电能传输多层级被动式组合屏蔽原理与特性分析

为了提升无线电能传输系统屏蔽的侧面与背面漏磁抑制能力，同时降低组合屏蔽对系统的影响，确保系统传输功率与效率，新型的多层级被动式组合屏蔽方法的提出是一个关键。为了衡量多层级被动式组合屏蔽引入系统后系统性能变化与磁场分布情况，可利用电路原理量化分析电路参数变化，并通过麦克斯韦方程组及傅里叶变换分析耦合空间内电磁场分布情况。

1. 多层级被动式组合屏蔽模型建立与分析

正常工作模式下的无线电能传输系统的耦合空间内电磁场具有"灯笼"分布特征，即电磁场集中分布于线圈传能通路，然而部分磁场会被束缚在同侧传能线圈背部磁芯中，或从屏蔽材料的边缘传输泄漏至周围环境中，无法传输至接收线圈。故提出一种引导边缘磁场的 U 型铁氧体 – 纳米晶环 – 铝环的多层级被动式组合屏蔽结构，充分利用了磁性材料的磁场引导作用。传能线圈激发出的边缘电磁场被 U 型铁氧体束缚并传输至接收侧，未被 U 型铁氧体束缚而逃逸的边缘电磁场被吸收至纳米晶材料内，并由纳米晶材料传递至接收侧。未被纳米晶材料吸收的边缘电磁场被逃逸至背部空间，会被纳米晶环与铝环进行两次削减，极大地降低了漏磁。该组合屏蔽设计既保障了系统的传输性能，又满足了漏磁场的屏蔽效果。

屏蔽材料的引入可能会影响到系统的性能参数。为衡量所提出的被动式组合屏蔽对无线电能传输系统参数特性及传输性能的影响，需研究被动式组合屏蔽的等效电路与系统电路参数的关系。

图 9-35 与图 9-36 所示分别为多层级被动式组合屏蔽系统侧视图与等效电路图。多层级被动式组合屏蔽无线电能传输系统由传能线圈及多层级组合屏蔽机构、补偿网络、整流器与逆变器组成。多层级被动式组合屏蔽机构由 U 型铁氧体、平面铁氧体、纳米晶环与铝环组合构成。为实现对漏磁的有效抑制与系统高效传输效能，在平面铁氧体边缘处集成了 U 型铁氧体以增强系统传输能力。U 型铁氧体边缘处覆盖纳米晶环，同时起到减少纵向磁通泄漏与横向磁通引导的作用。为弥补纳米晶环抑制漏磁能力的不足，在纳米晶环上外置一层铝环，以对系统漏磁进一步产生抑制。无线电能传输系统的模型由电感器 L_1、L_2、L_3、L_4、L_5、L_6，电容器 C_1、C_2 以及损耗内阻 R_3、R_4、R_5、R_6 组成。

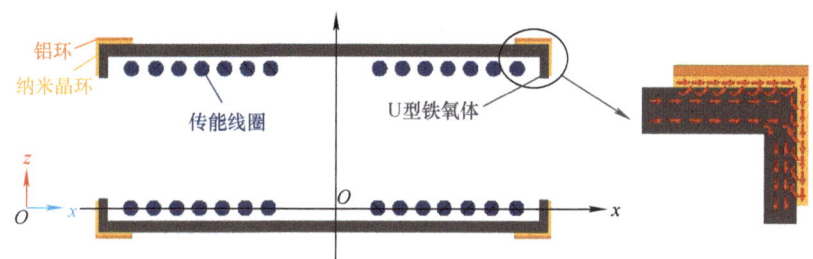

图 9-35　多层级被动式组合屏蔽系统侧视图

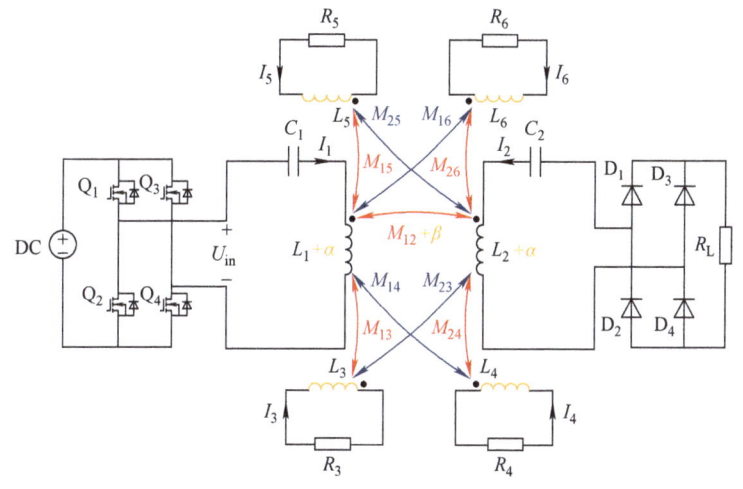

图 9-36　多层级被动式组合屏蔽系统等效电路图

铝环和纳米晶环作为屏蔽材料可以被等效为单匝无源抑制线圈。为了表示多层级被动式组合屏蔽对系统参数特性的影响，将铝环及纳米晶环等效为四个独立无源回路。L_3、R_3 与 L_4、R_4 分别为发射侧与接收侧铝环等效电感、损耗电阻，L_5、R_5 与 L_6、R_6 分别为发射侧与接收侧的纳米晶环等效电感、损耗电阻。同时，为了表示纳米晶环的高磁导率对系统参数的影响，引入附加电感量系数 α 与主磁通系数 β 来表示纳米晶环对系统自感值与互感值的增益程度。

为衡量屏蔽对系统具体参数特性的影响与系统传输效能，由 KVL 可得

$$
\begin{pmatrix} U_{\text{in}} \\ 0 \\ 0 \\ 0 \\ 0 \\ 0 \end{pmatrix} = \begin{pmatrix} Z_{11} & \mathrm{j}\omega M'_{12} & -\mathrm{j}\omega M_{13} & -\mathrm{j}\omega M_{14} & -\mathrm{j}\omega M_{15} & -\mathrm{j}\omega M_{16} \\ \mathrm{j}\omega M'_{21} & Z_{22} & -\mathrm{j}\omega M_{23} & -\mathrm{j}\omega M_{24} & -\mathrm{j}\omega M_{25} & -\mathrm{j}\omega M_{26} \\ -\mathrm{j}\omega M_{31} & -\mathrm{j}\omega M_{32} & Z_{33} & 0 & 0 & 0 \\ -\mathrm{j}\omega M_{41} & -\mathrm{j}\omega M_{42} & 0 & Z_{44} & 0 & 0 \\ -\mathrm{j}\omega M_{51} & -\mathrm{j}\omega M_{52} & 0 & 0 & Z_{55} & 0 \\ -\mathrm{j}\omega M_{61} & -\mathrm{j}\omega M_{62} & 0 & 0 & 0 & Z_{66} \end{pmatrix} \begin{pmatrix} \boldsymbol{I}_1 \\ \boldsymbol{I}_2 \\ \boldsymbol{I}_3 \\ \boldsymbol{I}_4 \\ \boldsymbol{I}_5 \\ \boldsymbol{I}_6 \end{pmatrix} \tag{9-12}
$$

式中，阻抗 $Z_{11} = \mathrm{j}\omega L'_1 + 1/(\mathrm{j}\omega C_1)$，$Z_{22} = \mathrm{j}\omega L'_2 + 1/(\mathrm{j}\omega C_2) + R'_L$，$Z_{33} = \mathrm{j}\omega L_3 + R_3$，$Z_{44} = \mathrm{j}\omega L_4 + R_4$，$Z_{55} = \mathrm{j}\omega L_5 + R_5$，$Z_{66} = \mathrm{j}\omega L_6 + R_6$，$R'_L$ 为等效负载电阻，$L'_1 = L_1 + \alpha$，$L'_2 = L_2 + \alpha$，$M'_{12} = M_{12} + \beta$。

由于电路内阻不影响系统的耦合特性，忽略线圈内阻和屏蔽材料等效内阻以及等效抑制线圈之间的互感，由式（9-12）可得

$$
\begin{cases} \boldsymbol{I}_3 = \dfrac{1}{Z_{33}}(\mathrm{j}\omega M_{13}\boldsymbol{I}_1 + \mathrm{j}\omega M_{23}\boldsymbol{I}_2) \\[2mm] \boldsymbol{I}_4 = \dfrac{1}{Z_{44}}(\mathrm{j}\omega M_{14}\boldsymbol{I}_1 + \mathrm{j}\omega M_{24}\boldsymbol{I}_2) \\[2mm] \boldsymbol{I}_5 = \dfrac{1}{Z_{55}}(\mathrm{j}\omega M_{15}\boldsymbol{I}_1 + \mathrm{j}\omega M_{25}\boldsymbol{I}_2) \\[2mm] \boldsymbol{I}_6 = \dfrac{1}{Z_{66}}(\mathrm{j}\omega M_{16}\boldsymbol{I}_1 + \mathrm{j}\omega M_{26}\boldsymbol{I}_2) \end{cases} \tag{9-13}
$$

为阐明屏蔽对互感的影响，利用式（9-12）与式（9-13）对电路矩阵进行化简，化简后的电路方程为

$$
\begin{pmatrix} U_{\text{in}} \\ 0 \end{pmatrix} = \begin{pmatrix} Z_{11} + \dfrac{\omega^2 M_{13}^2}{Z_{33}} + \dfrac{\omega^2 M_{14}^2}{Z_{44}} + \dfrac{\omega^2 M_{15}^2}{Z_{55}} + \dfrac{\omega^2 M_{16}^2}{Z_{66}} & -\mathrm{j}\omega\left(M_{12} + \beta - \dfrac{\mathrm{j}\omega M_{13}M_{24}}{Z_{33}} - \dfrac{\mathrm{j}\omega M_{14}M_{23}}{Z_{44}}\right) \\[4mm] -\mathrm{j}\omega\left(M_{12} + \beta - \dfrac{\mathrm{j}\omega M_{13}M_{24}}{Z_{33}} - \dfrac{\mathrm{j}\omega M_{14}M_{23}}{Z_{44}}\right) & Z_{22} + \dfrac{\omega^2 M_{13}^2}{Z_{33}} + \dfrac{\omega^2 M_{14}^2}{Z_{44}} + \dfrac{\omega^2 M_{15}^2}{Z_{55}} + \dfrac{\omega^2 M_{16}^2}{Z_{66}} \end{pmatrix} \begin{pmatrix} \boldsymbol{I}_1 \\ \boldsymbol{I}_2 \end{pmatrix} \tag{9-14}
$$

经屏蔽后的等效自感 L''_1、L''_2 与互感 M''_{12} 为

$$
\begin{cases} L''_1 = L_1 + \alpha - L_3\dfrac{\omega^2 M_{13}^2}{|Z_{33}|^2} - L_4\dfrac{\omega^2 M_{14}^2}{|Z_{44}|^2} - L_5\dfrac{\omega^2 M_{15}^2}{|Z_{55}|^2} - L_6\dfrac{\omega^2 M_{16}^2}{|Z_{66}|^2} \\[3mm] L''_2 = L_2 + \alpha - L_3\dfrac{\omega^2 M_{23}^2}{|Z_{33}|^2} - L_4\dfrac{\omega^2 M_{24}^2}{|Z_{44}|^2} - L_5\dfrac{\omega^2 M_{25}^2}{|Z_{55}|^2} - L_6\dfrac{\omega^2 M_{26}^2}{|Z_{66}|^2} \\[3mm] M''_{12} = M_{12} + \beta - \dfrac{\mathrm{j}\omega M_{13}M_{24}}{Z_{33}} - \dfrac{\mathrm{j}\omega M_{14}M_{23}}{Z_{44}} - \dfrac{\mathrm{j}\omega M_{15}M_{26}}{Z_{55}} - \dfrac{\mathrm{j}\omega M_{16}M_{25}}{Z_{66}} \end{cases} \tag{9-15}
$$

由式（9-15）的结果可知，添加铝环及纳米晶环后，与仅使用 U 型铁氧体屏蔽的系统相比，自感与互感受到来自铝环及纳米晶环等效互感的影响而下降。同时，纳米晶环的高磁导率对耦合线圈自感与互感起到增强、补偿作用，减缓了其下降幅度。

为量化多层级被动式组合屏蔽结构对系统参数的影响，将等效抑制线圈电感量 L_{eq} 以下式表示：

$$L_{eq} = \mu_0 \mu_{eq} r_1 \left(\ln\left(\frac{8r_1}{r_L} \right) - 2 \right) \tag{9-16}$$

式中，μ_{eq} 为考虑屏蔽的有效磁导率；r_1 为线圈等效半径；r_L 为圆导线等效半径。利用有限元仿真得到铝环与纳米晶环的等效电路参数值，见表 9-13 与表 9-14。

表 9-13　铝环等效参数值

等效参数	参数描述	参数值
μ_{eq}	有效相对磁导率	1.2
r_1	等效线圈半径	0.16m
r_L	等效圆导体半径	0.0015m
L_3, L_4	等效电感值	1.13μH
M_{13}, M_{24}	等效互感值	1.5μH

表 9-14　纳米晶环等效参数值

等效参数	参数描述	参数值
μ_{eq}	有效相对磁导率	1.8
r_1	等效线圈半径	0.16m
r_L	等效圆导体半径	0.003m
L_5, L_6	等效电感值	1.4μH
M_{15}, M_{26}	等效互感值	1.33μH

根据 $R_{eq} = \rho l_{eq} / A_{eq}$，可计算等效损耗内阻 R_{eq}，其中 ρ 为电导率，l_{eq} 为等效电流路径，A_{eq} 为等效电流截面积。当铝环与纳米晶环的环面积较小时，铝环与纳米晶环等效损耗内阻可忽略不计。

2. 多层级被动式组合屏蔽特性分析

分析被动式组合屏蔽的电磁场分布特性，获得多层级被动式组合屏蔽的背面及侧面漏磁的表达式，以衡量影响磁场分布的因素。对 U 型铁氧体 - 纳米晶环 - 铝环构成的多层级被动式组合屏蔽的局部区域电磁场分布进行分析。

图 9-37 所示为磁场射入不同介质后磁场反射情况的示意图。发射线圈与接收线圈产生的入射磁场与单一铁氧体磁场分析类似，即有

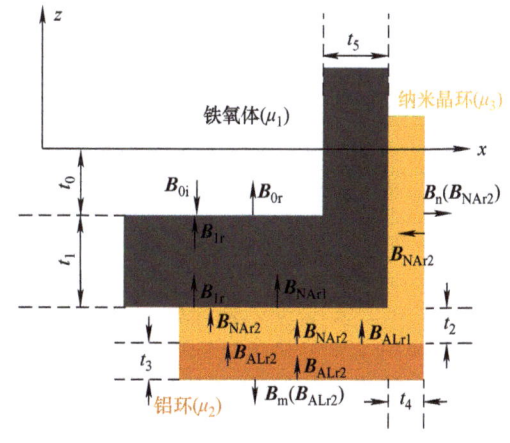

图 9-37　组合屏蔽边界磁场矢量图

$$
\begin{cases}
\boldsymbol{B}_{0ix} = \dfrac{1}{4\pi^2} \displaystyle\int_{-\infty}^{\infty} \int_{-\infty}^{\infty} (\boldsymbol{b}_{0rx} + \boldsymbol{b}_{0ix}) \mathrm{e}^{\lambda_1 z} \mathrm{e}^{j(x\xi + y\eta)} \mathrm{d}\xi \mathrm{d}\eta \\[2mm]
\boldsymbol{B}_{0iy} = \dfrac{1}{4\pi^2} \displaystyle\int_{-\infty}^{\infty} \int_{-\infty}^{\infty} (\boldsymbol{b}_{0ry} + \boldsymbol{b}_{0iy}) \mathrm{e}^{j(x\xi + y\eta)} \mathrm{d}\xi \mathrm{d}\eta \\[2mm]
\boldsymbol{B}_{0iz} = \dfrac{1}{4\pi^2} \displaystyle\int_{-\infty}^{\infty} \int_{-\infty}^{\infty} (\boldsymbol{b}_{0rz} + \boldsymbol{b}_{0iz}) \mathrm{e}^{j(x\xi + y\eta)} \mathrm{d}\xi \mathrm{d}\eta
\end{cases}
\tag{9-17}
$$

式中，$\boldsymbol{b}_{0i}$ 与 $\boldsymbol{b}_{0r}$ 的各轴分量可基于毕奥 – 萨伐尔定律计算。

磁场边界条件如下：

$$
\begin{cases}
\boldsymbol{B}_{0i} + \boldsymbol{B}_{0r} + \boldsymbol{B}_{1r} = 0, & z = -t_0 \\[1mm]
\boldsymbol{B}_{1r} + \boldsymbol{B}_{NAr1} + \boldsymbol{B}_{NAr2} = 0, & z = -t_0 - t_1 \\[1mm]
\boldsymbol{B}_{NAr2} + \boldsymbol{B}_{ALr1} + \boldsymbol{B}_{ALr2} = 0, & z = -t_0 - t_1 - t_2
\end{cases}
\tag{9-18}
$$

联立式（9-17）和式（9-18），可求得多层级被动式组合屏蔽系统背面。同理，根据侧面边界漏磁场特点，$\boldsymbol{B}_n = \boldsymbol{B}_{NAr2}$，可得侧面漏磁场的磁通密度。$\boldsymbol{B}_m$ 和 $\boldsymbol{B}_n$ 的结果如下：

$$
\begin{cases}
\boldsymbol{B}_m = K_1(\mu_{1\sim3}, \sigma_{1\sim3}, t_{1\sim3})\boldsymbol{I}_1 + K_2(\mu_{1\sim3}, \sigma_{1\sim3}, t_{1\sim3})\boldsymbol{I}_2 \\[1mm]
\boldsymbol{B}_n = K_3(\mu_{1\sim3}, \sigma_{1\sim3}, t_{4\sim5})\boldsymbol{I}_1 + K_4(\mu_{1\sim3}, \sigma_{1\sim3}, t_{4\sim5})\boldsymbol{I}_2
\end{cases}
\tag{9-19}
$$

由式（9-19）可得，系统背面漏磁与发射线圈、接收线圈电流矢量 $\boldsymbol{I}_1$、$\boldsymbol{I}_2$ 及组合屏蔽中铁氧体、纳米晶环及铝环的磁导率、电导率及厚度有关。

9.4.2 多层级被动式组合屏蔽方法模型分析

1. 多层级被动式组合屏蔽参数优化与分析

根据分析可知，相同电流激励下多层级被动式组合屏蔽背面及侧面漏磁场受各屏蔽材料的参数特性影响。为证明所提出的多层级被动式组合屏蔽的漏磁场抑制能力的有效性，同时直观地横向对比不同材料（磁导率、电导率不同）构成组合屏蔽的屏蔽效果，以衡量所提出的多层级被动式组合（铝环）屏蔽较其他组合屏蔽提升的综合效果，在纳米晶环与铝环厚度均相同的情况下，分别搭建平面铁氧体、U 型铁氧体、U 型铁氧体 – 铝环、U 型铁氧体 – 铝板、U 型铁氧体 – 纳米晶环、组合（铝环）屏蔽和组合（铝板）屏蔽的有限元模型，并对比上述组合屏蔽类型的屏蔽效果。表 9-15 为提出的多层级被动式组合屏蔽（铝环）模型的尺寸参数。

表 9-15　组合屏蔽模型尺寸参数值

模型参数	参数描述	参数值
l_1	纳米晶内环宽度	240mm
l_2	纳米晶外环宽度	300mm
l_3	线圈宽度	270mm
l_4	侧面 U 型铁氧体长度	300mm
l_5	侧面纳米晶长度	300mm
t_1	铁氧体厚度	5mm
t_2	纳米晶环厚度	1mm

（续）

模型参数	参数描述	参数值
t_3	铝环厚度	1mm
t_4	侧面纳米晶厚度	1mm
t_5	铁氧体厚度	5mm

图 9-38 所示为多层级被动式组合屏蔽（铝环）屏蔽结构的二维俯视图、侧视图及三维视图。为验证多层级被动式组合屏蔽方法的有效性，图 9-39 对比了平面铁氧体屏蔽系统与多层级被动式组合屏蔽（铝环）系统的屏蔽效果。结果显示，由于多层级被动式组合（铝环）屏蔽系统对边缘及背面的电磁场具有收束作用，使得多层级被动式组合（铝环）屏蔽结构对系统侧面及背面漏磁起到一定的抑制效果。

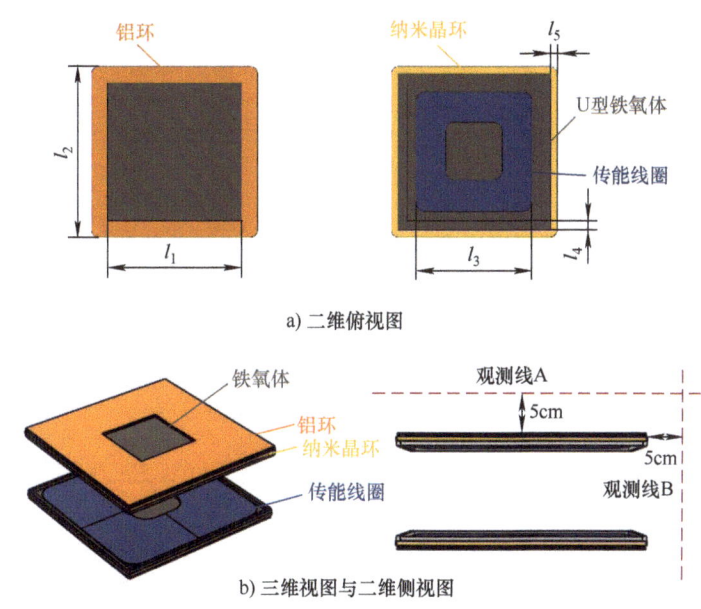

a) 二维俯视图

b) 三维视图与二维侧视图

图 9-38　多层级被动式组合屏蔽（铝环）各视角图

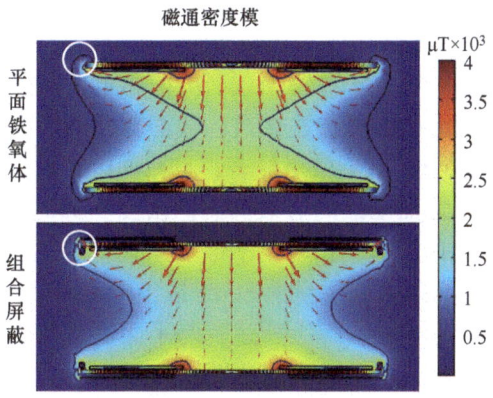

图 9-39　平面铁氧体屏蔽系统与多层级被动式组合屏蔽系统的屏蔽效果对比

为进一步验证多层级被动式组合（铝环）屏蔽的有效性，图 9-40 对比了平面铁氧体与不同内环宽度 l_1 下多层级被动式组合（铝环）屏蔽在观测线 A、B 上的磁通密度模 $|\boldsymbol{B}_\mathrm{m}|$、$|\boldsymbol{B}_\mathrm{n}|$。由图 9-40a 的结果，随着 l_1 的增加，组合屏蔽系统 $|\boldsymbol{B}_\mathrm{m}|$ 的最大值与有效值逐渐增加。由于 l_1 变化时，侧面 $|\boldsymbol{B}_\mathrm{n}|$ 变化可忽略不计，故仅对比了平面铁氧体与不考虑 l_1 变化时组合屏蔽对侧面 $|\boldsymbol{B}_\mathrm{n}|$ 的抑制效果，如图 9-40b 所示。为了减少系统涡流面积，同时保证优异的屏蔽性能，选取 $l_1 = 24\mathrm{cm}$ 的组合屏蔽系统。

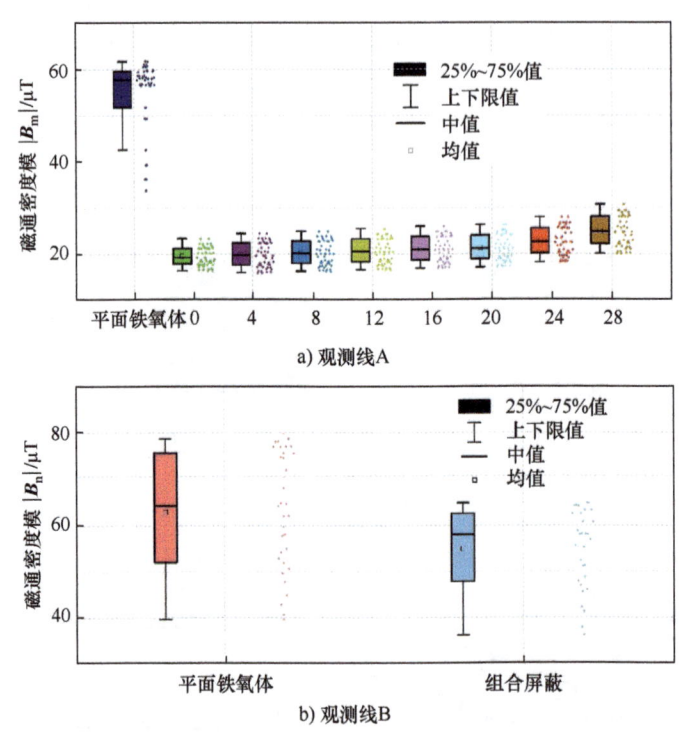

图 9-40　l_1 变化时平面铁氧体与多层级被动式组合（铝环）屏蔽漏磁量的对比

2. 多层级被动式组合屏蔽参数屏蔽效果与特性影响

为直观呈现 $l_1 = 24\mathrm{cm}$ 时系统漏磁的抑制效果，选取内环宽度 l_1 为 24cm 时观测线 A、B 所在的 Z 截面进行对比，对比结果如图 9-41 所示。由图 9-41a 可知，与平面铁氧体对比，所提出的多层级被动式组合屏蔽方法在背面截面的漏磁场抑制效果明显。相较于平面铁氧体屏蔽方法，多层级被动式组合屏蔽方法在目标截面漏磁最大值位置（圆圈区域）的磁场值由 60μT 以上降至 35μT 以下，抑制效果显著，且截面区域漏磁均有下降，直观证明了多层级被动式组合屏蔽方法对背面漏磁的有效抑制。由图 9-41b 可知，多层级被动式组合屏蔽改变了部分位置漏磁的分布规律，相较于平面铁氧体，经组合屏蔽后系统 50 ~ 60μT 范围内的漏磁分布面积增大，而最大漏磁量由 80μT 以上降至 65μT 以下，证明了多层级被动式组合屏蔽侧面漏磁的抑制有效性。综上所述，与平面铁氧体式屏蔽结构相比，多层级被动式组合屏蔽方法具有优越的漏磁抑制效果以及对更广范围内的漏磁的抑制能力。

为进一步量化并对比多种组合屏蔽的磁场抑制效果，图 9-42 给出了上述组合屏蔽方法沿路径 A 与路径 B 采样点磁通密度模的均值、中值、上下限值。

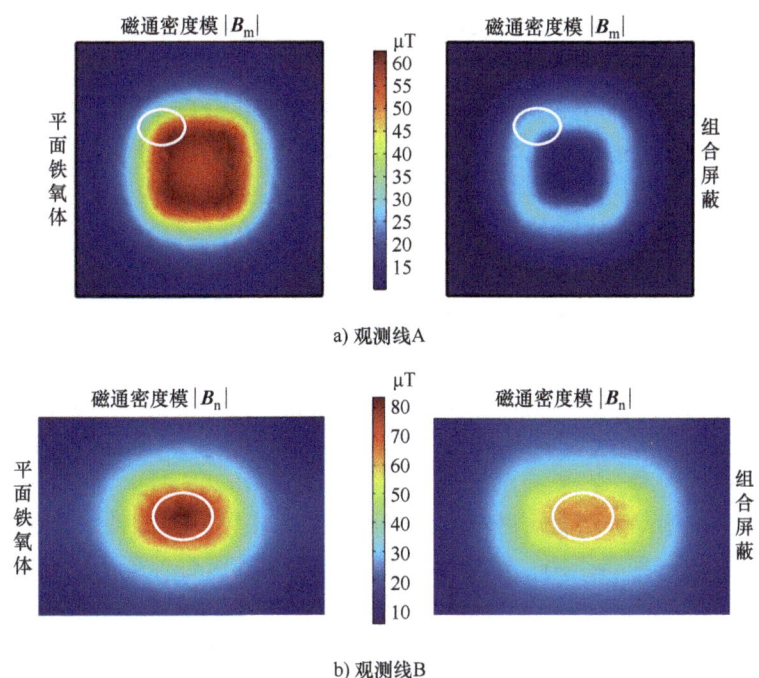

图 9-41　$l_1 = 24\mathrm{cm}$ 时平面铁氧体与多层级被动式组合屏蔽 Z 截面磁通密度模的对比

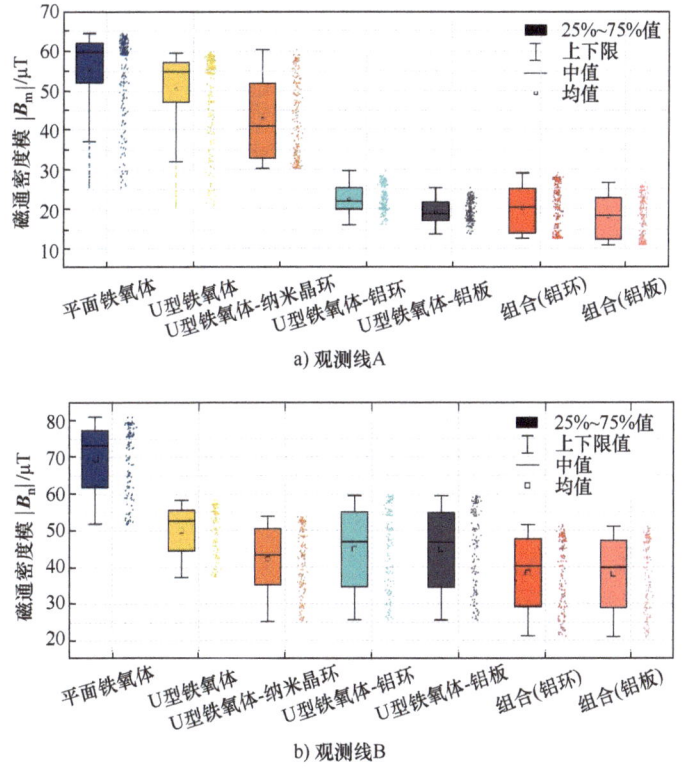

图 9-42　多种屏蔽方法漏磁量的对比

由图 9-42 可知，相较于平面铁氧体屏蔽结构，U 型铁氧体结构对侧面漏磁起到明显的抑制作用，侧面漏磁最大值与均值分别下降了 27.16%、28.57%。由于纳米晶的高磁导率，U 型铁氧体 – 纳米晶环组合屏蔽 $|\boldsymbol{B}_{m}|$、$|\boldsymbol{B}_{n}|$ 的最大值仅分别下降了 6.15%、33.33%，相对于 U 型铁氧体提升不明显，但均值下降了 25%、38.57%。由于 U 型铁氧体 – 铝环及 U 型铁氧体 – 铝板组合屏蔽中铝的高电导率，系统 $|\boldsymbol{B}_{m}|$ 的抑制效果明显，$|\boldsymbol{B}_{m}|$ 最大值分别降低了 53.8%、61.5%，有效值降低了 58.18%、65.45%，$|\boldsymbol{B}_{n}|$ 的最大值与均值则分别降低了 25.9%、26.2% 与 35.7%、35.8%，这两种结构对 $|\boldsymbol{B}_{n}|$ 的抑制效果不如 U 型铁氧体 – 纳米晶环结构。多层级被动式组合（铝环）屏蔽及组合（铝板）屏蔽集成了纳米晶环与铝环对侧面及背面漏磁抑制的优势，$|\boldsymbol{B}_{m}|$ 与 $|\boldsymbol{B}_{n}|$ 的最大值的抑制效果分别提升了 61.33%、62.54% 与 33.81%、34.21%，漏磁均值抑制效果分别提升了 69.23%、70.77% 与 44.29%、44.31%。

图 9-43 所示为不同屏蔽结构下在内环宽度 l_1 变化时线圈自感及其之间的互感的变化情况。U 型铁氧体屏蔽时，线圈自感高于平面铁氧体屏蔽时的自感。随着内环宽度的变化，采用 U 型铁氧体 – 纳米晶环组合屏蔽的线圈自感始终高于采用 U 型铁氧体屏蔽的线圈自感；而铝环对线圈自感具有削弱作用，使得 U 型铁氧体 – 铝环组合屏蔽下的线圈自感始终低于 U 型铁氧体屏蔽下的线圈自感。采用铝环的多层级被动式组合屏蔽和采用铝板的多层级被动式组合屏蔽的线圈自感介于采用 U 型铁氧体与采用 U 型铁氧体 – 铝环屏蔽时的线圈自感之间。通过对比采用铝环和铝板的多层级被动式组合屏蔽结构时的线圈自感，结果表明，与使用铝板结构相比，使用铝环结构可以减小对线圈的自感影响，并且具有更高的自感。

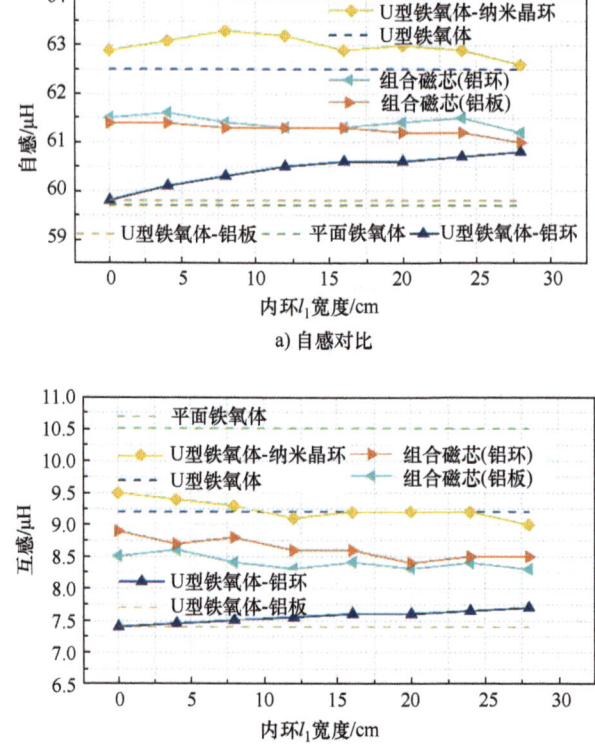

图 9-43　随内环 l_1 变化时多种屏蔽方法下自感与互感变化的对比

　　图 9-43b 反映了不同组合屏蔽条件下，线圈间互感的变化情况。与平面铁氧体屏蔽相比，引入 U 型铁氧体、铝、纳米晶均降低了线圈之间的互感。在多层级被动式组合（铝环）屏蔽及组合（铝板）屏蔽情况下，线圈互感介于使用 U 型铁氧体与 U 型铁氧体 – 铝环（铝板）屏蔽时的互感之间。与自感规律类似，使用铝环结构的多层级组合屏蔽相比于铝板结构线圈具有更高的互感，更有利于系统传输。

参 考 文 献

[1] ICNIRP. Guidelines for limiting exposure to time-varying electric and magnetic fields (1 Hz to 100 kHz) [J]. Health Physics, 2010, 99(6): 818-836.

[2] IEEE. IEEE standard for safety levels with respect to human exposure to radio frequency electromagnetic fields, 3 kHz to 300 GHz：IEEE C95.1a-2010[S].2010.

[3] 环境保护部 . 电磁环境控制限值 : GB 8702—2014 [S]. 北京：中国环境科学出版社 , 2015.

[4] 张献，章鹏程，杨庆新，等 . 基于有限元方法的电动汽车无线充电耦合机构的磁屏蔽设计与分析 [J]. 电工技术学报 , 2016, 31(1):71-79.

[5] 全国人类工效学标准化技术委员会 . 中国成年人人体尺寸 : GB/T 10000—2023. [S]. 北京：中国标准出版社 , 2023.

[6] 杨震 . 基于 3DsMAX 的人体软组织器官建模与仿真研究 [D]. 西安：第四军医大学 , 2015.

[7] 高一荻 . 基于人体测量尺寸的三维人体建模 [D]. 南京：南京航空航天大学 , 2017.

[8] Schwan H P, Kay C F. The conductivity of living tissues [J]. Annals of the New York Academy of Sciences, 1957, 65(6): 1007-1013.

[9] Gabriel C, Gabriel S, Corthout Y E. The dielectric properties of biological tissues: I. Literature survey [J]. Physics in Medicine and Biology, 1996, 41(11): 2231-2249.

[10] Chen X L, Umenei A E, Baarman D W , et al. Human exposure to close-range resonant wireless power transfer systems as a function of design parameters [J]. IEEE Transactions on Electromagnetic Compatibility, 2014, 56(5): 1027-1034.

[11] 李佳原，文海兵，张克涵，等 . 磁耦合无线电能传输系统电磁干扰抑制研究进展 [J]. 中国电机工程学报 , 2022, 42(20): 7387-7403.

[12] 张献，王朝晖，魏斌，等 . 电动汽车无线充电系统中电屏蔽对空间磁场的影响分析 [J]. 电工技术学报 , 2019, 34(8): 1580-1588.

[13] Zhu G, Lorenz R D. Achieving low magnetic flux density and low electric field intensity for a loosely coupled inductive wireless power transfer system [J]. IEEE Transactions on Industry Applications, 2018, 54(6): 6383-6393.

[14] Zhao H, Eldeeb H H, Zhang Y, et al. An improved core loss model of ferromagnetic materials considering high-frequency and nonsinusoidal supply [J]. IEEE Transactions on Industry Applications, 2021, 57(4): 4336-4346.

[15] 张献，邢子瑶，薛明，等 . 无线电能传输系统异物检测技术研究综述 [J]. 电工技术学报 , 2022, 37(4): 793-807.

[16] Bhuiyan R H, Islam M R, Caicedo J M, et al. A study of 13.5-MHz coupled-loop wireless power transfer under concrete and near metal [J]. IEEE Sensors Journal, 2018, 18(23): 9848-9856.

[17] Park H H, Kwon J H, Kwak S I, et al. Effect of air-gap between a ferrite plate and metal strips on magnetic shielding [J]. IEEE Transactions on Magnetics, 2015, 51(11): 1-4.

[18] Hong S, Kim Y, Lee S, et al. A frequency-selective EMI reduction method for tightly coupled wireless power transfer systems using resonant frequency control of a shielding coil in smartphone application [J]. IEEE Transactions on Electromagnetic Compatibility, 2019, 61(6): 2031-2039.